Herbert Schmolke

Brandschutz in elektrischen Anlagen

de-FACHWISSEN

Die Fachbuchreihe
für Elektro- und Gebäudetechniker
in Handwerk und Industrie

Herbert Schmolke

Brandschutz in elektrischen Anlagen

Praxishandbuch für Planung, Errichtung, Prüfung und Betrieb

4., neu bearbeitete und erweiterte Auflage

Hüthig · München/Heidelberg

Bibliografische Information der Deutschen Nationalbibliothek
Die Deutsche Nationalbibliothek verzeichnet diese Publikation in der Deutschen Nationalbibliografie; detaillierte bibliografische Daten sind im Internet über https://portal.dnb.de abrufbar.

Möchten Sie Ihre Meinung zu diesem Buch abgeben?
Dann schicken Sie eine E-Mail an das Lektorat
im Hüthig Verlag:
buchservice@huethig.de
Autor und Verlag freuen sich über Ihre Rückmeldung.

ISSN 1438-8707
ISBN 978-3-8101-0516-5

4., neu bearbeitete und erweiterte Auflage

Printed in Germany
Titelbild, Layout, Satz: Schwesinger, galeo:design
Titelfotos: Links: © schutterstock 425936275, gui yong jian
Rechts: © Schott der Firma ZAPP-ZIMMERMANN GmbH
Druck: Westermann Druck Zwickau GmbH

Vorwort zur ersten Auflage

In vielen Unternehmen spielt der vorbeugende Brandschutz eine herausragende Rolle.

- Existenzbedrohende Stillstandszeiten,
- hohe Sachwertverluste mit oft langen Lieferzeiten bei der Wiederbeschaffung,
- Verlust von Kunden wegen nicht eingehaltener Liefertermine,
- Vernichtung von Arbeitsleistungen (informationstechnische Daten beispielsweise der Buchhaltung, Maschinen-Einrichtungszeiten, Programmierzeiten usw.) durch einen Brand
- und ganz sicher nicht zuletzt die Gefährdung von Personen durch Feuer und Rauch

geben unter anderem einem sachgerechten Brandschutz hohe Priorität. Aber auch in privaten Haushalten, in größeren Wohnanlagen oder in Bürogebäuden kann man den vorbeugenden Brandschutz nicht außer Acht lassen. Architekten und Fachplaner sowie die ausführenden Firmen der verschiedenen Gewerke und nicht zuletzt die Baubehörden, die in besonderen Fällen eine bauaufsichtliche Kontrolle wahrzunehmen haben, sind hier gefragt.

In verschiedenen Statistiken, in denen Brände nach ihren Ursachen unterschieden werden, findet man immer wieder die elektrische Anlage als eine der Hauptursachen. Die Angaben sind nicht immer einheitlich. Die elektrische Anlage wird häufig mit 15 % bis teilweise 20 % und mehr als Brandursache genannt. Noch schlimmer sieht es aus, wenn es darum geht, den Einfluss der elektrischen Anlage bei einem entstandenen Brand einzuschätzen. Hier zeigt es sich immer wieder, dass die elektrischen Leitungen und Betriebsmittel den Brandverlauf begünstigen und für zusätzliche Zerstörung sorgen. Die Versicherungen, vornehmlich der VdS*, haben das in ihren Veröffentlichungen stets betont.

Planer und Errichter von elektrischen Anlagen tragen daher eine besondere Verantwortung. Leider wird der vorbeugende Brandschutz im Bereich Elektroinstallation in Verordnungen und Normen nicht „an einem Stück" behandelt. Oft muss sich der Planer oder Errichter mühsam durch einen „Dschungel" von Bestimmungstexten arbeiten, um die gesamte Bandbreite der Brandschadenverhütung im Bereich der Elektroinstallation beherzigen zu können.

Ziel dieses Buches soll es sein, diese verantwortungsvolle und nicht immer leichte Aufgabe zu vereinfachen. Sowohl notwendige theoretische Grundlagen als auch praxisgerechte Erläuterungen sollen dabei im Vordergrund stehen. Die Aussagen sollen möglichst nachvollziehbar und wo immer möglich auch nachlesbar sein – nachlesbar vor allem dort, wo allein die Grundlage für einen sachgerechten Brandschutz gelegt werden kann: in den Texten der einschlägigen Verordnungen und Normen. Da Normen häufig nur den „Mindestschutz“ bezüglich einer Gefahr festlegen und aufgrund der oft langwierigen Normungsprozesse nicht immer den aktuellen Stand der Technik beschreiben, sollen auch Richtlinien der verschiedenen Verbände** zur Sprache kommen, soweit sie diesen Mangel beheben helfen. Dabei wurde stets versucht, den Unterschied zwischen den verbindlichen Normen und den wichtigen, aber aus juristischer Sicht (leider) unverbindlichen Richtlinien auch sprachlich deutlich zu machen, indem in diesem Fall bei Anforderungen statt eines „Muss“ ein „Sollte“ eingeführt wurde.

Um das jeweilige Thema weiter vertiefen zu können, wurde nach jedem Themenschwerpunkt ein Literaturverzeichnis angefügt.

Herbert Schmolke

* Bis 1997 verstand man unter „VdS“ den „Verband der Sachversicherer e.V.“. Dieser Verband hat sich mit einigen anderen Verbänden zum „Gesamtverband der deutschen Versicherungswirtschaft e. V. (GDV)“ zusammengeschlossen. Doch ist das in der Fachöffentlichkeit bekannte Kürzel VdS nicht verschwunden: So wurde 1997 die VdS Schadenverhütung GmbH gegründet – eine Gesellschaft, deren einziger Gesellschafter der GDV ist. Die VdS Schadenverhütung GmbH deckt den Bereich der Dienstleistung innerhalb der Schadenverhütungsarbeit ab. So ist dieses Unternehmen beispielsweise für die Anerkennung von Brandmeldeanlagen und von Errichtern für Brandmeldeanlagen zuständig (so ganz ähnlich auch im Bereich Sprinkleranlagen und Einbruchmeldeanlagen). Der konzeptionelle Brandschutz, der sich in den sogenannten „VdS-Richtlinien“ widerspiegelt, ist auch heute noch Aufgabe des GDV.

** Beispielsweise geben die Berufsgenossenschaften Richtlinien heraus (z. B. BGR) und auch der oben beschriebene GDV (VdS-Richtlinien).

Vorwort zur zweiten Auflage

Die vorliegende zweite Auflage stellt zum einen eine Überarbeitung der ersten Auflage dar, die notwendig wurde, weil sich zwischenzeitlich Änderungen bei den DIN-VDE-Normen ergeben haben. So ist vor allem DIN VDE 0100-482:2003-06 neu erschienen. Die Besonderheit dieser aktuellen Norm-Ausgabe ist, dass der Text der Vorgängerausgabe zwar unverändert übernommen wurde; um jedoch den in Deutschland bisher bekannten Sicherheitsstandard sowie den tatsächlichen Stand der Technik zu berücksichtigen, wurden zahlreiche grau schattierte Abschnitte eingeschoben, die in Deutschland ebenso verbindlich sind wie der übrige Text. Es handelt sich also um so genannte „Restnormanteile" und nationale Ergänzungen. Ähnliches kann von der neu erschienenen DIN VDE 0100-520:2003-06 gesagt werden. Auch die grundlegende Norm DIN VDE 0298-4 wurde im August 2003 neu herausgegeben. In ihr wird zum ersten Mal eine Bewertung der Belastung durch Oberschwingungen vorgenommen. Auch diese wichtige Ergänzung wird in dieser Auflage berücksichtigt.

Zum anderen wurden in dieser Auflage Anregungen verarbeitet, die dem Autor von interessierten Lesern freundlicherweise zugeleitet wurden.

Da in der ersten Auflage einige Themen etwas zu kurz kamen oder andere gar nicht erwähnt waren, wurde weiterhin versucht, diese Lücke durch ergänzende Erläuterungen zu schließen. Beispielsweise wurde das Thema Störlichtbogenschutz neu aufgenommen und die immer häufiger auftretende Problematik der Überwachung von Frequenzumrichtern zumindest kurz angesprochen.

Weiterhin wurde die CD mit den „automatischen Berechnungstabellen", die schon der ersten Auflage dieses Buches beilag, überarbeitet und erweitert. So wurde eine etwas aussagekräftigere Dokumentation der errechneten Ergebnisse möglich und eine Tabelle zur Querschnittsbestimmung von Kabeln und Leitungen mit Funktionserhalt im Brandfall unter Berücksichtigung des Spannungsfalls ergänzt. Ein besonderer Dank gilt hierfür Herrn Torsten Wendav, der seine Programmierkenntnisse freundlicherweise mit Engagement und Sachverstand zur Verfügung gestellt hat, damit die CD im vorliegenden Layout der zweiten Auflage des Buches beigelegt werden konnte.

Besonders erfreulich hat sich die Zusammenarbeit mit dem Verlag und vor allem mit dem Lektor des Buches, Herrn *Klaus Lißner*, gestaltet, dem an dieser Stelle für den reibungslosen und harmonischen Ablauf der Arbeiten ein ganz besonderer Dank ausgesprochen werden soll.

Der Autor hofft, mit der zweiten Auflage dieses Buches einen sinnvollen Beitrag zum Thema Brandschadenverhütung in elektrischen Anlagen leisten zu können. Anregungen und konstruktive Kritik werden auch zukünftig dankbar aufgenommen und wo immer möglich berücksichtigt.

Herbert Schmolke

Vorwort zur dritten Auflage

Bei oberflächlicher Betrachtung könnte man zu der Meinung gelangen, dass sich Physik und Chemie vom Grundsatz her nicht ändern und sich deshalb die Anforderungen für eine sinnvolle Brandschadenverhütung innerhalb von fünf bis zehn Jahren wohl kaum so wesentlich wandeln können. Warum also ein Buch zu diesem Thema immer wieder aktualisieren und erweitern?

Doch eine solche Betrachtungsweise ist viel zu kurzsichtig. Nicht nur die Anforderungen, die durch Gesetze, Verordnungen, Richtlinien und Normen entstehen, ändern sich und müssen für den konkreten Anwendungsfall immer wieder neu erwähnt und kommentiert werden. Auch das technische Regelwerk reagiert immer wieder auf die sich zum Teil rasant verändernde Technik mit der Herausgabe von aktualisierten oder gänzlich neuen Normen.

Für den Planer und Errichter bedeutet das stets, dass er mit seinem Fachwissen bzw. mit seiner fachlichen Kompetenz nie völlig zufrieden sein darf. Neugierde und Aufmerksamkeit gegenüber den Anforderungen einer elektrischen Anlage, in der auch die Brandschadenverhütung eine wichtige Rolle spielt, müssen ständig wach bleiben.

In der vorliegenden dritten Auflage wurden alle wichtigen Änderungen aus Gesetzen, Verordnungen, Richtlinien und Normen aufgenommen. Außerdem wurden Erfahrungen verarbeitet, die durch Schadenereignisse, Fachdiskussionen und die ständige Beratungstätigkeit des Verfassers entstanden sind.

Herbert Schmolke

Vorwort zur vierten Auflage

Für diese vierte Auflage des Buchs mussten umfangreiche Änderungen vorgenommen werden, da seit der dritten Auflage zahlreiche Normen zurückgezogen, neu herausgegeben oder wesentlich geändert wurden. Besonders zu erwähnen sind Änderungen und Ergänzungen, die notwendig waren, weil die bislang grundlegende Norm zum Thema des Buchs, DIN VDE 0100-482 zurückgezogen und die Inhalte komplett in die stark überarbeitete Norm DIN VDE 0100-420 (Schutz gegen thermische Auswirkungen) übertragen wurden. Außer dieser Übernahme wurde in DIN VDE 0100-420 für das Thema „Brandschadenverhütung“ wichtige Inhalte hinzugefügt. Besonders hervorzuheben sind Aussagen zum Lichtbogenschutz (Störlichtbogenschutz sowie Fehlerlichtbogenschutz). Aber auch in der aktuellen Ausgabe der DIN VDE 0100-520 (Kabel- und Leitungsanlagen) sowie in DIN VDE 0100-530 (Schalt- und Steuergeräte) sind gegenüber früheren Versionen dieser Normen zahlreiche Änderungen und Ergänzungen zu finden. Dies sind nur einige Beispiele, die eine Überarbeitung und umfangreiche Ergänzungen dieses Buchs dringend erforderlich machten.

Außerdem sind in dieser Auflage Fehlermeldungen der Leserschaft eingearbeitet worden. Für alle Hinweise möchte sich der Autor dieses Buches herzlich bedanken.

Die freundliche und effektive Zusammenarbeit mit dem Verlag darf auch in diesem Vorwort nicht unerwähnt bleiben. Auch dafür möchte sich der Autor herzlich bedanken.

Herbert Schmolke

Downloadhinweis

unter
www.elektro.net/downloads-schmolke-brandschutz
Passwort: brandschutz

erhalten Sie sechs „automatische Tabellen“ zum Download.

Mehr Informationen dazu finden Sie im Anhang des Buches.

Inhaltsverzeichnis

A Einführung

1 Allgemeines zum Thema Brandschutz und Nutzung elektrischer Energie

Der elektrische Strom arbeitet für uns unsichtbar, geruchlos und (fast) geräuschlos. Vielleicht ist das einer der Hauptgründe, warum die Gefahren, die von ihm ausgehen, auch heute noch immer wieder unterschätzt werden. Die elektrische Anlage eines Gebäudes kommt bei einem Brand viel zu häufig als Ursache in Frage. Dabei gibt es immer wieder unterschiedliche Angaben, wie häufig die elektrische Anlage als Brandursache genannt werden kann. Eine gewisse Unsicherheit resultiert aus der Tatsache, dass man nach einem Brand nicht immer genau sagen kann, ob die elektrische Anlage die primäre Ursache oder eventuell nur indirekt beteiligt war (z.B. indem sie durch Kurzschlüsse neue Brandherde entzündet oder zur Ausbreitung des Brandherdes beigetragen hat). Oft heißt es lediglich, dass der Brand durch einen „technischen Defekt" ausgelöst wurde. Offen bleibt dabei, welche technischen Anlagen und Einrichtungen hier gemeint sind.

Bild 1.1 zeigt einen Überblick über die Beteiligung der elektrischen Anlage bei der Brandentstehung, der Brandentwicklung und bei der Brandfortleitung. Der bauliche Brandschutz wird in dieser Darstellung nur dort berücksichtigt, wo er in direkter Beziehung zur elektrischen Anlage steht (beispielsweise beim Brandschott).

Beim Thema „Brandschadenverhütung" ist eine umfangreiche und eingehende Betrachtung bzw. Berücksichtigung der einschlägigen Normen und Vorschriften ebenso notwendig wie eine Auseinandersetzung mit einigen theoretischen Grundüberlegungen aus der Elektrotechnik. Im Folgenden wird versucht, das Thema unter dieser Voraussetzung mit dem größtmöglichen Praxisbezug zu beschreiben.

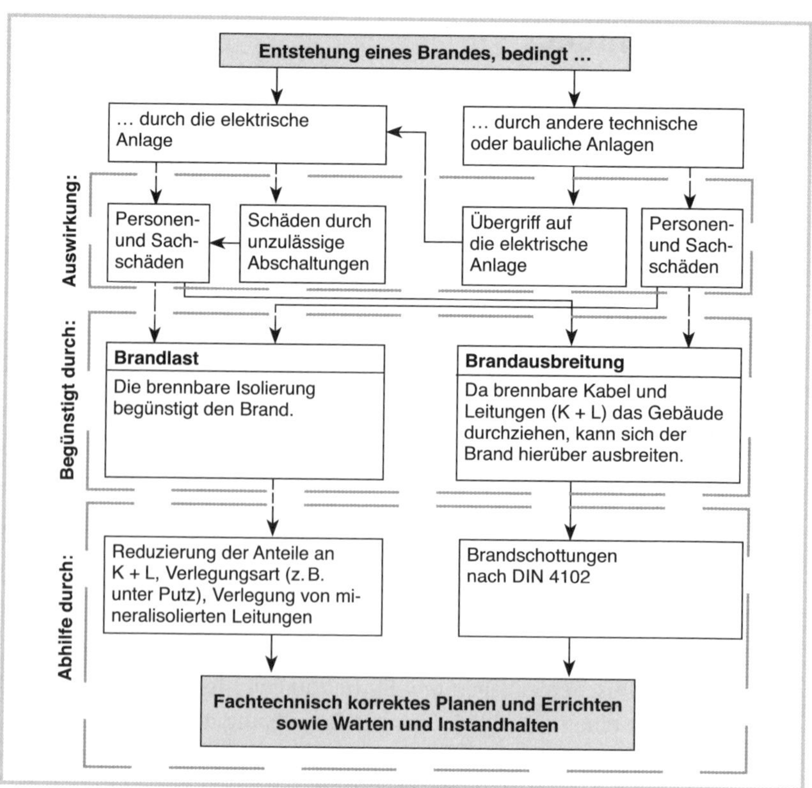

Bild 1.1 *Beteiligung der elektrischen Anlage bei der Entstehung eines Brandes, bei der Brandentwicklung und bei der Brandfortleitung*

2 Vorschriften, Normen und Richtlinien

2.1 Überblick

Als Erstes soll ein Überblick über die wichtigsten in Frage kommenden Gesetze, Normen und Vorschriften gegeben werden.

2.1.1 DIN-VDE-Normen

In Bezug auf die DIN-VDE-Normen taucht immer wieder die Frage auf, wie verbindlich diese Normen eigentlich sind. Über Gesetzestexte lässt sich natürlich nicht streiten (wenn sie eindeutige Aussagen enthalten) – aber wie ist das beispielsweise bei einem Bestimmungstext aus dem DIN-VDE-Vorschriftenwerk?

Im Grunde genommen könnte man sagen, dass eine DIN-VDE-Norm von sich aus keine zwingende Rechtsverbindlichkeit hat. Niemand wird vom Gesetz gezwungen, bei der Errichtung einer elektrischen Anlage eine Norm einzuhalten. Trotzdem kommt kein verantwortungsbewusster Errichter oder Planer an den Normen vorbei. Der Gesetzgeber hat nämlich für den Fall, dass es zu einem Rechtsstreit kommt, weil durch die elektrische Anlage Personen verletzt oder Sachen beschädigt wurden, durch die Normen die Möglichkeit „Recht zu sprechen", obwohl der jeweilige Richter selbst keine Elektrofachkraft ist. Er legt also nicht selbst fest, was „technisch korrekt" ist und was nicht. Die Normen gelten nämlich als sogenannte „Allgemein anerkannte Regeln der Technik".

Der Richter kann dabei voraussetzen, dass diese Regeln bei einem Errichter oder Planer bekannt sein müssen, und da die DIN-VDE-Bestimmungstexte als Sicherheitsnormen gelten, kann er bei Beachtung dieser Regeln durch den Errichter oder Planer voraussetzen, dass dieser mit ausreichender Sorgfalt gearbeitet hat. Hat der Errichter oder Planer dagegen die DIN-VDE-Normen nicht eingehalten, muss er selbst nachweisen, dass er mit gleicher Sorgfalt für eine gleichwertige Sicherheit gesorgt hat – und das ist in den meisten Fällen nicht so einfach.

Wichtig ist dabei der Hinweis, dass diese Normen „allgemein anerkannt" sind. Das bedeutet zunächst, dass sie allgemein bekannt sein müssen.

Für den Planer oder Errichter einer elektrischen Anlage bedeutet das: Er muss diese Normen kennen. Darüber hinaus deutet die Angabe, dass diese

Normen „allgemein anerkannt" sind, auf die besondere Entstehung dieser DIN-VDE-Normen hin. Durch das umfassende Veröffentlichungs- und Einspruchsverfahren hat jeder die Möglichkeit zur Korrektur. Aufgrund dieser verbindlich für alle Normen festgelegten Verfahrensweise kann der Gesetzgeber von einer allgemeinen Anerkennung sprechen.

Im **Energiewirtschaftsgesetz** (EnWG), in der Ausgabe vom 07. Juli 2005, ist das unzweideutig festgelegt worden.[1] Dort heißt es (Hervorhebungen durch den Verfasser):

„§ 49 ***Anforderungen an Energieanlagen***

(1) Energieanlagen sind so zu errichten und zu betreiben, dass die technische Sicherheit gewährleistet ist. Dabei sind vorbehaltlich sonstiger Rechtsvorschriften die ***allgemein anerkannten Regeln der Technik*** *zu beachten.*

(2) Die Einhaltung der ***allgemein anerkannten Regeln der Technik*** *wird vermutet, wenn bei Anlagen zur Erzeugung, Fortleitung und Abgabe*

1. ***von Elektrizität die technischen Regeln des Verbandes der Elektrotechnik Elektronik Informationstechnik e. V.***

2. ... eingehalten worden sind."

Über dieses EnWG haben die Bestimmungstexte von DIN VDE einen hohen Stellenwert. Vielfach spricht man in diesem Zusammenhang von einer „Quasi-Rechtsverbindlichkeit" der DIN-VDE-Normen.

2.1.2 DIN-Normen

DIN-Normen haben nicht die gleiche (Quasi-)Rechtsverbindlichkeit wie die DIN-VDE-Normen, weil sie in der Regel keine Sicherheitsnormen sind, sondern meist Grundsätze für Entwurf, Berechnung, Ausführung und Errichtung einer Anlage enthalten. Verbindlich wird eine DIN-Norm erst, wenn ihre Einhaltung in einem privatrechtlichen Vertrag (beispielsweise zwischen Bauherrn und planendem Architekten oder zwischen Bauherrn und späterem Käufer eines Gebäudes) vereinbart wird.

Oft wird in den Technischen Anschlussbedingungen (TAB) der Netzbetreiber (NB) auf DIN-Normen verwiesen. Meist sind diese TAB auch Teil des Vertrags zwischen dem NB und seinem Kunden. Somit können auch über diese vertragliche Situation bestimmte DIN-Normen verbindlich vorgeschrieben sein.

1 Das bis Juli 2005 gültige EnWG vom 24.04.1998 ist mit dieser Ausgabe außer Kraft gesetzt worden. In der bisherigen Fassung des EnWG fand man o. g. Aussagen im § 16.

Eine andere Möglichkeit, dass DIN-Normen verbindlichen Charakter erhalten, ist, dass sie in behördlichen Forderungen erwähnt werden. So wurde DIN 4102 durch die „Technischen Bestimmungen“ der Landesbaubehörden der Bundesländer verbindlich eingeführt. Das ist für unser Thema von besonderem Interesse, da diese Norm grundsätzliche Aussagen enthält zu den Themen „baulicher Brandschutz“ und „Funktionserhalt bei einem Brand“.

Aber auch dann, wenn keine vertragliche Festlegung oder behördliche Vorschrift bezüglich der Einhaltung von DIN-Normen vorliegt, ist der Planer und Errichter gut beraten, wenn er die Aussagen der DIN-Normen möglichst beherzigt.

2.1.3 Verordnungen der Landesbaubehörde

Verordnungen der Baubehörde sind stets zu beachten. Im Grunde unterliegt jedes Bauwerk der Überwachung durch das jeweilige Landesbauamt. Natürlich wirkt sich diese Überwachung beispielsweise bei Gebäuden mit Menschenansammlungen[2] anders aus als bei einem privaten, freistehenden Einfamilienhaus. Hin und wieder werden bei besonderen Gebäuden auch im jeweiligen Baugenehmigungsbescheid bestimmte Festlegungen getroffen, an die sich auch der Elektroplaner oder Errichter zu halten hat. Hier gibt es kaum Spielraum für Interpretationen – wenn diese Festlegungen nur deutlich genug formuliert sind.

Darüber hinaus gibt es für das jeweilige Bundesland allgemein gültige Forderungen der Baubehörde in Form von Verordnungen, Runderlassen, Verwaltungsvorschriften und Ausführungsanweisungen. Da das Recht, diese Festlegungen zu formulieren, bei den einzelnen Bundesländern liegt, stellt sich die Frage nach der bundesweiten Einheitlichkeit. Seit den fünfziger Jahren sind die Länder bemüht, in dieser Frage eine möglichst große Einheitlichkeit zu erzielen. Ausgehend von diesem Gedanken erstellen seither die Länder in einer gemeinsamen Arbeit eine „Musterbauordnung“, die als Vorlage für die verschiedenen Bauordnungen der einzelnen Bundesländer dienen soll. In den verschiedenen Bundesländern wird diese Musterbauordnung dann mehr oder weniger wörtlich übernommen. Aber Vorsicht! – es bleiben immer noch hier und da Unterschiede bestehen. Das bedeutet für Planer und Errichter: Sie müssen sich bei dem für das geplante Bauobjekt

2 Das sind Versammlungsstätten, Gaststätten, Geschäftshäuser usw. – Siehe hierzu besonders DIN VDE 0100-718 (VDE 0100-718).

zuständigen Bauamt erkundigen, wie die jeweils gültige Bauordnung genau aussieht.

In diesem Buch wird in der Regel dort, wo es nötig ist, auf die Musterbauordnung zurückgegriffen. Der Leser kann in den allermeisten Fällen davon ausgehen, dass hierdurch die Gegebenheiten der verschiedenen Bundesländer berücksichtigt werden. In Zweifelsfällen sollte er beim zuständigen Bauamt nachfragen, ob diese Forderung im konkreten Fall so Gültigkeit hat oder nicht.

Eines der wichtigsten Gremien bei der Erstellung der erwähnten Musterbauordnung ist die sogenannte ARGEBAU[3]. Diese ARGEBAU hat u. a. auch eine Musterrichtlinie herausgegeben, die für unser Thema von besonderem Interesse ist. Es handelt sich um die „Muster-Richtlinie über brandschutztechnische Anforderungen an Leitungsanlagen (Muster-Leitungsanlagen-Richtlinie MLAR)“.[4]

Diese MLAR hat im Grunde für alle Arten von Gebäuden Gültigkeit. Da im Text jedoch hauptsächlich von Rettungswegen, vom Funktionserhalt von Sicherheitseinrichtungen und von Brandschottungen bei Durchbrüchen durch Brandwände (u. ä.) die Rede ist, kommt eine Anwendung der MLAR natürlich nur in Gebäuden in Betracht, in denen solche Einrichtungen oder Räumlichkeiten vorkommen. Wichtig ist hier noch, dass auch diese MLAR in den verschiedenen Bundesländern verschieden umgesetzt bzw. übernommen wurde. Wir werden im Einzelnen an der entsprechenden Stelle die Inhalte dieser Muster-Richtlinie (in der gültigen Fassung) erörtern.

2.1.4 Vorschriften und Richtlinien der Berufsgenossenschaften

Die Berufsgenossenschaften (BG) sind Träger der gesetzlichen Unfallversicherungen und haben in dieser Stellung das Recht, Vorschriften zum Thema „Unfallverhütung“ herauszugeben. Diese Vorschriften sind als Unfall-Verhütungs-Vorschriften (UVV) bekannt, werden jedoch seit 2000 „Berufsgenossenschaftliche Vorschriften für Arbeitssicherheit und Gesundheitsschutz (BGV)“ genannt. 2014 wurden die BGV als DGUV-Vorschriften zusammen-

3 ARGEBAU = Arbeitsgemeinschaft (inzwischen: Konferenz) der für das Städtebau-, Bau- und Wohnungswesen zuständigen Minister und Senatoren der Länder.

4 In einigen Bundesländern, in denen die MLAR mehr oder weniger wortgetreu übernommen wurde, wird sie „Richtlinien über brandschutztechnische Anforderungen an Leitungsanlagen (RbALei)“ genannt und in anderen Bundesländern heißt sie „Verordnung über Leitungsanlagen“ (häufig mit der Abkürzung LAR bzw. LARVo oder ähnlich bezeichnet). Die MLAR liegt zurzeit in der Fassung vom Februar 2015 vor.

gefasst bzw. umbenannt. Zusätzlich wurden noch weitere Papiere, die zum Teil ähnliche oder gleiche Themen behandelten, in DGUV-Vorschriften überführt. Die Buchstabenfolge DGUV steht als Kürzel für die Deutsche Gesetzliche Unfallversicherung.

Die DGUV-Vorschriften sind Regelungen des „autonomen Rechts". Sie bedürfen also nicht zwingend der für Gesetze sonst üblichen Zustimmung der parlamentarischen Gesetzgebungsorgane und sind trotzdem verbindliche Vorschriften für alle Mitglieder der Berufsgenossenschaften.

Für die Elektroinstallation ist die DGUV-Vorschrift 3 (Elektrische Anlagen und Betriebsmittel) von besonderem Interesse[5]. Diese Vorschriften sind im gewerblichen Bereich sowohl für den Planer, Errichter als auch für den Betreiber einer elektrischen Anlage (dem Unternehmer) verbindlich.

Allerdings legen die Berufsgenossenschaften als Träger der gesetzlichen Unfallversicherungen den Schwerpunkt weniger auf den Sachschutz als eher auf den Personenschutz. Ein konsequenter Personenschutz ist natürlich immer auch zugleich ein guter Sachschutz, dennoch ist Sachschutz mehr. Genauso kann gesagt werden, dass ein konsequenter Sachschutz stets auch ein guter Personenschutz ist – und trotzdem ist Personenschutz mehr als das.

Die beiden Themen (Unfallverhütung und Brandschadenverhütung) haben aufgrund der engen Verwandtschaft sicher viel Gemeinsames, aber darüber hinaus haben beide Themen für sich noch Teilthemen, die im jeweils anderen Thema nicht enthalten sind.

Um Hilfen an die Hand zu geben, damit die Schutzziele, die in den einzelnen Paragraphen der DGUV-Vorschrift 3 festgelegt sind, erreicht werden können, hat die BG

- zunächst Durchführungsanweisungen (DA) angefügt. Sie stehen in der DGUV-Vorschrift 3 hinter dem entsprechenden Paragraphen, den sie erläutern sollen. In der Regel sind hier Empfehlungen enthalten, die dem Anwender nahegelegt werden, um das im Paragraphen enthaltene Schutzziel erreichen zu können.
- Darüber hinaus geben die Berufsgenossenschaften noch folgende Papiere heraus:[6]

5 Für ortsveränderliche Betriebsmittel muss jedoch zusätzlich zur DGUV-Vorschrift 3 die Betriebssicherheitsverordnung (BetrSichV) mit den zugehörigen „Technischen Regeln zur Betriebssicherheit" (TRBS) beachtet werden.

6 Beispiele: DGUV-Regel 103-013 „Elektromagnetische Felder" oder DGUV-Information 203-071 „Wiederkehrende Prüfungen ortsveränderlicher elektrischer Betriebsmittel".

- BG-Regeln (DGUV-Regeln), die wichtige Regeln und Empfehlungen zur Arbeitssicherheit und zum Gesundheitsschutz enthalten. Sie erläutern und konkretisieren, wie die übergeordneten Ziele der DGUV-Vorschriften eingehalten werden können.
- BG-Informationen (DGUV-Informationen), die Hinweise und Empfehlungen zur Arbeitssicherheit enthalten. Auch sie konkretisieren die übergeordneten Schutzziele der DGUV-Vorschriften.
- BG-Grundsätze (DGUV-Grundsätze), Grundsätze und Prüfvorschriften zur Arbeitssicherheit und zum Gesundheitsschutz. Sie beschreiben Prüfverfahren und arbeitsmedizinische Vorsorgeuntersuchungen.

Seit 2007 werden sowohl die DGUV-Vorschriften als auch die DGUV-Regeln und Informationen zunehmend in sogenannte „Technische Regeln für Betriebssicherheit" (TRBS) überführt.

Die DA in der DGUV-Vorschrift 3 sowie die vorgenannten Richtlinien und Informationsschriften sind „Regeln der Technik", jedoch keine Vorschriften im Sinne einer gesetzlichen Verordnung, wie die UVV. Da sie jedoch Maßnahmen beschreiben, mit denen der Planer, Errichter und Betreiber elektrischer Anlagen die in den UVV vorgegebenen Schutzziele zu erreichen vermag, sollten sie tunlichst beachtet werden. Wer sich nicht daran hält, ist stets nachweispflichtig, dass seine gewählten Maßnahmen genauso effektiv bzw. sicher sind. Jeder verantwortungsvolle Planer und Errichter sollte sich deshalb über diese wichtigen Empfehlungen informieren und sie möglichst immer beherzigen. In einigen Teilbereichen der Technik (häufig in Bezug auf den Betrieb einer Anlage) sind diese BG-Richtlinien die wichtigsten Informationen überhaupt, da die einschlägigen Normen hierzu nicht ausreichend informieren.

Darüber hinaus kann die Einhaltung der BG-Richtlinien von Behörden oder in Verträgen gefordert werden – dann sind auch solche Richtlinien unbedingt einzuhalten.

2.1.5 Verordnungen und Regeln des Gesetzgebers und der Netzbetreiber

Das Energiewirtschaftsgesetz (siehe Abschnitt 2.1.1 dieses Buches) richtet sich zunächst an den Netzbetreiber (bzw. den Energieversorger). Um den Anforderungen dieses Gesetzes gerecht zu werden, hat der Gesetzgeber darüber hinaus ein Regelwerk geschaffen (vor allem die NAV sowie die TAB – siehe nachfolgende Beschreibung). Dieses Regelwerk wird bei der Energielieferung wirksam – z. B. durch Vertragsschluss.

Niederspannungsanschlussverordnung (NAV)

Bis 2006 kannte die Fachwelt die sogenannte **AVBEltV** (Verordnung über Allgemeine Bedingungen für die Elektrizitätsversorgung), die den Energielieferungsverträgen der Energieversorger zugrunde lag und durch die auch die TAB (Technische Anschlussbedingungen) ermächtigt waren. Seit November 2006 ist an die Stelle der AVBEltV die **Verordnung über Allgemeine Bedingungen für den Netzanschluss und dessen Nutzung für die Elektrizitätsversorgung in Niederspannung,** kurz **Niederspannungsanschlussverordnung** oder noch kürzer **NAV** getreten. Sie basiert (wie zuvor die AVBEltV) auf dem Energiewirtschaftsgesetz (EnWG). In Tarifkundenanlagen muss sie also Berücksichtigung finden.

Auch die NAV berechtigen den Netzbetreiber, für die Anforderungen an elektrische Anlagen Technische Anschlussbedingungen (TAB) festzulegen (so vor allem in NAV § 20).

Das für die Pflege und Aktualisierung von Technischen Anschlussbedingungen zuständige Gremium, das „Forum Netztechnik/Netzbetrieb (FNN)" hat 2019 in einer VDE-Anwendungsregel die wesentlichen Inhalte der bis dahin gültigen TAB-Ausgaben erfasst und ergänzt (siehe auch nachfolgenden Unterabschnitt **„Technische Anschlussbedingungen (TAB)"**).

Der jeweilige Netzbetreiber kann diese Regelungen zu 100 % oder modifiziert übernehmen und als seine „TAB Niederspannung" veröffentlichen. Diese TAB sind automatisch Bestandteil von Netzanschlussverträgen und Anschlussnutzungsverhältnissen.

Die NAV begründet in § 18, Abs. 1, ihre verpflichtende Wirkung mit Hinweis auf das Energiewirtschaftsgesetz (EnWG). Da die NAV Bestandteil eines Versorgungsvertrags mit dem Tarifkunden ist, müssen Planer und Errichter sozusagen im Auftrag dieses Tarifkunden diese Verordnung beachten. Besonders der Errichter muss hier Verantwortung übernehmen, sonst könnte die Energieeinspeisung durch den Netzbetreiber verweigert werden.

In diesem Zusammenhang ist besonders § 13 (Elektrische Anlage) der NAV von Bedeutung. Dort heißt es unter Ziffer (2) wörtlich:

„Unzulässige Rückwirkungen der Anlage sind auszuschließen. Um dies zu gewährleisten, darf die Anlage nur nach den Vorschriften dieser Verordnung, nach anderen anzuwendenden Rechtsvorschriften und behördlichen Bestimmungen sowie nach den allgemein anerkannten Regeln der Technik errichtet, erweitert, geändert und instand gehalten werden. ***In Bezug auf die allgemein anerkannten Regeln der Technik gilt § 49 Abs. 2 Nr. 1***

***des Energiewirtschaftsgesetzes entsprechend.*"** (Hervorhebung nicht im Original)

Auch bezüglich der Auswahl von elektrischen Betriebsmitteln weisen die NAV (§ 13) auf das EnWG § 49 und fordern deshalb, dass diese unter Beachtung der allgemein anerkannten Regeln der Technik hergestellt wurden. So heißt es weiter unter Ziffer (2), dass diese Forderung als erfüllt angesehen wird, wenn die Betriebsmittel das Zeichen einer akkreditierten Stelle, insbesondere das VDE-Zeichen, GS-Zeichen oder CE-Zeichen, tragen.

Allerdings muss hinzugefügt werden, dass das zuletzt genannte CE-Zeichen in der Regel bei üblichen elektrischen Betriebsmitteln vom Hersteller sozusagen als „Selbstauskunft" vergeben wird. Eine akkreditierte Stelle, die als unabhängiger Dritter diese „Selbstauskunft" hinterfragt, überprüft und gegebenenfalls bestätigt, wird nur bei den beiden zuerst genannten Zeichen vorausgesetzt. Eine Verpflichtung der Überprüfung durch einen unabhängigen Dritten ist bei typischen elektrischen Betriebsmitteln innerhalb der elektrischen Anlage nicht gefordert.

Technische Anschlussbedingungen (TAB)

Die NAV § 20 ermächtigen den Netzbetreiber, in Technischen Anschlussbedingungen (TAB) Anforderungen für die Ausführung der Elektroinstallation vorzuschreiben.

Diese TAB sind notwendig, um sicherzustellen, dass aus den Verbraucheranlagen keine Rückwirkungen auf das Versorgungsnetz möglich sind. Das bedeutet, es dürfen in den Verbraucheranlagen keine Zustände herbeigeführt werden oder vorhanden sein, die zu einer Gefahr für Leib und Leben sowie für Sachwerte oder zu einer Störung der Stromversorgung führen können. Die TAB sollen dem Netzbetreiber außerdem eine rationelle und gleichzeitig leistungsgerechte Auslegung der Energieversorgung ermöglichen. Mit Herausgabe der aktuell gültigen VDE-Anwendungsregel VDE-AR-N 4100:2019-04, der Titel lautet: *„Technische Regeln für den Anschluss von Kundenanlagen an das Niederspannungsnetz und deren Betrieb (TAR Niederspannung)"*, wurden einige wichtige und bisher gültige Papiere ersetzt, wie z. B. (unvollständige Liste):

- VDN-Richtlinie, Überspannungs-Schutzeinrichtungen Typ 1,
- VDE-Anwendungsregel VDE-AR-N 4101, Anforderungen an Zählerplätze in elektrischen Anlagen im Niederspannungsnetz,
- VDE-Anwendungsregel VDE-AR-N 4102, Anschlussschränke im Freien am Niederspannungsnetz der allgemeinen Versorgung; Technische

Anschlussbedingungen für den Anschluss von ortsfesten Schalt- und Steuerschränken, Zähleranschlusssäulen, Telekommunikationsanlagen und Ladestationen für Elektrofahrzeuge.

Außerdem wurden die Inhalte der folgenden TAB übernommen und weiterentwickelt:

„Technischen Anschlussbedingungen für den Anschluss an das Niederspannungsnetz, TAB 2007“, Ausgabe 2011 (BDEW-Bundesmusterwortlaut).

Für den Anwendungsbereich dieser VDE-AR wird im Abschnitt 1 u.a. Folgendes festgelegt:

„Diese VDE-Anwendungsregel ist die Basis für die Technischen Anschlussbedingungen (TAB) Niederspannung der Netzbetreiber. Der Netzbetreiber ergänzt die Technischen Anschlussregeln um seine netzspezifischen Anforderungen und veröffentlicht diese dann als TAB Niederspannung auf seiner Internetseite. Die TAB des Netzbetreibers gelten zusammen mit § 19 EnWG „Technische Vorschriften“ und sind somit Bestandteil von Netzanschlussverträgen und Anschlussnutzungsverhältnissen.“

2.1.6 Richtlinien der Sachversicherer

Die Sachversicherer haben schon recht früh erkannt, dass eine günstige Versicherungs-Tarifgestaltung immer auch mit einer sinnvollen Schadenverhütungsarbeit verbunden ist. Bereits um die vorletzte Jahrhundertwende haben sich Versicherungen zusammengetan, um technische Innovationen, die Auswirkungen auf die Preisgestaltung der Versicherungsverträge nehmen konnten, zu untersuchen (so vor allem in Bezug auf die damals neue Sprinklertechnik). Mit den Jahren hat sich diese Schadenverhütungsarbeit im Versicherungsverband mehr und mehr professionalisiert. Heute können die „Schadenverhütungs-Ingenieure“ der Versicherungen und des Versicherungsverbandes (GDV)[7] durch langjährige Erfahrung und durch die kontinuierliche Arbeit in diesem Bereich viel zum Thema „Brandschadenverhütung“ beitragen.

Der GDV gibt diese Erfahrungen in seinen Richtlinien wieder, den so genannten VdS-Richtlinien[8]. Diese Richtlinien sind „Regeln der Technik“, jedoch nicht „allgemein anerkannte“. Ihre Einhaltung ist nur dann verbindlich, wenn das in Versicherungsverträgen ausdrücklich vereinbart wurde.

7 GDV: Gesamtverband der deutschen Versicherungswirtschaft e.V.

8 Erläuterungen zum Ausdruck „VdS“ wurden im Vorwort angegeben.

Es kommt auch vor, dass Baubehörden die Einhaltung von VdS-Richtlinien in bestimmten Bereichen (beispielsweise bei Brandmeldeanlagen u. ä.) fordern. Oder der Bauherr verlangt bei der Vergabe der Bauleistung von den errichtenden Unternehmen die Einhaltung von VdS-Richtlinien.

Die VdS-Richtlinien wollen weder Normen aushebeln noch umdeuten. Sinn und Zweck dieser Richtlinien ist vielmehr, offensichtliche „Lücken" der Normen im Themenbereich Brandschadenverhütung zu schließen. Der Grundgedanke ist, dass die Normen einen „Mindestschutz" darstellen. Die Erfahrungen der Versicherungen haben aber gezeigt, dass die Sicherheit vor Bränden erheblich gesteigert werden kann, wenn man diesen Mindestschutz sinnvoll ergänzt. Solche Ergänzungen enthalten die VdS-Richtlinien.

Darüber hinaus gibt es innovative Entwicklungen in der Technik, deren Gefahren früh erkannt werden, weil durch sie Personen- oder Sachschaden entstanden sind. Normen können jedoch erst sehr verspätet auf diese Entwicklungen eingehen, weil der Normungsprozess viel Zeit in Anspruch nimmt. Durch VdS-Richtlinien kann man hier erheblich schneller reagieren.

Deshalb kann es durchaus Fälle geben, in denen VdS-Richtlinien die einzige nutzbare Information bezüglich Brandschadenverhütung oder allgemein Sachschutz darstellen, weil die anderen technischen Regeln (vor allem die DIN-VDE-Normen) dazu keine oder kaum Aussagen machen. Kommt es zu einem Schadenfall, kann der Planer oder Errichter durchaus gefragt werden, warum er diese Richtlinien nicht beachtet hat; besonders dann, wenn sich nachweisen lässt, dass bei Beachtung dieser Richtlinien der Schaden hätte verhindert werden können.

Daher kann man ganz allgemein formulieren: Beim Thema Brandschadenverhütung profitiert man durch die Erfahrungen der Versicherungen, indem man auch außerhalb von Vorschriften und Verträgen auf eine Einhaltung der VdS-Richtlinien achtet. Planer und Errichter gehen einen Schritt in die richtige (sichere) Richtung, wenn sie die VdS-Richtlinien wo immer möglich beherzigen.

Man erkennt die VdS-Richtlinien daran, dass sie mit der Abkürzung „VdS" eingeführt werden, gefolgt in der Regel von einer vierstelligen Zahl.

Beispiel:
VdS 2046 „Sicherheitsvorschriften für elektrische Anlagen bis 1.000 V".

2.2 Bedeutung der technischen Regeln

Auch nach §49 EnWG werden z.B. VDE-Normen nicht automatisch als „allgemein anerkannte Regeln der Technik" bezeichnet. Wörtlich heißt es dort, dass die Einhaltung solcher Regeln vermutet wird, wenn VDE-Normen angewendet werden. Das bedeutet zweierlei:

a) Durch das Einhalten von Normen erreicht man nicht automatisch absolute Rechtssicherheit. Unter Umständen muss der Planer oder Errichter im Einzelfall prüfen, ob die Anforderungen der Norm an der betreffenden Stelle ausreichen oder ob sie eventuell veraltet oder sogar überholt sind.
b) Das Einhalten von Normen ist keinesfalls verbindlich. Wenn ein Planer oder Errichter es für notwendig hält, kann er eigene Wege beschreiten, um auf andere Weise eine gleichwertige Sicherheit zu erreichen. Diese Gleichwertigkeit müsste er jedoch bei einem eingetretenen Schaden nachweisen. Das kann unter Umständen problematisch sein.

Häufig wird dies so ausgedrückt: VDE-Normen haben eine „Quasi-Rechtsverbindlichkeit". Zumindest darf bei Einhaltung vermutet werden, dass mit ausreichender Sorgfalt gearbeitet wurde.

Der eigentlich wichtige Begriff ist also der Begriff der „allgemein anerkannten Regeln der Technik". Offenbar wird er zum größten Teil durch Normen umschrieben, geht jedoch genau genommen darüber hinaus. Dieser Begriff wird sogar vom Strafgesetzbuch aufgegriffen. So heißt es dort im §319 StGB (Baugefährdung):

„*(1) Wer bei der Planung, Leitung oder Ausführung eines Baues oder des Abbruchs eines Bauwerks gegen die allgemein anerkannten Regeln der Technik verstößt und dadurch Leib oder Leben eines anderen Menschen gefährdet, wird mit Freiheitsstrafe bis zu fünf Jahren oder mit Geldstrafe bestraft.*

(2) Ebenso wird bestraft, wer in Ausübung eines Berufs oder Gewerbes bei der Planung, Leitung oder Ausführung eines Vorhabens, technische Einrichtungen in ein Bauwerk einzubauen oder eingebaute Einrichtungen dieser Art zu ändern, gegen die allgemein anerkannten Regeln der Technik verstößt und dadurch Leib oder Leben eines anderen Menschen gefährdet.

(3) Wer die Gefahr fahrlässig verursacht, wird mit Freiheitsstrafe bis zu drei Jahren oder mit Geldstrafe bestraft.

(4) Wer in den Fällen der Absätze 1 und 2 fahrlässig handelt und die Gefahr fahrlässig verursacht, wird mit Freiheitsstrafe bis zu zwei Jahren oder mit Geldstrafe bestraft."

Allein von diesem Gesichtspunkt her gesehen ist es im eigenen Interesse wichtig, bei der Planung und Errichtung von elektrischen Anlagen Normen, Richtlinien und andere technische Regelwerke zu kennen, um im Einzelfall entscheiden zu können, welche Anforderungen notwendigerweise einzuhalten sind. Als Mindestanforderung gilt jedoch die Einhaltung von VDE-Normen.

Literatur Teil A

MBO (Musterbauordnung)

Muster-Richtlinie über brandschutztechnische Anforderungen an Leitungsanlagen (MLAR)

Verordnung über den Bau von Betriebsräumen für elektrische Anlagen (EltBauVO)

DGUV-Vorschrift 3 Unfallverhütungsvorschrift Elektrische Anlagen und Betriebsmittel – alte Bezeichnung BGV A3

NAV Verordnung über Allgemeine Bedingungen für den Netzanschluss und dessen Nutzung für die Elektrizitätsversorgung in Niederspannung (Niederspannungsanschlussverordnung – NAV)

TAB (Technische Anschlussbedingungen für den Anschluss an das Niederspannungsnetz)

DIN VDE 0100-410 Schutz gegen elektrischen Schlag

DIN VDE 0100-420 Schutz gegen thermische Auswirkungen

DIN VDE 0100-430 Schutz bei Überstrom

DIN VDE 0100-520 Kabel- und Leitungsanlagen

DIN VDE 0100-560 Elektrische Anlagen für Sicherheitszwecke

DIN VDE 0100-718 Bauliche Anlagen für Menschenansammlungen

DIN 4102 Brandverhalten von Baustoffen und Bauteilen

Teil 1: Baustoffe

Teil 2: Bauteile

Teil 3: Brandwände und nichttragende Außenwände

Teil 4: Zusammenstellung und Anwendung klassifizierter Baustoffe, Bauteile und Sonderbauteile

Teil 5: Feuerschutzabschlüsse

Teil 6: Lüftungsleitungen

Teil 9: Kabelschottungen

Teil 11: Rohrummantelungen, Rohrabschottungen, Installationsschächte und -kanäle sowie Abschlüsse ihrer Revisionsöffnungen

Teil 12: Funktionserhalt von elektrischen Kabelanlagen
Teil 16: Durchführung von Brandschachtprüfungen

VdS 2005 Leuchten

VdS 2010 Risikoorientierter Blitz- und Überspannungsschutz

VdS 2023 Elektrische Anlagen baulichen Anlagen mit vorwiegend Gebäuden aus brennbaren Baustoffen

VdS 2025 Elektrische Leitungsanlagen

VdS 2031 Blitz- und Überspannungsschutz in elektrischen Anlagen

VdS 2033 Elektrische Anlagen in feuergefährdeten Betriebsstätten und diesen gleichzustellenden Risiken

VdS 2046 Sicherheitsvorschriften für elektrische Anlagen bis 1.000 V

VdS 2057 Sicherheitsvorschriften gemäß Abschnitt B § 8 AFB 2008 für elektrische Anlagen in landwirtschaftlichen Betrieben und Intensiv-Tierhaltungen

VdS 2067 Elektrische Anlagen in der Landwirtschaft

VdS 2134 Verbrennungswärme der Isolierstoffe von Kabeln und Leitungen

VdS 2259 Batterieladeanlagen für Elektrofahrzeuge

VdS 2279 Elektroheizungsanlagen und Saunen

VdS 2349-1 Auswahl von Schutzeinrichtungen für den Brandschutz in elektrischen Anlagen

B Elektrischer Strom als Brandursache

Der sicherste Weg, einen Brand, der durch die elektrische Anlage entstehen kann, zu verhindern, ist, jeglichen Mangel bei Planung und Errichtung auszuschließen. Doch selbst wenn das möglich wäre, ist die dadurch erreichte Sicherheit nicht unbegrenzt, denn eine elektrische Anlage ist nie eine statische Größe. Vielmehr verändert sie sich mit der Zeit: Gebäudeteile werden erweitert, die Nutzung von Räumen wird verändert oder es kommen Verbraucher hinzu, von denen man bei der Planung noch nichts wusste.

Auch die Nutzung der Anlage kann Einfluss nehmen: Betriebsmittel werden beschädigt, Leitungen überhitzt oder die Verschmutzung nimmt derart überhand, dass ein sicherer Betrieb mit der elektrischen Anlage nicht mehr möglich ist. Weitere Einzelheiten zu diesem Thema sind im Teil G dieses Buches zu finden.

Wie in Bild 1.1 (Teil A, Kapitel 1) gezeigt wurde, sind der sicherste Schutz vor einem durch die elektrische Anlage verursachten Brand (und darüber hinaus auch bei allen anderen Bränden) eine gute **Planung** und **Errichtung** in Verbindung mit einer sinnvollen **Überwachung** der Anlage (Wiederholungsprüfung und Wartung). Wir wollen dieses Thema so aufgreifen, dass sowohl Planer und Errichter als auch Prüfer Hinweise und Grundlagen für ein korrektes Vorgehen vorfinden.

Dabei geht es zunächst um einen Begriff, der beim Thema Brandschadenverhütung eine herausragende Rolle spielt: der **Isolationsfehler**.

Als Erstes soll dieser brandgefährliche Fehler besprochen werden. Der Isolationsfehler sollte bereits bei der Planung und Errichtung weitgehend ausgeschlossen werden. Dabei ist dieser Fehler, wie im Folgenden gezeigt wird, sehr vielgestaltig. Es geht nicht nur um die defekte Isolierung von Kabeln und Leitungen. Unter Isolationsfehler ist hier jeder Fehler innerhalb der elektrischen Anlage zu verstehen, durch den ein Stromfluss zustande kommt, der über nicht dafür vorgesehene Wege fließt. Diese Wege können über relativ hochohmige Übergangswiderstände (bedingt z.B. durch Schmutz auf Isolierstrecken) verlaufen (Kriechstrom) oder über relativ niederohmige Kurzschlussverbindungen. Auf alle Fälle ist ein solcher Stromfluss ab einer gewissen Höhe stets brandgefährlich. Zunächst werden die Gefahren besprochen und anschließend wird eine korrekte Planung und Errichtung anhand der Normen aufgezeigt.

3 Isolation

Hiermit ist vor allem die Isolierung von Kabeln und Leitungen gemeint. Aber im Grunde kann man diese Gedanken auch auf alle anderen Isolierstoffe zwischen spannungsführenden Teilen übertragen. Die Isolation hat die Aufgabe, die unter Spannung stehenden Teile (z. B. die Kupferadern des Kabels) galvanisch voneinander zu trennen. Aus diesem Grund müssen ihr elektrischer Widerstand bzw. die Abstände (beispielsweise zwischen Kontakten) möglichst groß sein. Die anstehende Betriebsspannung sowie eventuell auftretende Überspannungen dürfen keinesfalls zu brandgefährlichen Fehlerströmen oder einem Durchschlag führen. Natürlich ist der Widerstand einer Isolation nicht unendlich groß. Dazu kommt, dass er von Umweltbedingungen abhängt (vor allem Feuchtigkeit und Temperatur). Aus diesem Grund kann man das in **Bild 3.1** gezeigte Ersatzschaltbild für die Isolierung einer elektrischen Leitung ansetzen. Dieses Ersatzschaltbild ist stark vereinfacht und soll nur die wesentlichen Elemente zeigen, die für unsere Überlegungen wichtig sind.

Der Kupferwiderstand R_{Cu} kann zunächst vernachlässigt werden, da er im Vergleich zu den übrigen Widerständen, um die es hier gehen soll, sehr niederohmig ist.

Die Ableitkapazität C_{ab} entsteht, weil die Kupferadern in einer Leitung (oder einem Kabel) sich gegenüberliegen, eine Spannung zwischen ihnen anliegt und die Isolierung zwischen ihnen wie ein Dielektrikum wirkt. Diese Kapazität ist abhängig von der Art der Isolierung und von der Geometrie der Leitung (des Kabels).[9] Die durch sie verursachten Ableitströme sind zudem abhängig von der Betriebsfrequenz.

Der Widerstand der Isolierung R_{iso} hängt von der Temperatur und der Spannung sowie von der Länge der Leitung (des Kabels) und natürlich von

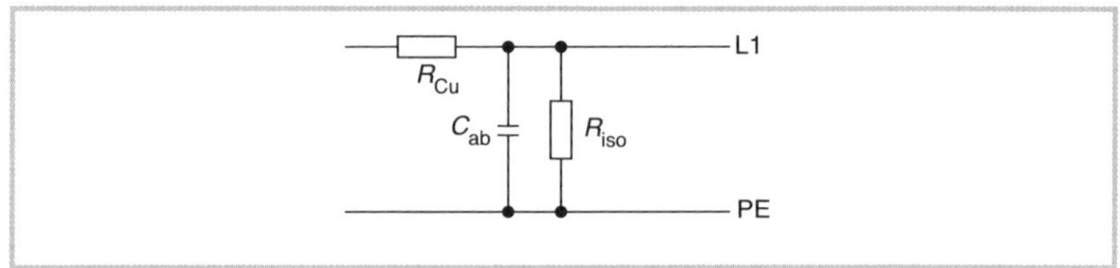

Bild 3.1 *Vereinfachtes Ersatzschaltbild einer Leitung (eines Kabels)*

9 Natürlich haben die Leiter auch eine Kapazität gegen Erde, die Außenleiter (L1, L2, L3) haben eine Kapazität gegeneinander und gegen den N-Leiter usw. Von diesen Größen soll jedoch an dieser Stelle nicht die Rede sein.

dem Material ab, aus dem die Isolierung besteht. Beispielsweise verringert sich der Widerstandswert von Riso bei einer Temperatur von 70 °C auf fast ein Hundertstel des ursprünglichen Wertes bei 20 °C.[10]

Feind der Isolierung und somit Voraussetzung für einen Isolationsfehler kann einer der folgend genannten Prozesse bzw. eine der Umweltbedingungen sein:

- natürliche Alterung,
- Temperaturen,
- Sonneneinwirkung,
- mechanische Beschädigung,
- Feuchtigkeit und
- Verschmutzung.

All das muss bei Planung, Errichtung und auch beim Betrieb (spätestens bei Wiederholungsprüfungen – siehe hierzu Teil G dieses Buches) mit beachtet werden. Im Folgenden soll davon die Rede sein.

4 Alterung und zu hohe Temperaturen

Die Isolierungen der Kabel und Leitungen werden heute überwiegend aus synthetischen Werkstoffen, sogenannten Polymeren, gefertigt[11]. Diese Polymere unterliegen einem zwar langsamen, aber dennoch stetigen chemischen Veränderungsprozess, der die mechanischen und elektrischen Eigenschaften der Isolierung negativ beeinflussen kann. Man spricht von einer chemischen Alterung.

Hauptmerkmal dieser Alterung ist der Verlust (das Ausgasen) des Weichmachers. Der Weichmacher besteht aus chemischen Stoffen, die dem Isolierwerkstoff beigemengt werden, damit er elastisch bleibt und seine elektrischen Isoliereigenschaften beibehält. Mit der Zeit entweicht jedoch dieser Weichmacher. Die Isolierung versprödet, sie bildet Risse und verliert die ursprünglichen elektrischen Eigenschaften. Wie schnell der Alterungsprozess verläuft, hängt u. a. stark von der Temperatur der Isolierung ab. Bei höheren Temperaturen verläuft der Prozess ungleich schneller. Daher gibt der Kabel-

10 Mathematisch ausgedrückt heißt das: $R_{\text{iso-20 °C}} \approx 100\ R_{\text{iso-70 °C}}$

11 Polymere sind so genannte makromolekulare Verbindungen, also lange Molekülketten, die aus sehr vielen Atomen bestehen. Sie sind die Grundbausteine der uns bekannten Kunststoffe. Elektrisch gesehen gehören solche Stoffe in der Regel zu den Isolatoren, weil ihr elektrischer Widerstand extrem hoch ist.

und Leitungshersteller für sein Produkt immer nur für eine bestimmte Betriebstemperatur eine maximale Lebensdauer an.

Der schwedische Physiker und Chemiker *Svante August Arrhenius* hat Anfang des 20 Jahrhunderts die zugrundeliegenden Mechanismen, die die Lebensdauer von Kunststoffen beeinflussen, beschrieben und den Verlauf der Lebensdauer über der jeweiligen Betriebstemperatur in einer Grafik dargestellt (siehe **Bild 4.1**). Hersteller von Kabeln und Leitungen nutzen diese Berechnungsmodelle, um die Lebensdauer ihrer Produkte möglichst exakt bestimmen zu können.

Die in Installationen üblichen Mantelleitungen (NYM) haben nach DIN **VDE 0298-4** Tabelle 1a eine zulässige Betriebstemperatur von 70 °C. Kabel- und Leitungshersteller geben daher für ihre Leitungen mit PVC-Isolierung bei einer konstant bleibenden vorhandenen Betriebstemperatur von 70 °C eine Gebrauchsdauer von ca. 25 Jahren an. Werden diese Leitungen jedoch ständig mit höheren Temperaturen betrieben, so verringert sich die Gebrauchsdauer erheblich (siehe die obere waagerechte Linie im Bild 4.1).

Bild 4.1 *Sogenannte „Arrheniuskurve" für die Lebensdauer von Kabel- und Leitungsisolationen nach DIN EN 60898-1 Bbl 1 (VDE 0641-11 Bbl 1), Bild 5).*
Das in der Graphik eingetragene Beispiel macht deutlich, dass durch eine andauernde Temperaturerhöhung um 20 K die Lebensdauer der Isolation von 25 Jahren (bei einer andauernden Betriebstemperatur von 70 °C) auf 2,5 Jahre reduziert wird.

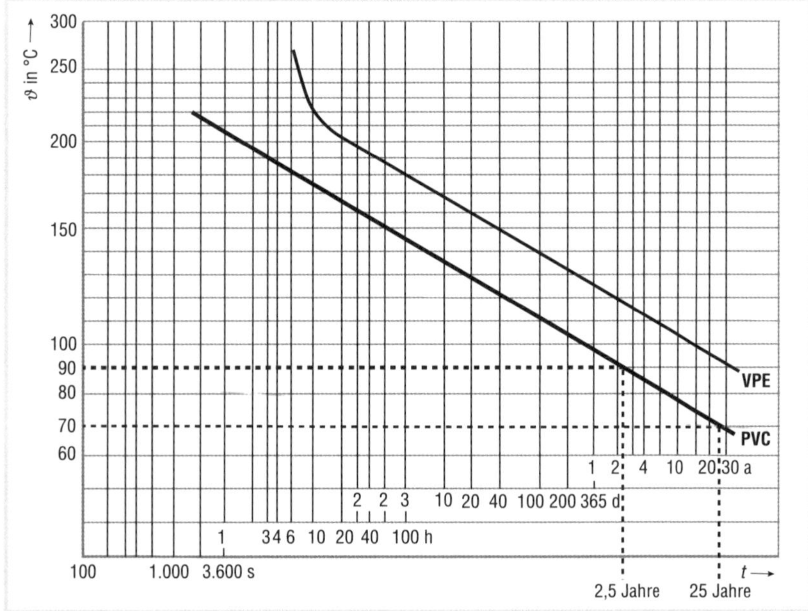

Diese Alterung ist besonders deshalb schädlich, weil dadurch, wie oben bereits angedeutet, die Isolierung versprödet. In einem fortgeschrittenen Stadium des Prozesses kann es unter dem Einfluss von Luftfeuchtigkeit und Verschmutzungen (Staub, Öl und Partikel) zu Kriechströmen kommen. Die Kriechströme erzeugen Wärme, die die oben erwähnten Risse in der Isolierung austrocknen – der Kriechstrom verschwindet. Die Luftfeuchtigkeit wird jedoch schon bald für einen genügend kleinen Übergangswiderstand und in dessen Folge für einen erneuten Kriechstrom sorgen. Dieser Prozess kann sich unter Umständen Monate oder Jahre hinziehen, bis schließlich aus dem Kriechstrom ein vielleicht kleiner, aber gefährlicher Lichtbogen wird.

Die in den Normen angegebenen maximalen Betriebstemperaturen sind also stets einzuhalten. Das geschieht, indem bei der Planung und Errichtung die Kabel (und Leitungen) richtig bemessen werden, wobei Umgebungsbedingungen (Temperatur, Verlegeart) und Häufung nicht unbeachtet bleiben dürfen. Hiervon soll später in Teil C, Kapitel 16 die Rede sein.

Außerdem werden Planer und Errichter beispielsweise nach DIN VDE 0100-520 darauf aufmerksam gemacht, dass eine gegenseitige Beeinflussung der Einrichtungen verschiedener Gewerke vermieden werden muss – und das besonders bei den Gewerken, deren Einrichtungen Wärme abgeben.[12] Planer und Errichter von elektrischen Anlagen müssen also stets die Einrichtungen der anderen Gewerke mit beachten, damit diese keinen schädigenden Einfluss (beispielsweise durch hohe Temperaturen) auf die Isolierung der Kabel und Leitungen ausüben können (Siehe hierzu auch Teil C, Abschnitt 16.3.2 dieses Buches).

5 Zu niedrige Temperatur

Ebenso wie zu hohe Temperaturen den oben beschriebenen Prozess, an dessen Ende ein brandgefährlicher Lichtbogen stehen kann, in Gang setzen können, vermögen das auch zu niedrige Temperaturen. In **DIN VDE 0298-3, Tabelle 4** werden Mindesttemperaturen für die Lagerung und Verarbeitung von Kabel und Leitungen angegeben. Beispielsweise dürfen viele gebräuchliche Leitungsarten nicht unter – 40 °C gelagert und nicht unterhalb von + 5 °C verarbeitet werden. Bei einer Leitungsmontage unter + 5 °C kann es zu Materialrissen kommen.

12 DIN VDE 0100-520, Abschnitte 522 und 528

Ob das verhindert wird, indem man den Raum, in dem die Leitungen installiert werden, beheizt oder indem man die Leitungsrollen kurz vor der Montage aufwärmt, bleibt dem Errichter überlassen. Außer Acht lassen sollte er diese Mindesttemperaturen auf keinen Fall.

6 Beschleunigte Alterung und Beschädigung durch Verschmutzungen

Oft wird nur an die elektrische Anlage gedacht, wenn sie geplant wird oder wenn sie irgendwann einmal ausfällt bzw. Fehler verursacht. Dass man eine elektrische Anlage auch sauber halten muss, ist vielen Betreibern unbekannt. Dabei sorgen häufig gerade Staubablagerungen (**Bild 6.2**) oder Verschmutzungen aller Art, wie beispielsweise herabfallender Bauschutt, der auf einer Kabelwanne liegengelassen wird (weil ihn von unten sowieso keiner sieht), und sogar Müll, der auf oder an elektrischen Anlagen „zwischengelagert" wird, für völlig veränderte Umweltbedingungen.

Zunächst ist die Wärmeabfuhr nicht mehr im vollen Umfang gewährleistet. Bei wärmeerzeugenden Betriebsmitteln können sich dadurch Wärmenester bilden, die unter einer Staubschicht lange anstehen und erst bei entsprechender Luftzufuhr entzündet werden.

Bild 6.2 *Brandgefährliche Verschmutzung einer Verteilung*

Staub und Schmutz wirken oft wie ein Schwamm, der Feuchtigkeit und ölhaltige Luft in sich aufnimmt. Hierdurch entstehen für unter Spannung stehende Teile Kriechstrecken, die durchaus brandgefährlich sein können.

Dazu kann es unter dem Einfluss von Schutt oder Ähnlichem zu mechanischen Beschädigungen der Isolierung von Kabeln und Leitungen kommen.

Ein weiteres Risiko besteht darin, dass durch eine geschlossene Staubschicht beispielsweise auf einer Leitungstrasse ein Brand in Sekunden vom ursprünglichen Brandherd in ansonsten völlig unbeteiligte Bereiche des Raumes übertragen werden kann.

Aus diesem Grund ist eine elektrische Anlage nur dann in einem einwandfreien Zustand, wenn sie auch sauber gehalten wird. Das ist natürlich besonders ein Hinweis für den Prüfer elektrischer Anlagen, der eine entsprechende Verschmutzung stets bemängeln sollte (siehe auch Teil G dieses Buches).

Aber auch Planer und Errichter können viel dazu beitragen, dass es nicht zu einer solchen Entwicklung kommt. So sollte bei der Errichtung dafür gesorgt werden, dass eine leichte Reinigung von elektrischen Betriebsmitteln möglich ist. „Optionale Schmutzecken" sind zu vermeiden. Zum Beispiel könnten Verteilungen und Schwerpunktstationen, die in Lastschwerpunkten in der Nähe der Produktionsstätten industrieller Anlagen montiert werden, durch entsprechende Schutzwände und Abdeckungen so geschützt werden, dass ein zufälliges Verschmutzen weitgehend ausbleibt.

7 Beschleunigte Alterung durch Sonneneinwirkung

Die UV-Strahlung der Sonne bewirkt ähnlich wie die erhöhte Temperatur eine beschleunigte Alterung der Isolierung. Kabel und Leitungen dürfen deshalb nicht ohne weiteres der Sonne ausgesetzt werden. Nur wenn es der Hersteller ausdrücklich so angibt, ist das möglich. Die meisten üblichen PVC-Mantelleitungen sind nicht für eine Montage mit Sonnenlicht-Beaufschlagung geeignet.

Hier sollte also darauf geachtet werden, dass Leitungen, die ganz oder teilweise außen verlegt und somit dem Sonnenlicht ausgesetzt sind, durch Rohre oder Kanäle geschützt werden.

8 Beschleunigte Alterung durch Vorschädigung der Isolierung

Vorschädigungen können beispielsweise durch Kurzschlüsse hervorgerufen werden. Kabel und Leitungen müssen einen Kurzschlussstrom für kurze Zeit führen können. In der Regel geht man von einer maximalen Kurzschlusszeit von 5 Sekunden aus, bei der beispielsweise gängige PVC-isolierte Leiter eine Temperatur von 160 °C annehmen können.[13] Auch bei mehrmaligem Auftreten eines Kurzschlusses darf es zu keiner gefährlichen Vorschädigung des Kabels (der Leitungen) kommen. Natürlich gilt das nicht für den Fall, dass ein Kurzschluss mehrmals hintereinander in kurzen Zeitabständen (innerhalb weniger Sekunden) das Kabel (die Leitung) beaufschlagt – doch dieser Fall dürfte eher unwahrscheinlich sein.

Ähnliches gilt für einen eventuellen Überlastfall. Eine übliche Leitung muss beispielsweise eine Überlast von ca. 45 % mindestens eine Stunde (bei höheren Strömen ab 63 A sogar zwei Stunden und mehr) ohne Vorschädigungen führen können.[14]

Wurde die elektrische Anlage korrekt geplant und errichtet, so werden diese Voraussetzungen eingehalten und die Kabel und Leitungen einschließlich der Verbindungselemente sind genügend geschützt. Liegt jedoch vor einem Kurzschluss bereits eine Vorschädigung der Isolierung vor oder wurden die Leitung und die Verbindungselemente nicht korrekt geplant bzw. errichtet, können Kurzschlüsse (oder andauernde Überlastungen) durchaus einen Isolierungsschaden verursachen, der über kurz oder lang zu der im Kapitel 4 beschriebenen Entwicklung führt, an deren Ende ein brandgefährlicher Lichtbogen steht.

9 Transiente Überspannungen

Auch Überspannungen können eine Isolierungs-Vorschädigung hervorrufen. Dabei soll es zunächst um vorübergehende (transiente) Überspannungen gehen, wie sie bei Schalthandlungen und vor allem durch Blitzeinwirkung hervorgerufen werden können.

Die transiente Überspannung wird gerade in letzter Zeit im Zusammenhang mit dem Stichwort „EMV-gerechte Installation“ immer häufiger ins

13 DIN VDE 0298-4, Abschnitt 6.4 sowieTabelle 28

14 Die Begründung folgt in Teil C, Kapitel 16.1.

Gespräch gebracht. Dabei sind besonders die Überspannungsschäden durch Blitzeinwirkung zu nennen. Je nach der Konfiguration der elektrischen Anlage und dem Ort des Blitzeinschlags können Überspannungen in der Größenordnung von über 10 kV bis zu einigen 100 kV auftreten. Die Spannungsimpulse können dabei die Isolierung von Verbrauchern und auch von Leitungen schädigen und so eine Kriechstrombildung oder sogar eine Glimmentladung bzw. einen Lichtbogen hervorrufen.

10 Neutralleiterunterbrechung

Eine andere Erscheinung, die eine gefährliche Überspannung hervorrufen kann, ist die Neutralleiterunterbrechung. Hierbei handelt es sich meist um einen Errichterfehler, bei dem der Neutralleiter bei der Montage geknickt, eine Klemmschraube nicht richtig angezogen oder eine Quetschverbindung nicht fachtechnisch korrekt ausgeführt wurde. Aber auch eine Neutralleiterüberlastung kann zu einer Neutralleiterunterbrechung führen (siehe Teil C, Abschnitt 28.1 dieses Buches). Die Folgen sind stets die gleichen: Neutralleiterunterbrechungen können unberechenbare Betriebszustände und Spannungsverschleppungen sowie Überspannungen verursachen.

Hier soll lediglich von der eventuell auftretenden Überspannung und der daraus resultierenden Überlastung von Verbrauchern die Rede sein.

Das Problem entsteht, wenn zwei (1-phasige) Wechselstromverbraucher an zwei unterschiedliche Außenleiter angeschlossen sind und zusätzlich eine Neutralleiterunterbrechung vorliegt. Die beiden Verbraucher werden dann über ihre Verbindung zum Neutralleiter automatisch in Reihe geschaltet, und an dieser Reihenschaltung liegt die volle Außenleiterspannung. In einer Reihenschaltung teilt sich die anliegende Gesamtspannung entsprechend der Größe der in Reihe liegenden Widerstände auf.

Beispiel (Bild 10.1)

Im Bild 10.1 a haben die Widerstände folgende Werte:

R_1 (150 W): $U_0^2/P_1 = 353\ \Omega$

R_2 (2.500 W): $U_0^2/P_2 = 21\ \Omega$ $U_0 = 230\,\text{V}$.

An den Verbrauchern liegen somit folgende Spannungen an:

$U_1 = 400\,\text{V} \cdot 353/(353 + 21) = 378\,\text{V}$

$U_1 = 400\,\text{V} \cdot 21/(353 + 21) = 22\,\text{V}$.

Es wird deutlich, dass am Fernsehgerät (nach Bild 10.1 ist dies R_1) eine Spannung anliegt, die 64 % höher ist als die Betriebsspannung (230 V).

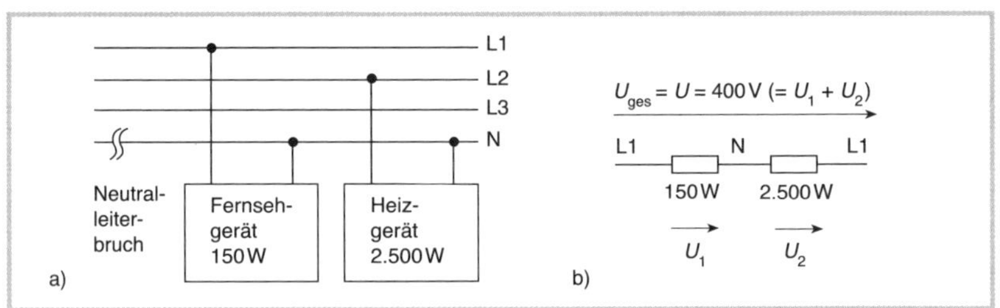

Bild 10.1 *a) Zwei Geräte sind an verschiedenen Außenleitern angeschlossen. Zusätzlich kommt es zu einem Neutralleiterbruch. b) Ersatzschaltbild zu a*

Die Gefahr, die hierdurch entsteht, darf nicht verharmlost werden. Es sind Fälle aufgetreten, bei denen ein Gerät, das sich im sogenannten „Stand-by-Modus“ befand, infolge dieser Überspannung einen Brand verursachte, weil die Stand-by-Elektronik in Reihe zu einem niederohmigen Verbraucher lag und sich dadurch die gefährliche Überspannung, wie oben beschrieben, eingestellt hatte. Beispielsweise liegt ein ausgeschalteter PC stets am Netz, und es ist vorgekommen, dass sich dieses scheinbar ausgeschaltete Gerät entzündete, als der Neutralleiterbruch auftrat.

Abhilfe kann nur eine fachtechnisch korrekte Errichtung bieten. Insbesondere sind hier die richtige Auswahl von Klemmen, die Ausführung von sicheren Verbindungsstellen (Klemmen, Quetschen, Schrauben, Löten usw.) und die sichere Montage von Kabeln und Leitungen zu nennen. In Bezug auf Klemmen sind in diesem Buch die Aussagen im Teil C, Kapitel 25 hervorzuheben.

11 Biegeradien

Ein weiterer Montagefehler, der nicht selten vorkommt, ist das Nichteinhalten des vorgeschriebenen Biegeradius. Die Gründe hierfür sind vielgestaltig: Oft sind es ästhetische Gründe, weil ein „schöner 90°-Bogen“ besser aussieht, oder es spielen Platzmangel und leider hin und wieder auch fachliche Inkompetenz eine Rolle.

Als Folgeerscheinungen von zu kleinen Biegeradien können genannt werden:

- Veränderung der elektrischen Eigenschaften (ohmscher Ableitwiderstand, erhöhte elektrische Feldstärken durch die an dieser Stelle dünnere Isolation, verminderte Durchschlagfestigkeit),

- verstärkte Neigung zur Rissbildung,
- unter Umständen auch Veränderung der Struktur des Kupferleiters und dadurch punktuell erhöhter Widerstand des Kupfers im Bereich des Bogens.

Anforderungen zum Thema Biegeradius sind in DIN VDE 0100-520, Abschnitt 521.10.2 und 521.10.3 zu finden. Auch im Buchabschnitt „Planung und Errichtung von elektrischen Anlagen“ (Teil C, Abschnitt 16.3.1) wird hierzu einiges erläutert.

12 Mechanische Beanspruchung durch Tiere

Nach DIN VDE 0100-520, Abschnitt 522.10, muss dann, wenn erfahrungs- oder erwartungsgemäß Schäden durch Tiere entstehen können, entsprechend Vorsorge getroffen werden. Solche Schäden werden hauptsächlich durch Nager (Nagetierfraß) aber möglicherweise auch durch größere Tiere (z. B. durch Hörner von Rindern) hervorgerufen. Bereits bei der Planung sollte diese Möglichkeit mit bedacht und entsprechende Maßnahmen vorgesehen werden. Mehr dazu wird im Teil C in den Abschnitten 16.2.3 Punkt f, 16.2.7 und 16.3.3 ausgeführt.

Die Schäden durch Nager können zu einer extremen Brandgefahr werden, wenn erst die Isolierung bis zur Kupferader angenagt ist. Oft stellt man derartige Isolierungsschäden nicht einmal durch eine Isolationswiderstandsmessung fest, da der zwischen den blanken Leitern verbleibende Luftabstand sehr hochohmig ist. Dem Messgerät wird so eine intakte Isolierung vorgetäuscht. Erst bei hinzukommender Luftfeuchtigkeit, Verschmutzungen oder dergleichen kommt es zu gefährlichen Kriechströmen. Oder dieser Isolierungsfehler wirkt sich erst aus, wenn ein neues Kabel nachgezogen wird und beim Bewegen des beschädigten Kabels die Kupferadern in Kontakt geraten und Lichtbögen verursachen.

13 Mechanische Beschädigungen der Isolierung

Mechanische Beschädigungen an der elektrischen Anlage können entstehen durch

- eine nicht korrekt ausgeführte Installation,
- nachträgliche Installationen, Veränderungen oder Reparaturen,

- Arbeiten anderer Gewerke,
- eine unsachgemäße Handhabung durch den Betreiber der Anlage.

Beim Thema „mechanische Beschädigung" wird deutlich, dass auf einer Baustelle ein Gewerk nie allein für sich betrachtet werden kann. Der Errichter von elektrischen Anlagen muss stets die Gewerke beobachten, die bei der Montage während der Bauphase oder bei späteren Reparaturarbeiten eine Gefahr für Kabel und Leitungen und gegebenenfalls für die übrigen elektrischen Betriebsmittel bilden können.

Ebenso wird deutlich, dass der verantwortungsbewusste Planer oder Errichter stets die Nutzung der fertigen Anlage vor Augen haben muss, um Gefahren, die beim Betreiben der elektrischen Anlage entstehen, möglichst auszuschließen (siehe auch Teil C, Abschnitt 16.3.3).

14 Umgebungsbedingungen

In DIN VDE 0100-520, Abschnitt 522 wird gefordert, die jeweils vorhandenen und bei der Planung zu erwartenden Umgebungseinflüsse zu berücksichtigen. Die grundsätzliche Forderung, alle Arten von Umgebungsbedingungen bei der Planung und Errichtung zu berücksichtigen, findet man in DIN VDE 0100-100, Abschnitt 133.3. Wörtlich wird dort gefordert:

„Alle elektrischen Betriebsmittel müssen so ausgewählt werden, dass sie den Umgebungsbedingungen, die charakteristisch für ihren Aufstellungs- oder Anwendungsort sind, und den Beanspruchungen, denen sie ausgesetzt sind, sicher standhalten. Wenn ein Betriebsmittel auf Grund seiner Ausführung den Bedingungen des Aufstellungs- oder Anwendungsorts nicht entspricht, darf es dennoch verwendet werden, wenn ein geeigneter zusätzlicher Schutz als Teil der fertiggestellten elektrischen Anlage vorgesehen wird."

Die Arten von möglichen Umgebungsbedingungen findet man in DIN VDE 0100-510, Anhang A und ZA. Diese Anhänge sind zwar informativ, werden jedoch durch die Erwähnung in DIN VDE 0100-100, Abschnitt 132.5 sowie DIN VDE 0100-510, Abschnitt 512.2 indirekt zur Forderung erhoben.

Als Beispiel soll an dieser Stelle die Oberflächenverschmutzung genannt werden. Überall dort, wo eine elektrische Spannung zwischen aktiven Teilen oder solchen Teilen, die betriebsmäßig unter Spannung stehen, auf engem Raum ansteht, muss bei der Planung mit der Möglichkeit gerechnet werden, dass durch Verschmutzung der Oberfläche ein Kriechstrom entsteht, der brandgefährlich sein kann. Können sich produktionsbedingt beispielsweise Fasern auf den Betriebsmitteln ablagern oder ist mit einer feuchten Umgebung zu rechnen bzw. mit Dämpfen oder Rauch, der sich negativ auf den Isolationszustand der elektrischen Betriebsmittel auswirken kann, so sind stets vorbeugende Maßnahmen einzuplanen. Bei Feuchtigkeit könnte z.B. bereits die Wahl einer genügend hohen Schutzart die Gefahr verringern.

Literatur Teil B

DIN VDE 0100-100 Allgemeine Grundsätze, Bestimmungen allgemeiner Merkmale, Begriffe

DIN VDE 0100-420 Schutz gegen thermische Auswirkungen

DIN VDE 0100-430 Schutz bei Überstrom

DIN VD 0100-510 Auswahl und Errichtung elektrischer Betriebsmittel; Allgemeine Bestimmungen

DIN VDE 0100-520 Kabel- und Leitungsanlagen

DIN VDE 0105-100 Betrieb von elektrischen Anlagen

DIN VDE 0276-603 Verteilerkabel mit Nennspannung 0,6/1 kV

DIN VDE 0276-1000 Starkstromkabel; Strombelastbarkeit, Allgemeines, Umrechnungsfaktoren

DIN VDE 0298-1 Allgemeines für Kabel mit Nennspannung U_0/U bis 18/30 kV

DIN VDE 0298-2 Empfohlene Werte für Strombelastbarkeit von Kabeln mit Nennspannungen U_0/U bis 18/30 kV

DIN VDE 0298-3 Verwendung von Kabeln und isolierten Leitungen für Starkstromanlagen

DIN VDE 0298-4 Empfohlene Werte für Strombelastbarkeit von Kabeln und Leitungen für feste Verlegung in Gebäuden und von flexiblen Leitungen

DIN EN 50565-1 (VDE 0298-565-1) Kabel und Leitungen – Leitfaden für die Verwendung von Kabeln und isolierten Leitungen mit einer Nennspannung nicht über 450/750 V (U_0/U) – Teil 1: Allgemeiner Leitfaden

VdS 2010 Risikoorientierter Blitz- und Überspannungsschutz

VdS 2025 Elektrische Leitungsanlagen

VdS 2031 Blitz- und Überspannungsschutz in elektrischen Anlagen

VdS 2033 Elektrische Anlagen in feuergefährdeten Betriebsstätten und diesen gleichzustellenden Risiken

VdS 2046 Sicherheitsvorschriften für elektrische Anlagen bis 1.000V

VdS 2349-1 Auswahl von Schutzeinrichtungen für den Brandschutz in elektrischen Anlagen

Heinhold, Lothar und *Stubbe, Reimer* (Herausgeber): Kabel und Leitungen für Starkstrom, Teil 1. Publicis MCD Verlag, Erlangen, 1999

Hochbaum, Adalbert; Callondann, Karsten: Brandschadenverhütung in elektrischen Anlagen, VDE-Schriftenreihe 85, VDE-Verlag, Berlin, 2009

Hochbaum, Adalbert; *Hof, Bernhard:* Kabel- und Leitungsanlagen, VDE-Schriftenreihe 68. VDE-Verlag, Berlin, 2003

Kiefer, Gerhard; Schmolke, Herbert: DIN VDE 0100 richtig angewandt, VDE-Schriftenreihe 106. VDE-Verlag, Berlin/Offenbach, 2016

Kiefer, Gerhard; Schmolke, Herbert: VDE 0100 und die Praxis, VDE-Verlag, Berlin, 2016

Melioumis, Michael: Elektrizität, Verlag W. Kohlhammer, Stuttgart, Berlin, Köln, 2000

Schmolke, Herbert: Auswahl und Bemessung von Kabeln und Leitungen. Hüthig Verlag, München/Heidelberg, 2018

Schmolke, Herbert: Elektro-Installation in Wohngebäuden, VDE-Schriftenreihe 45, VDE-Verlag, Berlin, 2018

C Planung und Errichtung elektrischer Anlagen

Im Folgenden sollen die wichtigsten Elemente einer „brandschadenverhütenden Planung und Errichtung“ näher betrachtet, anhand der wichtigsten Vorschriften, Normen und Richtlinien beschrieben und die notwendigen Berechnungsgrundlagen aufgezeigt werden. Dabei wird bewusst auf eine „theoretische Breite“ verzichtet. Beispielsweise werden mathematische Zusammenhänge nur so weit erläutert, wie sie zum direkten Verständnis notwendig sind. Die für eine korrekte Planung notwendigen Formeln bei der Festlegung von Leitungsquerschnitten und dem Nennstrom der Überstrom-Schutzeinrichtungen werden in einer möglichst vereinfachten und eingängigen Form angegeben.

Im Downloadbereich zum Buch findet der Leser Tabellen, mit denen er automatisch die meisten der für eine sachgerechte Planung gesuchten Werte auf einfache Weise ermitteln kann.

Da ein wichtiges Kriterium bei der Auswahl von Betriebsmitteln der höchste zu erwartende Kurzschlussstrom ist, soll eingangs eine vereinfachte Verfahrensweise vorangestellt werden, nach der man einen Kurzschlussstrom zumindest überschlägig berechnen kann.

Andere Auswahlkriterien sind:

- besonders in Bezug auf die zulässige Leitungslänge der kleinste Kurzschlussstrom sowie der Spannungsfall (siehe hierzu Teil C, Abschnitt 16.1.6),
- notwendige Abschaltzeiten wegen Selektivität,
- Höhe des Schutzpegels (beispielsweise beim Überspannungsschutz),
- Gefährdungsgrad (beispielsweise in feuergefährdeten Betriebsstätten),
- Besonderheit der Räumlichkeit, in der die Anlage errichtet wird (beispielsweise in Rettungswegen oder in Räumen mit unwiederbringlichen Sachwerten),
- Umgebungsbedingungen (beispielsweise in feuchten Räumen oder bei erhöhter Temperatur),
- Belastungsart (beispielsweise Schwingungen des Betriebsmittels) usw.

15 Kurzschlussstrom

Weil viele Betriebsmittel nach den maximalen Belastungen, die in einer elektrischen Anlage vorkommen können, ausgelegt werden müssen, soll hier vorweg ein besonderer Belastungsfall besprochen werden, der vielen Betriebsmitteln Probleme bereiten kann: Der Kurzschluss.

Die Höhe des Kurzschlussstroms ist häufig das erste Kriterium, das bei der Auswahl von bestimmten Betriebsmitteln eine entscheidende Rolle spielt:

- Überstrom-Schutzeinrichtungen wie Sicherungen, Leistungsschalter und Leitungsschutzschalter müssen an der Stelle, an der sie errichtet werden, sämtliche Ströme beherrschen, die im Betrieb und im Fehlerfall auftreten können. Gleiches gilt für andere Schalteinrichtungen wie Lasttrennschalter u. ä. Hier fragt man vor allem nach dem größtmöglichen Strom (Kurzschlussstrom). Übersteigt dieser Strom die Belastungsfähigkeit der Schalteinrichtung oder der Sicherung, so treten unkalkulierbare Risiken auf. Eventuell wird der Kurzschluss gar nicht abgeschaltet, weil die Kontakte des Schalters verschweißt sind oder weil er nicht in der Lage ist, den Lichtbogen zu löschen, oder die Sicherung explodiert und entzündet einen Brand usw.
- Dazu müssen Überstrom-Schutzeinrichtungen die angeschlossenen Betriebsmittel sicher vor den Auswirkungen eines Kurzschlusses schützen. Hier müssen sowohl der höchstmögliche als auch der kleinstmögliche Kurzschlussstrom beachtet werden.[15]

Die letzte Aussage muss näher erläutert werden: In der Regel reagieren Überstrom-Schutzeinrichtungen um so langsamer, je kleiner der Kurzschlussstrom ausfällt.[16] Bei dieser Betrachtung geht man von einer maximalen Kurzschlusszeit von 5 s aus, die nicht überschritten werden sollte. Grund ist vor allem die Tatsache, dass die in den Normen angegebenen Berechnungsmodelle bzw. Berechnungsformeln nur die Erwärmung im Inneren der Leitung berücksichtigen können (man spricht von einer adiabatischen Erwärmung). Wenn die erwärmte Leitung beginnt, ihre Wärme an

15 In der Regel tritt der höchstmögliche Kurzschlussstrom bei sog. „generatorfernen Kurzschlüssen“ beim 3-poligen Kurzschluss, also dem Kurzschluss zwischen allen drei Außenleitern, auf. Der kleinstmögliche Kurzschlussstrom entsteht dagegen beim 1-poligen Kurzschluss zwischen einem Außenleiter und dem N-Leiter bzw. dem PE- oder PEN-Leiter.

16 Bei „nicht abschmelzenden Überstrom-Schutzeinrichtungen“, wie LS-Schaltern und Leistungsschaltern, stimmt das jedoch nur bis zu einer bestimmten Stromstärke (dem Schnellauslösewert des Schalters). Oberhalb dieser Stromstärke schaltet ein solcher Schalter sämtliche Ströme in gleicher Zeit ab.

die Umgebung abzugeben, wird eine Berechnung der thermischen Belastung der Leitung zu komplex. In der Regel geht man davon aus, dass die Erwärmung der betrachteten Leitung bis 5 s weitgehend „adiabatisch" bleibt. Die Formeln in den Normen sowie in diesem Buch sind somit nur bis 5 s anwendbar. Nach dieser Zeit ist eine Aussage über die tatsächliche thermische Belastung der Leitung nicht mehr möglich. Allerdings sollte auch wegen der Standfestigkeit von Verbindungselementen und Anschlussklemmen in elektrischen Anlagen die maximale Kurzschlusszeit von 5 s nicht überschritten werden. Bei einem Schluss zwischen einem Außenleiter und dem PE-Leiter ist die Zeit von maximal 5 s schon durch DIN VDE 0100-410 aus Personenschutzgründen vorgegeben. Deshalb muss erreicht werden, dass der kleinstmögliche Kurzschlussstrom immer noch so hoch ist, dass die entsprechende Überstrom-Schutzeinrichtungen in einer Zeit < 5 s reagieren kann.

Der größtmögliche Kurzschlussstrom kann dagegen auch schon bei einer kürzeren Kurzschlussdauer (< 0,1 s) Schäden im Aufbau des Kabels oder der Leitung verursachen. Häufig wird dabei die Isolation vorgeschädigt, und das kann im weiteren Betrieb zu brandgefährlichen Isolationsschäden führen. Hat allerdings eine korrekte Planung nach DIN VDE 0100-430 stattgefunden, so sind die Kabel und Leitungen weitgehend geschützt.

In diesem Abschnitt soll der größtmögliche Kurzschlussstrom betrachtet werden. Später kommt noch im Abschnitt 16.1.6 der kleinstmögliche Kurzschlussstrom hinzu.

Vorab sollen einige Formelbuchstaben erläutert werden, die im Folgenden vorkommen:

I_K Kurzschlussstrom, wie er in den Abschnitten 15.1 und 15.2 erläutert wird. In der Regel wird I_K im gleichen Sinn verwendet wie I_p.

I_K" Anfangs-Kurzschlusswechselstrom, der sich zu Anfang eines Kurzschlussvorgangs einstellt. In Niederspannungsanlagen soll vereinfacht $I_K = I_K$" gesetzt werden, da in diesem Fall der Kurzschluss als „generatorfern" gilt. Bei „generatornahen" Kurzschlüssen ist I_K" zunächst größer als I_K und wird nach Abklingen des anfänglichen Gleichstromglieds (siehe Bild 15.1) so groß wie I_K.

I_S Stoßkurzschlussstrom, wie er im Abschnitt 15.3 erläutert wird.

I_P unbeeinflusster Kurzschlussstrom, der sich einstellt, wenn keine Abschaltung erfolgen würde (In manchen Veröffentlichungen wird I_P als Bezeichnung für den Stoßkurzschlussstrom I_S benutzt.). Siehe auch oben bei I_K.

15.1 Kurzschlussstromberechnung ohne begrenzende Einrichtungen

Zunächst soll der Kurzschlussstrom eines Transformators berechnet werden. Für eine Verbraucheranlage (oder zumindest für Teile davon) ist der Transformator im Grunde genommen die Spannungsquelle. Das vorgeschaltete Versorgungsnetz soll an dieser Stelle als „starr“ angesehen werden. Das bedeutet, der Netzinnenwiderstand vor dem Transformator wird als unendlich klein angesehen.[17] Dadurch sind ausschließlich der Transformator selbst sowie die Widerstände der Leitungen bis zum Kurzschlussort für die Begrenzung des Kurzschlussstroms verantwortlich. Es kann also gesagt werden:

→ Bei einer vereinfachenden Betrachtung wird der Kurzschlussstrom
- durch die Impedanz[18] des Transformators und
- durch die Impedanz der Leitung bis zum Kurzschlussort begrenzt.

Zunächst soll der Kurzschlussstrom berechnet werden, den ein bestimmter Transformator maximal (also ohne Beteiligung der Leitungsimpedanzen) liefern kann. Dazu soll folgende Formel dienen:[19]

$$I_{\mathrm{KTr}} = \frac{I_{\mathrm{NTr}} \cdot 100}{u_{\mathrm{K}}} \qquad (1)$$

oder, wenn die Leistung des Transformators bekannt ist:

$$I_{\mathrm{KTr}} = \frac{S_{\mathrm{NTr}} \cdot 100}{\sqrt{3} \cdot U \cdot u_{\mathrm{K}}} \qquad (2)$$

17 Man könnte auch sagen: Die Kurzschlussleistung des vorgeschalteten Versorgungsnetzes ist derart hoch, dass es kaum ins Gewicht fällt, ob einer der angeschlossenen Transformatoren im Kurzschlussbetrieb arbeitet oder nicht. Das ist im Grunde nicht ganz korrekt, aber für eine überschlägige Berechnung reicht die Genauigkeit aus.

18 Die Impedanz ist hier der sogenannte Scheinwiderstand Z, der sich aus dem Wirkwiderstand R und dem Blindwiderstand X zusammensetzt. Dabei gilt der bekannte Zusammenhang: $Z^2 = R^2 + X^2$.
X wiederum kann aus kapazitiven (X_C) und induktiven (X_L) Anteilen bestehen.

19 Der Gedanke, der hinter der oben angegebenen Formel steht, ist folgender:
u_{K} (angegeben in %) ist ein Maß für die Spannung, die primär angelegt werden muss, um bei kurzgeschlossener Sekundärwicklung den Nennstrom des Transformators zum Fließen zu bringen. In diesem Fall liegt also nur noch der Innenwiderstand des Transformators im Kurzschlussstromkreis. Über u_{K} kommt man deshalb durch Umstellen der entsprechenden Formeln zur Berechnung des Transformator-Kurzschlussstroms.

I_{NTr} Nennstrom des Transformators
I_{KTr} maximaler Kurzschlusswechselstrom[20] des Transformators
S_{NTr} Nennleistung des Transformators in kVA
u_K Bemessungswert der Kurzschlussspannung in %
U Nennspannung des Netzes, in der Regel 400 V
Verkettungsfaktor beim Dreiphasenbetrieb mit um 120° verschobenen Strömen in den Außenleitern (≈ 1,732).

Für übliche Netze (400/230 V) gelten vereinfacht die Werte in **Tabelle 15.1**.

Betriebsmittel, die hinter einem Transformator angeordnet sind, könnten im Extremfall also mit diesem Strom belastet werden. In **Tabelle 15.2** sind übliche Transformatoren mit ihren Nennleistungen, Nennströmen und den möglichen Kurzschlussströmen (bei u_K = 6 % und 4 %) angegeben. Dabei wurde der Anteil des ohmschen Widerstandes im Transformator selbst mit berücksichtigt.

Tabelle 15.1 *Berechnung des größtmöglichen Kurzschlussstroms (Dauerkurzschlussstrom) I_K bei 400 V Transformator-Sekundärspannung und vorgegebenen u_K-Werten*

I_K berechnet aus	I_K in kA	
	u_K = 4 %	u_K = 6 %
I_{NTr} in kA	$I_{NTr} \cdot 25$	$I_{NTr} \cdot 16{,}7$
S_{NTr} in kVA	$S_{NTr} \cdot 0{,}036$	$S_{NTr} \cdot 0{,}024$

20 Es geht hier um den Kurzschlussstrom, den der Transformator aufgrund der übrigen Bedingungen (Netzspannung, Impedanzen im Transformator usw.) bei einem Kurzschluss auf der Sekundärseite liefern kann. Bei Kurzschlüssen im Niederspannungsbereich gilt der Kurzschluss als „generatorfern“. Deshalb kann $I_{KTr} = I_K$ gesetzt werden. Bei generatornahen Kurzschlüssen würde allerdings gelten: $I_{KTr} = I_K“ > I_K“$.

Tabelle 15.2 *Nennströme und 3-polige Kurzschlussströme gängiger Transformatoren*
Die Werte für I_K beziehen sich auf 3-polige Kurzschlüsse direkt hinter dem Transformator, also ohne Berücksichtigung von Leitungsimpedanzen und nachgeschalteter Überstrom-Schutzeinrichtung sowie bei angenommenem starren Netz. Übliche Werte für u_K = 4 % oder 6 % wurden fett gedruckt.
Außerdem sind auch die Impedanzen der Transformatoren angegeben.
S_{NTr} Transformator-Scheinleistung (Nennleistung)
I_{NTr} Nennstrom des Transformators
I_{KTr} Effektivwert des möglichen Dauerkurzschlussstroms (maximaler Kurzschlusswechselstrom des Transformators)
X_{Tr} Blindwiderstand des Transformators
R_{Tr} Wirkwiderstand des Transformators

S_{NTr} in kVA	I_{NTr} in A	I_{KTr} in kA u_K = 4 %	I_{KTr} in kA u_K = 6 %	X_{Tr} in mΩ u_K = 4 %	X_{Tr} in mΩ u_K = 6 %	R_{Tr} in mΩ
160	231	**5,3**	3,7	**39,0**	58,0	16,0
250	361	**8,5**	5,8	**24,2**	37,4	9,0
315	455	**10,8**	7,4	**19,3**	30,2	6,7
400	577	**13,7**	9,4	**15,0**	23,0	5,0
500	722	**17,2**	11,7	**12,1**	19,0	3,8
630	909	**21,7**	14,8	**9,9**	15,0	2,9
1.000	1.443	34,5	**23,5**	6,4	**9,4**	1,6
1.250	1.804	43,2	**29,4**	5,1	**7,5**	1,3
1.600	2.309	55,4	**37,7**	4,0	**6,0**	1,0
2.500	3.609	86,6	**58,9**	2,7	**3,8**	0,7

15.2 Kurzschlussstromberechnung mit Leitungsimpedanzen

Soll die oben erwähnte Leitungsimpedanz mit berücksichtigt werden, wird die Rechnung etwas komplizierter. Allerdings wird hier eine Vereinfachung vorgenommen, die zwar nur überschlägig den Kurzschlussstrom festlegt, dabei jedoch auf der sicheren Seite liegt:

$$I_K = \frac{U}{\sqrt{3} \cdot \sqrt{R^2 + X^2}} \qquad (3)$$

mit $R = R_{Tr} + R_L$ und $X = X_{Tr} + X_L$;

U Nennspannung (in der Regel 400 V)
R_{Tr} Wirkwiderstand des Transformators
R_L Wirkwiderstand der Leitung[21]
X_{Tr} Blindwiderstand des Transformators
X_L Blindwiderstand der Leitung
$\sqrt{3}$ Verkettungsfaktor (≈ 1,732).

21 Hier soll allerdings der Widerstand bei der niedrigsten Temperatur (20 °C) angenommen werden, um den Extremfall und damit den höchstmöglichen Kurzschlussstrom ermitteln zu können.

Um die Berechnung mit beteiligtem Kabel bzw. beteiligter Leitung richtig durchführen zu können, soll **Tabelle 15.3** helfen, die richtigen Werte für übliche Kabel als Abgänge von Transformatoren zu ermitteln. Dabei wird in der Regel der Widerstand je m (oder je km) Leitungslänge angegeben. Man nennt diese Widerstandswerte dann „Widerstandsbeläge" und bezeichnet sie mit *R*' bzw. *X*'.

Tabelle 15.3 *Widerstandsbeläge von üblichen Leitungen bei 20 °C für die Ermittlung des höchstmöglichen Kurzschlussstroms*

Typ mm²	X_L' in Ω/km bzw. mΩ/m	R_L' in Ω/km bzw. mΩ/m
NYY 5x1,5	0,1	12,1
NYY 5x2,5		7,41
NYY 5x4		4,61
NYY 5x6		3,08
NYY 5x10	0,09	1,83
NYY 5x16		1,15
NYY 4 x25	0,08	0,727
NYY 4 x35		0,524
NYY 4 x 50		0,387
NYY 4 x 70		0,268
NYY 4 x 95		0,193
NYY 4 x120		0,153
NYY 4 x150		0,124
NYY 4 x185		0,0991
NYY 4 x240		0,0754
NYY 4 x 300		0,0601
NYY 1x 50	0,115 (im Dreieck verlegt) 0,15 (nebeneinander verlegt)	0,387
NYY 1x70		0,268
NYY 1x 95		0,193
NYY 1x120		0,153
NYY 1x150		0,124
NYY 1x185		0,0991
NYY 1x 240		0,0754
NYY 1x 300		0,0601

Beispiel:
Der Kurzschlussstrom hinter einem Transformator mit 315 kVA und $u_K = 4\,\%$ soll ermittelt werden. Dabei soll ein Kabel NYY-J 4 x 300 mm² mit einer Länge von $l = 55$ m berücksichtigt werden.

Hierzu werden die Tabellen 15.2 und 15.3 sowie Formel (3) benutzt:

$$R = R_{Tr} + l \cdot R_L' = 6{,}7\,\text{m}\Omega + 55\,\text{m} \cdot 0{,}0601\,\text{m}\Omega/\text{m} = 10\,\text{m}\Omega$$

$$X = X_{Tr} + l \cdot X_L' = 19{,}3\,\text{m}\Omega + 55\,\text{m} \cdot 0{,}08\,\text{m}\Omega/\text{m} = 23{,}7\,\text{m}\Omega$$

$$I_K = \frac{400\,V}{\sqrt{3} \cdot \sqrt{10^2 + 23{,}7^2 m\Omega}} \approx 9\,kA$$

Das bedeutet, dass der zu erwartende Kurzschlussstrom des Transformators von

$$I_K = \frac{455 \cdot 100}{4} \approx 11{,}4\ kA, \text{ also der Maximalwert nach Formel (1),}$$

auf etwa 9 kA – also um ca. 21 % – reduziert wurde, obwohl es sich bei dem Abgangskabel um ein Kabel mit einem extrem großen Querschnitt handelt.

Eine andere Möglichkeit, den Kurzschlussstrom überschlägig zu ermitteln, finden Sie im Downloadbereich, in dem mit Hilfe einer „automatischen Tabelle" der kleinste (1-polige) und der größte (3-polige) Kurzschlussstrom ermittelt werden kann.

15.3 Stoßkurzschlussstrom

Die Schalteinrichtungen (wie beispielsweise Überstrom-Schutzeinrichtungen) müssen im Kurzschlussfall jedoch nicht nur diesem maximalen Kurzschlusswechselstrom standhalten, sondern im ersten Augenblick dem sogenannten Stoßkurzschlussstrom I_S, einem Maximalwert des Kurzschlussstroms. Dieser Maximalwert tritt nur ein Mal zu Beginn der Kurzschlussverlaufs auf. Dieser hohe Stoßkurzschlussstrom entsteht durch Ausgleichsvorgänge im Netz, bedingt vor allem durch die darin enthaltenen Blindwiderstände. Aufgrund dieser Ausgleichsvorgänge kommt es im ersten Augenblick zu einem Gleichstromanteil, der sich mit dem Kurzschlusswechselstrom überlagert (**Bild 15.1**). Die Höhe dieses Gleichstromanteils ist

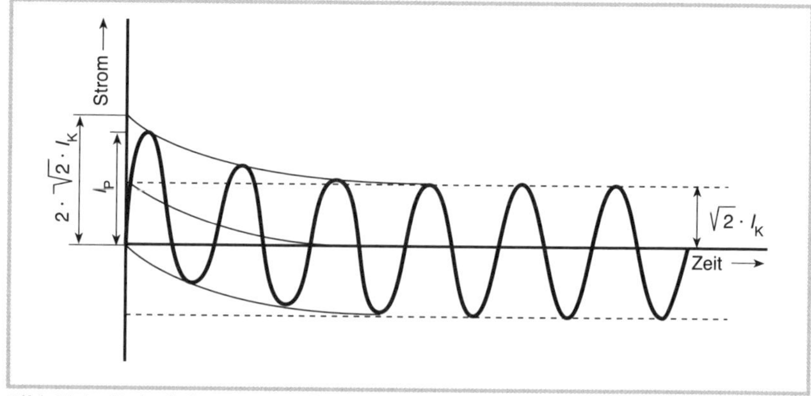

Bild 15.1 *Verlauf eines generatorfernen Kurzschlussstroms*

abhängig von den beteiligten Impedanzen und von dem Augenblick, in dem der Kurzschluss eintritt.[22] Wir gehen im Weiteren davon aus, dass der Kurzschluss, den es zu betrachten gilt, ein generatorferner Kurzschluss ist. Für generatornahe Kurzschlüsse gibt es noch einige zusätzliche Besonderheiten, die hier jedoch nicht betrachtet werden.[23]

Den höchstmöglichen Stoßkurzschlussstrom I_S kann man überschlägig wie folgt berechnen:

$$I_S = 2{,}54 \cdot I_{KTr}. \tag{4}$$

Beispiel:
Bei der vorherigen Aufgabe (Transformator mit 315 kVA) würde ein möglicher Stoßkurzschlussstrom im Extremfall folgende Größe haben:

$I_{S1} = 2{,}54 \cdot 11{,}4\,\text{kA} \approx 29\,\text{kA}$ oder am Ende des Kabels:

$I_{S2} = 2{,}54 \cdot 9\,\text{kA} \approx 22{,}9\,\text{kA}$.

Für diese Maximalwerte sind die Betriebsmittel an diesen Stellen auszulegen.

Allerdings wird dieser hohe Wert des Stoßkurzschlussstroms nur in besonderen Einzelfällen erreicht. **Tabelle 15.4** gibt für verschiedene Transformatoren üblich zu erwartende Stoßkurzschlussströme an.

Diese Höchstwerte des anfallenden Kurzschlussstroms müssen sämtliche beteiligten Betriebsmittel wie Kabel, Stromschienen und Schalteinrichtungen hinter dem Transformator im ungünstigsten Fall aushalten. Die Berechnung des Stoßkurzschlussstroms ist in erster Linie für die mechanische Festigkeit der Betriebsmittel wichtig und nicht so sehr eine Frage des Brandschutzes. Allerdings kann die Wirkung des Stoßkurzschlussstroms auch dazu beitragen, dass eine Beschädigung eintritt, die anschließend für Lichtbögen oder brandgefährliche Isolierungsfehler verantwortlich ist. Insofern ist die Frage nach der Stoßkurzschlussstromfestigkeit indirekt immer auch eine Frage des Brandschutzes.

Tabelle 15.4 *Überschlägige Werte für den Stoßkurzschlussstrom (angegeben in kA) bei verschiedenen Transformatorleistungen (S_{NTr} in kVA) und ohne Berücksichtigung von Leitungslängen (Kurzschluss direkt hinter dem Transformator)*

S_{NTr} in kVA	160	250	315	400	500	630	1.000	1.250	1.600	2.500
I_S für $u_K = 4\,\%$	11	17	21	27	35	44	76	95	123	196
I_S für $u_K = 6\,\%$	8	12	16	20	27	34	56	71	92	151

22 Gemeint ist hier, ob der Kurzschluss beim Nulldurchgang des sinusförmig verlaufenden Betriebsstroms eintritt oder beim Maximalwert bzw. irgendwo dazwischen.

23 Siehe zu diesem Thema: *Karl-Heinz Kny:* Kurzschluss-Schutz in Gebäuden. Verlag Technik, Berlin

15.4 Einfluss von kurzschlussstrombegrenzenden Schutzeinrichtungen

Kurzschlussstrombegrenzende Schutzeinrichtungen sind vor allem Schmelzsicherungen, Leitungsschutzschalter (LS-Schalter) und Leistungsschalter, die vom Hersteller als solche gekennzeichnet sind. Sie helfen, die Stärke des Kurzschlussstroms auf ein „erträgliches Maß“ zu reduzieren. Allerdings tritt diese „begrenzende“ Wirkung erst ab einer bestimmten Stärke des Kurzschlussstroms ein. Hier entsteht natürlich die Frage: Ab welcher Kurzschlussstromstärke begrenzt die Überstrom-Schutzeinrichtung den Stoßkurzschlussstrom?

Betrachtet man die Auslösekennlinien von Schmelzsicherungen, so fällt auf, dass sie nicht wie bei LS-Schaltern in einen Überlastbereich und einen Kurzschlussbereich aufteilbar sind (**Bild 15.2**). Der obere Überlastbereich eines LS-Schalters wird durch einen Bimetallauslöser hervorgerufen, der umso schneller schaltet, je höher der Überlaststrom ist. Für schnelle Kurzschlussströme ist dieser Auslöser allerdings zu träge. Hier wirkt ein magnetischer Schnellauslöser, der bei einer bestimmten Höhe des Überstroms im Bruchteil einer Sekunde (in der Regel benötigt der LS-Schalter nicht mehr als 6 ms bis 10 ms) den fehlerhaften Stromkreis vom Netz trennt. Bis zu dieser „Auslösehöhe“ lässt dieser Schnellauslöser jeden Überstrom zu (Bild 15.2 a). Nur die Wirkung beider Auslösesysteme macht den LS-Schalter zu dem Schaltgerät, das aus der Installationspraxis nicht mehr wegzudenken ist.

Für Schmelzsicherungen gibt es nur einen Überstrom, bei dem sie in einer bestimmten Zeit, die von der Höhe des Überstroms abhängt, auslösen. Ist der Kurzschlussstrom (aus welchen Gründen auch immer) so gering, dass die Sicherung entsprechend der Kennlinie im Bild 15.2 b beispielsweise 400 ms benötigt, um abschalten zu können, so wird der Stoßkurzschlussstrom längst in den Kurzschlussstrom[24] übergegangen sein – die anfänglichen Ausgleichsvorgänge und der Gleichstromanteil sind verschwunden. In diesem Fall begrenzt die Sicherung den Kurzschluss nur zeitlich, nicht aber in der Höhe.

Prinzipiell kann man sagen, dass meistens schon nach zwei bis drei Netzperioden (das sind 40 ms bis 60 ms) der Einschwingprozess des Kurzschluss-

24 Das heißt, die für den Kurzschluss typischen Einschwingvorgänge sind abgeklungen und es fließt nur noch der Strom, der sich aufgrund der Netzspannung und der Kurzschlussimpedanz im Kurzschluss-Fehlerstromkreis ergibt. Siehe hierzu Abschnitt 15.3 und Bild 15.1.

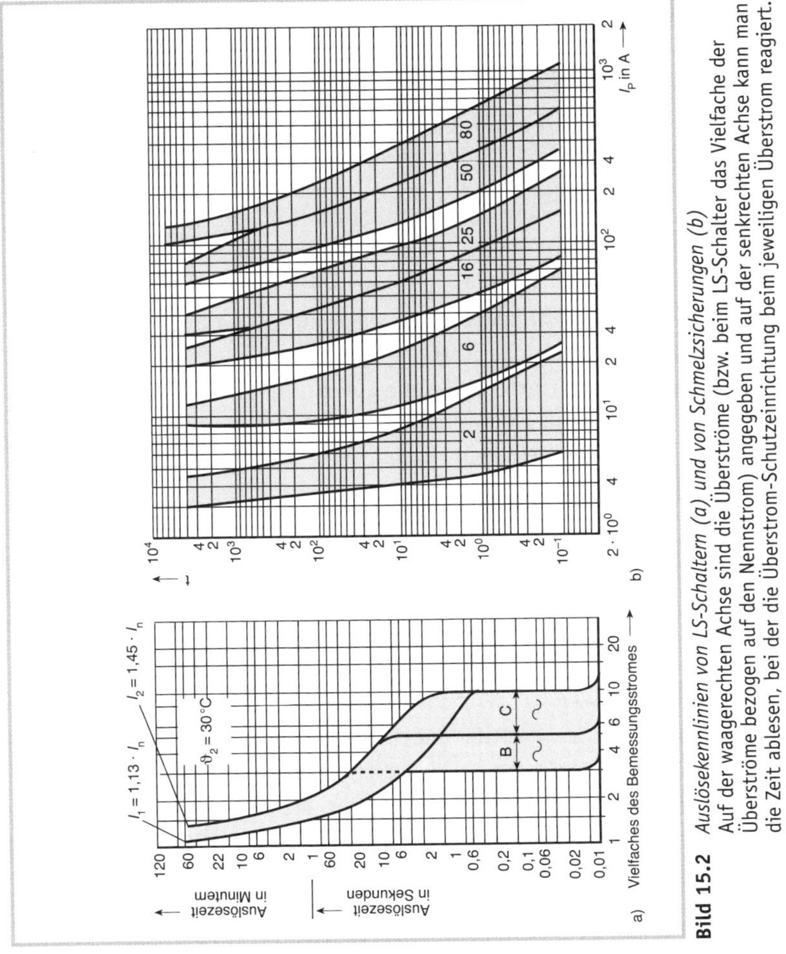

Bild 15.2 *Auslösekennlinien von LS-Schaltern (a) und von Schmelzsicherungen (b)*
Auf der waagerechten Achse sind die Überströme (bzw. beim LS-Schalter das Vielfache der Überströme bezogen auf den Nennstrom) angegeben und auf der senkrechten Achse kann man die Zeit ablesen, bei der die Überstrom-Schutzeinrichtung beim jeweiligen Überstrom reagiert.

stroms mit seinen zum Teil extrem hohen Stromspitzen (von denen der Stoßkurzschlussstrom die höchste ist) weitgehend abgeklungen ist[25]. Dazu kommt, dass der Stoßkurzschlussstrom in der Regel während der ersten Halbwelle der Netzperiode anfällt, also beim 50-Hz-Netz innerhalb der ersten 10 ms nach dem Eintritt des Kurzschlusses.

Schmelzsicherungen benötigen ca. den 20-fachen Nennstrom, um innerhalb dieser Zeit schalten zu können. Deshalb kann man allgemein sagen:

25 Nach spätestens fünf Netzperioden (in unseren Netzen also nach 100 ms) gilt der Einschwingvorgang im Allgemeinen als abgeschlossen.

→ Ist der Kurzschlussstrom hoch genug (> 20-facher Nennstrom), so ist die Schmelzsicherung in der Lage, den Stoßkurzschlussstrom zu begrenzen, das heißt, sie löst aus, bevor der Höchstwert des Stoßkurzschlussstroms erreicht wird, und die nachfolgenden Betriebsmittel bekommen nur einen Bruchteil dieses Maximalwertes ab.

Hier begrenzt die Sicherung den Kurzschlussstrom also nicht nur zeitlich, sondern auch in der Höhe! **Bild 15.3** zeigt den Verlauf eines Kurzschlussstroms, wie er ohne und mit Sicherung verlaufen würde.

Kleinere Kurzschlussströme werden dagegen nur zeitlich, nicht aber in der Höhe begrenzt (dazu siehe Abschnitt 16.2.2).

Den Höchstwert des Stroms, den die Überstrom-Schutzeinrichtung beim Ausschalten noch durchlässt, nennt man den Durchlassstrom I_D. Genau genommen müsste dieser Wert, wie in Bild 15.3, mit i_D, also mit einem kleinen Buchstaben angegeben werden, weil es sich um einen Augenblickswert handelt, der nur ein einziges Mal innerhalb eines zeitlichen Verlauf des Stroms eintritt. Dies gilt natürlich auch für den Stoßkurzschlussstrom I_S (eigentlich i_S). Allerdings hat sich vielfach die Bezeichnung mit dem Großbuchstaben durchgesetzt.

Wie hoch der noch zu erwartende Durchlassstrom bei häufig eingesetzten Schmelzsicherungen ist, zeigt **Bild 15.4**. Die in diesem Bild dargestellte obere Kennlinie gibt an, welcher maximale Augenblickswert (I_S auf der Y-Achse) des Kurzschlussstroms (I_K auf der X-Achse) zu erwarten ist, wenn keine Strombegrenzung stattfindet. Ab einer bestimmten Höhe des Kurzschlussstroms I_K findet die Auslösung der Sicherung im Bereich der ersten Halbwelle des Kurzschlussstroms statt. Die jeweilige Sicherung wirkt ab dieser Stromstärke zunehmend strombegrenzend. Das bedeutet aber auch, dass ab dieser Stromstärke der maximale Wert (I_S), der durch die obere Kennlinie angegeben wird, nicht mehr erreicht wird, weil die Schmelzsicherung vor Erreichen des maximalen Stroms (I_S) auslöst und nur noch den kleineren Augenblickswert (I_D) durchlässt (siehe bei a) im Bild 15.3).

Um diese Kennlinie richtig nutzen zu können, kann man wie folgt vorgehen:

Zunächst bestimmt man mit den genannten Formeln (1), (2) oder (3) oder mit den entsprechenden automatischen Tabellen im Downloadbereich den zu erwartenden Kurzschlussstrom. Auf der waagerechten Achse der Kennlinie sucht man diesen Stromwert. Senkrecht darüber, im Schnittpunkt mit der Linie für den Sicherungsnennstrom kann man waagerecht links auf

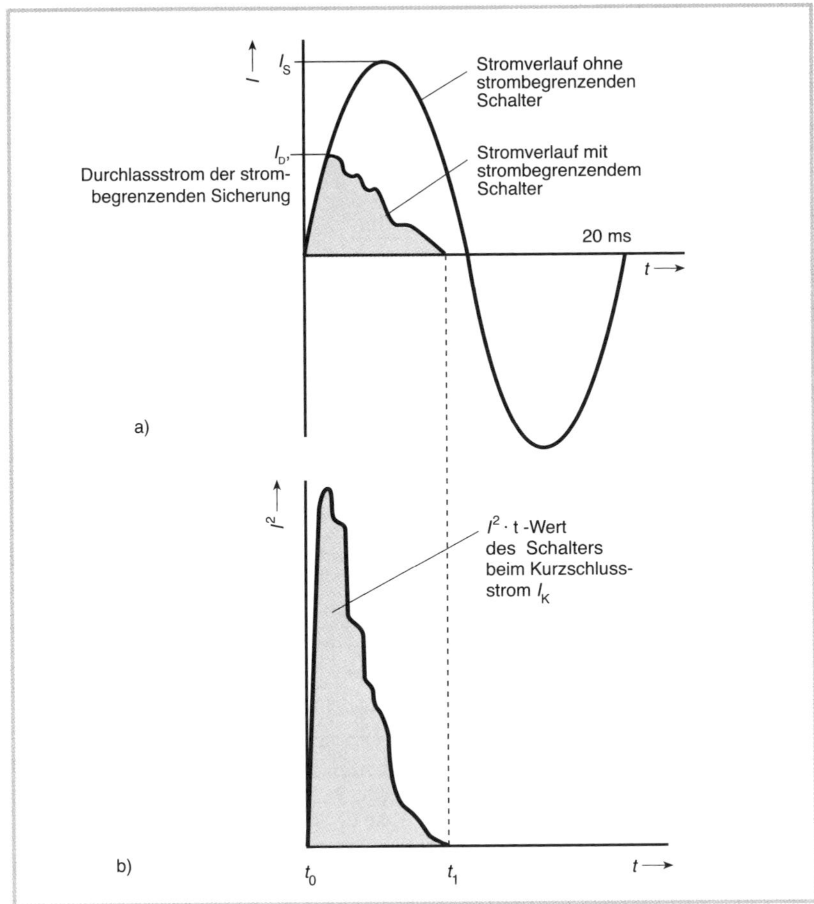

Bild 15.3 *Reduzierung des Stoßkurzschlussstroms I_S auf den Durchlassstrom i_D durch einer Überstrom-Schutzeinrichtung*
a) Strombegrenzung
b) $I^2 \cdot$ t-Wert
Die Fläche unter der Kurve ist ein Maß für die Kurzschlussenergie (Ausschaltenergie) vom Kurzschlussbeginn bis zur Abschaltung
Der $I^2 \cdot$ t-Wert ist ein Maß für die Energie, die die Überstrom-Schutzeinrichtung während des Ausschaltens (also zwischen $t = t_0$ und $t = t_1$) im Kurzschlussfall noch durchlässt.

der senkrechten Achse den Wert für den Stoßkurzschlussstrom ablesen, den die Sicherung gerade noch durchlässt. Man nennt diesen Strom den Spitzenwert des Durchlassstroms der Sicherung. Der Maximalwert des möglichen Stoßkurzschlussstroms I_S wird für die angeschlossenen Betriebsmittel auf den geringeren Wert des Durchlassstroms I_D begrenzt.

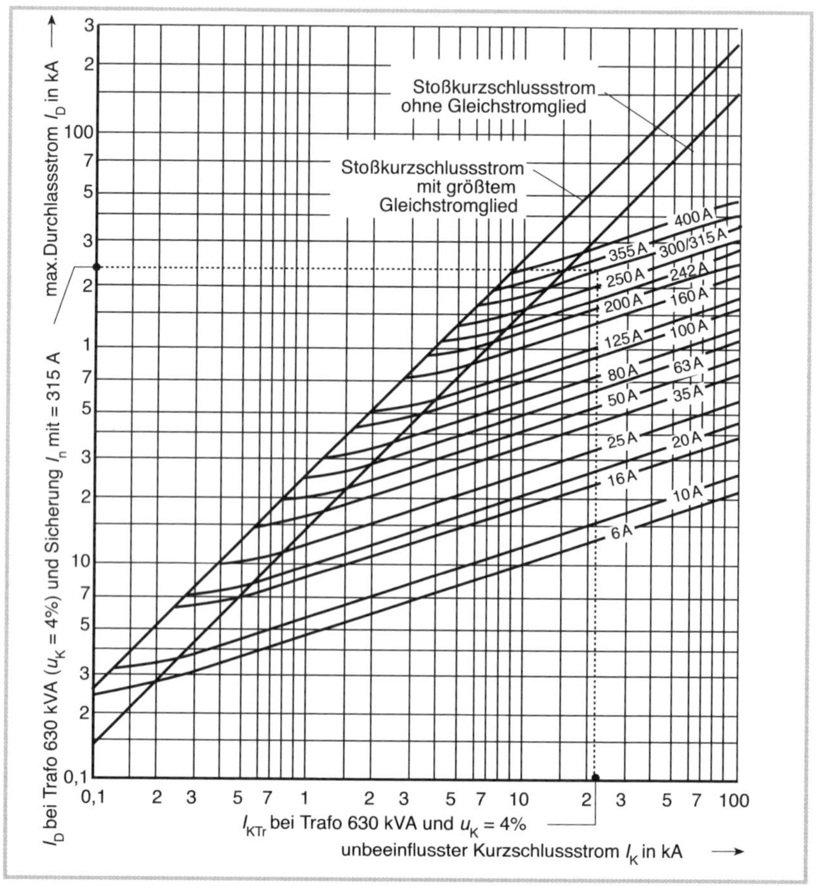

Bild 15.4 *Durchlassstrom-Kennlinien von NH-Sicherungen*
Die anfängliche Schräge gibt den von der Sicherung unbeeinflussten Kurzschlussstrom an. Man sieht deutlich, dass bei allen Sicherungsgrößen diese Schräge ab einer bestimmten Höhe des Kurzschlussstroms nach rechts abknickt: Ab hier beginnt die Sicherung den Kurzschlussstrom nicht nur zeitlich, sondern auch in der Höhe zu begrenzen.
Auf der senkrechten Achse sind die Maximalwerte des von der Sicherung durchgelassenen Kurzschlussstroms (Durchlassstrom I_D) abzulesen.

Beispiel:
Als Beispiel dient der angegebene maximale Stoßkurzschlussstrom, der in den TAB der Netzbetreiber (NB) für den Bereich zwischen Hausanschlusskasten und Zähler-Vorsicherung (**Bild 15.5**) festgelegt wurde (siehe Teil C, Abschnitt 18.1.1).

Die NB setzen einen Transformator mit einer Scheinleistung von 630 kVA und $u_K = 4\,\%$ voraus. Dieser Transformator kann einen genügend hohen Kurzschlussstrom hervorrufen. Dabei wird angenommen, dass die Entfernung zum Hausanschlusskasten klein ist, sodass die Zuleitung keinen zu großen stromminderden Einfluss hat:

I_K beträgt bei einem 630-kVA-Transformator mit $u_K = 4\,\%$ nach Tabelle 15.2 etwa 21,7 kA.

Als nachgeschaltete Sicherung wird eine NH-Sicherung mit einem Nennstrom von 315 A eingesetzt.

Im Bild 15.4 (maximaler Durchlassstrom der Schmelzsicherung) liest man auf der waagerechten Achse den Kurzschlussstrom von 21,7 kA ab und ermittelt senkrecht darüber den Schnittpunkt mit der Linie für eine 315-A-Sicherung. Auf diese Weise ergibt sich links auf der waagerechten Achse der entsprechende Scheitelwert des Stoßkurzschlussstroms (I_D), den diese Sicherung noch durchlässt, von aufgerundet 25 kA.

Die vorgenannten Berechnungen stellen, wie bereits gesagt, nur eine Vereinfachung der an sich sehr komplexen Vorgänge bei einem Kurzschluss dar. Sie sind angebracht für überschlägige Rechnungen bei einfachen (also nicht verzweigten) Verteilungsverhältnissen und ohne Berücksichtigung von Elektromotoren und Kompensationsanlagen, die sich in der elektrischen Verbraucheranlage befinden können. Angebracht ist eine überschlägige Rechnung beispielsweise, wenn der einspeisende Transformator im Erdgeschoss des Gebäudes errichtet wurde und er allein die Niederspannungs-Hauptverteilung versorgt. Auch überall dort, wo das Objekt, in dem die elektrische Anlage errichtet werden soll, eine Mittelspannungseinspeisung vom Netzbetreiber (NB) erhält, kann die in diesem Abschnitt angegebene Berechnung von Bedeutung sein.

Zum Schluss sei noch einmal angemerkt, dass natürlich auch der kleinste mögliche Kurzschlussstrom für die Sicherheit der Anlage von Bedeutung ist. Da sich das auf die maximalen Leitungslängen in Bezug auf den gewählten Querschnitt der Leitung niederschlägt, wird er im folgenden Abschnitt 16.1.6 bei der Berücksichtigung der Leitungslänge besprochen.

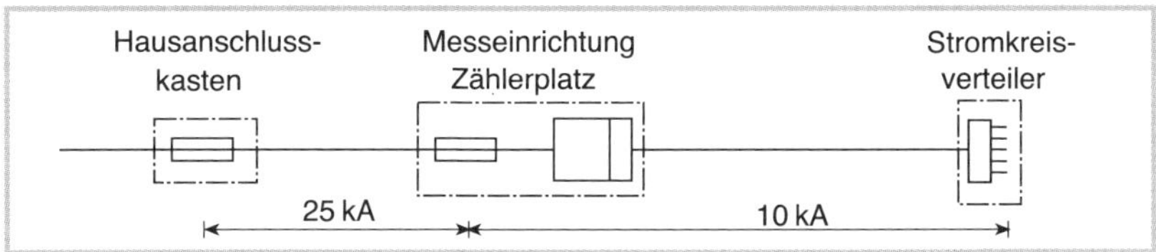

Bild 15.5 *Stoßstromfestigkeit der Betriebsmittel in der Hauptleitung eines Hausanschlusses nach Vorgaben des NB in den TAB*

16 Planung und Errichtung von Kabel- und Leitungsanlagen

16.1 Schutz bei Überstrom

16.1.1 Einführung

Alle Kabel und Leitungen müssen vor einem zu hohen Strom – die Norm spricht vom „Überstrom" – geschützt werden. Der Schutz vor Überstrom wird in DIN VDE 0100-430 beschrieben. Unter Überstrom versteht man einen erhöhten Strom aufgrund von

- Überlast
  (betriebsbedingte und häufig länger andauernde Überlastung ohne einen vorliegenden Isolationsfehler) oder/und
- Kurzschluss
  (wegen eines Isolationsfehlers unbeabsichtigte, elektrisch leitfähige Verbindung unter Spannung stehender Teile).

Um vor Überstrom sicher schützen zu können, muss bei der Auswahl, Planung und Errichtung von Kabel- und Leitungsanlagen einiges beachtet werden. Als Erstes soll der Schutz bei Überlast betrachtet werden.

Das Planen der Kabel- und Leitungsanlage zum Schutz bei Überlast erfolgt in mehreren verschiedenen Schritten. Zunächst muss geklärt werden, unter welchen Bedingungen die Kabel und Leitungen eingesetzt werden. Eine Leitung, die einzeln außen auf der Wand über dem Putz verlegt wird, ist sicher belastbarer als eine solche, die sich in der Wärmedämmung einer Hohlwand befindet. Die Norm spricht hier von der Verlegeart des Kabels oder der Leitung. Aber auch die Temperatur in der Umgebung des Kabels (der Leitung) ist ganz sicher von Bedeutung und letztlich kann es nicht gleichgültig sein, ob beispielsweise eine Leitung einzeln verlegt wird oder ob sie sich in einem größeren Leitungsbündel befindet, umgeben von anderen Leitungen, die ebenfalls hoch belastet sind. Die DIN-VDE-Normen fassen diese Bedingungen unter dem Stichwort „Verlegebedingungen" zusammen.

Außerdem müssen noch bestimmte Betriebsbedingungen berücksichtigt werden: Es ist klar, dass eine Leitung weniger belastet wird, wenn in ihr lediglich zwei Adern den Strom führen als wenn drei oder mehr stromführende Adern beteiligt sind. Dazu kommt, dass es bei einem hohen Anteil an Oberschwingungen zu Neutralleiter-Überlastungen kommen kann, wenn man diese unberücksichtigt lässt. Im Folgenden sollen deshalb die wichtigsten Verlege- und Betriebsbedingungen für Kabel und Leitungen beschrieben werden:

- Verlegeart,
- Strombelastbarkeit,
- Umgebungstemperatur,
- Häufung,
- Oberschwingungen,
- Anzahl der belasteten Adern.

16.1.2 Verlegearten

Zunächst muss die Verlegeart festgelegt werden. Die Verlegeart hat, wie bereits oben angeführt, stets Einfluss auf die Belastbarkeit des Kabels (der Leitung), denn je nach Verlegeart wird die Wärme, die im Inneren des Kabels (der Leitung) entsteht, mehr oder weniger gut abgeführt.

Das Thema „Verlegeart" wird in folgenden Normen behandelt:

- DIN VDE 0100-520 Kabel- und Leitungssysteme (-anlagen) und
- DIN VDE 0298-4 Empfohlene Werte für die Strombelastbarkeit von Kabeln und Leitungen für feste Verlegung in Gebäuden und von flexiblen Leitungen.

➔ In diesen Normen geht man von insgesamt neun Verlegearten aus, die als „Referenzverlegearten zur Ermittlung der Strombelastbarkeit" bezeichnet werden. Genau genommen sind es sieben verschiedene Verlegearten. Bei zwei von ihnen wird unterschieden, ob einzelne Adern bzw. Einzelleiter (A1 und B1) oder eine Mehraderleitungen (A2 und B2) verlegt werden sollen. In der **Tabelle 16.1** in diesem Buch wird als Beispiel der Tabellenkopf der Tabelle 5 aus DIN VDE 0298-4 dargestellt, in dem die ersten fünf Referenzverlegearten zu sehen sind.

Für den Fall, dass die vorgesehene bzw. geplante Verlegeart nicht direkt aus diesen Referenzverlegearten hervorgeht, wurde in VDE 0209-4 die Tabelle 9 eingeführt. In ihr findet man noch zahlreiche Beispiele zu möglichen Verlegearten, die in der Praxis häufig zu finden sind. All diese möglichen Verlegearten werden jedoch in der 4. Spalte der Tabelle 9 aus DIN VDE 0298-4 auf die zuvor genannten Referenzverlegearten zurückgeführt, so dass man die Strombelastbarkeit auch für diese Art der Verlegung aus der Strombelastbarkeitstabelle (DIN VDE 0298-4, Tabellen 5 und 6) entnehmen kann. **Bild 16.1** in diesem Buch zeigt als Beispiel eine Zeile aus DIN VDE 0298-4,

Tabelle 16.1 *Verlegearten aus der neuen Norm DIN VDE 0298-4*
Die Verlegearten F und G fehlen hier – sie kommen selten vor und unterscheiden sich von E nur dadurch, dass der Abstand zur Wand mindestens dem Außendurchmesser des Kabels (der Leitung) entspricht. Berühren sich die so verlegten Kabel und Leitungen, handelt es sich um Verlegeart F. Haben sie jedoch zusätzlich einen Abstand (> Außendurchmesser) zueinander, handelt es sich um Verlegeart G (siehe Tabelle 2).
Die hier gleichfalls nicht aufgeführte Verlegeart D ist die Verlegung im Erdboden (siehe dazu Anhang 1).

1	2	3	4	5	6	7	8	9	10	11
Verlegeart (Referenzverlegeart[a] nach Tabelle 2)	A1		A2		B1		B2		C	
	Verlegung in wärmegedämmten Wänden				Verlegung in Elektro-Installationsrohren				Verlegung auf einer Wand	
	Aderleitungen im Elektro-Installationsrohr in einer wärmegedämmten Wand		Mehradriges Kabel oder mehradrige ummantelte Installationsleitung in einem Elektro-Installationsrohr in einer wärmegedämmten Wand		Aderleitungen im Elektro-Installationsrohr auf einer Wand		Mehradriges Kabel oder mehradrige ummantelte Installationsleitung in einem Elektro-Installationsrohr auf einer Wand		Ein- oder mehradriges Kabel oder ein- oder mehradrige ummantelte Installationsleitung	

1	2	3	4	5
Kennziffer	Verlegeart	Beschreibung	Referenzverlegeart zur Ermittlung der Strombelastbarkeit	Häufig eingesetzte Bauarten, die für die Verlegeart zulässig sind
		Verlegung in einer wärmegedämmten Wand; die Wandinnenseite hat einen Wärmeübergangswiderstand von höchstens 0,1 m^2 K/W		
1	Raum	– Aderleitungen im Elektro-Installationsrohr	A1	H07V, H07V2, H07Z1
2	Raum	– Mehradriges Kabel oder mehradrige ummantelte Installationsleitung im Elektro-Installationsrohr	A2	NYM, NYY, NYCWY, NYCY, NHMH, NHXMH, NHXH, NHXHX, NHXCH, NHXCHX, N2XH, N2XCH
3	Raum	– Mehradriges Kabel oder mehradrige ummantelte Installationsleitung direkt in einer wärmegedämmten Wand	A2	NYM, NYY, NYCWY, NYCY, NHMH, NHXMH, NHXH, NHXHX, NHXCH, NHXCHX

Bild 16.1 *Beispiel einer Zeile aus der Verlegearten-Tabelle in DIN VDE 0298-4*

Tabelle 9. In der Spalte 4 sind die Referenzverlegearten genannt und in der Spalte 5 wurden typische und häufig verwendete Kabel- und Leitungstypen aufgeführt, die für diese Verlegeart infrage kommen.

Daraus ergibt sich eine relativ einfache und überschaubare Tabelle für die Strombelastbarkeit von Kabeln und Leitungen (DIN VDE 0298-4, Tabellen 5 und 6 sowie in diesem Buch Tabellen 16.2 und 16.4).

Zu diesem Thema findet man in der Fachliteratur genügend Beispiele und Erläuterungen. Hier soll es zunächst in erster Linie um die Tatsache gehen, dass die Verlegeart festgelegt werden muss, und um das Wissen, dass diese Festlegung immer auch einen Einfluss auf die Strombelastbarkeit des Kabels oder der Leitung hat.

Ist man sich bei der Planung darüber im Klaren, welche Verlegeart infrage kommt, dann benötigt man nur noch die Zuordnung dieser Verlegeart zu einer der neun Referenzverlegearten. Die weiteren Schritte werden in den folgenden Abschnitten behandelt.

In DIN VDE 0298-4 findet man auch Werte für die Strombelastbarkeit von erdverlegten mehradrigen Kabeln im Elektro-Installationsrohr oder Kabelschacht. Sollen Kabel direkt in Erde verlegt werden, müssen die Strombelastbarkeitswerte aus DIN VDE 0276-603, Tabelle 14 und 15 entnommen werden (siehe DIN VDE 0298-4, Abschnitt C.3.4 sowie Tabelle 9 in den Zeilen 72 und 73). In DIN VDE 0298-4, Abschnitt C.3.4 wird noch darauf hingewiesen, dass in DIN VDE 0298-4, Tabelle 24 Umrechnungsfaktoren für Häufung von direkt im Erdboden verlegten Kabel zu finden sind.

Die Strombelastbarkeitswerte für die Erdverlegung von Kabeln und Leitungen in Elektro-Installationsrohren oder Kabelschächten sind in DIN VDE 0298-4, Tabelle 6, Spalte D (siehe Tabelle 16.2 und 16.4 dieses Buches) zu finden. Sie gelten für die vereinbarten Betriebsbedingungen, also z. B. für eine Erdbodentemperatur von 20 °C. Wenn klar ist, dass eine andere Umgebungstemperatur der erdverlegten Kabel zu berücksichtigen ist, müssen Umrechnungsfaktoren nach Tabelle 19 aus VDE 0298-4 berücksichtigt werden. Muss zusätzlich auch eine Häufung mehrerer Kabel berücksichtigt werden, ist aus Tabelle 25 ein entsprechender Umrechnungsfaktor zu berücksichtigen.

Eine weitere vorausgesetzte Betriebsbedingung ist ein spezifischer Erdbodenwärmewiderstand von 2,5 K · m/W. Dies ist ein Wert, der üblicherweise angenommen wird, wenn der Erdbodentyp und die geografische Örtlichkeit nicht exakt bekannt sind. Handelt es sich jedoch um ein extrem trockenes Erdreich, müssen eventuell Minderungs- bzw. Umrechnungsfaktoren berücksichtigt werden, sofern der Erdboden um das Kabel herum nicht ausgetauscht wird. Entsprechende Umrechnungsfaktoren für einen anderen spezifischen Erdbodenwärmewiderstand als 2,5 K · m/W sind in Tabelle 20 aus VDE 0298-4 zu finden. Für übliche Kabel und Leitungen im Rohr variiert dieser Faktor z. B. zwischen 1,18 K · m/W und 0,96 K · m/W – bei einem spezifischen Wärmewiderstand des Erdbodens zwischen 1 K · m/W und 3,0 K · m/W.

16.1.3 Strombelastbarkeit

Als Nächstes geht es um das Thema Strombelastbarkeit und damit um die Gefahr der thermischen Überlastung oder sogar Zerstörung der Isolierung von Kabeln und Leitungen. Die Rede ist in diesem Zusammenhang von einem „Überstrom“, vor dem man Kabel und Leitungen schützen muss.

Jeder Strom erwärmt den Leiter, durch den er fließt. Nimmt der Leiter dabei eine höhere Temperatur an als seine Umgebung, so gibt er Wärme an sie ab. Je höher der Strom ist, umso mehr erwärmt sich der Leiter. Je größer die Temperaturdifferenz zwischen ihm und seiner Umgebung ist, umso besser kann er seine Wärme an seine Umgebung abführen. Allerdings können der Strom und damit die Leitertemperatur nicht endlos gesteigert werden, weil mit zunehmender Leitertemperatur die Gefahr besteht, dass die Isolierung frühzeitig altert und ihre von Hersteller zugesicherten elektrischen und mechanischen Eigenschaften verliert (siehe Kapitel 4 in diesem Buch). Um das zu vermeiden, gibt jeder Hersteller für seine Kabel und Leitungen eine ganz bestimmte maximale Betriebstemperatur an. Weil die Leitertemperatur von der Höhe des Stroms abhängig ist, entspricht diese Betriebstemperatur immer auch einer ganz bestimmten Stromstärke.

Oder anders ausgedrückt:

Um die zulässige maximale Betriebstemperatur nicht zu überschreiten, darf bei einer bestimmten Verlegeart und bei der gegebenen Umgebungstemperatur nur ein ganz bestimmter Strom dauernd fließen. Dieser Strom ist die maximale Strombelastbarkeit des Kabels oder der Leitung.

Die Strombelastbarkeit von Kabeln und Leitungen gibt an, wie hoch die Dauerstrombelastung unter den gegebenen Bedingungen (Umgebungstemperatur, Verlegeart, Leiterwerkstoff, Isolierungswerkstoff, Anzahl der strombelasteten Adern, Oberschwingungsbeeinflussung) sein darf, ohne dabei das Kabel (die Leitung) auf höhere Temperaturen als die zulässige Betriebstemperatur zu erwärmen.[26]

Die entsprechenden Normen (wie DIN VDE 0298-4) greifen die vom Hersteller angegebene Betriebstemperatur auf und geben dazu für bestimmte Anwendungsfälle in Tabellenform die maximale Strombelastbarkeit an (siehe **Tabelle 16.2** dieses Buches). Dabei handelt es sich in der Regel um eine Dauerstrombelastbarkeit, die in der Praxis nicht immer anzutreffen ist.

26 Natürlich kann der Strom zeitweise auch höher sein – er darf aber dann nicht über längere Zeit anstehen. Obige Definition der Strombelastbarkeit, die auf den Dauerstrom zurückgreift, gilt also für den Betriebsstrom, der ständig oder über längere Zeit fließt.

Tabelle 16.2 *Verlegearten und Strombelastbarkeitswerte von Kabeln und Leitungen bei einer Betriebstemperatur von 70 °C sowie einer Umgebungstemperatur von 30 °C (20 °C im Erdboden) nach DIN VDE 0298-4 (Teil 1/2)*

1		2	3	4	5	6	7	8	9	10	11
Verlegeart (Referenz-verlegeart [1)] nach Tabelle 2)		A1		A2		B1		B2		C	
		Verlegung in wärmegedämmten Wänden				Verlegung in Elektro-Installationsrohren				Verlegung auf einer Wand	
		Aderleitungen im Elektro-Installationsrohr in einer wärmegedämmten Wand		Mehradriges Kabel oder mehradrige ummantelte Installationsleitung in einem Elektro-Installationsrohr in einer wärmegedämmten Wand		Aderleitungen im Elektro-Installationsrohr auf einer Wand		Mehradriges Kabel oder mehradrige ummantelte Installations-leitung in einem Elektro-Installationsrohr auf einer Wand		Ein- oder mehradriges Kabel oder ein- oder mehradrige ummantelte Installations-leitung	
Anz. belastete Adern		2	3	2	3	2	3	2	3	2	3
Nennquerschnitt, mm²		Belastbarkeit A									
Kupfer	1,5	15,5[2)]	13,5	15,5[2)]	13,0	17,5	15,5	16,5	15,0	19,5	17,5
	2,5	19,5	18,0	18,5	17,5	24	21	23	20	27	24
	4	26	24	25	23	32	28	30	27	36	32
	4	–	–	–	–	–	–	–	–	–	33,02[3)]
	6	34	31	32	29	41	36	38	34	46	41
	10	46	42	43	39	57	50	52	46	63	57
	10	–	–	–	–	–	–	–	47,17[3)]	–	59,43[3)]
	16	61	56	57	52	76	68	69	62	85	76
	25	80	73	75	68	101	89	90	80	112	96
	35	99	89	92	83	125	110	111	99	138	119
	50	119	108	110	99	151	134	133	118	168	144
	70	151	136	139	125	192	171	168	149	213	184
	95	182	164	167	150	232	207	201	179	258	223
	120	210	188	192	172	269	239	232	206	299	259
	150	240	216	219	196	–	–	–	–	344	299
	185	273	245	248	223	–	–	–	–	392	341
	240	321	286	291	261	–	–	–	–	461	403
	300	367	328	334	298	–	–	–	–	530	464
Aluminium	25	63	57	58	53	79	70	71	62	83	73
	35	77	70	71	65	97	86	86	77	103	90
	50	93	84	86	78	118	104	104	92	125	110
	70	118	107	108	98	150	133	131	116	160	140
	95	142	129	130	118	181	161	157	139	195	170
	120	164	149	150	135	210	186	181	160	226	197
	150	189	170	172	155	–	–	–	–	261	227
	185	215	194	195	176	–	–	–	–	298	259
	240	252	227	229	207	–	–	–	–	352	305
	300	289	261	263	237	–	–	–	–	406	351
Belastbarkeit aus HD 384.5.523 S2 Tabelle/Spalte		52-C1/2	52-C3/2	52-C1/3	52-C3/3	52-C1/4	52-C3/4	52-C1/5	52-C3/5	52-C1/6	52-C3/6

1) Weitere Verlegearten siehe Tabelle 9.

2) Siehe Anhang C.

3) Gilt nicht für Verlegung auf einer Holzwand und nicht für die Anwendung von Umrechnungsfaktoren; siehe Anhang C.

ANMERKUNG In den Spalten 5, 9 und 11 werden runde Leiter mit Querschnitten bis einschließlich 16 mm² angenommen. Werte für größere Querschnitte beziehen sich auf Sektorleiter und können sicher auch für runde Leiter angewendet werden.

Tabelle 16.2 *Verlegearten und Strombelastbarkeitswerte von Kabeln und Leitungen bei einer Betriebstemperatur von 70 °C sowie einer Umgebungstemperatur von 30 °C (20 °C im Erdboden) nach DIN VDE 0298-4 (Teil 2/2)*

1	2	3	4	5	6	7	8	9	10
Verlegeart (Referenzverlegeart [2]) nach Tabelle 2)	**D [3]**		**E**		**F**			**G**	
	Verlegung in Erde		**Verlegung in Luft**						
	Mehradriges Kabel im Elektro-Installationsrohr oder Kabelschacht im Erdboden		**Mehradriges Kabel mit Abstand von mindestens 0,3 × Durchmesser *D* zur Wand**		**Einadrige Kabel mit Abstand von mindestens 1 × Durchmesser *D* zur Wand**				
					mit Berührung			**mit Abstand *D***	
Anz. belastete Adern	**2**	**3**	**2**	**3**	**2**	**3**			
Nennquerschnitt mm²	**Belastbarkeit** A								
Kupfer 1,5	18,5	15,5	22	18,5	–	–	–	–	–
2,5	25	21	30	25	–	–	–	–	–
4	32	27	40	34	–	–	–	–	–
6	40	34	51	43	–	–	–	–	–
10	54	45	70	60	–	–	–	–	–
16	69	59	94	80	–	–	–	–	–
25	88	76	119	101	131	114	110	146	130
35	106	91	148	126	162	143	137	181	162
50	126	108	180	153	196	174	167	219	197
70	156	133	232	196	251	225	216	281	254
95	184	161	282	238	304	275	264	341	311
120	209	183	328	276	352	321	308	396	362
150	236	205	379	319	406	372	356	456	419
185	265	231	434	364	463	427	409	521	480
240	307	266	514	430	546	507	485	615	569
300	347	298	593	497	629	587	561	709	659
400	–	–	–	–	754	689	656	852	795
500	–	–	–	–	868	789	749	982	920
630	–	–	–	–	1005	905	855	1138	1070
Aluminium 25	68	59	89	78	98	87	84	112	99
35	82	71	111	96	122	109	105	139	124
50	96	83	135	117	149	133	128	169	152
70	119	103	173	150	192	173	166	217	196
95	141	124	210	183	235	212	203	265	241
120	161	141	244	212	273	247	237	308	282
150	181	158	282	245	316	287	274	356	327
185	204	180	322	280	363	330	315	407	376
240	235	208	380	330	430	392	375	482	447
300	266	237	439	381	497	455	434	557	519
–	–	–	–	–	600	552	526	671	629
–	–	–	–	–	694	640	610	775	730
–	–	–	–	–	808	746	711	900	852
Belastbarkeit aus HD 384.5.523 S2 Tabelle/Spalte	52-C1/7 [3]	52-C3/7 [3]	52-C9/2 52-C10/2	52-C9/3 52-C10/3	52-C9/4 52-C10/4	52-C9/6 52-C10/6	52-C9/5 52-C10/5	52-C9/7 52-C10/7	52-C9/8 52-C10/8

1) Bei Kabeln mit konzentrischem Leiter gilt die Belastbarkeit nur für mehradrige Ausführungen. Weitere Belastbarkeiten für Kabel siehe auch DIN VDE 0276-603 (VDE 0276 Teil 603), Hauptabschnitt 3G, Tabelle 15.

2) Weitere Verlegearten siehe Tabelle 9.

3) Die Belastbarkeitsgrößen für die Verlegung im Rohr in Erde in Spalte 2 sind gegenüber den entsprechenden Werten im HD 384.5.523 S2 mit einem Reduktionsfaktor von 0,85 reduziert, die Werte in Spalte 3 sind aus DIN VDE 0276-603 (VDE 0276 Teil 603) mittels Umrechnungsfaktoren aus DIN VDE 0276-1000 abgeleitet worden, s. Anhang C.3.4.

ANMERKUNG In den Spalten 3 und 5 werden runde Leiter mit Querschnitten bis einschließlich 16 mm² angenommen. Werte für größere Querschnitte beziehen sich auf Sektorleiter und können sicher auch für runde Leiter angewendet werden.

Aber auch dann, wenn die Leitung oder das Kabel während des Betriebs immer wieder die Möglichkeit hat, sich abzukühlen, sollte möglichst nicht über die in der Tabelle angegebenen Strombelastbarkeitswerte hinausgegangen werden, da sich Betriebszustände, wie Dauer- oder Teillastbeanspruchung, ändern können.

Mit Hilfe dieser Strombelastbarkeitstabellen können die Querschnitte der Kabel und Leitungen (im Folgenden auch Zuleitungen genannt) sowie die Überstrom-Schutzeinrichtungen festgelegt werden.

Ausgangsgrößen für diese Planung sind der Betriebsstrom I_b und die Verlegeart, mit deren Hilfe man in den Tabellen die maximale Strombelastbarkeit der Zuleitung findet (siehe Tabelle 16.2 oder 16.4 dieses Buches). Bei der Strombelastbarkeit unterscheidet man:

- I_r Strombelastbarkeit bei vereinbarten Betriebsbedingungen – auch Bemessungswert genannt (dies ist im Grunde nur ein rein theoretischer Tabellenwert),
- I_Z Strombelastbarkeit bei den tatsächlichen Betriebsbedingungen (dies ist der wirkliche Wert, der die Belastung des Kabels bzw. der Leitung kennzeichnet).

I_r ist der Wert, den man in den üblichen Tabellen (z. B. in Tabelle 16.2 oder 16.4) ablesen kann. Bei der Planung für den Idealfall, also ohne Berücksichtigung von Häufung, Umgebungstemperatur und den anderen Bedingungen, stimmen I_r und I_Z überein. Das bedeutet:

Im Idealfall ist $I_r = I_Z$.

16.1.4 Planung für den Idealfall

Als Idealfall wird die in diesem Abschnitt behandelte Planung deshalb bezeichnet, weil sie davon ausgeht, dass

- ein Kabel oder eine Leitung stets nur für sich betrachtet wird (d. h., andere Leitungen sind nicht beteiligt),
- die Umgebungstemperatur nicht wesentlich vom „Normalfall" abweicht (25 °C oder 30 °C),
- nicht mehr als drei Adern strombelastet sind und
- die Oberschwingungsbelastung niedrig genug bleibt.

Unter diesen Voraussetzungen stimmen – wie oben bereits erwähnt – die vereinbarten (rein theoretischen) mit den tatsächlichen Betriebsbedingungen überein, also $I_r = I_Z$.

16.1.4.1 Die zwei Planungsbedingungen

Der Gedanke, der einer Planung für den Idealfall zugrunde liegt, wird in den folgenden drei Sätzen erläutert:

1) Die Strombelastbarkeit I_Z der Zuleitung muss selbstverständlich größer sein als (allenfalls genauso groß wie) der zu erwartende Betriebsstrom ($I_Z \geq I_b$).
   Der Betriebsstrom stellt somit den *„Mindestwert der Strombelastbarkeit"* I_{MW} dar[27].
2) Eine vorgeschaltete Überstrom-Schutzeinrichtung kann diese Zuleitung nur schützen, wenn ihre Nennstromstärke I_n kleiner ist als (allenfalls genauso groß wie) die Strombelastbarkeit I_Z der Zuleitung ($I_Z \geq I_n$).
3) Diese Überstrom-Schutzeinrichtung kann nur dann funktionieren, wenn ihre Nennstromstärke I_n größer ist als (allenfalls genauso groß wie) der Betriebsstrom ($I_n \geq I_b$), sonst würde sie ja im Betrieb ständig grundlos auslösen.

→ *Zusammenfassung:*

Die Strombelastbarkeit I_Z, die man für den Idealfall direkt der Tabelle (z. B. Tabelle 16.4 dieses Buches) entnehmen kann, muss

- höher liegen als der Betriebsstrom I_b (dies ist dann der „Mindestwert der Strombelastbarkeit" I_{MW}) und darüber hinaus muss sie
- so groß sein, dass zwischen sie und den Wert für den Betriebsstrom noch der Nennstrom In der Überstrom-Schutzeinrichtung „passt".

Diese Grundsätze werden in DIN VDE 0100-430 genau beschrieben und dort als erste Bedingung in folgender Formel (bzw. Ungleichung) zusammengefasst:

$$I_b \leq I_n \leq I_Z \; ; \qquad (5)$$

I_b Betriebsstrom (des angeschlossenen Verbrauchers),
I_n Nennstrom der Überstrom-Schutzeinrichtung,
I_Z Strombelastbarkeit der Leitung für bestimmte Verlegearten.

Doch reicht diese Überlegung noch nicht ganz. Wir wissen, dass eine Überstrom-Schutzeinrichtung im „Überlastbereich" umso schneller abschaltet, je größer der Überstrom ausfällt. Das bedeutet jedoch: Größere Überströme sind in Bezug auf Formel (5) unproblematisch, denn sie werden schnell abgeschaltet.

27 Im Folgenden soll dieser Mindestwert der Strombelastbarkeit mit I_{MW} bezeichnet werden. Das ist jedoch kein genormtes Formelzeichen.

Kleinere Überströme hingegen sind gefährlich, denn die Überstrom-Schutzeinrichtung reagiert unter Umständen erst dann, wenn die Isolierung des Kabels bzw. der Leitung bereits beschädigt ist. Vermeiden kann man diese Gefahr beispielsweise dadurch, dass man den Leitungsquerschnitt größer wählt als notwendig. Das bedeutet für den rechten Teil in der Formel (5):

$$I_{\mathrm{n}} << I_{\mathrm{Z}}.$$

Kommt es dann nämlich zu einem Überstrom, der nur geringfügig über der Strombelastbarkeit I_{Z} des Kabels (der Leitung) liegt, wird er für die Überstrom-Schutzeinrichtung bereits einen mehr oder weniger hohen Überstrom darstellen.

Für eine wirtschaftlich vernünftige Auslegung wird man jedoch versuchen, den Leitungsquerschnitt nicht größer als unbedingt notwendig zu wählen. Das bedeutet, man wird den Nennstrom I_{n} der Überstrom-Schutzeinrichtung möglichst nahe an die Strombelastbarkeit I_{Z} heranführen (niemand wird beispielsweise ein Kabel mit einem Querschnitt von 70 mm^2 mit einer 6-A-Sicherung schützen). Hier muss zwischen wirtschaftlich berechtigten Überlegungen und der notwendigen Sicherheit ein Kompromiss gefunden werden. Dieser Kompromiss wurde in den Normen mit einer zusätzlichen Formel angegeben:

$$I_2 \leq 1{,}45 \cdot I_{\mathrm{Z}}. \qquad (6)$$

Darin ist I_2 der große Prüfstrom einer Überstrom-Schutzeinrichtung, der besagt, dass sie einen bestimmten Überstrom erst nach einer definierten Zeit[28] abschalten muss.

Diese Formel (6) ist die zweite Bedingung für die Auslegung der Kabel und Leitungen in Bezug auf den Schutz gegen Überstrom. Sie besagt:

→ Ein Kabel oder eine Leitung ist nur dann sicher geschützt, wenn die Überstrom-Schutzeinrichtung in der Lage ist, einen Strom, der 45 % über der Strombelastbarkeit der Zuleitung liegt, spätestens in der Zeit abzuschalten, in der diese den großen Prüfstrom abschaltet.

Diese Voraussetzung ist erfüllt, wenn der große Prüfstrom der Überstrom-Schutzeinrichtung genau 45 % größer als ihr Nennstrom ist. Nur in diesem Fall darf der Nennstrom maximal genau so groß sein wie die Strombelastbarkeit des Kabels (der Leitung):

$I_{\mathrm{n}} = I_{\mathrm{Z}}$ (siehe Bild 16.2).

28 Bei Überstrom-Schutzeinrichtungen mit $I_{\mathrm{n}} \leq 63$ A ist dies 1 Stunde, mit $I_{\mathrm{n}} > 63$ A sind dies 2 Stunden, mit $I_{\mathrm{n}} > 160$ A sind es 3 Stunden und mit $I_{\mathrm{n}} > 400$ A sogar 4 Stunden.

Die Frage ist: Was muss der Planer oder Errichter tun, um beide Bedingungen stets einzuhalten?
Vorweg sei gesagt:

→ Wählt man die in der Installationstechnik üblichen Überstrom-Schutzeinrichtungen, so ist die zweite Bedingung in der Regel automatisch erfüllt.

Das liegt daran, dass bei den handelsüblichen LS-Schaltern, Typ B und Typ C, der große Prüfstrom vom Hersteller wie folgt ausgelegt wird: $I_2 = 1{,}45 \cdot I_n$. Für Schmelzsicherungen der Betriebsklasse gG gilt dies allerdings nur bedingt.[29]

Die mathematische Begründung, dass diese Voraussetzung der oben genannten zweiten Bedingung genügt, liefert folgende Überlegung:

Für den Fall, dass $I_2 = 1{,}45 \cdot I_n$ ist, kann man wie folgt weiterrechnen:

(a) $I_n \leq I_Z$

Diese Aussage ist Teil der ersten Bedingung bzw. der Formel (5).

(b) $I_n = \dfrac{I_2}{1{,}45}$

Das ist die nach I_n umgestellte Gleichung $I_2 = 1{,}45 \cdot I_n$.

Setzt man nun in dem ersten Ausdruck (a) für I_n den letztgenannten Ausdruck (b) ein, so ergibt sich:

$\dfrac{I_2}{1{,}45} \leq I_Z$ und nach Umstellung: $I_2 \leq 1{,}45 \cdot I_Z$.

Dieser Ausdruck ist identisch mit der zweiten Bedingung bzw. mit der Formel (6).

Nur wenn der große Prüfstrom I_2 der Überstrom-Schutzeinrichtung kleiner oder höchstens gleich $1{,}45 \cdot I_n$ ist, gibt es also bei der Zuordnung des Nennstroms der Überstrom-Schutzeinrichtung zu der Strombelastbarkeit

29 Nach der Herstellernorm für Schmelzsicherungen, DIN EN 60269-1 (VDE 0636-1), muss bei üblichen Schmelzsicherungen die oben genannte Formel so lauten: $I_2 = 1{,}6 \cdot I_n$. Die Forderung der Formel (2) dieses Buches wäre damit also nicht ohne Weiteres erfüllt. Um diesen Nachteil zu beseitigen, hat man eine zusätzliche Prüfung eingeführt, die in VDE 0636-1, Abschnitt 8.4.3.5, beschrieben wird. Diese Zusatzprüfung wird bei eingebautem Sicherungseinsatz vorgenommen, der bei der normalen Prüfung ohne Gehäuse geprüft wird. Nach dieser zusätzlichen Prüfung kann auch bei einer Schmelzsicherung die Formel (2) erfüllt werden. Allerdings bezieht sich diese Zusatzprüfung nur auf den Sicherungstyp gG (Schmelzsicherung für allgemeine Zwecke) und stimmt auch nur bei einer bestimmten Belastungsart, die in etwa der Belastung bei Verlegeart C mit zwei belasteten Adern entspricht. Für Verlegearten mit höherer thermischer Belastung als C (wie A1, A2, B1, B2), bei Drehstrom-Stromkreisen sowie bei anderen Sicherungstypen sollte sicherheitshalber mit $I_2 = 1{,}6 \cdot I_n$ gerechnet werden. Eine entsprechende Umrechnung ist mit der Formel (7) aus diesem Buch möglich.

der Zuleitungen nach der oben erwähnten ersten Bedingung keine Probleme.

Trifft dies jedoch nicht zu, muss umgerechnet werden, und zwar mit folgender Formel:

$$I_n \leq 1{,}45 \cdot (\frac{I_Z}{x}) \text{ bzw. } I_Z \geq I_n \cdot (\frac{x}{1{,}45}). \qquad (7)$$

Das „x" in Formel (3) ist der Faktor, der angibt, um wievielmal bei dieser Überstrom-Schutzeinrichtung der große Prüfstrom I_2 größer ist als der Nennstrom I_n, d. h. $I_2 = x \cdot I_n$.

Beispiel:
Für eine Überstrom-Schutzeinrichtung ist angegeben: $I_2 = 1{,}65 \cdot I_n$, also $x = 1{,}65$.

Der Nennstrom I_n der Überstrom-Schutzeinrichtung darf also in keinem Fall genauso groß gewählt werden wie die Strombelastbarkeit I_Z des Kabels (der Leitung). Aber wie groß muss der Abstand zwischen I_n und I_Z sein?

Aus Formel (7) folgt:

$$I_n \leq 1{,}45 \cdot (I_Z : 1{,}65) = 0{,}88 \cdot I_Z.$$

Der Nennstrom der Überstrom-Schutzeinrichtung darf in diesem Beispiel also nur maximal 88 % der Strombelastbarkeit des Kabels (der Leitung) betragen.

Diese Zusammenhänge werden im **Bild 16.2** veranschaulicht. Der dargestellte Wagen kann mit seiner Spitze, über der man auf der darüber liegenden Stromskala den Nennstrom der Überstrom-Schutzeinrichtung (I_n) ablesen kann, nach links nur bis zu dem Punkt fahren, der mit I_b (Betrieb-

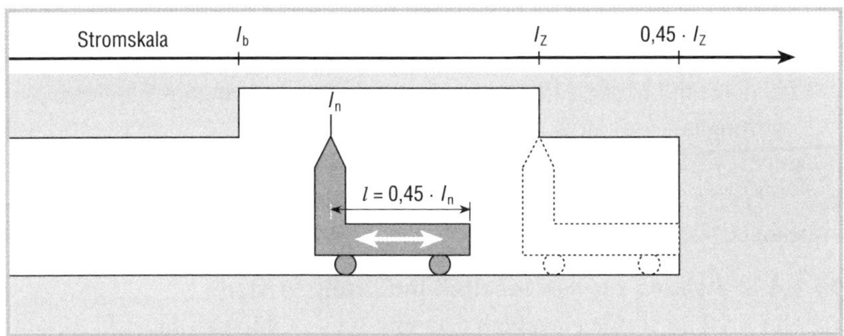

Bild 16.2 *Veranschaulichung der beiden Bedingungen des Überstromschutzes für den Idealfall*

I_b	Betriebsstrom
I_Z	Strombelastbarkeit des Kabels bzw. der Leitung
$0{,}45 \cdot I_Z$	Überstrom, den das Kabel bzw. die Leitung über eine bestimmte Zeit (die vereinbarte Prüfzeit für den großen Prüfstrom I_2) aushält.
$0{,}45 \cdot I_n$	Überstrom, der die Überstrom-Schutzeinrichtung in der gleichen Zeit zur Auslösung bringt.

Übersstrom) bezeichnet ist. Nach rechts fährt er maximal bis zum Punkt, der mit I_Z (Strombelastbarkeit des Kabels/der Leitung) angegeben wird. Dieses Bild veranschaulicht also bis hierher die erste Bedingung für den Überstromschutz ($I_b \leq I_n \leq I_Z$).

Der Wagen hat jedoch zusätzlich einen Ausleger, der nach rechts ragt. Dieser Ausleger stößt ab einer bestimmten Länge l an die rechte Wand. Aus dem Bild wird deutlich, dass der Zeiger für I_n nur dann bis an den rechten Punkt I_Z fahren kann, wenn die Länge des Auslegers $l \leq 0{,}45 \cdot I_n$ ist. Diese Stellung des Wagens ist im Bild 16.2 gestrichelt dargestellt.

Ist der Ausleger jedoch länger (also $l > 0{,}45 \cdot I_n$) und fährt der Wagen dann nach rechts, stößt der Ausleger an die rechte Wand, noch bevor der vorgenannte Zeiger den Punkt I_Z erreicht hat.

Der Zeiger zeigt in diesem Fall auf einen Wert für I_n, der kleiner als der Wert für I_Z ist. Mit diesem Teil des Bildes wird somit die zweite Bedingung des Überstromschutzes veranschaulicht ($I_2 \leq 0{,}45 \cdot I_n$).

→ Die beiden Bedingungen zum Schutz vor Überstrom lauten:
1. Bedingung: $I_b \leq I_n \leq I_Z$
2. Bedingung: $I_2 \leq 0{,}45 \cdot I_n$.

Folgende Vereinfachung ist dabei möglich:

- Gilt für den großen Prüfstrom I_2 einer Überstrom-Schutzeinrichtung die Beziehung
  $I_2 \leq 1{,}45 \cdot I_n$,
  so braucht nur die erste der beiden Bedingungen beachtet zu werden.
  Und das bedeutet weiter:
- Weil dies bei üblichen Überstrom-Schutzeinrichtungen wie Schmelzsicherungen[30] (gG bzw. gL) oder LS-Schaltern (Typ B oder C) vorausgesetzt werden kann, muss lediglich die erste Bedingung
- $I_b \leq I_n \leq I_Z$
  beachtet werden.

16.1.4.2 Planung für den Idealfall in Einzelschritten

Tabelle 16.3 fasst die einzelnen Planungsschritte für den Idealfall zusammen.

Zunächst muss man einen Mindestwert für die Strombelastbarkeit (I_{MW}) der Kabel oder Leitung ermitteln. Im Idealfall ist das der zu erwartende Betriebsstrom I_b. Diesen Wert darf der aus der Strombelastbarkeitstabelle

30 Für Schmelzsicherungen gilt dies nur für 1-phasige Wechselstromkreise, die zudem nach der Verlegeart C errichtet wurden – siehe vorherige Fußnote.

Tabelle 16.3 *Die 6 Planungsschritte für den Idealfall (einzelnes Kabel oder einzelne Leitung ohne Häufung und bei einer Umgebungstemperatur von nicht mehr als 30 °C bzw. 25 °C)*

Schritt	Beschreibung	Tabelle in diesem Buch	Tabelle in den Normen (DIN VDE 0298-4)
1	Der Betriebsstrom I_b wird ermittelt und damit liegt auch der „Mindestwert für die Strombelastbarkeit" I_{MW} fest ($I_{MW} = I_b$).		
2	Die Verlegeart wird festgelegt (siehe Abschnitt 1.1.1).		9
3	In der Tabelle findet man bei der Verlegeart und bei der richtigen Auswahl der belasteten Adern den Wert für die Strombelastbarkeit $I_Z = I_r$, wobei immer gilt: $I_r > I_{MW}$.	16.2 (bei 30 °C) 16.4 (bei 25 °C)	3…8 (bei 30 °C) A1, A2 (bei 25 °C)
4	Links von I_r in der ersten Spalte der Tabelle findet man den notwendigen Leitungsquerschnitt.	16.2 (bei 30 °C) 16.4 (bei 25 °C)	3…8 (bei 30 °C) A1, A2 (bei 25 °C)
5	Der Nennstrom der Überstrom-Schutzeinrichtung kann ermittelt werden, wobei immer gilt: $I_b \leq I_n \leq I_Z$[1].		
	Oder: Der Wert für I_n wird in der Tabelle direkt abgelesen.[2]	16.4 (bei 25 °C)	
6	Probe: Ermittelte Werte werden in die erste Bedingung eingesetzt: $I_b \leq I_n \leq I_Z$		

1 Findet man für den Nennstrom I_n der Überstrom-Schutzeinrichtung keinen zwischen die Strombelastbarkeit I_Z und den Betriebsstrom I_b „passenden" Wert, so muss ein größerer Leitungsquerschnitt mit einer höheren Strombelastbarkeit gewählt werden. Die Ungleichung $I_b \leq I_n \leq I_Z$ muss in jedem Fall erfüllt werden.

2 Diesen Wert für den Nennstrom I_n der einzusetzenden Überstrom-Schutzeinrichtung findet man in Tabelle 16.4 dieses Buches neben dem Wert für I_r.

(beispielsweise Tabelle 16.2 oder 16.4) zu entnehmende Wert nicht unterschreiten. Aus dieser Tabelle wird also ein Wert für die Strombelastbarkeit gesucht, der größer ist als dieser Mindestwert. Damit sind zugleich der Leiterquerschnitt und indirekt auch der Nennstrom der Überstrom-Schutzeinrichtung festgelegt.

Die Tabellen für die Strombelastbarkeit gelten stets nur

- für ganz bestimmte Kabel- und Leitungstypen (beispielsweise NYM oder NYY),
- für eine bestimmte Umgebungstemperatur (30 °C wie Tabelle 16.2 oder 25 °C wie Tabelle 16.4)[31],
- für eine zulässige Betriebstemperatur, die der Hersteller des Kabel- oder Leitungstyps festgelegt hat.

Die jeweils zutreffenden Angaben stehen am Anfang einer jeden Strombelastbarkeitstabelle.

Entsprechend den Planungsschritten nach Tabelle 16.3 kann man den Gebrauch einer solchen Tabelle wie folgt beschreiben:

31 In Deutschland hat man sich darauf geeinigt, von einer Umgebungstemperatur von 25 °C auszugehen.

- In der Tabelle sucht man zunächst die Spalte für die zutreffende Referenzverlegeart (siehe Tabellen 16.1 und 16.2).
- Die Spalte für die entsprechende Verlegeart ist weiter unterteilt, und zwar nach der „Anzahl der belasteten Adern".
  Bei 1-phasigen Wechselstrom-Stromkreisen sind das zwei belastete Adern und bei 3-phasigen drei.[32]
- Hat man so die richtige Spalte gefunden, muss man darin einen Wert für I_r suchen, der größer ist als der „Mindestwert der Strombelastbarkeit" I_{MW}.

Aber Vorsicht:
Die Vereinfachung, dass man in der **Tabelle 16.4** unmittelbar den Nennstrom I_n der Überstrom-Sicherung findet, gilt nur für den Idealfall ($I_r = I_Z$), wenn also Häufung, andere Umgebungstemperaturen als 25 °C sowie zusätzliche Faktoren (mehr als drei belastete Adern, Oberschwingungen) nicht vorkommen.

16.1.5 Planung bei unterschiedlichen Umgebungsbedingungen

16.1.5.1 Warum die Planung für den Idealfall nicht immer möglich ist

In der Praxis kommen oft Fälle vor, bei denen die Verlegebedingungen nicht mit den Bedingungen übereinstimmen, die in den Strombelastbarkeitstabellen vorausgesetzt werden.

Besonders bei elektrischen Anlagen in Gewerbe und Industrie dürfen Kabelhäufungen nicht unberücksichtigt bleiben. Es kommt auch vor, dass infolge produktionsbedingter Wärmeentwicklungen in industriell genutzten Betriebsstätten von höheren Umgebungstemperaturen als 25 °C ausgegangen werden muss.

Anders ist es im Wohnungsbau: Bei üblichen Mantelleitungen (NYM) geht man von einer zulässigen Betriebstemperatur von 70 °C aus. Erfahrungen haben jedoch gezeigt, dass in elektrischen Anlagen von Wohnhäusern die üblichen Mantelleitungen diese Betriebstemperatur von 70 °C kaum erreichen. In der Elektroinstallation im privaten Wohnungsbau (und bei Gebäuden ähnlicher Nutzung[33]) kommen in der Regel Leitungsquerschnitte

32 Systeme von n (Anzahl) 1-adrigen Kabeln oder Leitungen dürfen
– zu 0,5 · n Stromkreisen mit jeweils 2 belasteten Adern oder
– zu 0,33 · n Stromkreisen mit jeweils 3 belasteten Adern
zusammengefasst werden.

33 Gebäude, Nutzungseinheiten und Räume mit „ähnlicher Nutzung" wie private Wohngebäude sind beispielsweise Bürogebäude, Arztpraxen u. ä.

Tabelle 16.4 *Strombelastbarkeit von Kabeln und Leitungen* (Teil 1/2)
Die Zuordnung der Nennströme von Überstrom-Schutzeinrichtungen gilt nur für den „Idealfall“!
Umgebungstemperatur: 25 °C (bei Verlegeart D: 20 °C); zulässige Betriebstemperatur für die Isolierung: 70 °C (gilt in der Regel für Kabel und Leitungen wie NYM, NYY, NYIF, NYIFY, H07V-K, H07V-R u. ä.)Gibt es keine Überstrom-Schutzeinrichtung mit den angegebenen Nennströmen (z. B. D- oder DO-Schmelzsicherungen für I_n = 32 A), dann muss In eine Stufe niedriger gewählt werden oder (wenn dies nicht zum Betriebsstrom passt) der Querschnitt *S* eine Stufe höher

Verlegeart bzw. Referenzverlegeart	**A1** Aderleitung oder 1-adriges Kabel/Mantelleitung im Elektroinstallationsrohr in einer wärmegedämmten Wand				**A2** Mehradriges Kabel/ Mantelleitung direkt oder in einem Elektroinstallationsrohr in einer wärmegedämmten Wand				**B1** Verlegung in Elektroinstallationsrohren oder -kanälen auf oder in Wänden, in Kanälen für Unterflurverlegung, in Kabelkanälen oder in Gebäudehohlräumen – Aderleitung oder 1-adriges Kabel/Mantelleitung				**B2** mehradriges Kabel/Mantelleitung				**C** Ein- oder mehradriges Kabel/ Mantelleitung auf oder in Wänden, unter Decken oder in ungelochten Kabelwannen (auch Stegleitung in oder unter Putz oder in Hohlräumen)			
Belastete Adern	2		3		2		3		2		3		2		3		2		3	
Nennquerschnitt in mm²	Belastbarkeit I_r (I_Z) bzw. Nennstrom I_n der Überstrom-Schutzeinrichtung in A																			
	I_r	I_n	I_r	I_n	I_r	I_n	I_r	I_n	I_r	I_n	I_r	I_n	I_r	I_n	I_r	I_n	I_r	I_n	I_r	I_n
1,5	16,5	16	14,5	13	18,5	16	14	13	18,5	16	16,5	16	17,5	16	16	16	21	20	18,5	16
2,5	21	20	19	16	19,5	16	18,5	16	25	25	22	20	24	20	21	20	29	25	25	25[1]
4	28	25	25	25	27	25	24	20	34	32	30	25	32	32	29	25	38	35	35	35[1]
6	36	35	33	32	34	32	31	25	43	40	38	35	40	35	36	35	49	40	43	40
10	49	40	45	40	46	40	41	40	60	50	53	50	55	50	49	40	67	63	60	50
10	Wenn das Kabel (die Leitung) **nicht** auf einer Holzwand² verlegt wird, sind für 10 mm² folgende Werte ebenso möglich:														50	50			63	63
16	65	63	59	50	60	50	55	50	81	80	72	63	73	63	66	63	90	80	81	80
25	85	80	77	63	80	80	72	63	107	100	94	80	95	80	85	80	119	100	102	100
35	105	100	94	80	98	80	88	80	133	125	117	100	118	100	105	100	146	125	126	125
50	126	125	114	100	117	100	105	100	160	160	142	125	141	125	125	125	178	160	153	125
70	160	160	144	125	147	125	133	125	204	200	181	160	178	160	158	125	226	200	195	160
95	193	160	174	160	177	160	159	125	246	200	219	200	213	200	190	160	273	250	236	200
120	223	200	199	160	204	200	182	160	285	250	253	250	246	200	218	200	317	315	275	250
150	254	250	229	200	232	200	208	200									365	315	317	315
185	289	250	260	250	263	250	236	200									416	400	361	315
240	339	315	303	250	308	250	277	250									489	400	427	400
300	389	315	348	315	354	315	316	315									562	500	492	400

Tabelle 16.4 *Strombelastbarkeit von Kabeln und Leitungen* (Teil 2/2)

Verlegeart bzw. Referenzverlegeart	**D** Mehradrige Kabel/Leitungen Verlegung im Elektroinstallationsrohr oder Kabelschacht im Erdboden				**E** Mehradriges Kabel/Mantelleitung frei in der Luft, an Tragseilen sowie auf Kabelpritschen, Kabelkonsolen oder in gelochten Kabelwannen (bei Verlegung in der Luft mit Abstand von mind. 0,3 x Außendurchmesser *D* zur Wand)				**F** 1-adriges Kabel/Mantelleitung mit Abstand zur Wand von mind. 1 x Außendurchmesser Verlegung frei in der Luft, an Trageseilen sowie auf Kabelpritschen, Kabelkonsolen oder in gelochten Kabelwannen. **Die Kabel/Leitungen berühren sich untereinander.**						**G** Leitungsart wie bei **F** (1-adrig) **Die Kabel/Leitungen berühren sich jedoch nicht** (Abstand mind. 1 x Außendurchmesser) Verlegung sowohl horizontal nebeneinander (z. B. unter einer Decke) als auch vertikal nebeneinander (z. B. entlang einer Wand) möglich			
									Anordnung nebeneinander liegend				im Dreieck gebündelt					
Belastete Adern	2		3		2		3		2		3		3		3		3	
Nennquerschnitt in mm²	Belastbarkeit I_r (I_Z) bzw. Nennstrom I_n der Überstrom-Schutzeinrichtung in A																	
	I_r	I_n	I_r	I_n	I_r	I_n	I_r	I_n	I_r	I_n	I_r	I_n	I_r	I_n	I_r	I_n	I_r	I_n
1,5	18,5	20	15,5	16	23	20	19,5	16										
2,5	25	25	21	25	32	32	27	25										
4	32	32	27	32	42	40	36	35										
6	40	40	34	35	54	50	46	40										
10	54	63	45	50	74	63	64	63										
16	69	80	59	63	100	100	85	80										
25	88	100	76	80	126	125	107	100	139	125	121	100	100	100	155	125	155	125
35	106	125	91	100	157	125	134	125	172	160	152	125	125	125	192	160	192	160
50	126	160	108	125	191	160	162	160	208	200	184	160	160	160	232	200	232	200
70	156	160	133	160	246	200	208	200	266	250	239	200	200	200	298	250	298	250
95	184	200	161	200	299	250	252	250	322	315	292	250	250	250	361	315	361	315
120	209	250	183	200	348	315	293	250	373	315	340	315	315	315	420	400	420	400
150	236	250	205	250	402	400	338	315	430	400	394	315	315	315	483	400	483	400
185	265	315	231	250	460	400	386	315	491	400	453	400	400	400	552	500	552	500
240	307	315	266	315	545	500	456	400	579	500	537	500	500	500	652	630	652	630
300	347	400	298	315	629	500	527	500	667	630	622	600	600	500	752	630	752	630

1 Wenn das Kabel oder die Leitung auf Holz oder einer Unterlage mit ähnlich schlechten Wärmeleitwert montiert wird, ist die Strombelastbarkeit in der Regel um 1 bis 2 A zu senken. Beim Querschnitt S = 4 mm² würde das bei 3 belasteten Adern und Verlegeart C bedeuten, dass die Strombelastbarkeit nur 34 A beträgt und maximal mit I_n = 32 A abgesichert werden kann.

2 Oder einer Unterlage mit ähnlich schlechtem Wärmeleitwert.

von mindestens 1,5 mm² zum Einsatz, die einen Betriebsstrom von mindestens 15 A dauernd führen könnten. Verbraucher, die einen Betriebsstrom von 15 A aufweisen, sind jedoch in diesen Bereichen eher selten. Daher kommen hier in der Regel keine Belastungen zustande, die die Mantelleitung über längere Zeit auf Betriebstemperatur erwärmen würden.

Dazu heißt es in DIN VDE 0298-4, Abschnitt 5.3.3.2 :

„Falls ein Leiter mit einem Strom nicht größer als 30 % seiner Belastbarkeit bei Häufung belastet wird, ist es zulässig, ihn bei der Bestimmung des Umrechnungsfaktors für die restlichen Kabel oder Leitungen dieser Gruppe zu vernachlässigen."

Man sieht an dieser Formulierung, dass die Tabellen in DIN VDE 0298-4 für einen Dauerbetrieb gelten, der in der Praxis nicht immer vorliegt; sie müssen daher auch nicht in jedem Fall bedingungslos und ohne Einschränkungen übernommen werden. Hier haben der Planer und der Errichter einen verantwortungsvoll zu nutzenden Spielraum, um den konkreten Fall in der Praxis fachlich korrekt zu behandeln.

Planer und Errichter müssen möglichst nachvollziehbar entscheiden, wie viele der beteiligten Kabel und Leitungen über längere Zeit gemeinsam betrieben und relativ voll belastet werden. Diese Kabel und Leitungen müssen dann in jedem Fall berücksichtigt werden.[34]

Wichtig ist folgende Feststellung:

→ In sämtlichen Fällen, bei denen man nicht vom Idealfall (siehe Abschnitt 16.1.4 dieses Buches) ausgehen kann, gilt die Gleichsetzung $I_r = I_Z$ nicht!

In diesen Fällen muss man sich bewusst sein, dass in der Strombelastbarkeitstabelle (beispielsweise in Tabelle 16.2 oder 16.4) stets nur der rein theoretische Strombelastbarkeitswert (Bemessungswert) I_r zu finden ist und nicht die tatsächliche Strombelastbarkeit I_Z. Aber gerade diesen Wert benötigt man bei der Planung.

Zwischen I_r und I_Z besteht folgende Beziehung:

34 Es ist hier schwer, eine genaue Zeit zu nennen, bei der man von einer gemeinsamen, vollen Belastung ausgehen kann. Gemeinsame, ständig wiederkehrende Belastungszeiten ab 0,5 Stunden sollten auf alle Fälle beachtet werden, da hier bereits die Möglichkeit besteht, dass die Kabel und Leitungen ihren thermischen Beharrungszustand (Endtemperatur) erreicht haben. Bei kürzeren Zeiten sind stets die Zeiten, in denen keine gemeinsame Belastung stattfindet, zu berücksichtigen. Sind diese Zeiten länger als die Zeiten, in denen die Kabel und Leitungen gemeinsam belastet werden, so darf man den Umrechnungsfaktor ebenfalls größer wählen als in DIN VDE 0298-4, Tabelle 17 angegeben. Hier ist Spielraum für individuelle Ansichten – dennoch sollte jede Entscheidung nachvollziehbar sein.

$$I_Z = I_r \cdot \prod f_n \text{ bzw. } I_r = I_Z : \prod f_n; \quad (8)$$

$\prod f_n$ Produkt aller zu berücksichtigenden Umrechnungsfaktoren. Die Umrechnungsfaktoren müssen z. B. wegen der Umgebungstemperatur (siehe Abschnitt 16.1.5.2) oder wegen Häufung (siehe Abschnitt 16.1.5.3) berücksichtigt werden (z. B. $\prod f_n n = f_1 \cdot f_2$, wobei f_1 eine andere Umgebungstemperatur und f_2 die Häufung berücksichtigt).

I_Z Strombelastbarkeit des Kabels (der Leitung) bei realen Bedingungen (hier unter Berücksichtigung von Häufung und Umgebungstemperatur).

I_r Bemessungswert oder Strombelastbarkeit des Kabels (der Leitung) bei „idealisierten" Bedingungen (also ohne Berücksichtigung von Häufung und Umgebungstemperatur) nach z. B. Tabelle 16.4.

Die nicht idealisierten Bedingungen wirken sich ebenfalls auf den „Mindestwert der Strombelastbarkeit" aus. Auch auf diesen Wert kommt man nicht mehr direkt über den Betriebsstrom, sondern man muss ihn errechnen. Dabei ist die Beziehung zwischen I_b und I_{MW} die gleiche wie zwischen I_r und I_Z:

$$I_{MW} = I_b : \prod f_n. \quad (9)$$

Beispiel:

Der Betriebsstrom beträgt 13 A. Es sind nur die Umrechnungsfaktoren für eine andere Umgebungstemperatur (f_1) und für Häufung (f_2) zu berücksichtigen.

Sie wurden zu $f_1 = 0{,}8$ und $f_2 = 0{,}7$ ermittelt, woraus folgt:

$\prod f_n = 0{,}8 \cdot 0{,}7 = 0{,}56$ und $I_{MW} = 13\,\text{A} : 0{,}56 = 23{,}2\,\text{A}$.

In der Strombelastbarkeitstabelle muss also ein Wert $I_r > 23{,}2\,\text{A}$ gesucht werden.

16.1.5.2 Berücksichtigung der Umgebungstemperatur (Umrechnungsfaktor f_1)

Die bereits beschriebene Wärmeübertragung vom Kupferleiter an die Umgebung funktioniert umso besser, je größer der Temperaturunterschied zwischen der belasteten Ader und der Umgebung ist. Das bedeutet: Bei steigender Umgebungstemperatur wird dieser Temperaturunterschied kleiner und die Wärmeübertragung dadurch schlechter. Dies wird mit dem Umrechnungsfaktor f_1 berücksichtigt, der für Temperaturen unter 25 °C immer größer als 1 und für Temperaturen über 25 °C immer kleiner als 1 ist (**Tabelle 16.5**).

Zwei abschließende Bemerkungen sind unbedingt erforderlich:

1) Man muss stets vom ungünstigsten Fall ausgehen. Verläuft eine Leitung beispielsweise durch mehrere Räume und/oder Bereiche mit verschiedenen Temperaturen, so ist die höchste auftretende Umgebungstemperatur anzusetzen.

2) Sobald ein Umrechnungsfaktor berücksichtigt werden muss, darf der Wert für den Nennstrom I_n der Überstrom-Schutzeinrichtung auf keinen Fall aus der Tabelle 4 direkt entnommen, sondern muss aus der Bedingung $I_b \leq I_n \leq I_Z$ ermittelt werden.

Tabelle 16.5 *Umrechnungsfaktor f1 für andere Umgebungstemperaturen als 25 °C und bei üblichen Kabel- und Leitungstypen*
Die zulässige Betriebstemperatur von 70 °C kommt dabei am häufigsten vor (NYM oder NYY). Die zulässige Betriebstemperatur von 60 °C trifft auf Gummischlauchleitungen (z. B. H07RN-F) und die von 90 °C auf Kabel und Leitungen mit erhöhter Betriebstemperatur zu.

Umgebungstemperatur in °C	**zulässige Betriebstemperatur des Kabels/der Leitung** 60 °C	*70 °C*	90 °C
10	1,19	*1,15*	1,11
15	1,13	*1,10*	1,08
20[1]	1,07	*1,06*	1,04
25	*1*	*1*	*1*
30	0,93	*0,94*	0,96
35	0,84	*0,89*	0,92
40	0,76	*0,82*	0,88
45	0,66	*0,75*	0,84
50	0,54	*0,67*	0,79
55	0,38	*0,58*	0,73
60		*0,47*	0,68
65		*0,33*	0,63
70			0,56
75			0,48
80			0,39
85			0,28

1 Räume, bei denen eine Umgebungstemperatur von 20 °C angegeben wird, sind keine typischen Kühl- oder Kellerräume. Hier sollte man sicherheitshalber ebenfalls mit einer Umgebungstemperatur von 25 °C rechnen.

16.1.5.3 Berücksichtigung der Häufung (Umrechnungsfaktor f_2)

Wo Kabel und Leitungen gebündelt verlegt werden, kann nicht davon ausgegangen werden, dass die Wärmeübertragung von der inneren Kupferader (in der die Wärme entsteht) über die Isolierung an die Umgebung genauso verläuft, wie bei einem einzelnen Kabel (Leitung). Vielmehr wird diese Wärmeübertragung durch die benachbarten Kabel und Leitungen beeinflusst und außerdem wird die Wärme der benachbarten Kabel und Leitungen zu einer zusätzlichen, äußeren Wärmequelle für das betrachtete Kabel (bzw. Leitung).

Deshalb werden in DIN VDE 0298-4, Tabellen 21 bis 25 Umrechnungsfaktoren aufgeführt, die die gegenseitige Beeinflussung von belasteten Kabeln und Leitungen berücksichtigen sollen. Dabei ist Tabelle 21 so etwas wie eine Zusammenfassung von verschiedenen Verlegearten (in diesem Buch ist dies **Tabelle 16.6**). In dieser Tabelle findet man die Umrechnungsfaktoren, die das Ergebnis der Planung nach dem zuvor erwähnten „Idealfall" bei Häufung für die häufigsten Verlegearten korrigieren.

Tabelle 16.6 *Umrechnungsfaktor f_2 bei Häufung für die Dimensionierung von Kabeln und Leitungen nach DIN VDE 0298-4* (Teil 1/2)
Verlegung im Rohr, auf der Wand, im Kanal u. ä.

1	2	3	4	5	6	7	8	9	10	11	12	13	14	15	16
	Anzahl der mehradrigen Kabel oder Leitungen oder Anzahl der Wechsel- oder Drehstromkreise aus einadrigen Kabeln oder Leitungen (2 bzw. 3 stromführende Leiter)														
	1	2	3	4	5	6	7	8	9	10	12	14	16	18	20
Verlegeanordnung	Umrechnungsfaktoren														
Gebündelt direkt auf der Wand, auf dem Fußboden, im Elektro-Installationsrohr oder -kanal, auf oder in der Wand	1,00	0,80	0,70	0,65	0,60	0,57	0,54	0,52	0,50	0,48	0,45	0,43	0,41	0,39	0,38
Einlagig auf der Wand oder auf dem Fußboden, mit Berührung	1,00	0,85	0,79	0,75	0,73	0,72	0,72	0,71	0,70	0,70	0,70	0,70	0,70	0,70	0,70
Einlagig auf der Wand oder auf dem Fußboden, mit Zwischenraum gleich dem Außendurchmesser *D*	1,00	0,94	0,90	0,90	0,90	0,90	0,90	0,90	0,90	0,90	0,90	0,90	0,90	0,90	0,90
Einlagig unter der Decke, mit Berührung	0,95	0,81	0,72	0,68	0,66	0,64	0,63	0,62	0,61	0,61	0,61	0,61	0,61	0,61	0,61
Einlagig unter der Decke, mit Zwischenraum gleich dem Außendurchmesser *D*	0,95	0,85	0,85	0,85	0,85	0,85	0,85	0,85	0,85	0,85	0,85	0,85	0,85	0,85	0,85

O Symbol für ein einadriges oder ein mehradriges Kabel oder eine einadrige oder eine mehradrige Leitung

ANMERKUNG:
- Die Umrechnungsfaktoren sind anzuwenden für die Ermittlung der Strombelastbarkeit gleichartiger und gleich belasteter Kabel oder Leitungen bei Häufung in derselben Verlegeart. Die Leiternennquerschnitte dürfen sich dabei höchstens um eine Querschnittstufe unterscheiden.
- Wenn der horizontale lichte Abstand zwischen benachbarten Kabeln oder Leitungen das 2fache ihres Außendurchmessers überschreitet, braucht kein Reduktionsfaktor angewendet zu werden.
- Dieselben Reduktionsfaktoren sind anzuwenden bei
  - Gruppen von zwei oder drei einadrigen Kabeln oder Leitungen oder
  - mehradrigen Kabel oder Leitungen.
- Wenn ein System sowohl aus zwei- als auch aus dreiadrigen Kabeln oder Leitungen besteht, nimmt man zunächst die Gesamtzahl der Kabel oder Leitungen als die Anzahl der Stromkreise an. Der dafür zutreffende Faktor ist auf die Tabellen für zwei belastete Leiter von zweiadrigen Kabeln oder Leitungen oder auf die Tabellen für drei belastete Leiter von dreiadrigen Kabeln oder Leitungen anzuwenden.
- Wenn eine Gruppe aus *n* belasteten einadrigen Kabeln oder Leitungen besteht, darf sie entweder wie *n*/2 Stromkreise mit je zwei belasteten Leitern oder wie *n*/3 Stromkreise mit je drei belasteten Leitern betrachtet werden.

Tabelle 16.6 *Umrechnungsfaktor f_2 bei Häufung für die Dimensionierung von Kabeln und Leitungen nach DIN VDE 0298-4 (Teil 2/2)*
Verlegung auf Kabelträgerkonstruktionen

1		2	3	4	5	6	7	8
Verlegeanordnung		Anzahl der Wannen oder Pritschen	Anzahl der mehradrigen Kabel oder Leitungen					
			1	2	3	4	6	9
			Umrechnungsfaktoren					
Ungelochte Kabelwannen	mit Berührung (≥ 300 mm; ≥ 20 mm)	1	0,97	0,84	0,78	0,75	0,71	0,68
		2	0,97	0,83	0,76	0,72	0,68	0,63
		3	0,97	0,82	0,75	0,71	0,66	0,61
		6	0,97	0,81	0,73	0,69	0,63	0,58
Gelochte Kabelwannen	mit Berührung (≥ 300 mm; ≥ 20 mm)	1	1,00	0,88	0,82	0,79	0,76	0,73
		2	1,00	0,87	0,80	0,77	0,73	0,68
		3	1,00	0,86	0,79	0,76	0,71	0,66
		6	1,00	0,84	0,77	0,73	0,68	0,64
	mit Abstand (D D; ≥ 300 mm; ≥ 20 mm)	1	1,00	1,00	0,98	0,95	0,91	–
		2	1,00	0,99	0,96	0,92	0,87	–
		3	1,00	0,98	0,95	0,91	0,85	–
	mit Berührung (≥ 225 mm)	1	1,00	0,88	0,82	0,78	0,73	0,72
		2	1,00	0,88	0,81	0,76	0,71	0,70
	mit Abstand (D D; ≥ 225 mm)	1	1,00	0,91	0,89	0,88	0,87	–
		2	1,00	0,91	0,88	0,87	0,85	–
Kabelpritschen	mit Berührung (≥ 300 mm; ≥ 20 mm)	1	1,00	0,87	0,82	0,80	0,79	0,78
		2	1,00	0,86	0,81	0,78	0,76	0,73
		3	1,00	0,85	0,79	0,76	0,73	0,70
		6	1,00	0,83	0,76	0,73	0,69	0,66
	mit Abstand (D D; ≥ 300 mm; ≥ 20 mm)	1	1,00	1,00	1,00	1,00	1,00	–
		2	1,00	0,99	0,98	0,97	0,96	–
		3	1,00	0,98	0,97	0,96	0,93	–

ANMERKUNG: Die Umrechnungsfaktoren gelten nur für einlagig verlegte Gruppen von Kabeln oder Leitungen, wie oben dargestellt; sie gelten nicht, wenn die Kabel oder Leitungen mit Berührung übereinander verlegt sind oder die ebenfalls angegebenen Abstände zwischen den Kabelwannen oder Kabelpritschen unterschritten werden. In solchen Fällen sind die Umrechnungsfaktoren zu reduzieren.

Die Aussage in der linken Spalte der Tabelle 16.6 ist folgende:

- Ganz links in dieser Tabelle findet man die Verlegeart, um die es geht. Dabei werden durch Skizzen die verschiedenen Verlegemöglichkeiten dargestellt. Hier muss man sich für die entsprechende Zeile entscheiden, die annähernd der tatsächlichen Verlegeart entspricht.

- Rechts daneben wird jeweils die gesamte Anzahl der parallel verlegten Kabel und Leitungen angegeben – also die zu planende Zuleitung *plus* sämtliche parallel verlaufende Kabel und Leitungen. In der infrage kommenden Spalte findet man in der richtigen Zeile (wie zuvor beschrieben) den gesuchten Umrechnungsfaktor f_2.
  Wichtig ist, dass auch hier (wie bei allen anderen Faktoren) stets der ungünstigste Fall betrachtet werden muss. Werden beispielsweise im Verlauf einer Kabeltrasse andere Leitungen hinzugefügt und andere gehen unterwegs nach links oder rechts ab, so ist immer die Anzahl an parallelen Leitungen zu berücksichtigen, die die maximale Belastung darstellt.

Allerdings wurde bereits im Abschnitt 16.1.5.1 darauf hingewiesen, dass nicht jede parallele Leitung berücksichtigt und nicht gleich jeder Betriebsstrom in voller Höhe angerechnet werden muss. Das trifft in folgenden Fällen zu:

- Parallele Kabel oder Leitungen, deren Betriebsstrom ≤ 30 % der maximalen Belastung beträgt, brauchen nicht berücksichtigt zu werden.[35]
- Beträgt der lichte Abstand zwischen benachbarten Kabeln, Leitungen oder Elektroinstallationsrohren mindestens das 2-fache des jeweiligen Außendurchmessers, so braucht der Häufungsfaktor f_2 ebenfalls nicht beachtet zu werden.
- Bei einer Belastung von > 30 %, jedoch < 100 % kann man statt der realen Anzahl der parallelen Kabel und Leitungen eine „umgerechnete Anzahl" ansetzen.

→ **Beispiel:**
Wenn bei einer Häufung von 8 Kabeln, die nebeneinander auf der Wand montiert wurden, ein durchschnittlicher Belastungsgrad von 58 % angenommen werden kann, so brauchen lediglich 8 · 0,58 ≈ 5 Kabel für die Tabelle 16.6 berücksichtigt zu werden. In diesem Fall wäre f_2 = 0,73; bei 8 Kabeln dagegen 0,71.

- Ist dazu ein Gleichzeitigkeitsfaktor[36] $\Pi < 1$ anzusetzen, so darf man die Anzahl der zu berücksichtigenden belasteten parallelen Kabel und Leitungen ebenfalls reduzieren.

35 Dies gilt natürlich nur, wenn auszuschließen ist, dass diese Belastung zu einem späteren Zeitpunkt erhöht wird. Auch wenn Steckvorrichtungen zum infrage kommenden Stromkreis gehören, muss über die mögliche Nutzung bzw. Auslastung dieses Stromkreises nachgedacht werden, bevor man leichtfertig diese Vereinfachung bei der Planung berücksichtigt.

36 Werden z. B. die 8 parallel verlegten Kabel hoch belastet, jedoch höchstens 40 Minuten pro Stunde gleichzeitig betrieben, so kann man den Gleichzeitigkeitsfaktor mit 40 min/60 min = 0,67 angeben. In vielen Fällen ist die Bestimmung des Gleichzeitigkeitsfaktors nicht so einfach, sodass man ggf. schätzen muss.

→ **Beispiel:**
Kann man bei den eben genannten 8 Kabeln einen Gleichzeitigkeitsfaktor von 0,6 ansetzen, so darf die Anzahl 8 mit 0,6 multipliziert werden. Insgesamt – mit dem bereits angegebenen Wert von 0,58 für den Belastungsgrad – muss man in der Tabelle 16.6 also bei $8 \cdot 0{,}58 \cdot 0{,}6 = 2{,}8 \approx 3$ nachsehen. Der Häufungsfaktor nach Tabelle 16.6 wäre dann: $f_2 = 0{,}79$.

Hinzuzufügen bleibt lediglich, dass sich die Angaben in Tabelle 16.6 im Grunde genommen auf gleiche Querschnitte und gleichartige Stromkreise beziehen. Deshalb sollten sich die parallelen Kabel und Leitungen um nicht mehr als eine Querschnittsstufe voneinander unterscheiden.[37]

Ebenfalls muss betont werden, dass bei der Verlegung auf Kabelträgerkonstruktionen, wie

- Kabelwannen (mit und ohne Lochung) und
- Kabelpritschen (Tragesystem, bestehend aus den Seitenholmen und dazwischenliegenden Sprossen – ähnlich einer Leiter),

die Werte aus der (rechten) Tabelle 16.6 nur gelten, wenn die dort dargestellten Bedingungen eingehalten werden. Werden die Kabel und Leitungen beispielsweise mehrlagig übereinander verlegt, muss der Häufungsfaktor f_2 aus der (linken) Tabelle 16.6, Zeile 1 entnommen werden.

16.1.5.4 Berücksichtigung der Auswirkungen von Oberschwingungen (Umrechnungsfaktor f_3)

Nicht erst mit dem Erscheinen der seit August 2003 gültigen DIN VDE 0298-4 müssen bei der Auslegung von Kabeln und Leitungen auch die Auswirkungen von Oberschwingungen berücksichtigt werden. Allerdings wird in einem gesonderten Anhang dieser Norm speziell auf dieses Problem eingegangen – das ist zumindest neu. Besonders betroffen ist in diesem Zusammenhang der Neutralleiter (sowie der PEN-Leiter in TN-C-Systemen), der früher üblicherweise als nur schwach belastet galt, da über ihn nur der betriebsbedingte Rückstrom bei unsymmetrisch belasteten Außenleitern floss.

In üblichen elektrischen Anlagen fließt über den Neutralleiter stets ein Strom, da die absolut symmetrische Aufteilung der Verbraucher auf die drei

37 Hier muss abgewogen werden! So sollte man beispielsweise ein Kabel, das im Querschnitt erheblich größer ist als die anderen parallel laufenden Kabel und Leitungen, für deren Berechnung mit heranziehen – wogegen sicher nicht die gesamte Anzahl der parallelen kleineren Kabel und Leitungen für die Berechnung des größeren Kabels berücksichtigt werden muss. Hier kann man je nach Querschnittsunterschieden die Anzahl der parallelen (kleineren) Kabel und Leitungen mit 0,75 bis 0,2 multiplizieren. Beispielsweise: 2 Querschnittsstufen → 0,75; 3 bis 4 Querschnittsstufen → 0,5; 5 bis 6 Querschnittsstufen → 0,3; 7 bis 8 Querschnittsstufen → 0,2

Außenleiter nur in Industrienetzen möglich ist, wenn diese ausschließlich 3-phasige Wechselstromkreise mit motorischen Verbrauchern aufweisen. Allerdings waren diese betriebsbedingten Rückströme im Neutralleiter eher gering, so dass in der Norm die Möglichkeit zugestanden wurde, den Neutralleiter (und somit auch den PEN-Leiter) im Querschnitt zu reduzieren. Aus diesem Grund haben die Hersteller Kabel und Leitungen angeboten, bei denen der vierte Leiter lediglich den halben Querschnitt aufwies (beispielsweise NYY-J 3 x 50/25 mm^2).

Leider ist diese vereinfachte Betrachtungsweise heutzutage nicht mehr möglich. Der Grund sind die immer zahlreicher werdenden elektronischen Verbraucher in den elektrischen Anlagen, die Oberschwingungen erzeugen. Für die Belastung des Neutralleiters sind besonders die Oberschwingungen interessant, die eine 3-fach (oder auch 6- bzw. 9-fach) höhere Frequenz als die übliche Netzfrequenz aufweisen. Derartige Oberschwingungen werden besonders durch Verbraucher mit elektronischen Netzteilen oder Wechselrichtern, die zwischen einem Außenleiter und dem Neutralleiter (also üblicherweise an 230 V) betrieben werden, erzeugt.

Die dritte Oberschwingung (so nennt man die Oberschwingung mit der 3-fachen Netzfrequenz) sowie die beiden anderen oben erwähnten Oberschwingungen fließen im jeweiligen Außenleiter (je nachdem, an welchem Außenleiter der oberschwingungserzeugende Verbraucher betrieben wird).

Im Neutralleiter heben sich diese Oberschwingungen jedoch nicht auf – auch dann nicht, wenn ihre Größe in allen drei Außenleitern identisch ist. Vielmehr fließt im Neutralleiter immer die Summe der Oberschwingungsströme aller drei Außenleiter. Ist der Anteil dieser Oberschwingungen in den Außenleitern genügend groß, so führt der Neutralleiter trotz symmetrischer Auslegung einen höheren Strom als die Außenleiter, sodass in solchen Fällen der Planer von einem Kabel oder einer Leitung mit 4 (statt 3) belasteten Adern ausgehen muss. DIN VDE 0298-4 gibt im Anhang B Tabelle B.1 dafür einen Umrechnungsfaktor an, der jedoch die Kenntnis der Oberschwingungsstromstärke voraussetzt. Diese ist im Stadium der Planung und Errichtung jedoch nicht bekannt. Deshalb soll hier eine etwas andere und praktischere Überlegung vorgestellt werden. Dabei bilden die Tabellenwerte der Norm selbstverständlich die Grundlage.

Betrachtet werden 3-phasige Wechselstromkreise. Bei diesen geht es jeweils um den Stromkreis bzw. die Stromkreise, die einem Neutralleiter (oder PEN-Leiter) zugeordnet werden können. Handelt es sich beispielsweise um die Zuleitung zu einer Verteilung, so sind dies alle von der Verteilung abgehenden Stromkreise. Für den Neutralleiter einer 5-adrigen Leitung sind dies sämtliche Stromkreise, die von dieser Leitung aus gebildet werden.

Für jeden Neutralleiter werden dann sämtliche Verbraucher aller an diesem Neutralleiter angeschlossenen Stromkreise erfasst und dabei der Leistungsanteil ermittelt, der auf Verbraucher entfällt, die die o.g. Oberschwingungen erzeugen. In **Tabelle 16.7** sind für verschiedene derartige Leistungsanteile die Umrechnungsfaktoren f_3 zur Berücksichtigung der Auswirkungen von Oberschwingungen angegeben. Diese Umrechnungsfaktoren gelten selbstverständlich nur bei Kabeln und Leitungen, die keinen reduzierten Querschnitt für den Neutralleiter (bzw. PEN) aufweisen.

Die Berücksichtigung der Oberschwingungsbelastung von Neutralleitern entspricht zugleich der Anforderung aus DIN VDE 0100-430 (VDE 0100-430), Abschnitt 431.2.3. Dort wird gefordert, dass eine Überlasterfassung für den Neutralleiter in einem Drehstromkreis vorgesehen werden muss, wenn der Anteil der Oberschwingungen zu groß wird und damit der Neutralleiterstrom die maximale Strombelastung dieses Leiters übersteigt. Natürlich kann dies nur für typische Verteilerstromkreise gelten, über die eine Vielzahl oberschwingungsstromerzeugender Betriebsmittel versorgt werden. Um bei diesen Verteilerstromkreisen eine Überlastung von vornherein auszuschließen und somit eine Abschaltung durch eine derartige Überlasterfassung zu vermeiden, ist die Betrachtung der Oberschwingungsbelastung sinnvoll.

Tabelle 16.7 *Umrechnungsfaktor f_3 zur Berücksichtigung der Belastung durch Oberschwingungsströme von entsprechenden Verbrauchern, wie PC-Arbeitsplätze, EVGs (auch Energiesparlampen), Fernsehapparate, Monitore, Kopierer, Drucker, USV-Anlagen, Frequenzumrichterantriebe sowie sämtliche 1-phasige Geräte mit elektronischen Netzteilen.*

Anteil der Leistung (a) in %	Umrechnungsfaktor f_3 (für Verteilerstromkreise)
0 ... 15	1
> 15 ... 25	0,95
> 25 ... 35	0,90
> 35 ... 45	0,85
> 45 ... 55	0,80
> 55 ... 65	0,75
> 65 ... 75	0,70
> 75	0,65

* Gemeint ist der prozentuale Anteil der Summe der Leistung aller oberschwingungsverursachenden Verbraucher, die durch die betrachtete Verteilung versorgt werden, von der Gesamtleistung aller durch die Verteilung versorgten Verbraucher.

Die Tabelle 16.7 gilt somit in erster Linie für Verteilerstromkreise, wenn an der entsprechenden Verteilung eine Vielzahl von Verbrauchsmitteln betrieben wird, die Oberschwingungsströme hervorrufen. Mit dieser Tabelle liegt der dritte Umrechnungsfaktor vor und das Produkt der Faktoren, das im Abschnitt 16.1.5.1 mit Πf_n bezeichnet wurde, besteht nunmehr aus drei Gliedern ($\Pi f_n = f_1 \cdot f_2 \cdot f_3$).

16.1.5.5 Berücksichtigung von mehr als drei belasteten Adern (Umrechnungsfaktor f_4)

Für eine korrekte Auswahl von Kabeln und Leitungen muss noch eine weitere Tabelle aus DIN VDE 0298-4 zur Sprache kommen, die sonst kaum in der Literatur erwähnt wird. Es ist die Tabelle 26 dieser Norm. Sie wird dann benötigt, wenn in einem Kabel (einer Leitung) mehr als drei belastete Adern vorkommen. In diesem Buch findet man entsprechende Werte in **Tabelle 16.8.**

Tabelle 16.8 *Umrechnungsfaktor f_4 zur Berücksichtigung von drei und mehr belasteten Adern in einem Kabel/einer Leitung*

Anzahl der belasteten Adern	3	5	7	10	14	19	24	40
Umrechnungsfaktor f_4	1,00	0,75	0,65	0,55	0,50	0,45	0,40	0,35

Mit den Werten dieser Tabelle hat das in Formel (8) enthaltene Produkt Πf_n vier Glieder ($\Pi f_n = f_1 \cdot f_2 \cdot f_3 \cdot f_4$) und ist somit komplett. Damit wird die Strombelastbarkeit I_Z wie folgt berechnet:

$$I_Z = I_r \cdot f_1 \cdot f_2 \cdot f_3 \cdot f_4 ; \qquad (10)$$

f_1 Umrechnungsfaktor für Umgebungstemperatur (siehe Abschnitt 16.1.5.2)
f_2 Umrechnungsfaktor für die Häufung (siehe Abschnitt 16.1.5.3)
f_3 Umrechnungsfaktor für Oberschwingungsbelastung (siehe Abschnitt 16.1.5.4)
f_4 Umrechnungsfaktor für mehr als 3 belastete Adern (siehe Abschnitt 16.1.5.5)
I_r Bemessungswert nach Tabelle 16.4.

Dies wäre dann die abschließende bzw. vollständige Formel für I_Z, die tatsächliche Strombelastbarkeit des Kabels bzw. der Leitung.

Die Formel für die Berechnung des Mindestwertes der Strombelastbarkeit I_{MW} lautet dann entsprechend (siehe Formel 9):

$$I_{MW} = I_b : (f_1 \cdot f_2 \cdot f_3 \cdot f_4). \qquad (11)$$

16.1.5.6 Planung für den Realfall in Einzelschritten

Die **Tabelle 16.9** gibt die einzelnen Planungsschritte bei Abweichungen vom Idealfall an. Anhand eines Beispiels werden diese Schritte im Einzelnen demonstriert.

Tabelle 16.9 *Die 9 Planungsschritte für den Realfall der Planung einer Kabel- und Leitungsanlage gemäß DIN VDE 0100-430 und DIN VDE 0298-4*

Schritt	Beschreibung	Tabelle in diesem Buch	Tabelle in den Normen (DIN VDE 0298-4)
1	Der Betriebsstrom I_b wird ermittelt.		
2	Die Verlegeart wird festgelegt.		9
3	Aus den bekannten Angaben für – Umgebungstemperatur, – Häufung, – Berücksichtigung der Oberschwingungen sowie – Anzahl der belasteten Adern werden die Umrechnungsfaktoren f_1 bis f_4 ermittelt.	16.5 … 16.8	17 … 25 sowie Anhang B
4	Aus dem Betriebsstrom I_b und den Umrechnungsfaktoren f_1 bis f_4 wird der „Mindestwert der Strombelastbarkeit" I_{MW} berechnet, wobei gilt: $I_{MW} = I_b : (f_1 \cdot f_2 \cdot f_3 \cdot f_4)$ → Formel (11)		
5	In der Tabelle wird bei der richtigen Verlegeart und bei der richtigen Anzahl der belasteten Adern der Bemessungswert I_r abgelesen, wobei gilt: $I_r > I_{MW}$.	16.4	3 … 8 (bei 30°C) A1-2 (bei 25°C)
6	Links von I_r – in der ersten Spalte der Tabelle – findet man den notwendigen Leiterquerschnitt *S*.	16.4	3 … 8 (bei 30°C) A1-2 (bei 25°C)
7	Mit der Formel $I_Z = I_r \cdot f_1 \cdot f_2 \cdot f_3 \cdot f_4$ → Formel (10) kann der Wert für die tatsächliche Strombelastbarkeit I_Z der Zuleitung errechnet werden.		
8	Der Nennstrom I_n der Überstrom-Schutzeinrichtung kann ermittelt werden, wobei gilt: $I_b \le I_n \le I_Z$ → Formel (5) (Das ist zugleich die erste Planungsbedingung) *Achtung:* Den Wert für I_n nicht aus der Tabelle 16.4 in diesem Buch direkt entnehmen!*		
9	Probe: Die ermittelten Werte werden in die erste Bedingung eingesetzt: $I_b \le I_n \le I_Z$		

* Die Werte für I_n in solchen Tabellen gehen davon aus, dass I_n stets in der Nähe von I_r liegen darf, was jedoch nur für den Idealfall richtig ist und für den gilt: $I_r = I_Z$. Sind jedoch erhöhte Umgebungstemperaturen, Häufung, Oberschwingungen oder mehrere strombelastete Adern zu berücksichtigen, sind also f_1 bis f_4 nicht 1, so ist I_Z für die wirkliche Strombelastbarkeit oftmals erheblich kleiner als der tabellarische Wert I_r und somit würde man einen völlig falschen Nennstrom für die Überstrom-Schutzeinrichtung auswählen, wenn man einfach rechts neben I_r den Wert für I_n abliest.

→ **Beispiel:**

Für eine Leitung wird ein Betriebsstrom $I_b = 24\,A$ ermittelt (Drehstromverbraucher). Die Verlegeart ist offen, direkt auf der Wand. Es werden zusätzlich 5 weitere, ebenso voll belastete Leitungen verlegt (ohne Abstand zueinander). Die Umgebungstemperatur muss mit 40 °C veranschlagt werden. Der Leistungsanteil von Verbrauchern, die Oberschwingungen erzeugen, liegt unter 10 %.
Welcher Leiterquerschnitt (NYM) und welcher LS-Schalter muss gewählt werden?

Schritt 1:
Der Betriebsstrom liegt fest: $I_b = 24\,A$.

Schritt 2:
Nach der Beschreibung ist Verlegeart C zutreffend (siehe Tabelle 16.2).

Schritt 3:
Eine Umgebungstemperatur von 40 °C bedeutet nach Tabelle 16.5: $f_1 = 0{,}82$.
Die Häufung bei offener Verlegung mit insgesamt 6 parallelen Leitungen ergibt nach Tabelle 16.6: $f_2 = 0{,}72$.
Da der Leistungsanteil der Verbraucher, die Oberschwingungen erzeugen, gering ist, kann nach Tabelle 16.7 $f_3 = 1$ gesetzt werden.
Im Drehstrombetrieb sind in der Regel 3 Adern belastet. Das bedeutet nach Tabelle 16.8: $f_4 = 1$.

Schritt 4:
Für den Mindestwert der Strombelastbarkeit gilt Formel (11):

$$I_{MW} = I_b : (f_1 \cdot f_2 \cdot f_3 \cdot f_4) = 24\,A : (0{,}82 \cdot 0{,}72 \cdot 1 \cdot 1) \approx 41\,A.$$

Mit diesem Wert kann man nun in die entsprechende Strombelastbarkeitstabelle gehen, um den Bemessungswert I_r der Leitung zu finden.

Schritt 5:
In der Tabelle 16.4 findet man für die genannte Verlegeart und bei 3 belasteten Adern einen Wert für $I_r > I_{MW}$, nämlich $I_r = 43\,A$. Das ist der Bemessungswert I_r der gesuchten Leitung.

Schritt 6:
Für diesen Bemessungswert findet man in der ersten Spalte der vorgenannten Tabelle 16.4 einen erforderlichen Nennquerschnitt von $S = 6\,mm^2$. Den hat z. B. eine Leitung NYM-J 5 x 6 mm^2.

Schritt 7:
Aus dem Bemessungswert I_r kann man nun mit Hilfe der Formel (10) leicht den tatsächlichen Wert für I_Z errechnen:

$$I_Z = I_r \cdot f_1 \cdot f_2 \cdot f_3 \cdot f_4 = 43\,A \cdot 0{,}82 \cdot 0{,}72 \cdot 1 \cdot 1 \approx 25\,A.$$

Der Strom von 25 A stellt die maximale Beanspruchung der gewählten Leitung bei den gegebenen Umgebungsbedingungen (Verlegeart, Häufung und Umgebungstemperatur) sowie den sonstigen Betriebsbedingungen (Anzahl der Adern und Oberschwingungen) dar und ist deshalb die zulässige Strombelastbarkeit I_Z der gewählten Leitung.

Schritt 8:
Für den LS-Schalter, Typ B, bietet sich ein Nennstrom von $I_n = 25\,A$ an, weil dieser Wert gemäß der Bedingung $I_b \leq I_n \leq I_Z$ [Formel (5)] zwischen den Betriebsstrom I_b und die Strombelastbarkeit I_Z der Leitung „passt“.

Schritt 9:
Probe mittels der ersten Bedingung [Formel (5)]: 24 A ≤ 25 A ≤ 25 A.
Die Rechnung ist an sich in Ordnung. Allerdings sollte man möglichst davon absehen, den Nennstrom der Überstrom-Schutzeinrichtung so nahe beim Betriebsstrom zu wählen. Sicherer ist es, in diesem Beispiel mit den gewählten Werten eine Stufe höher zu gehen:

$$S = 10\,\text{mm}^2 \cdot I_r = 60\,\text{A} \cdot I_Z = 60\,\text{A} \cdot 0{,}82 \cdot 0{,}72 \cdot 1 \cdot 1 \approx 35\,\text{A}.$$

Dann kann $I_r = 32\,\text{A}$ gewählt werden.
Probe: 24 A ≤ 32 A ≤ 35 A
Mit diesen Werten liegt man auf der sicheren Seite.

16.1.6 Berücksichtigung der Leitungslänge

Mit den beiden Planungsbedingungen aus den Abschnitten 16.1.4 und 16.1.5 erhält man den richtigen Querschnitt des Kabels (der Leitung) und kann diesem Querschnitt die richtige Überstrom-Schutzeinrichtung zuordnen. Allerdings kann der Planer oder Errichter die Länge der Zuleitung zum Verbraucher nicht beliebig variieren. Da jeder Leiterquerschnitt mehr oder weniger einen Widerstand darstellt, ist leicht einsehbar, dass ab einer bestimmten Länge kein Kurzschluss mehr registriert werden kann. Vielmehr wird sich bei einem Kurzschluss am Ende der Zuleitung ein Strom einstellen, der so gering ist, dass die Überstrom-Schutzeinrichtung ihn überhaupt nicht oder erst viel zu spät abschalten kann. Deshalb stellt sich die Frage:

Wie lang darf die Leitungslänge beim jeweiligen Querschnitt werden, damit die vorgeschaltete Überstrom-Schutzeinrichtung noch in genügend kurzer Zeit abschalten kann?

Zudem verursacht jeder Strom wegen des Kabel- bzw. Leitungswiderstands einen Spannungsfall, der als Verlust am Ende der Leitung auftritt. Dieser Verlust darf natürlich nicht endlos groß werden. In der Regel spricht man von 3 % Spannungsfall, die bei einem Stromkreis maximal anfallen dürfen[38].

Beide Überlegungen beschäftigen sich also mit der gleichen Sache: Es geht beide Male um die maximale Leitungslänge,

- die zum einen begrenzt wird durch die Tatsache, dass der Widerstand der Leitung (des Kabels) mit zunehmender Länge wächst und bei einem Kurzschluss am Ende der Leitung noch ein Strom fließen muss, der so hoch ist, dass die vorgeschaltete Überstrom-Schutzeinrichtung rechtzeitig abschalten kann, und

38 Siehe hierzu nachfolgenden Abschnitt 16.1.6.2.

- die zum anderen auch begrenzt wird durch die Tatsache, dass der fließende Betriebsstrom stets einen Spannungsfall verursacht, der mit zunehmender Leitungslänge größer wird und der einen vorgegebenen Maximalwert nicht überschreiten darf.

Die Zeit, in der spätestens abgeschaltet werden muss, liegt fest:

- Ein Kurzschluss sollte nicht länger als 5 s anstehen[39].
- 0,1 s ... 5 s für den Personenschutz[40] nach DIN VDE 0100-410. Wobei in der Regel für Niederspannungsanlagen 0,4 s und 5 s in Frage kommen.

16.1.6.1 Kleinster Kurzschlussstrom

Nach der zuvor beschriebenen Überlegung wird deutlich, dass es hier nicht um den größten, sondern um den kleinsten Kurzschlussstrom geht. Er muss also noch mit in die Planung der Kabel- und Leitungsanlage einbezogen werden. Für die Ermittlung ist folgende vereinfachte Formel anzuwenden:

$$I_{K1} = \frac{c_{min} \cdot U_0}{Z_S + Z_L} = \frac{c_{min} \cdot U_0}{Z_S + Z_L' \cdot 2 \cdot l} \,. \tag{12}$$

Umgestellt ergibt sich für die zulässige Leitungslänge:

$$l_{max} = \frac{c_{min} \cdot U_0}{I_{K1} \cdot 2 \cdot Z_L'} - \frac{Z_S}{2 \cdot Z_L'} \,. \tag{13}$$

I_{K1} Kurzschlussstrom (1-polig)
c_{min} Minderungsfaktor bei Kurzschluss (0,95)
U_0 Nennspannung gegen Erde (230 V)
Z_S Schleifenwiderstand des vorgelagerten Netzes
Z_L Impedanz des Kabels (der Leitung) komplett (Hin- und Rückleiter)
Z_L' Impedanzbelag des Kabels (der Leitung) in mΩ/m
l l_{max} für den 1-poligen Kurzschlussstrom I_{K1} (einfache Leitungslänge).

Der erste Ausdruck rechts vom Gleichheitszeichen in Formel (13) ergibt die Leitungslänge ohne Berücksichtigung des Schleifenwiderstands und der zweite Ausdruck die Reduzierung der Leitungslänge, die der Schleifenwiderstand hervorruft.

---

39 Diese 5 s sind weniger der Tatsache geschuldet, dass z. B. ein Kabel keinem längeren Kurzschluss standhält, sondern dass es für Kurzschlüsse, die länger als 5 s anstehen, keine mathematischen Formeln mehr gibt. Alle diesbezüglichen Formeln in den Normen gelten nur bis 5 s.

40 Das deshalb, weil der Kurzschluss auch zwischen Außenleiter und PE-Leiter bzw. dem Körper eines elektrischen Betriebsmittels auftreten kann. In diesem Fall handelt es sich um einen Körperschluss, der nach DIN VDE 0100-410 in festgelegter Zeit ab.

Achtung: Natürlich kann man den zweiten Ausdruck in der Formel nicht ohne weiteres vom ersten arithmetisch subtrahieren, da in beiden Brüchen komplexe Zahlen vorkommen (Z_L, Z_S). Allerdings ist der Fehler, der bei einer bloßen Subtraktion entsteht, umso kleiner, je kleiner der Winkel zwischen den realen und imaginären Anteilen der komplexen Zahl ist (z. B. R_L und X_L). Bei Berücksichtigung von kleineren Leiterquerschnitten (unter 120 mm²) wird dies in der Regel der Fall sein. Für größere Leiterquerschnitte ist der imaginäre Teil von z. B. Z_S (in der Regel wird dieser X_S genannt) bereits so groß, dass eine einfache arithmetische Rechnung nicht mehr möglich ist. In diesem Fall sollte eine exaktere Methode zur Berechnung der maximalen Leitungslänge verwendet werden, wie sie z. B. im VDE 0100, Beiblatt 5 beschrieben wird.

Um nicht für jeden Leiterquerschnitt mit der o. g. Formel (13) rechnen zu müssen, sind die Werte der maximalen Leitungslängen für die drei häufigsten Überstrom-Schutzeinrichtungen (Schmelzsicherung gG, LS-Schalter Typ B und LS-Schalter Typ C) in den **Tabellen 16.10** bis **16.12** bereits ausgerechnet. In der jeweils letzten Spalte dieser Tabellen findet man die vorgenannte Reduzierung der Leitungslänge je 10 mW Netz-Schleifenwiderstand.

Beispiel:

Bei einem Sicherungs-Nennstrom I_n (Schmelzsicherung gG) von 25 A wird für einen Leiterquerschnitt von 4 mm² in der Tabelle 16.10 eine zulässige Länge von 174 m abgelesen (gewählt wurde 5 s). Der Schleifenwiderstand wurde mit 330 mΩ ermittelt.

Das bedeutet: $Z_S = 330\,\text{m}\Omega = 33 \cdot 10\,\text{m}\Omega$.

⇒ Die in der Tabelle angegebene Länge muss um $33 \cdot 0{,}81\,\text{m} \approx 27\,\text{m}$ reduziert werden.

⇒ Die zulässige (maximale) Leitungslänge beträgt $174\,\text{m} - 27\,\text{m} = 147\,\text{m}$.

Der Schleifenwiderstand Z_S (genau genommen ist es die Schleifenimpedanz, da immer auch Blindanteile vorhanden sind) wird in der Regel als Widerstand der „Fehlerschleife“ bezeichnet und reicht bis zum betrachteten Ort des Kurzschlusses. In diesem Zusammenhang reicht er jedoch nur bis zur Überstrom-Schutzeinrichtung, bei der der betrachtete Stromkreis beginnt und besteht demzufolge aus folgenden Teilen:

- Innenwiderstand der Stromquelle,
- Widerstand des Außenleiters von der Stromquelle bis zur Verteilung, von der aus die betrachtete Leitung (oder das Kabel) zum Verbraucher bzw. zu der entsprechenden Anschlussstelle geführt wird,
- Widerstand des PE-Leiters bzw. PEN-Leiters von der Stromquelle bis zur Verteilung (wie zuvor beschrieben).

Tabelle 16.10 *Zulässige Kabel- und Leitungslängen für Kupferleiter mit PVC-Isolierung bei Verwendung von Schmelzsicherungen der Betriebsklasse gG nach DIN VDE 636-1 unter folgenden Voraussetzungen:*
– Betriebstemperatur der Leiter beim Kurzschluss 80 °C
– Nennspannung 400/230 V

(Teil 1/2)

t_a ist die vorgeschriebene Abschaltzeit der Überstrom-Schutzeinrichtung nach DIN VDE 0100-410 (0,4 s oder 5 s) bzw. nach DIN VDE 0100-430 (5 s)

Querschnitt S des Leiters in mm²		zulässige Kabel- und Leitungslängen in m für Kupferleiter mit PVC-Isolierung und vorgeschalteter Schmelzsicherung gG (ohne Berücksichtigung der Schleifenimpedanz Z_S) Nennstrom I_n der Sicherung gG in A										Reduzierung der Leitungslänge pro 10 mΩ Z_S in m
	t_a in s	6	10	16	20	25	35	40	50	63	80	
1,5	5	271	155	112	58	54						0,31
	0,4	155	88	68	50	39						
2,5	5	442	254	184	136	108	68					0,49
	0,4	254	145	111	81	64	43					
4	5	710	408	295	218	174	124	101	61			0,81
	0,4	408	234	179	132	104	68	58	39			
6	5	1.063	610	441	326	261	185	151	108	79		1,21
	0,4	610	350	268	198	159	102	90	60	50		
10	5	1.788	1.027	743	568	439	311	244	172	136	98	2,10
	0,4	985	589	389	294	268	172	154	102	82	56	
		Nennstrom I_n der Sicherung gG in A										
		25	32	40	50	63	80	100	125	160	200	
16	5	697	495	402	289	237	169	129				3,50
	0,4	426	274	243	162	131	89	71				
25	5	1100	781	637	457	390	281	210	161			5,36
	0,4	672	432	390	263	233	148	121	88			
35	5	1.521	1.079	880	631	540	389	295	223	186		7,70
	0,4	929	597	540	364	322	204	167	129	98		
50	5	2.045	1.263	1.070	855	726	511	385	292	240	167	10,30
	0,4	1.197	903	760	557	433	274	221	166	121	78	
70	5	2.911	1.831	1.635	1.195	1.033	728	582	417	336	237	14,70
	0,4	1.562	1.001	712	508	616	385	318	244	191	129	

Tabelle 16.10 (Teil 2/2)

Querschnitt S des Leiters in mm²	t_a in s	zulässige Kabel- und Leitungslängen in m für Kupferleiter mit PVC-Isolierung und vorgeschalteter Schmelzsicherung gG (ohne Berücksichtigung der Schleifenimpedanz Z_S) Nennstrom I_n der Sicherung gG in A								Reduzierung der Leitungslänge pro 10 mΩ Z_S in m
		100	**125**	**160**	**200**	**250**	**315**	**400**	**500**	
95	5	748	558	441	311	249	191	115		19,80
	0,4	413	329	263	177	147	106	68		
120	5	918	685	551	413	315	228	195	95	24,40
	0,4	507	429	323	217	180	130	102	95	

Tabelle 16.11 *Zulässige Kabel- und Leitungslängen für Kupferleiter mit PVC-Isolierung bei Verwendung von Leitungsschutzschaltern nach DIN VDE 0641-11 unter folgenden Voraussetzungen:*
- *Betriebstemperatur der Leiter beim Kurzschluss 80 °C*
- *Nennspannung 400/230 V*
- *LS-Schalter, Typ B*

Anmerkung: Bei LS-Schaltern bewirkt der magnetische Schnellauslöser in jedem Fall eine Auslösung mit $t_a < 0{,}1\,s$.

Querschnitt S des Leiters in mm²	zulässige Kabel- und Leitungslängen in m für Kupferleiter mit PVC-Isolierung und vorgeschaltetem LS-Schalter, Typ B (ohne Berücksichtigung der Schleifenimpedanz Z_S) Nennstrom I_n des LS-Schalters in A									Reduzierung der Leitungslänge pro 10 mΩ Z_S in m
	6	**10**	**16**	**20**	**25**	**32**	**40**	**50**	**63**	
1,5	242	144	90	70	56					0,31
2,5	392	236	146	117	94	73				0,49
4	619	363	240	192	153	118	94	60		0,81
6	916	544	329	287	230	179	141	112	88	1,21
10	1.509	925	573	453	386	302	241	191	150	2,10
16	2.457	1.454	912	727	584	479	380	298	240	3,50
25	3.433	2.220	1.212	998	888	686	545	425	294	5,36

Tabelle 16.12 *Wie Tabelle 16.11, bei Verwendung von LS-Schaltern, Typ C*

Querschnitt S des Leiters in mm²	zulässige Kabel- und Leitungslängen in m für Kupferleiter mit PVC-Isolierung und vorgeschaltetem LS-Schalter, Typ C (ohne Berücksichtigung der Schleifenimpedanz Z_S) Nennstrom I_n des LS-Schalters in A									Reduzierung der Leitungslänge pro 10 mΩ Z_S in m
	6	**10**	**16**	**20**	**25**	**32**	**40**	**50**	**63**	
1,5	120	70	44	34	27					0,31
2,5	189	116	73	58	46	35				0,49
4	310	182	120	96	75	58	46	36		0,81
6	468	277	169	143	115	90	70	56	44	1,21
10	760	453	302	221	193	150	120	95	74	2,10
16	1179	727	459	364	288	236	190	150	116	3,50
25	1.912	1.180	731	589	461	358	298	231	180	5,36

Den Wert für Z_S kann man beim zuständigen Netzbetreiber (NB) erfragen, der diesen Wert bis zum Hausanschlusskasten angeben kann. Von dort aus muss man natürlich jede Leitungslänge, die zwischen dem Hausanschlusskasten und dem Verteiler (Stromkreisverteiler), von dem man diese Leitung verlegen möchte, noch hinzurechnen. Fällt diese Leitung allerdings nicht kleiner aus als 16 mm², so reicht es aus, diese Leitung mit einem Zuschlag von 30 mΩ zu veranschlagen. Das bedeutet, wenn der NB einen Schleifenwiderstand von 300 mΩ angibt, kann man in der Rechnung Z_S mit 330 mΩ im Stromkreisverteiler veranschlagen.

Bei Anlagen, die über einen eigenen Transformator eingespeist werden, ist Z_S der Innenwiderstand des Transformators gemäß Tabelle 15.2 dieses Buches, wobei vereinfacht und überschlägig gilt:

$$Z_S = \sqrt{R_{Tr}^2 + X_{Tr}^2} + 20\,\text{m}\Omega\,. \tag{14}$$

Der Betrag von 20 mΩ kann eingesetzt werden, um den Innenwiderstand des einspeisenden Netzes und die Leitungslänge vom Transformator bis zur infrage kommenden Verteilung zu berücksichtigen. Kommen allerdings längere Leitungslängen hinzu, sollte man besser etwas genauer vorgehen, wobei man rechnen kann:

$$Z_S = \sqrt{(R_{Tr} + 2 \cdot l \cdot R_L')^2 + (X_{Tr} + 2 \cdot 1 \cdot X_L')^2} + 10\,\text{m}\Omega\,; \tag{15}$$

R_L' und X_L' sind der Tabelle 15.3 dieses Buches zu entnehmen
l ist die einfache Leitungslänge des Kabels vom Transformator zum Verteiler
10 mΩ mit diesem Betrag wird das einspeisende Netz berücksichtigt.

Beispiel:
Ein Transformator 160 kVA (u_K = 4 %) speist über ein Kabel NYY 4 x 120 mm² (mit einer Länge von ca. 40 m) eine Verteilung. Von dort aus soll die maximale Leitungslänge verschiedener Stromkreise mit den Tabellen 16.10 bis 16.12 dieses Buches ermittelt werden. Dazu wird die Größe von Z_S benötigt.

Nach Tabelle 15.2 ist R_{Tr} = 16 mΩ und X_{Tr} = 39 mΩ.
Nach Tabelle 15.3 ist R_L' = 0,153 mΩ/m und X_L' = 0,08 mΩ/m.
In Formel (15) eingesetzt erhält man:

$$Z_S = \sqrt{(16 + 2 \cdot 40 \cdot 0{,}153)^2 + (39 + 2 \cdot 40 \cdot 0{,}08)^2} + 10 \approx 63\,\text{m}\Omega.$$

In den Tabellen 16.10 bis 16.12 muss für die Berechnung der maximalen Stromkreislängen jeweils eine Reduzierung von 70 mΩ = 7 · 10 mΩ für den Schleifenwiderstand berücksichtigt werden.

Die Berechnung der maximalen Leitungslänge l_{max} kann ohne die in diesem Abschnitt angegebenen Rechnungen erfolgen, indem man die entsprechende Tabelle im Downloadbereich benutzt. Die Berechnung erfolgt dabei automatisch.

16.1.6.2 Koordination von Überlast- und Kurzschlussschutz

In der Regel wird eine Überstrom-Schutzeinrichtung vorgesehen, die sowohl den Schutz bei Überlast als auch bei Kurzschluss übernimmt. Dabei muss diese Schutzeinrichtung vom kleinsten Überlaststrom bis zum größten Kurzschlussstrom rechtzeitig abschalten können, bevor die Isolation der Kabel und Leitungen beschädigt wird, und zugleich muss sie in der Lage sein, den maximalen Kurzschlussstrom ohne Beschädigung zu beherrschen.

In Bezug auf den kleinsten Kurzschlussstrom muss betont werden, dass die Überstrom-Schutzeinrichtung selbstverständlich nicht zwischen einem Kurzschluss oder einer Überlast unterscheiden kann. Ist die gewählte Überstrom-Schutzeinrichtung also in der Lage, den Überlastschutz, wie er in den vorangegangenen Abschnitten beschrieben wurde, sicherzustellen und zugleich den berechneten oder auf andere Weise ermittelten maximalen Kurzschlussstrom abzuschalten, braucht der Kurzschluss nicht weiter betrachtet oder berechnet werden.

Der Grund liegt darin, dass für die Überstrom-Schutzeinrichtung ein Strom, der größer als ihr Nennstrom ist, ohne weitere Differenzierung ein Überstrom ist, der entsprechend ihrer Ausschaltcharakteristik früher oder später abgeschaltet wird. Ist diese Überstrom-Schutzeinrichtung also korrekt nach den Anforderungen zum Überlastschutz ausgewählt worden, muss lediglich darauf geachtet werden, dass der größtmögliche Kurzschlussstrom ihr Schaltvermögen nicht übersteigt.

Wenn Planer und Errichter den Hinweis des Netzbetreibers, mit welchem maximalen Überstrom (Kurzschlussstrom) gerechnet werden muss, beachten, dürfen sie auf eine weitergehende Betrachtung des Kurzschlusses verzichten. Lediglich der Überlastschutz muss korrekt ausgeführt werden. Dies trifft z. B. zu, wenn die Technischen Anschlussbedingungen (TAB) des Netzbetreibers bzw. VDE-AR-N 4100 gelten sollen. In VDE-AR N 4100, Abschnitt 6.2.4, wird vorgegeben, dass

- bis zum Zähler mit einem Kurzschlussstrom von maximal 25 kA,
- in den Stromkreisen zwischen Zähler bis zum nachfolgendem Stromkreisverteiler (einschließlich der Betriebsmittel in der Zählerverteilung) mit einem Kurzschlussstrom von maximal 10 kA und
- für alle Betriebsmittel im Stromkreisverteiler mit einem maximalen Kurzschlussstrom von 6 kA gerechnet werden muss.

Diese Werte findet man ebenso in früheren Ausgaben der Technischen Anschlussbedingungen der Netzbetreiber (z. B. TAB 2012, siehe auch Bild 15.5 in diesem Buch).

Die Angabe dieser maximalen Kurzschlussstromwerte hat besondere Bedeutung für die Bewertung und Berechnung von Leiterquerschnitten und den maximalen Leitungslängen. Beim kleinsten Kurzschlussstrom geht es im Wesentlichen um eine Grenzlängenberechnung der Stromkreise (in der Regel der Endstromkreise). Diese Grenzlänge darf nicht überschritten werden, weil der kleinste Kurzschlussstrom sonst aufgrund der zu hohen Widerstände der Zuleitungen zu gering ausfällt und eine rechtzeitige Abschaltung nicht mehr möglich ist bzw. eine Schädigung der beteiligten Isolierstoffe im Kurzschlussfall befürchtet werden muss.

Mit den zuvor erwähnten Überlegungen kann diesbezüglich allgemein formuliert werden:

➔ Sofern die Kabel und Leitungen korrekt nach den Vorgaben aus DIN VDE 0100-430 bei Überlast geschützt werden und die hierfür vorgesehene Überstrom-Schutzeinrichtung in der Lage ist, den an der Einbaustelle größtmöglichen Kurzschlussstrom zu schalten, kann auf die Berechnung der Grenzlänge verzichtet werden.

In DIN VDE 0100, Beiblatt 5, Abschnitt 1.2 in der (zurückgezogenen) Ausgabe aus 1995 hieß es hierzu wörtlich:

„Die Grenzlänge braucht nicht berücksichtigt werden, wenn der Schutz bei Kurzschluss von einer Überstrom-Schutzeinrichtung sichergestellt wird, die auch für den Schutz bei Überlast ausgelegt ist.“

Allerdings gilt dies nicht automatisch für die Abschaltung im Zusammenhang mit der Schmutzmaßnahme „Schutz gegen elektrischen Schlag“ nach DIN VDE 0100-410. Obwohl im TN-System der Körperschluss einem 1-poligen Kurzschluss (also einem kleinsten Kurzschlussstrom) entspricht, muss auf eine maximale Grenzlänge geachtet werden, denn die Formel für die Einhaltung der Schutzmaßnahme in DIN VDE 0100-410, Abschnitt 411.4.4 schließt die Beachtung einer Grenzlänge automatisch ein. Die Formel hierzu lautet bekanntlich:

$$Z_S \leq \frac{U_0}{I_a}$$

Z_S Schleifenimpedanz, bestehend aus: Impedanz des Außenleiters und des Schutzleiters, jeweils von der Spannungsquelle bis zur Anschlussstelle der Verbrauchsmittel (z. B. in einer Steckdose). Dazu kommt noch die Impedanz der Spannungsquelle selbst (innere Impedanz der Spannungsquelle – also des Transformators einschließlich des vorgeordneten Versorgungssystems)

U_0 Spannung des Netzsystems: Außenleiter gegen Neutralleiter/Schutzleiter
I_a Fehlerstrom, der in der Lage ist, bei der vorgeschalteten Überstrom-Schutzeinrichtung eine Abschaltung in einer Zeit t_a hervorzurufen. Die Zeit t_a wird in DIN VDE 0100-410 vorgegeben (in üblichen Netzsystemen mit AC 400/230 V wäre dies $t_a = 0{,}4\,s$)

Die maximale Abschaltzeit t_a, die beim Schutz gegen elektrischen Schlag nach DIN VDE 0100-410, Abschnitt 411.3.2 nicht überschritten werden darf, kann natürlich nur eingehalten werden, wenn der Wert für die Schleifenimpedanz Z_S so klein bleibt, dass im Fehlerfall der Abschaltstrom I_a entsprechend der vorgenannten Formel fließen kann. Aus diesem Grund muss im TN-System in Endstromkreisen bei Prüfungen die Schleifenimpedanz Z_S gemessen werden, um festzustellen, ob die Abschaltbedingung eingehalten wird.

Der Wert für Z_S wird dabei maßgeblich von der Leitungslänge und dem Leitungsquerschnitt im Endstromkreis (Außenleiter und Schutzleiter) bestimmt. Aus diesem Grund schließt die vorgenannte Formel aus VDE 0100-410 bei einem vorgegebenen Leitungsquerschnitt eine maximale Stromkreislänge (Grenzlänge) ein. Natürlich hat diese Überlegung immer Vorrang.

Sofern allerdings der Schutz vor elektrischem Schlag nach DIN VDE 0100-410 nicht betroffen ist, gilt bezüglich der Abschaltbedingungen lediglich die Forderung aus DIN VDE 0100-430, Abschnitt 430.4:

„Stromkreise müssen derart geplant werden, dass schädliche Einwirkungen von Überströmen auf aktive Leiter ausgeschlossen sind."

Dies wäre z. B. in Bezug auf eine vorhandene Überstrom-Schutzeinrichtung dann der Fall, wenn die Abschaltung für den Schutz vor elektrischem Schlag durch eine Fehlerstrom-Schutzeinrichtung (RCD) sichergestellt wird. In diesem Fall dient die Überstrom-Schutzeinrichtung ausschließlich dem Schutz bei Überstrom (z. B. bei einer Überlastung während des Betriebs oder einem Schluss zwischen Außen- und Neutralleiter) und es besteht lediglich die Anforderung, eine Abschaltung so rechtzeitig zu ermöglichen, dass eine Vorschädigung der Isolation von Kabeln und Leitungen verhindert werden kann.

Auf diese Weise würde sich in Bezug auf den Schutz bei Überstrom entsprechend dieser Anforderung ebenfalls eine maximale Ausschaltzeit ergeben (entsprechend der Formel (21) im Abschnitt 16.2.2.2 in diesem Buch) bzw. bei besonders hohen Kurzschlussströmen eine maximale Ausschaltenergie (sogenannter $I^2 \cdot t$-Wert nach Formel (20) im Abschnitt 16.2.2.1 in diesem Buch). Um das zu gewährleisten, darf in beiden Fällen eine Grenzlänge nicht überschritten werden.

Wenn allerdings der Schutz bei Überlast korrekt ausgeführt wurde, liegt der Nennstrom der Überstrom-Schutzeinrichtung in Bezug auf den Leiterquerschnitt der zu schützenden Leitung so günstig, dass eine Überlastung der Isolation auch bei den kleineren Kurzschlussströmen (die von der Überstrom-Schutzeinrichtung ohnehin wie Überlastströme registriert werden) nicht erwartet werden muss. Ein Problem würde erst bei einer extrem langen Leitungslänge eintreten, die eine entsprechend extrem hohe Leitungsimpedanz und damit eine viel zu hohe Schleifenimpedanz zur Folge hat, sodass

- im Kurzschlussfall nur noch ein Kurzschlussstrom in der Größenordnung unterhalb des 1,45-fachen Nennstroms der Überstrom-Schutzeinrichtung verursacht wird und/oder
- im laufenden Betrieb ein Spannungsfall hervorgerufen wird, der einen funktionierenden Betrieb der angeschlossenen Verbrauchsmittel unmöglich macht.

Bei einem derart langen Kabel (Leitung) wird in jedem Fall ein entsprechend hoher Spannungsfall verursacht. Deshalb könnte man die Grenzlängenbetrachtung auf einen maximalen Spannungsfall von 3 % (von der letzten Überstrom-Schutzeinrichtung bis zum Verbrauchsmittel) reduzieren, sofern nicht irgendwelche Notwendigkeiten einen anderen Spannungsfall fordern. Die Berechnung und Bewertung des Spannungsfalls wird im nachfolgenden Abschnitt 16.1.6.3 beschrieben. Bei Einhaltung eines Spannungsfalls von 3 % ist jedoch davon auszugehen, dass der kleinste Kurzschlussstrom nicht im *„verbotenen“* Bereich zwischen $1{,}0 \cdot I_n$ bis $1{,}45 \cdot I_n$ liegen wird (siehe hierzu Abschnitt 16.1.4.1 in diesem Buch).

16.1.6.3 Spannungsfall und zulässige Kabel- bzw. Leitungslänge

Nicht nur der kleinste Kurzschlussstrom begrenzt die maximale Kabel- bzw. Leitungslänge (siehe Abschnitt 16.1.6.1 in diesem Buch), sondern auch der auf dem Kabel bzw. der Leitung anfallende maximal zulässige Spannungsfall.

Vielfach wird in der Praxis ein maximaler Spannungsfall von 3 % der Nennspannung für die Leitungslängenberechnung bei Endstromkreisen angesetzt. Diese vereinfachte Vorgehensweise ist zwar weder durch die Norm (DIN VDE 0100-520) noch durch VDE AR N 4100 (bzw. die Technische Anschlussbedingung (TAB) der Netzbetreiber) oder durch DIN 18015-1 (auf die die VDE AR N 4100 Bezug nimmt) abgedeckt, liefert aber dennoch ein in der Regel genügend genaues Ergebnis. Dass diese Vereinfachung trotz fehlender Grundlagen in den technischen Regelwerken Sinn machen könnte, wird deutlich, wenn man bei der Betrachtung des Spannungsfalls nicht aus den Augen verliert, dass nach DIN EN 60038 (VDE 0175-1), Abschnitt 4.1 bereits die Netzspannung (versorgungsseitig) um ±10% schwanken darf.

Der Gesamtzusammenhang in Bezug auf die Spannungsfallberechnung ist komplexer als dies auf den ersten Blick den Anschein hat. Näheres hierzu findet man z.B. im Buch: „VDE 0100 und die Praxis" von *Kiefer/Schmolke*, Abschnitt 20.2.

Eine Ausnahme bildet jedoch die Leitung (das Kabel) im sogenannten „ungezählten Bereich" des Hauptstromversorgungssystems. Hier gibt es eine gesetzliche Regelung: Nach § 13 (4) der Niederspannungsanschlussverordnung (NAV) wird gefordert, dass innerhalb des Hauptstromversorgungssystems (also von der Einspeisung bzw. vom Hausanschlusskasten (HAK) bis zur Zählerverteilung) ein Spannungsfall von 0,5 % nicht überschritten werden darf.

Für einen Spannungsfall von 3 % gibt **Tabelle 16.13** die zugehörigen maximalen Leitungslängen an. Die dort angegebenen Leitungslängen beziehen sich auf den jeweiligen Leitungsquerschnitt und auf die Stromstärke der jeweiligen Überstrom-Schutzeinrichtung. Bei fest angeschlossenen Verbrauchern kann man stattdessen den Betriebsstrom einsetzen. Für Stromstärken, die zwischen den angegebenen Werten liegen, kann man die maximale Leitungslänge interpolieren.

Für andere Werte des Spannungsfalls findet man in **Tabelle 16.14** dieses Buchs entsprechende Umrechnungsfaktoren. Der Wert, der in der Tabelle 16.13 angegeben wird, ist dann mit dem jeweiligen Faktor aus Tabelle 16.14 zu multiplizieren.

Bei 1-phasigen Wechselstromkreisen ist der Wert aus der Tabelle 16.13 durch 2 zu teilen (bzw. mit 0,5 zu multiplizieren).

Wichtig ist, dass man bei der Festlegung der Stromkreislängen stets beide Überlegungen berücksichtigen muss, nämlich

- die nach der Leitungslänge unter Berücksichtigung des kleinsten Kurzschlussstroms (Abschnitt 16.1.6.1 in diesem Buch) und
- die nach der Leitungslänge unter Berücksichtigung des anzusetzenden Spannungsfalls.

Dabei ist stets die kürzere der beiden ermittelten Leitungslängen zu verwenden. Vielfach wird in der irrtümlichen Meinung, dass ein Spannungsfall von 3 % in jedem Fall die Leitungslänge stärker begrenzt als der Kurzschluss, lediglich der Spannungsfall herangezogen.

Das ist jedoch nur eingeschränkt richtig, da in einigen Fällen der Kurzschluss eine kürzere Leitungslänge vorgibt.

Tabelle 16.13 *Maximal zulässige Kabel- und Leitungslängen für 3-phasige Wechselstromkreise bei einem Spannungsfall von 3 %*

Querschnitt S der Leitung in mm²	maximal zulässige Leitungslängen in m										
	Betriebsstrom I_b bzw. Nennstrom I_n der Überstrom-Schutzeinrichtung in A										
	6	**10**	**16**	**20**	**25**	**35**	**40**	**50**	**63**	**80**	**100**
1,5	92	55	34	28	21	15	12	10	7		
2,5	150	90	56	45	36	25	21	17	13	10	8
4	241	141	88	70	56	40	35	28	21	16	12
6	356	212	132	106	85	60	53	41	32	24	20
	Betriebsstrom I_b bzw. Nennstrom I_n der Überstrom-Schutzeinrichtung in A										
	25	**35**	**40**	**50**	**63**	**80**	**100**	**125**	**160**	**200**	**250**
10	142	101	89	71	56	42	34	27	20	16	12
16	225	160	140	112	89	70	55	43	32	25	19
25	354	255	220	176	140	110	88	69	53	42	31
35	490	352	309	242	192	151	121	97	73	58	43
	Betriebsstrom I_b bzw. Nennstrom I_n der Überstrom-Schutzeinrichtung in A										
	63	**80**	**100**	**125**	**160**	**200**	**250**	**315**	**400**	**500**	**630**
50	257	203	162	130	101	80	63	50	38	32	20
70	375	287	229	183	143	115	92	72	56	43	33
95	508	401	322	246	192	154	123	98	81	65	51
120	621	489	389	311	234	188	150	119	94	80	65

Tabelle 16.14 *Umrechnungsfaktoren für von 3 % abweichende zulässige Spannungsfälle*

Spannungsfall in %	Umrechnungsfaktor
0,50	0,17
1,00	0,33
1,25	0,42
1,50	0,50
4,00	1,33
5,00	1,67
8,00	2,67
10,00	3,33

16.1.7 Verzicht auf einen ausreichenden Schutz bei Überstrom

16.1.7.1 Verzicht auf einen Schutz bei Überlast

In einigen Fällen brauchen Kabel und Leitungen lediglich gegen Kurzschluss geschützt zu werden. Das trifft besonders zu, wenn

- Verbraucher angeschlossen sind, bei denen keine Überlast zu erwarten ist[41],
- Verbraucher angeschlossen sind, die einen integrierten Überlastschutz besitzen,
- es um Verteilungsstromkreise geht, die aus erdverlegten Kabeln oder Freileitungen bestehen, in denen die Überlastung der Stromkreise keine Gefahr hervorruft,
- es um die Einspeisung einer elektrischen Anlage geht und der Netzbetreiber eine Einrichtung für den Schutz bei Überlast vorgesehen und zugestimmt hat, dass diese den Schutz zwischen der Einspeisung und dem Hauptverteilungspunkt der Anlage, wo der Schutz bei Überlast für den weiteren Verlauf der elektrischen Anlage sichergestellt ist, übernimmt.

In diesen Fällen sind bei der Dimensionierung der Überstrom-Schutzeinrichtung nur der höchstmögliche Kurzschlussstrom entsprechend dem folgenden Abschnitt 16.2.2 und der kleinste Kurzschlussstrom entsprechend dem vorausgegangenen Abschnitt 16.1.6 zu berücksichtigen.

Es kann darüber hinaus auch sicherheitstechnische Gründe geben, auf einen Schutz bei Überlast zu verzichten. Dies wäre z. B. der Fall bei

- Erregerstromkreisen von drehenden Maschinen,
- Speisestromkreisen von Hubmagneten,
- Sekundärstromkreisen von Stromwandlern,
- Speisestromkreisen von Feuerlöscheinrichtungen (sogenannte Sprinkleranlagen),
- Stromkreisen zur Versorgung von Sicherheitseinrichtungen (Alarmanlagen für Diebstahlwarnung, Gasalarm usw.).

DIN VDE 0100-430, Abschnitt 433.3.3 empfiehlt in einer Anmerkung, in diesen Fällen zumindest eine „Überlast-Meldeeinrichtung“ vorzusehen.

16.1.7.2 Verzicht auf einen Schutz bei Kurzschluss sowie erd- und kurzschlusssichere Verlegung

In Bereichen zwischen einer Spannungsquelle und der ersten Überstrom-Schutzeinrichtung oder zwischen dem Transformator und der Niederspannungs-Hauptverteilung, die er mit elektrischer Energie versorgt, müssen Kabel und Leitungen häufig erd- und kurzschlusssicher verlegt werden, weil

41 So bei Verbrauchern, bei denen man beispielsweise in Stufen die Belastung zwar steigern kann, jedoch nur bis zu einem bestimmten Punkt (z. B. bei Durchlauferhitzern u. ä. Geräten) oder bei denen keine hohe Leistung auftreten kann (beispielsweise bei Steuerstromkreisen).

der Kurzschlussfall hier nur ungenügend oder gar nicht berücksichtigt werden kann.

Folgende unvollständige Liste gibt Fälle an, wo auf den Kurzschlussschutz verzichtet werden kann:

- Leiter zwischen Generatoren, Transformatoren, Gleichrichter und Akkumulatorenbatterien und ihren zugehörigen Steuerschränken, wobei die Schutzeinrichtungen in diesen Schränken angeordnet sind,
- Stromkreise, deren Unterbrechung Gefahren oder Schäden hervorrufen könnte, wie dies bereits zuvor beim Thema „Verzicht auf Überlastschutz" im vorherigen Abschnitt 16.1.7.1 in diesem Buch beschrieben wurde,
- Leiter in bestimmten Messstromkreisen,
- am Anfang einer Anlage, bei der der Netzbetreiber eine oder mehrere Einrichtungen zum Schutz bei Kurzschluss vorsieht und einwilligt, dass diese Einrichtung den Schutz des Teils der Anlage zwischen der Einspeisung und der Hauptverteilung der Anlage, in der ein weiterer Schutz bei Kurzschluss vorgesehen ist, erfüllt.
- In Deutschland kann darüber hinaus auch auf Einrichtungen zum Schutz bei Kurzschluss in Verteilungsstromkreisen mit Kabeln in Erde oder mit Freileitungen verzichtet werden.

Als **erd- und kurzschlusssichere** Verlegung gelten nach VDE 0100-520, Abschnitt 521.13, folgende Ausführungen:

- Anordnungen aus Einzelleitern, bei denen eine gegenseitige Berührung und die Berührung mit geerdeten Teilen verhindert wird und kein Kurzschluss durch äußere Einflüsse (z. B. herabfallende Teile) erwartet werden muss, z. B. durch Führen in getrennten Elektroinstallationskanälen oder deren getrennten Zügen oder in getrennten Elektroinstallationsrohren;
- Anordnungen aus Einzelleitern (wie Leitung nach VDE 0250-204, Kabel nach VDE 0276-603 oder Gummischlauchleitungen nach VDE 0282-4);
- Verwendung von mehradrigen Kabeln oder Mantelleitungen, die stets zugänglich und nicht in der Nähe brennbarer Stoffe verlegt wurden und bei denen die Gefahr einer mechanischen Beschädigung durch die Art der Verlegung (bzw. des zusätzlichen mechanischen Schutzes) ausgeschlossen werden kann;
- Anordnungen aus Aderleitungen für höhere Spannungsebenen (z. B. 1,8/3 kV); dies können sein: NSGAFöu nach VDE 0250-602, NSHXAö nach E DIN VDE 0250-606 oder NSHXSCMö nach E DIN VDE 0250-606;

- geschlossene Stromschienensysteme;
- Kabel, die ohne Gefahr für die Umgebung den Kurzschlussstrom führen können (d. h. ohne Gefahr für die Umgebung abbrennen, verschmoren oder ausglühen können), wie dies z. B. bei erdverlegten Kabeln möglich ist.

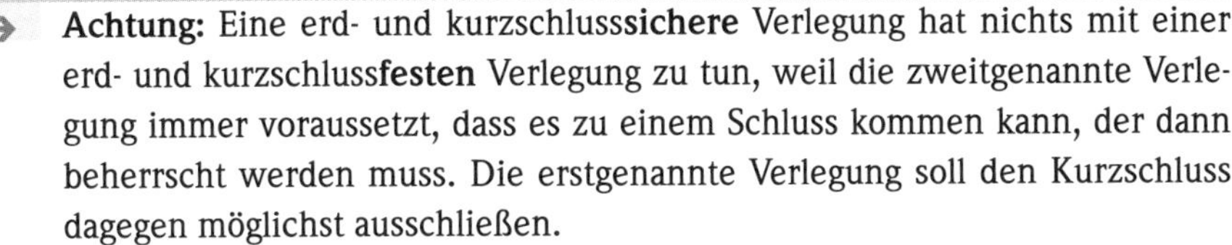

→ **Achtung:** Eine erd- und kurzschluss**sichere** Verlegung hat nichts mit einer erd- und kurzschluss**festen** Verlegung zu tun, weil die zweitgenannte Verlegung immer voraussetzt, dass es zu einem Schluss kommen kann, der dann beherrscht werden muss. Die erstgenannte Verlegung soll den Kurzschluss dagegen möglichst ausschließen.

16.1.8 Schutz bei Überstrom paralleler Leitungen

16.1.8.1 Einführung

In industriellen Anlagen kommt es vor, dass zur elektrischen Energieversorgung zwei oder mehrere parallele Leitungssysteme verlegt werden müssen (mehrere Leiter je für L1, L2 und L3). Der Schutz bei Überstrom von solchen parallelen Kabeln und Leitungen ist allerdings recht problematisch. Nicht selten soll eine gemeinsame Überstrom-Schutzeinrichtung den Schutz der parallelen Zuleitungssysteme gewährleisten. Dabei müssen besondere Anforderungen beachtet werden.

Wie üblich muss zunächst zwischen Überlast- und Kurzschlussfall unterschieden werden. Es soll auch nicht unerwähnt bleiben, dass der Schutz paralleler Kabel und Leitungen in früheren Ausgaben der entsprechenden VDE-Normen kaum behandelt wurde. Beispielsweise findet man in der nicht mehr gültigen Ausgabe von VDE 0100 Teil 430:1981-06 (Schutz von Leitungen und Kabeln gegen zu hohe Erwärmung) im Abschnitt 6.4.5 zu diesem Thema folgende Bemerkung: „Festlegungen in Vorbereitung“. In der nachfolgenden, nunmehr ebenfalls abgelösten Ausgabe von VDE 0100-430:1991-11 (Schutz von Kabeln und Leitungen bei Überstrom) tauchte dieser Abschnitt nicht mehr auf. Zu parallelen Kabeln und Leitungen wurde lediglich etwas beim Thema Überlast im Abschnitt 5.3 gesagt.

In der aktuell gültigen DIN VDE 0100-430 wird diese Lücke geschlossen. Sowohl in den Bestimmungstexten (Abschnitte 433.4 und 434.4) als auch in einem umfangreichen Anhang werden wichtige Anforderungen zu diesem Thema beschrieben.

Das Thema Überlastschutz wird im nachfolgenden Abschnitt 16.1.8.2 behandelt. Zum Kurzschlussschutz wird in DIN VDE 0100-430, Abschnitt 434.4 Folgendes gesagt:

„Eine einzelne Schutzeinrichtung darf parallel geschaltete Leiter vor den Auswirkungen bei Kurzschluss schützen, vorausgesetzt, dass das Auslöseverhalten dieser Einrichtung ein wirksames Ansprechen sicherstellt, wenn ein Fehler an der kritischsten Stelle in einem der parallel geschalteten Leiter auftritt. Die Aufteilung der Kurzschlussströme zwischen den parallel geschalteten Leitern muss betrachtet werden. Ein Fehler kann von beiden Enden der parallel geschalteten Leiter gespeist werden.“

Abgesehen von dem Hinweis, dass bei einem Fehler an der „kritischsten Stelle“ der Fehlerstrom sowohl von der Versorger- als auch von der Verbraucherseite zur Fehlerstelle fließen kann, wird diese „kritischste Stelle“ im Grunde recht wenig bis gar nicht beschrieben. Es bleibt also eine gewisse Unsicherheit (siehe nachfolgenden Abschnitt 16.1.8.3).

Grundsätzlich kann man unter vier verschiedenen Maßnahmen wählen, parallele Leitungen zu schützen:

(1) Eine Überstrom-Schutzeinrichtung am Beginn der parallelen Leitungen sorgt für den Schutz aller parallelen Leitungen. Diese Anordnung reicht für den Schutz bei Überlast, wenn eine gleichmäßige Stromaufteilung gewährleistet ist. Für den Kurzschlussschutz reicht diese Anordnung ebenfalls aus, wenn ein Kurzschluss an der „kritischsten Stelle“ betrachtet wird und die Aufteilung der Kurzschlussströme auf die parallelen Leitungen möglichst gleichmäßig ausfällt. Von einer gleichen Stromaufteilung spricht man in jedem Fall, wenn der Unterschied der parallelen Teilströme nicht mehr als 10 % beträgt.

(2) Ist der Schutz der parallelen Leitungen durch eine gemeinsame Überstrom-Schutzeinrichtung am Beginn der parallelen Strecke nach (1) nicht sicher gewährleistet, kann alternativ eine Verlegung gewählt werden, bei der ein Kurz- oder Erdschluss nicht erwartet werden muss. Eine erd- und kurzschlusssichere Verlegung wird im Abschnitt 16.1.7.2 dieses Buches beschrieben. Eine solche Verlegung als Ersatz für den vollständigen Kurzschlussschutz ist jedoch nur möglich, wenn mindestens der Überlastschutz der parallelen Leitungszweige (z. B. durch eine versorgungsseitige Schutzeinrichtung) gewährleistet ist.

(3) Eine zweite Alternative, wenn der Schutz durch eine gemeinsame Überstrom-Schutzeinrichtung am Beginn eines jeden parallelen Leitungszweigs nach (1) nicht sicher gewährleistet werden kann, ist die Maßnahme, in jedem Parallelzweig eine eigene Überstrom-Schutzeinrichtung vorzusehen. Dies gilt jedoch nur für maximal zwei parallele Zweige.

(4) Eine dritte Alternative zu (1) gilt bei mehr als zwei parallelen Zweigen. Dabei wird je eine Überstrom- Schutzeinrichtung am Beginn und am Ende eines jeden parallelen Leitungszweigs vorgesehen.

Natürlich stellt (1) die preiswerteste Lösung dar. Sie hat zudem den Vorteil, dass bei einem Schluss innerhalb der Parallelführung der Leiter das komplette Parallelsystem vom Netz getrennt wird. Allerdings muss sich der Planer sehr genau darüber Rechenschaft abgeben, ob die geforderten Voraussetzungen eingehalten werden. Müssen Störfälle möglichst ausgeschlossen bleiben oder handelt es sich um besondere Gefährdungen (z. B. feuergefährdete Betriebsstätte), sollte auf alle Fälle die Möglichkeit (4) gewählt werden. In den beiden anderen Fällen bereitet eine mögliche Rückspeisung des Kurzschlussstroms über einen gesunden (nicht betroffenen) Parallelzweig immer große Probleme. Allerdings darf bei dieser Überlegung nicht vergessen werden, dass durch Auslösung einer Überstrom-Schutzeinrichtung in einer parallelen Strecke der defekte Leiter aus dem Parallelverband herausgelöst werden kann, ohne dass dies bemerkt wird. Die übriggebliebenen parallelen Leiter würden anschließend den gesamten Betriebsstrom übernehmen. Dies könnte dazu führen, dass diese Leiter je nach Höhe des hierdurch verursachten Überstroms für lange Zeit überlastet werden. Als Folge ist der Komplettausfall des Stromkreises möglich oder im schlimmsten Fall auch die Entstehung eines Brandes. Hierzu wird am Schluss des nachfolgenden Abschnitts 16.1.8.3 Stellung genommen.

16.1.8.2 Schutz von parallelen Kabeln und Leitungen bei Überlast

Die Stromaufteilung bei parallelen Kabeln und Leitungen ist leider nicht immer so, wie man dies bei einer bloßen Betrachtung der ohmschen Anteile der beteiligten Leitungswiderstände vermuten könnte. Auch wenn man die gleichen Leitungsquerschnitte, die gleichen Leitermaterialien sowie die gleichen Leitungslängen voraussetzt, können durchaus unterschiedliche Belastungen festgestellt werden. Im informativen Anhang A aus DIN VDE 0100-430 gibt es dazu folgenden interessanten Hinweis:

„Wenn z. B. ein Stromkreis aus zwei langen Kabeln/Leitungen pro Außenleiter besteht, welche gleiche Länge, gleichen Aufbau und gleichen Querschnitt haben, aber parallel in ungünstiger örtlichen Lage (z. B. Kabel/ Leitungen gleicher Außenleiter zusammengebunden) angeordnet sind, kann sich eine Stromaufteilung 70 %/30 % anstelle von 50 %/50 % ergeben."

Eine derartig ungleiche Stromaufteilung wird sicher nur in extremen Fällen auftreten, aber sie ist bei längeren, parallelen Leitungsstrecken und größeren Leitungsquerschnitten durchaus nachweisbar. Der Grund liegt in der gegenseitigen magnetischen Beeinflussung der einzelnen Leiter sowie an der jeweiligen Umgebung des einzelnen Leiters. Bereits bei einem Bogen, bei dem der eine Außenleiter innen und der andere außen verlegt wird, kann es zu unterschiedlichen Blindwiderstandswerten kommen, die sich bei größeren Leitungsquerschnitten durchaus mehr oder weniger stark auswirken können. Auch dann, wenn ein Leiter näher an leitfähige, mit dem Potentialausgleich verbundene Gebäudeteile geführt wird als die übrigen Leiter, kommen Unterschiede vor.

Bei kleineren Leitungsquerschnitten bis etwa 50 mm² wird sich dies wahrscheinlich in Grenzen halten, weil bei diesen Querschnitten der ohmsche Anteil der Leiter noch relativ deutlich im Vordergrund steht. Die Möglichkeit der ungleichen Stromaufteilung immer auch abhängig von der Gesamtlänge und der Art der Verlegung der parallelen Leitungen. Im Anhang A aus DIN VDE 0100-430 wird aus diesem Grund noch folgender Hinweis gegeben, der allerdings für Planer kaum relevant sein dürfte, weil es die geplante Leitung noch nicht gibt:

„Es wird empfohlen, die Stromaufteilung zwischen parallel geschalteten Leitern durch Messung zu überprüfen.“

Auf alle Fälle sollten parallel geschaltete Leiter möglichst kurz gewählt werden. Die Leitungsführung hat so einfach wie möglich und ohne unnötige Richtungsänderungen zu erfolgen. Kann in diesem Fall von einer gleichmäßigen Stromaufteilung ausgegangen werden, wählt man häufig die Möglichkeit (1) aus der Liste im vorhergehenden Abschnitt 16.1.8.1. Die parallelen Leiter werden in diesem Fall bei Überlast durch eine gemeinsame Schutzeinrichtung geschützt. Dabei ist folgende Gleichung bzw. Ungleichung zu beachten:

$$I_b \leq I_n \leq \Sigma I_Z \qquad (17)$$

I_b Betriebsstrom (des angeschlossenen Verbrauchers)
I_n Nennstrom der Überstromschutzeinrichtung
ΣI_Z Summe der Strombelastungen der einzelnen Leitungen

Wählt man die Möglichkeit (3) oder (4) aus der Aufzählung im vorhergehenden Abschnitt 16.1.8.1, so kann die voraussichtliche Belastung eines jeden Zweigs für sich betrachtet werden.

→ **Beispiel:**
Eine Mehraderleitung mit einem Querschnitt von 16 mm² darf je nach Verlegeart bei einer Umgebungstemperatur von 25 °C in der Regel mit Strömen zwischen 60 A bis 80 A belastet werden. Die mögliche Gesamtstrombelastung ΣI_Z zwei parallel geführter Mehraderleitungen dieser Art läge demnach bei 120 A bis 160 A.

Voraussetzung für die Aussage in diesem Beispiel ist natürlich, dass die parallelen Leitungen keinen Abzweig für andere Verbrauchsmittel oder Steckvorrichtungen enthalten und dass gewährleistet ist, dass niemals eine einzelne Leitung für sich allein betrieben werden kann.

Wenn durch Rechnung oder Messung nachgewiesen wird, dass eine gleichmäßige Stromaufteilung auf die parallelen Leitungszweige nicht möglich ist oder hierüber berechtigte Zweifel bestehen, so muss nach der Aufzählung im vorhergehenden Abschnitt 16.1.8.1 die Möglichkeit (3) oder (4) gewählt werden. In diesem Fall muss jedoch gewährleistet sein, dass durch das Auslösen einer Überstrom-Schutzeinrichtung nicht ein Zweig ausfällt und anschließend der gesamte Betriebsstrom über die verbleibenden parallelen Leitungen geführt wird. Dies kann z. B. durch die Wahl der Möglichkeit (3) nach Abschnitt 16.1.8.1 sowie durch die gegenseitige Verriegelung der Schutzeinrichtungen erfolgen, sodass beim Auslösen einer Schutzeinrichtung alle übrigen zwangsläufig mit auslösen. Näheres hierzu wird im folgenden Abschnitt 16.1.8.3 erläutert.

16.1.8.3 Schutz von parallelen Kabeln und Leitungen bei Kurzschluss

Auch für den Schutz bei Kurzschluss kann eine gemeinsame Überstrom-Schutzeinrichtung gewählt werden. Natürlich müssen in diesem Fall ebenfalls bestimmte Bedingungen berücksichtigt werden (siehe Abschnitt 16.1.8.2).

Abschnitt 434.4 in VDE 0100-430 beschreibt die grundsätzlichen Anforderungen für den Schutz bei Kurzschluss durch eine einzige, gemeinsame Schutzeinrichtung: Die Überstrom-Schutzeinrichtung muss in diesem Fall in der Lage sein, ein wirksames Ansprechen sicherzustellen, wenn ein Fehler an der kritischsten Stelle in einem der parallel geschalteten Leiter auftritt. Die Frage bei dieser Forderung ist jedoch, wo sich die *kritischste Stelle* im Parallelsystem befindet.

Als weitere Erläuterung findet man im zuvor erwähnten Abschnitt dieser Norm den Hinweis, dass ein Fehler von beiden Enden der parallel geschalteten Leiter gespeist werden kann. Der kritischste Fall liegt z. B. dann vor, wenn im Schadenfall ein Leiter durchtrennt wird und dabei nur an einem der beiden Leiterenden ein Kurzschluss eintritt (z. B. durch Kontakt mit dem Schutzleiter oder mit einem leitfähigen Teil, das mit dem Schutzleiter bzw. mit dem Schutzleitersystem im Gebäude in Verbindung steht).

Bild 16.3 stellt diese Situation am Beispiel eines Parallelsystems mit drei parallel geschalteten Leitern dar. Wenn der zuvor beschriebene Kurzschluss zu Beginn der Parallelstrecke (am Punkt A nach Bild 16.3) stattfindet, wäre es möglich, dass der Kurzschlussstrom über die noch intakten Leiter bis zum Ende der Parallelstrecke fließt (also über die beiden unteren Leiter von Punkt C bis zum Punkt B nach Bild 16.3) und von dort zurück über den betroffenen Leiter (den oberen Leiter nach Bild 16.3) bis zum Kurzschlussort (Punkt A nach Bild 16.3). Im **Bild 16.4** wird auch der entsprechende Stromfluss dargestellt – dort allerdings für den Fall, dass mehrere Schutzeinrichtungen vorgesehen wurden.

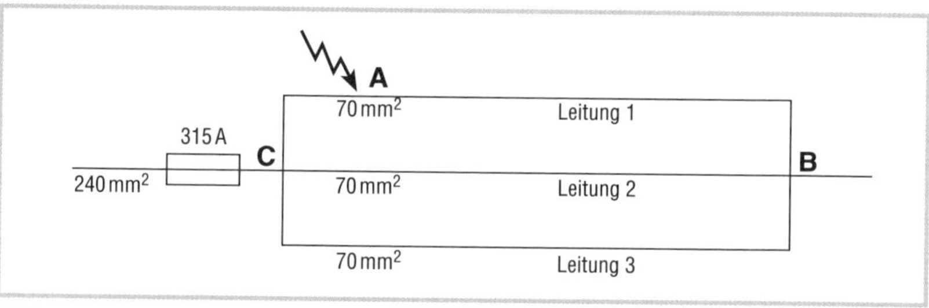

Bild 16.3 *Beispiel eines Parallelsystems mit drei parallel geschalteten Leitern und einem Kurzschluss an der kritischsten Stelle*

A Kurzschlussort
B Ende der Parallelstrecke
C Beginn der Parallelstrecke

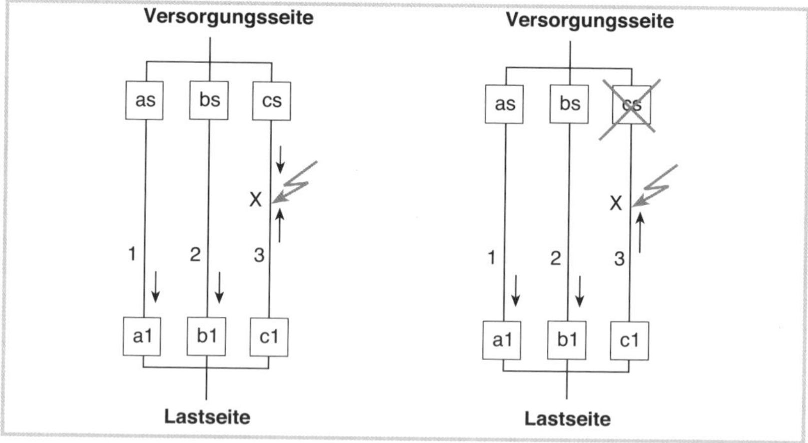

Bild 16.4 *Darstellung der Absicherung mit Schutzeinrichtungen sowohl auf der Versorgungsseite als auch auf der Lastseite.*

Im Bild links wird der Stromfluss bei einem Kurzschluss an der kritischsten Stelle (mit *X* bezeichnet, siehe auch Bild 16.3) dargestellt. Im Bild rechts wird gezeigt, dass die Schutzeinrichtung cs auslöst und der Kurzschlussstrom danach weiter über die Leitung 3 zum Kurzschlussort fließt.

In diesem Fall würde der Kurzschluss die höchstmögliche Impedanz überwinden müssen und dementsprechend niedrig ausfallen. Bei Kurzschlüssen an anderen Orten innerhalb der Parallelstrecke würde der Kurzschluss stets höher ausfallen und dadurch die Wahrscheinlichkeit, dass die vorgeschaltete Überstrom-Schutzeinrichtung rechtzeitig auslöst, erhöhen.

Die Fehlerschleifenimpedanz für diesen kritischen Kurzschlussort kann man mit folgender Formel berechnen:

$$Z_{gS} = Z_{vS} + \frac{2 \cdot Z_{pL}}{n-1} + Z_{pL} \qquad (18)$$

Z_{gS} gesamte Fehlerschleifenimpedanz bis zum Kurzschlussort (Punkt A nach Bild 16.3),
Z_{vS} Schleifenimpedanz des Netzes bis zum Beginn der Parallelstrecke (also bis zum Punkt C nach Bild 16.3),
Z_{pL} Impedanz eines Leiters der Parallelstrecke,
n Anzahl der parallelen Leiter, dabei ist n immer größer als 1.

Dies gilt für 1-polige Kurzschlüsse, die am Punkt A nach Bild 16.3 zwischen einem Außenleiter und z. B. dem Schutzleiter stattfinden. Sollten die parallelen Leiter aus mehradrigen Kabeln oder Leitungen bestehen, muss darüber hinaus damit gerechnet werden, dass der Kurzschlussstrom die gesamte Strecke wieder zurückfließt. Dies wäre dann der Fall, wenn ein Schluss zwischen Außenleiter und Neutral- oder Schutzleiter stattfindet und der Kurzschlussstrom über den betroffenen Außenleiter zum Kurzschlussort fließt und von dort wieder zurück über den betroffenen Neutral- bzw. Schutzleiter. In diesem Fall wäre folgende Gleichung einzusetzen:

$$Z_{gS} = Z_{vS} + \frac{Z_{pL}}{n-1} + 2 \cdot Z_{pL} \qquad (19)$$

Beispiel:
Angenommen, der Wert der Schleifenimpedanz bis zum Punkt A nach Bild 16.3 beträgt Z_{gS} = 100 mW (einschließlich Blindanteile) und die parallel geschalteten Leiter hätten je einen Querschnitt von 70 mm^2 sowie eine Länge von je 100 m. Für diese Leitung kann ein Impedanzbelag von 0,280 mΩ/m (mit Berücksichtigung des Blindanteils) angenommen werden. Mit der ersten Gleichung für Z_{gS} könnte die Fehlerschleifenimpedanz näherungsweise unter Vernachlässigung der unterschiedlichen Phasenwinkel mit Formel (18) wie folgt berechnet werden:

$$Z_{gS} = 100\,\text{m}\Omega + \frac{100\,\text{m} \cdot 0{,}280\,\text{m}\Omega/\text{m}}{3-1} + 100 \cdot 0{,}280\,\text{m}\Omega/\text{m} = 142\,\text{m}\Omega$$

Und mit der Formel (19) für Z_{gS} gerechnet:

$$Z_{gS} = 100\,\text{m}\Omega + \frac{2 \cdot 100\,\text{m} \cdot 0{,}280\,\text{m}\Omega/\text{m}}{3-1} + 2 \cdot 100 \cdot 0{,}280\,\text{m}\Omega/\text{m} = 184\,\text{m}\Omega$$

Mit diesen Impedanzen kann in der üblichen Weise der Kurzschlussstrom errechnet werden. Ob die vorgeschaltete Überstrom-Schutzeinrichtung bei diesem Strom in weniger als 5 s abschaltet, muss im konkreten Fall, z. B. mit Hilfe der Auslösekennlinie dieser Schutzeinrichtung (siehe z. B. Bild 16.7 dieses Buches), überprüft werden.

Im ersten Fall ergibt sich in etwa ein Kurzschlussstrom von 1,6 kA und im zweiten Fall von 1,2 kA (ein Netzsystem mit einer Spannung von 400/230 V vorausgesetzt). Wenn man z. B. die Auslösekennlinie einer gG-Sicherung mit einem Nennstrom von 315 A zugrunde legt, lässt sich eine Abschaltung innerhalb einer Zeit von

- ca. 5 s im ersten Fall,
- ca. 15 s im zweiten Fall

ermitteln.

Im zweiten Fall wäre also eine Vorschädigung der parallelen Leiter oder sogar eine Zerstörung mit Brandfolge durchaus wahrscheinlich. Ob die Leiter im ersten Fall unbeschadet den Kurzschluss überstehen, ist dagegen eher unwahrscheinlich.

Ist der Schutz der parallelen Leitungen durch eine gemeinsame Überstrom-Schutzeinrichtung nicht sicher gewährleistet, müssen die zuvor beschriebenen Maßnahmen (z. B. die „erd- und kurzschlusssichere Verlegung“) vorgesehen werden.

Allerdings erwähnt VDE 0100-430 im Anhang A, Abschnitt A.3, noch ein weiteres Problem:

Es kann durchaus problematisch sein, jeden Zweig des Parallelsystems separat abzusichern; sogar dann, wenn je eine Schutzeinrichtung sowohl am Anfang als auch am Ende eines jeden Parallelzweigs vorgesehen ist. Dies hat zwei Gründe:

(1) Tritt der Fehler nach Bild 16.4 an der dort mit X bezeichneten Stelle auf, löst die versorgungsseitige Überstrom-Schutzeinrichtung (cs) aus und wahrscheinlich gleichzeitig oder wenig später die lastseitige (cl). Dadurch wird der defekte Leiter (im Bild 16.4 Leiter 3) komplett freigeschaltet. Wenn diese Abschaltung schnell genug erfolgt, bleiben die übrigen Schutzeinrichtungen (as, bs, al, bl) in Betrieb und der Betriebsstrom kann weiter über die verbliebenen Leiter fließen. Dies könnte jedoch eine gefährliche Überlastung darstellen. Die Strombelastung der verbliebenen Leiter wird (bei den Verhältnissen, wie sie im Bild 16.4 dargestellt werden) um ca. 50 % ansteigen, aber je nach dem Verhältnis des Gesamtbetriebsstroms zum Nennstrom der Überstrom-Schutzeinrichtungen (as, bs, al, bl) würde dies unter Umständen viel zu spät zur Abschaltung führen.

(2) Es könnte der Fall eintreten, dass der Fehler an der Stelle X (nach Bild 16.4) zum Abbrennen des Leiters zwischen der lastseitigen Überstrom-Schutzeinrichtung (im Bild 16.4 ist dies cl) und dem Fehlerort führt. In diesem Fall würde der Fehler unentdeckt bleiben und die Fehlerstelle

weiterhin über die intakte Überstrom-Schutzeinrichtung cs unter Spannung stehen.

Aus diesem Grund wird in VDE 0100-430 im Anhang A, Abschnitt A.3, eine Alternative aufgezeigt. Dies wären versorgungsseitige Schutzeinrichtungen, deren Auslösevorrichtungen miteinander gekoppelt sind. Wenn ein Gerät auslöst, werden die übrigen automatisch mit zur Auslösung gebracht. Dies ist in **Bild 16.5** symbolisch dargestellt. Auf diese Weise würde ein weiterer Betrieb des Parallelsystems nach einem Fehler verhindert.

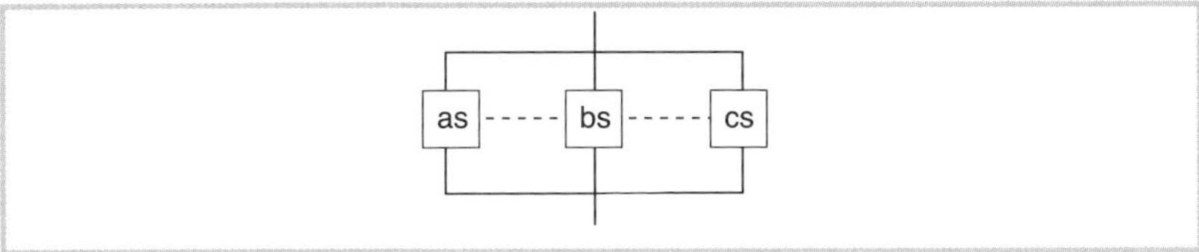

Bild 16.5 *Symbolische Darstellung von gekoppelten Schutzeinrichtungen zum Schutz von parallelen Leitern*

16.2 Auswahlkriterien für Kabel und Leitungen

Im obigen Abschnitt 16.1 wurden wichtige Grundlagen für eine korrekte Planung der Kabel- und Leitungsanlage beschrieben. Die mit diesen Grundlagen ermittelten Daten bilden die wohl wichtigsten Auswahlkriterien für eine fachgerecht geplante und errichtete elektrische Anlage. Daneben gibt es allerdings noch weitere wichtige Kriterien, die es zu beachten gilt. Die wichtigsten Auswahlkriterien werden im Folgenden zusammengefasst.

16.2.1 Auswahl nach Schutz vor Überstrom nach DIN VDE 0100-430

Hierzu wurde bereits bei den Planungsgrundlagen im vorhergehenden Abschnitt 16.1 alles Wesentliche gesagt. Schutz vor Überstrom (Kurzschluss und Überlast) ist vorhanden, wenn die beiden in dem vorgenannten Abschnitt angegebenen Bedingungen[42] beachtet werden und die zulässige Leitungslänge nicht überschritten wird. Aber auch dann können sich Ströme, die nur wenig über der Strombelastbarkeit des Kabels oder der Leitung liegen, brandgefährlich auswirken.

42 $I_b \leq I_n \leq I_Z$ und $I_2 \leq 1{,}45 \cdot I_Z$

→ Überströme, die unterhalb des 1,45-fachen Nennstroms der Überstrom-Schutzeinrichtung liegen, können unter Umständen (je nach Höhe des Nennstroms) über Stunden fließen, ohne dass eine automatische Abschaltung erfolgt. Das muss der Planer oder Errichter unbedingt beachten und dafür sorgen, **dass kleinere Überströme (< 1,45-facher Nennstrom) möglichst nur kurzzeitig oder gar nicht vorkommen.**

Das kann bei einem angeschlossenen Motor durch einen korrekt ausgeführten Motorschutz (Überlast- bzw. Temperaturschutz) geschehen und bei mehreren angeschlossenen Verbrauchern durch eine möglichst großzügige Aufteilung der Stromkreise – also wenige Verbraucher je Stromkreis, die dazu eine möglichst geringe gleichzeitige Beanspruchung aufweisen. Das gilt selbstverständlich auch für Steckdosenstromkreise, bei denen man aufgrund der örtlichen Situation von einer höheren Belastung ausgehen kann. So sollten Steckdosen, die vorwiegend für Verbraucher mit einer Leistung von mehr als 1,5 kW (wie Waschmaschine, Trockner, Geschirrspülmaschine u. ä.) vorgesehen sind, stets separat abgesichert werden.

16.2.2 Auswahl bei hohen Kurzschlussströmen

16.2.2.1 Auswahl nach dem Stromwärme-Impuls ($I^2 \cdot t$-Wert)

Auf eine komplexe Kurzschlussstromberechnung kann verzichtet werden, wenn

- der Überlastschutz nach Abschnitt 16.1.4 und 16.1.5 in diesem Buch korrekt berücksichtigt wurde,
- die Überstrom-Schutzeinrichtung den maximalen vorkommenden Kurzschlussstrom schalten kann und
- die Leitungslänge zum gewählten Leiterquerschnitt passt (siehe Abschnitt 16.1.6 in diesem Buch).

Einzelheiten für diese Erleichterung werden im Folgenden näher beschrieben (siehe auch Abschnitt 16.1.6.2 in diesem Buch).

Eine Bedingung für diese Erleichterung ist, dass Überstrom-Schutzeinrichtungen vorgesehen werden, die in der Lage sind, sowohl den Kurzschlussschutz als auch den Schutz vor Überlast zu übernehmen. Solche Überstrom-Schutzeinrichtungen sind vor allem:

- Schmelzsicherungen,
- LS-Schalter,
- Leistungsschalter.

Allerdings muss in Anlagenbereichen, wo mit besonders hohen Kurzschlussströmen zu rechnen ist, auf folgende Dinge besonders geachtet werden:

1. Bei der Überstrom-Schutzeinrichtung muss das Nennschaltvermögen hoch genug liegen – das wird leicht vergessen, da diese Überlegung in sehr vielen Fällen „wie automatisch“ entfallen kann.
2. Der Stromwärme-Impuls ($I^2 \cdot t$-Wert), den die Überstrom-Schutzeinrichtung beim Ausschalten des Kurzschlussstroms noch zur Fehlerstelle durchlässt, darf nicht zu groß sein, sonst besteht die Gefahr, dass Kabel und Leitungen trotz vorgeschalteter Überstrom-Schutzeinrichtung gefährdet bzw. vorgeschädigt werden.

Um die zweite Überlegung soll es in diesem und dem folgenden Abschnitt gehen – die erste wird im Abschnitt 18.1 näher behandelt.

Was sind eigentlich „hohe“ Kurzschlussströme? Darüber wurde bereits im Abschnitt 15.4 etwas gesagt. Folgende Unterscheidung ist von Bedeutung: Es gibt Kurzschlussströme, die

1. (wie im Abschnitt 15.4 beschrieben) durch die vorgeschaltete Schmelzsicherung in der Stärke begrenzt werden. Für diese Kurzschlussströme gilt:

   $$I_K \geq 20 \cdot I_n$$

   (I_K = zu erwartender Kurzschlussstrom; I_n = Nennstrom der Schmelzsicherung);

2. zwar hoch genug sind, um Kabel und Leitungen zu zerstören, jedoch immer noch so niedrig, dass sie durch die vorgeschaltete Schmelzsicherung lediglich in ihrer Dauer begrenzt werden (siehe Abschnitt 15.4). Für diese Kurzschlussströme gilt:

   $$I_K < 20 \cdot I_n \,.$$

Bei LS-Schaltern gilt im Grunde das Gleiche: In beiden Fällen muss der Wert, bei dem die elektrodynamische Kurzschluss-Schnellauslösung wirkt, herangezogen werden, d. h.:

$$I_K \geq I_{aK} \text{ oder } I_K < I_{aK}$$

(I_{aK} = Strom, der die Kurzschluss-Schnellauslösung des Schalters bewirkt, z. B. $I_{aK} = 5 \cdot$ In bei LS-Schalter, Typ B).

In den jeweils zuletzt genannten Fällen ($I_K < 20 \cdot I_n$ bzw. $I_K < I_{aK}$) kann der $I^2 \cdot t$-Wert, der vor dem Auslösen der Überstrom-Schutzeinrichtung in der Anlage durchgelassen wird, mit zunehmender Zeit zu groß werden.

In diesem Abschnitt soll es um die Auswahl bei hohen Kurzschlussströmen gehen, die dem jeweils erstgenannten Kriterium entsprechen ($I_K \geq 20 \cdot I_n$ bzw. $I_K \geq I_{aK}$). Die Auswahl bei hohen Kurzschlussströmen, die dem zweitgenannten Kriterium entsprechen, wird dann im Abschnitt 16.2.2.2 beschrieben.

An sich wurde zum Thema Kabel und Leitungen in Bezug auf die Querschnittsbestimmung oben im Abschnitt 16.1 alles Wesentliche gesagt.[43] Es gibt darüber hinaus nur wenige Fälle, bei denen möglicherweise ein derart hoher Kurzschlussstrom fließen kann, dass der Energiegehalt (Stromwärme-Impuls bzw. $I^2 \cdot t$-Wert), den die Überstrom-Schutzeinrichtung beim Ausschalten des Kurzschlussstroms noch durchlässt, so hoch ist, dass Kabel und Leitungen beschädigt werden können. In solchen Fällen ist ein Vergleich der Energie, die eine Überstrom-Schutzeinrichtung beim Ausschalten gerade noch durchlässt ($I^2 \cdot t$-Wert) und der Kurzschlussstrombelastbarkeit des Kabels (der Leitung) notwendig. Folgende Näherungsformel gewährleistet das:

$$I^2 \cdot t \leq (k \cdot S)^2 \,. \tag{20}$$

$I^2 \cdot t$ oberer Grenzwert des Ausschalt-Stromwärme-Impulses der Überstrom-Schutzeinrichtung, angegeben in $A^2 \cdot s$

S Leiterquerschnitt, angegeben in mm^2

k Leitungsspezifischer Faktor, angegeben in $(A \cdot \sqrt{s})/mm^2$. Er ist abhängig sowohl von der Isolierung des jeweiligen Kabels (Leitung) als auch vom Leitermaterial. Übliche Werte für k gibt **Tabelle 16.15** an[44].

$(k \cdot S)^2$ Die Energie, mit der die Isolation von Kabeln oder Leitungen maximal beaufschlagt werden darf.

Die Hersteller von Schmelzsicherungen und LS-Schaltern geben meist mit Kurven (siehe Bild 16.6) an, mit welchen $I^2 \cdot t$-Werten jeweils zu rechnen ist. Schmelzsicherungen besitzen ab einer bestimmten Höhe des Kurzschlussstroms (ab etwa dem 20-fachen Nennstrom; siehe Abschnitt 15.4)

43 Es muss hier besonders darauf hingewiesen werden, dass in gewerblichen und industriellen Anlagen und auch in besonderen Gebäuden, die den Bestimmungen aus DIN VDE 0100-710 und DIN VDE 0100-718 entsprechen müssen, eine wesentlich intensivere Betrachtung der Kurzschlussstromberechnung angestellt werden muss. Hier reichen die überschlägigen Betrachtungen bei der Planung häufig nicht aus. Dafür gibt es jedoch sehr hilfreiche EDV-Berechnungsprogramme. Besonders sei auf die Ausführungen von *Karl-Heinz Kny* in: Kurzschluss-Schutz in Gebäuden, Verlag Technik, hingewiesen.

44 Sind Weichlotverbindungen im Verlauf der Kupferleitung zu berücksichtigen, so muss k entsprechend reduziert werden, und die maximale Leitertemperatur (Endtemperatur) beträgt in diesem Fall 160 °C. Nur bei den üblichen PVC-Leitungen mit $k = 115$ ist zugleich auch die Weichlotverbindung mit geschützt.

einen beinahe konstanten $I^2 \cdot t$-Wert, während dieser Wert bei LS-Schaltern mit zunehmender Höhe des Kurzschlussstroms weiter ansteigt. **Tabelle 16.16** gibt den oberen Grenzwert[45] dieses Energiewertes für verschiedene Nennstromstärken von Schmelzsicherungen an.

Tabelle 16.15 *Leitungsspezifischer Faktor k für die Berechnung der thermischen Belastbarkeit von Kabeln und Leitungen bei Kurzschluss*
Hier wird davon ausgegangen, dass sich die Leiter nicht länger als 5 s durch den Kurzschlussstrom erwärmen und dass in dieser Zeit keine Wärmeableitung an die umgebende Isolierung stattfindet. Alle Werte gehen davon aus, dass der Leiter beim Eintritt des Kurzschlusses auf Betriebstemperatur (= Ausgangstemperatur) erwärmt wurde

Werkstoff der Isolierung	**Faktor *k* bei Leitermaterial**	
	Cu	**Al**
Naturkautschuk, synthetischer Kautschuk[1]	141	93
PVC (Polyvinylchlorid)[2]	115	74
wärmebeständiges PVC[3]	93	61
VPE (Vernetztes Polyethylen)[4]	143	94
EPR (Ethylen-Propylen-Kautschuk)[4]	143	94
EVA (Ethylen-Vinylacetat-Copolymer)[5]	132	85

1 Ausgangstemperatur: 60 °C, Endtemperatur: 200 °C
2 Ausgangstemperatur: 70 °C, Endtemperatur: 160 °C
3 Ausgangstemperatur: 90 °C, Endtemperatur: 150 °C
4 Ausgangstemperatur: 90 °C, Endtemperatur: 250 °C
5 Ausgangstemperatur: 110 °C, Endtemperatur: 250 °C

Tabelle 16.16 *Obere Grenze der $I^2 \cdot t$-Werte von NH-Sicherungen nach DIN VDE 0636-2*

I_n in A	$I^2 \cdot t$-Wert in $A^2 \cdot s$	I_n in A	$I^2 \cdot t$-Wert in $A^2 \cdot s$
4	**68**	125	**104.000**
6	**194**	160	**185.000**
10	**640**	200	**302.000**
16	**1.210**	224	**412.000**
20	**2.500**	250	**557.000**
25	**4.000**	315	**900.000**
32	**5.750**	400	**1.600.000**
35	**6.750**	500	**2.700.000**
40	**9.000**	630	**5.470.000**
50	**13.700**	800	**10.000.000**
63	**21.200**	1.000	**17.400.000**
80	**36.000**	1.250	**33.100.000**
100	**64.000**		

45 Nur der obere Grenzwert ist für unsere Überlegungen relevant, denn das ist der maximale Wert dieses Stromwärme-Impulses.

Diese $I^2 \cdot t$-Werte sind besonders wichtig für

- die Selektivitätsbetrachtung von hintereinander geschalteten Überstrom-Schutzeinrichtungen (die im Rahmen dieses Buches jedoch nicht weiter vertieft werden soll) und
- die Auswahl von Kabeln und Leitungen, wie sie in diesem Abschnitt beschrieben wird.

Mit den Werten aus Tabelle 16.16 und mit Hilfe der oben genannten Formel (20) kann man auf relativ einfache Weise feststellen, ob bei dem gewählten Leiterquerschnitt die Isolierung des Kabels (der Leitung) auch im Kurzschlussfall[46] nicht zerstört oder vorgeschädigt wird.

Für übliche PVC-, VPE- und Gummikabel (-leitungen) können die Werte der maximalen Wärmeenergiebelastung sofort angegeben werden, wenn man die k-Werte aus der Tabelle 16.15 mit dem Leiterquerschnitt S multipliziert und das Ergebnis direkt in die Formel (20) einsetzt.

Noch einfacher geht es mit der **Tabelle 16.17**, in der diese Energiewerte für häufig anzutreffende Isolierungen bereits ausgerechnet wurden. Die Werte der Tabelle 16.16 braucht man lediglich mit den entsprechenden Werten aus Tabelle 16.17 zu vergleichen.

Tabelle 16.17 *Maximale Energie von verschiedenen Kabeln und Leitungen mit verschiedenen Isolierungen und Leiterquerschnitten, mit denen diese Kabel und Leitungen bis 5 s beaufschlagt werden dürfen.*
Diese Werte $(k \cdot S)^2$ können direkt mit den Werten aus Tabelle 16.16 verglichen werden.

S in mm²	PVC $A^2 \cdot s$	VPE/EPR $A^2 \cdot s$	Naturkautschuk $A^2 \cdot s$
1,5	29.800	46.000	44.700
2,5	82.700	127.800	124.300
4	211.600	327.200	318.100
6	476.100	736.200	715.700
10	1.322.500	2.044.900	1.988.100
16	3.385.600	5.234.900	5.089.500
25	8.265.600	12.780.600	12.425.600
35	16.200.600	25.050.000	24.354.200
50	33.062.500	51.122.500	49.702.500
70	64.802.500	100.200.100	97.416.900
95	119.355.600	184.552.200	179.426.000
120	190.440.000	294.465.600	286.286.400
150	297.562.500	460.102.500	447.322.500
185	452.625.600	699.867.000	680.427.200
240	761.760.000	1.177.862.400	1.145.145.600
300	1.190.250.000	1.840.410.000	1.789.290.000

46 Gemeint ist der größtmögliche Kurzschlussstrom.

Man kann auf einen Blick sehen, ob ein Kabel oder eine Leitung durch eine entsprechende Sicherung genügend abgesichert ist oder nicht. Beispielsweise wird deutlich, dass eine übliche PVC-Mantelleitung (NYM) mit einem Querschnitt von 1,5 mm² durch Schmelzsicherungen bis zu einem maximalen Nennstrom von 63 A bei hohen Kurzschlussströmen kurzschlussgeschützt ist ($I^2 \cdot t \leq (k \cdot S)^2 \rightarrow 21.200 \leq 29.800$).

Ist eine Schmelzsicherung mit $I_n \leq 63$ A einer Anlage oder einem Teil der Anlage als Vorsicherung vorgeschaltet, so kann bei den darauf folgenden Stromkreisen die Berücksichtigung des Kurzschlussschutzes ausbleiben, wenn die Überstrom-Schutzeinrichtungen in diesen Stromkreisen gegen Überlast schützen (siehe Abschnitt 16.1) und den höchsten Kurzschlussstrom führen bzw. schalten können.

Allerdings kann auch ein selektiver Hauptleitungs-Schutzschalter (SH-Schutzschalter) dieselbe Erleichterung bewirken, wenn der Hersteller gewährleistet, dass die oben genannten maximalen Werte für den Stromwärme-Impuls ($I^2 \cdot t$-Wert) eingehalten werden.

Andere Leitungsarten, wie beispielsweise solche mit einer Isolierung aus Naturkautschuk, sind bei 1,5 mm² sogar noch bis zu einem Nennstrom der Überstrom-Schutzeinrichtung von 80 A kurzschlussgeschützt.

Das **Bild 16.6** zeigt diese $I^2 \cdot t$-Werte (Durchlassenergie) von LS-Schaltern. Auf der x-Achse kann man den zu erwartenden Kurzschlussstrom ablesen und im Schnittpunkt mit der Kennlinie findet man links daneben auf der y-Achse die $I^2 \cdot t$-Werte.

Diese Kennlinie ist eine Herstellerangabe, die zeigt, dass moderne LS-Schalter eine hohe Strombegrenzung aufweisen. Nimmt man dagegen diese Werte aus den Normen für LS-Schalter (**Tabelle 16.18**), so sieht das nicht ganz so günstig aus.

Die LS-Schalter sind noch in sogenannte Strombegrenzungsklassen (2 und 3) eingeteilt. Die Erwähnung dieser Strombegrenzungsklasse ist an dieser Stelle nur insofern wichtig, weil der $I^2 \cdot t$-Wert des Schalters bei Klasse 2

Tabelle 16.18 *Durchlassenergie von LS-Schaltern nach DIN VDE 0641 Teil 11*
SBK Strombegrenzungsklasse

Schaltvermögen in A (maximaler Kurzschlussstrom, der auftreten darf)	**Durchlassenergie ($I^2 \cdot t$-Wert) in $A^2 \cdot s$**			
	bei LS-Schalter bis 16 A		bei LS-Schalter von 16 A bis 32 A	
	SBK 2	**SBK 3**	**SBK 2**	**SBK 3**
3.000	31.000	15.000	40.000	18.000
6.000	100.000	35.000	130.000	45.000
10.000	240.000	70.000	310.000	90.000

wesentlich höher liegt als bei Klasse 3, obwohl die technischen Angaben der Schalter ansonsten genau übereinstimmen können.

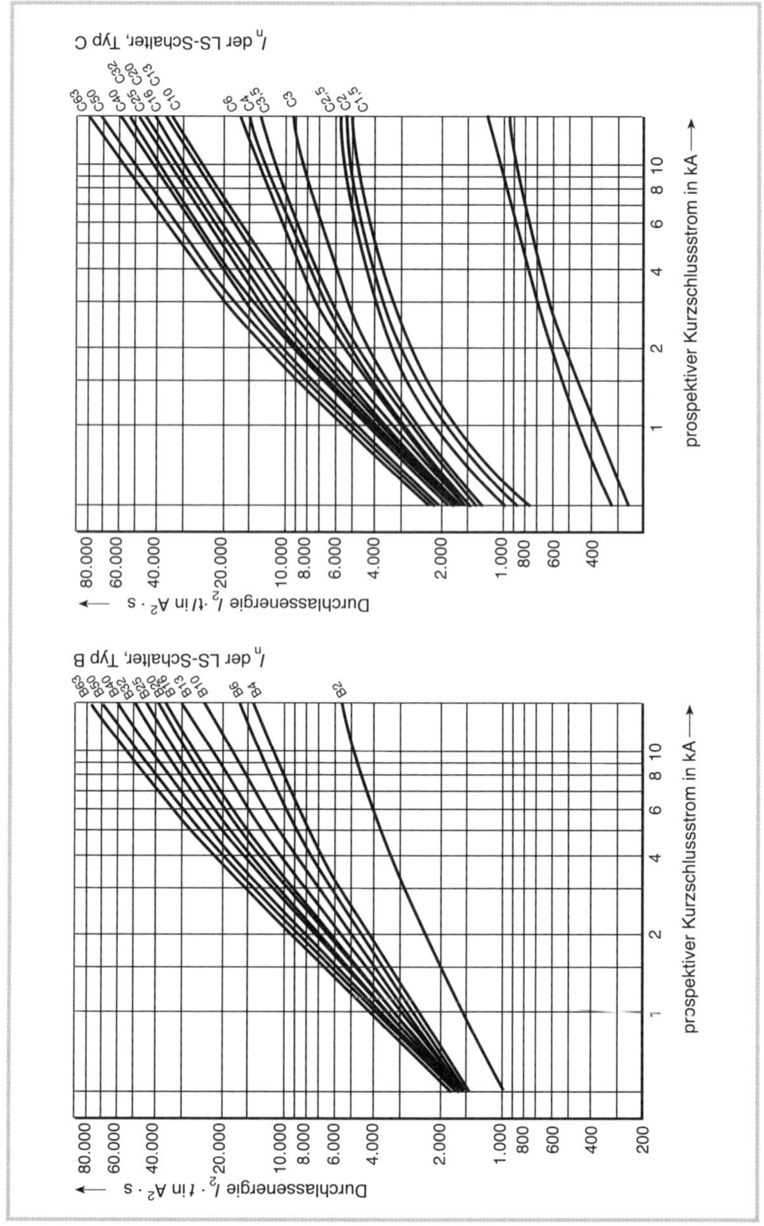

Bild 16.6 *Kennlinien von LS-Schaltern, die angeben, wie viel Energie ($I^2 \cdot t$) die Überstrom-Schutzeinrichtung beim Ausschalten noch durchlässt (Durchlassenergie)*

Wie man dem Bild 16.6 entnehmen kann, ist die Durchlassenergie von LS-Schaltern keine konstante Größe, sondern hängt von der Stärke des Kurzschlussstroms ab. Der für den LS-Schalter maximal zulässige Kurzschlussstrom wird Bemessungsschaltvermögen des LS-Schalters genannt. LS-Schalter werden in der Regel für maximale Kurzschlussströme von 3.000 A, 6.000 A oder 10.000 A (möglich sind auch 15.000 A und mehr) ausgelegt.

Die Norm gibt für einen LS-Schalter, 16 A, Typ B, eine Durchlassenergie von 35.000 $A^2 \cdot s$ bei einem Kurzschlussstrom von 6.000 A an.

Nach den Werten aus Tabelle 16.18 wäre eine PVC-Leitung mit einem Querschnitt von 1,5 mm² (sie verträgt nach Tabelle 16.17 maximal 29.800 A²s) durch einen LS-Schalter Typ B, 16 A bei Kurzschlussströmen ab 6.000 A nicht sicher geschützt (der $I^2 \cdot t$-Wert beträgt 35.000 A²s). Hier wäre also in jedem Fall eine zusätzliche Absicherung erforderlich, z. B. mit einer NH-Sicherung mit einem Nennstrom ≤ 63 A oder einem entsprechenden selektiven Leitungsschutzschalter (SH-Schalter). Neuere LS-Schalter haben jedoch, wie Bild 16.6 zeigt, einen viel günstigeren Verlauf, so dass auch eine NYM-Leitung mit 1,5 mm² durch einen LS-Schalter, Typ B mit einem Nennstrom von 16 A bei Kurzschlussströmen über 6.000 A noch geschützt ist. Im Zweifelsfall sollte sich der Planer oder Errichter die Herstellerangaben hierzu genauer ansehen, die zumindest die $I^2 \cdot t$-Werte der LS-Schalter beim maximalen Ausschaltstrom angeben.

Beispiele:

1 An einem Punkt in der Anlage ist ein maximaler Kurzschlussstrom von einigen kA zu erwarten. Als Überstrom-Schutzeinrichtung wird eine NH-Sicherung mit 100 A Nennstrom eingesetzt. Es soll geprüft werden, ob die abgehende PVC-Leitung (S = 25 mm²) noch sicher beim höchstmöglichen Kurzschlussstrom geschützt ist.
Die Leitung darf nach Tabelle 16.17 maximal mit einer Energie von 8.265.600 $A^2 \cdot s$ beaufschlagt werden.
Eine NH-Sicherung mit I_n = 100 A lässt beim Ausschalten nach Tabelle 16.16 noch einen $I^2 \cdot t$-Wert von 64.00 $A^2 \cdot s$ durch.
Mit
$\Rightarrow I^2 \cdot t = 64.000\, A^2 \cdot s$ und $(k \cdot S)^2 = 8.265.600\, A^2 \cdot s$
steht fest, dass obige Bedingung eingehalten wird: $I^2 \cdot t \leq (k \cdot S)^2$
⇒ Die Leitung ist auch beim maximal möglichen Kurzschlussstrom sicher geschützt.

2 Eine Leitung NYM-J 3 x 1,5 mm² wird mit einem LS-Schalter 16 A, Typ B, abgesichert. Der höchstmögliche Kurzschlussstrom (einige kA) liegt jedoch an dieser Stelle so hoch, dass das Schaltvermögen des LS-Schalters nicht ausreicht. Der Planer gibt jedoch an, dass die vorgeschaltete 80-A-NH-Sicherung den Schutz beim höchstmöglichen Kurzschlussstrom übernehmen würde. Stimmt das in jedem Fall? Der $I^2 \cdot t$-Wert der NH-Sicherung (80 A) beträgt 36.000 $A^2 \cdot s$. Die Energie, mit der die Leitung maximal beaufschlagt werden darf, beträgt nach Tabelle 16.17 aller-

dings nur 29.800 $A^2 \cdot s$. Die o.g. Bedingung $[I^2 \cdot t \leq (k \cdot S)^2]$ wird nicht eingehalten, und das bedeutet, dass im Extremfall die Leitung bei einem höchstmöglichen Kurzschlussstrom vorgeschädigt oder sogar zerstört werden kann.

3 Ist eine Leitung NYM-J 5 x 1,5 mm² noch geschützt, wenn ein Kurzschlussstrom von 8 kA zu erwarten ist und ein LS-Schalter, Typ B, mit einem Nennstrom von 32 A eingesetzt wird (Bemessungsschaltvermögen: 10 kA)? Der LS-Schalter braucht dabei lediglich den Kurzschlussschutz zu übernehmen, da nur ein fest angeschlossener Verbraucher angeschlossen wurde, bei dem keine Überlast auftreten kann.
Ein LS-Schalter mit I_n = 32 A (Typ B) hat nach Bild 16.6 bei 8 kA Kurzschlussstrom einen $I^2 \cdot t$-Wert von 30.000 $A^2 \cdot s$. Formel (20) umgestellt nach S ergibt:

$$S \leq \frac{\sqrt{I^2 \cdot t}}{k} = \frac{\sqrt{30.000}}{115} \approx 1{,}51\,\text{mm}^2$$

⇒ Nur Leitungen ≥ 1,51 mm², also ab 2,5 mm² Kupfer können mit diesem Schalter bei einem derart hohen Kurzschlussstrom sicher geschützt werden. Würde man ein VPE-Kabel benutzen, so wäre der Mindestquerschnitt:

$$S \leq \frac{\sqrt{I^2 \cdot t}}{k} = \frac{\sqrt{30.000}}{143} \approx 1{,}2\,\text{mm}^2$$

⇒ Setzt man VPE-Kabel ein, so könnten mit diesem Schalter Leiterquerschnitte ≥ 1,2 mm², also ab 1,5 mm² geschützt werden.

16.2.2.2 Auswahl nach der Abschaltzeit

Die Überlegungen aus Abschnitt 16.2.2.1 beziehen sich auf die großen Kurzschlussströme, die durch die vorgeschalteten Überstrom-Schutzeinrichtungen auch in ihrer Höhe begrenzt werden. Natürlich gibt es zwischen dem kleinstmöglichen und dem höchstmöglichen Kurzschlussstrom noch eine ganze Reihe weiterer Kurzschlussströme. Im Abschnitt 15.4 wurde gezeigt, dass beispielsweise Schmelzsicherungen die Höhe des Kurzschlussstroms erst dann begrenzen, wenn sie in der Lage sind, innerhalb der ersten Netz-Halbperiode zu schalten. Da Schmelzsicherungen umso schneller schalten je höher der Strom ist, folgt daraus, dass der Kurzschlussstrom erst eine bestimmte Höhe erreicht haben muss, damit die Sicherung innerhalb dieser kurzen Zeit abschaltet. Spätestens ab dieser Höhe wird der $I^2 \cdot t$-Wert, den die Sicherung noch beim Abschalten in die Anlage durchlässt, konstant und erreicht maximal die Werte, die in Tabelle 16.16 angegeben werden. In der Regel tritt diese Konstanz nicht erst beim größtmöglichen Kurzschlussstrom ein. Die folgende Überlegung reicht jedoch für eine überschlägige Betrachtung.

Ist der Kurzschlussstrom nicht hoch genug, wird nicht die Höhe des Kurzschlussstroms, sondern lediglich seine Dauer begrenzt. Dies gilt übrigens im übertragenen Sinn auch für LS-Schalter und Leistungsschalter. Bei ihnen wird erst dann eine Schnellabschaltung erfolgen, wenn die Höhe des Kurzschlussstroms die elektrodynamische Abschaltung in der Kurzschluss-Schnellauslösezeit bewirkt.

In diesem Abschnitt soll es nun um Kurzschlussströme gehen, die zwar nicht die höchstmögliche Größe erreichen, die jedoch auf Dauer das Kabel oder die Leitung vorschädigen können. Es geht also um die Kurzschlussströme, für die – wie bereits im Abschnitt 16.2.2.1 beschrieben – Folgendes gilt:

$I_K < 20 \cdot I_n$ (bei Schmelzsicherungen) bzw.
$I_K < I_{aK}$ (bei LS-Schaltern; mit I_{aK} als Strom, der die magnetische Schnellauslösung verursacht.)

Der in Tabelle 16.16 angegebene Maximalwert des $I^2 \cdot t$-Wertes bei Schmelzsicherungen spielt in diesem Fall keine Rolle, denn erst ab dem 20-fachen Wert des Nennstroms ist der $I^2 \cdot t$-Wert bei Schmelzsicherungen weitgehend konstant.

Für den Teil der Kabel- und Leitungsanlage, der ausschließlich gegen Kurzschluss geschützt wird, muss also überprüft werden, ob der Kurzschlussstrom kleiner ausfällt als der 20-fache Wert des Nennstroms (bzw. kleiner ausfällt als der Wert, ab dem die Kurzschluss-Schnellauslösung des LS-Schalters wirkt). Trifft das zu, so muss die zuvor angegebene Formel (20) nach der Zeit t umgestellt werden:

$$t \leq \frac{(k \cdot S)^2}{I^2} \quad . \tag{21}$$

Den Wert für $(k \cdot S)^2$ kann man der Tabelle 16.17 entnehmen. Dieser Wert ist dann durch das Quadrat des berechneten oder ermittelten Kurzschlussstroms zu dividieren. Damit errechnet man die Zeit, in der die Überstrom-Schutzeinrichtung abgeschaltet haben muss. Ob das der Fall ist, kann aus der Zeit-Strom-Kennlinie (**Bild 16.7**) der Überstrom-Schutzeinrichtung entnommen werden.

Für eine Schmelzsicherung geschieht das wie folgt: Auf der x-Achse des im Bild 16.7 dargestellten Diagramms sieht man nach dem berechneten Kurzschlussstrom und senkrecht darüber findet man den Schnittpunkt mit der Auslösekennlinie der Sicherung (das ist die obere der beiden Kennlinien für den jeweiligen Nennstrom). Waagerecht, links neben diesem Schnittpunkt findet man auf der y-Achse die Abschaltzeit. Ist diese kleiner als die zuvor nach Formel (21) errechnete Zeit, so ist der Kurzschlussschutz gewährleistet.

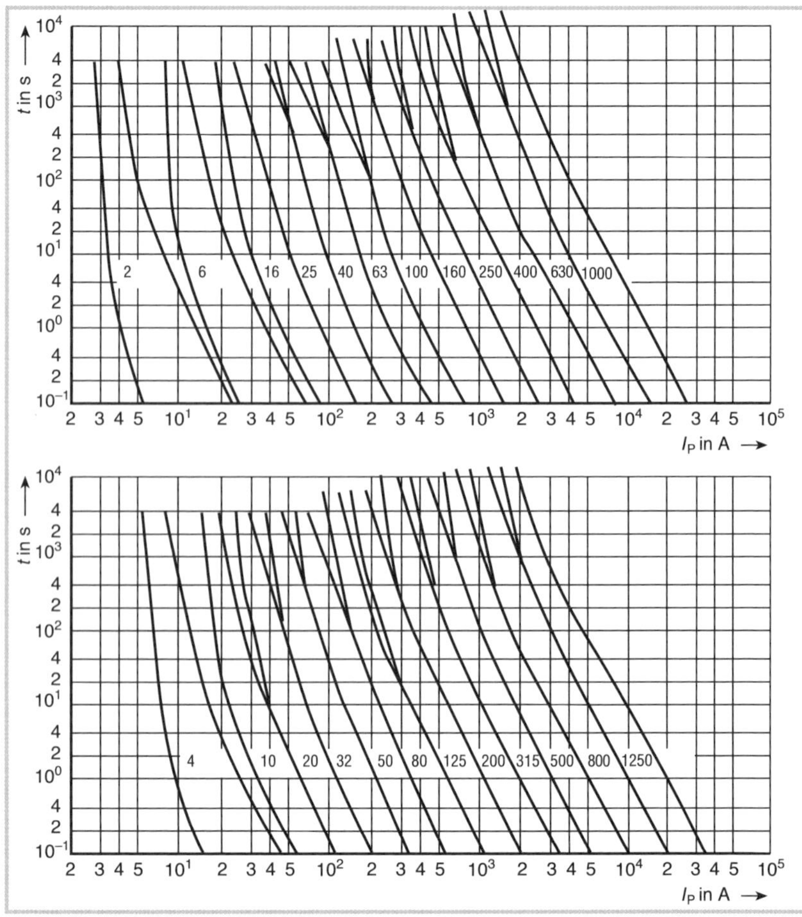

Bild 16.7 *Auslösekennlinien (Zeit-Strom-Kennlinien) von üblichen Schmelzsicherungen*

Zu bedenken ist noch, dass die Formel (21) nur für Zeiten zwischen 0,1 s und 5 s zutrifft, weil die Ausgangsformel (20) nur bis 5 s gilt (siehe hierzu Kapitel 15 in diesem Buch). Unterhalb von 0,1 s ist davon auszugehen, dass sich der Verlauf des Kurzschlussstroms noch in der Anfangsphase befindet (siehe Bild 15.1). Hier wirkt sich also noch der abklingende Gleichstromanteil aus. Das bedeutet, dass man im Grunde keinen konstanten Effektivwert für den Kurzschlussstrom in Formel (21) einsetzen kann; denn der ist in jedem Augenblick ein anderer.

Ist jedoch die aus der Zeit-Strom-Kennlinie der Sicherung (Bild 16.7) abgelesene Zeit größer als die nach Formel (21) errechnete, so muss ein größerer Leiterquerschnitt gewählt werden oder eine andere Überstrom-Schutzeinrichtung, die schneller schaltet (eventuell ein Leistungsschalter, Leitungsschutzschalter oder eine Schmelzsicherung mit einer anderen Auslösecharakteristik; siehe auch Abschnitt 18.2).

Beispiel:
Es soll überprüft werden, ob eine Leitung NYM-J 5 x 4 mm² durch eine vorgeschaltete NH-Sicherung mit einem Nennstrom von 80 A gegen Kurzschluss geschützt wird. Der zu erwartende Kurzschlussstrom muss mit 600 A veranschlagt werden.

Der Kurzschlussstrom ist in diesem Fall nur 7,5-mal größer als der Nennstrom der Sicherung. Das bedeutet, sie begrenzt nicht mehr die Höhe des Kurzschlussstroms, sondern nur noch seine Dauer. Daraus folgt, dass hier nicht die Frage nach dem maximalen $I^2 \cdot t$-Wert der Sicherung nach Tabelle 16.16 gestellt werden darf, sondern hier ist die Abschaltzeit von Bedeutung:

$$t \leq \left(\frac{k \cdot S}{I}\right)^2$$

$$t \leq \left(\frac{115 \cdot 4}{600}\right)^2 \approx 0{,}59 \text{ s.}$$

Nach dieser Rechnung muss die Schmelzsicherung spätestens in 0,59 s abgeschaltet haben. Es ist zu prüfen, ob das auch wirklich der Fall ist.

Nach Bild 16.7 benötigt die 80-A-Sicherung beim angegebenen Wert des Kurzschlussstroms ca. 1,3 s. Der Schutz vor Kurzschluss ist somit nicht sicher gewährleistet, bzw. bei einem Kurzschluss könnte die Leitung vorgeschädigt werden.

Übernimmt ein Leistungsschalter den Kurzschlussschutz, so müssen die Herstellerangaben (z. B. Datenblätter) darüber Auskunft geben, ob die hier genannten Bedingungen (Abschnitte 16.2.2.1 und 16.2.2.2) erfüllt werden.

16.2.2.3 Kriterien für die Berücksichtigung des Kurzschlussschutzes

Die Frage, wann überhaupt eine Kurzschlussstromberechnung erfolgen muss, wurde schon im Abschnitt 16.2.2.1 dieses Buchs besprochen. An dieser Stelle wird der gesamte Sachverhalt noch einmal systematisch zusammengefasst.

Die Überlegungen zum Kurzschlussschutz können für Stromkreise in folgenden Fällen notwendig werden:

1. **Die angeschlossenen Kabel und Leitungen sind lediglich gegen Kurzschluss zu schützen (entweder weil der Überlastschutz im angeschlossenen Verbraucher vorhanden ist oder weil eine Überlast nicht zu erwarten ist).**

   Die Verfahrensweise ist je nach Höhe des zu erwartenden Kurzschlussstroms in den Abschnitten 16.2.2.1 und 16.2.2.2 beschrieben worden.

   Wird der Kurzschlussschutz durch eine Schmelzsicherung mit einem Nennstrom ≤ 63 A sichergestellt, muss im Grunde nur noch festgestellt werden, ob die Höhe des zu erwartenden Kurzschlussstroms mindestens so hoch ausfällt wie das 20-fache des Nennstroms der Schmelzsicherung ($I_K \geq 20 \cdot I_n$). Trifft das zu, benötigt man keine weitere Berechnung. Anderenfalls muss jedoch mit Formel (21) nachgewiesen werden, dass die Abschaltzeit kurz genug ist (siehe Abschnitt 16.2.2.2).

Werden Leistungsschalter oder hochselektive Leitungsschutzschalter (SH-Schalter) als Kurzschlussschutz vorgesehen, müssen deren Herstellerangaben (z. B. Datenblätter) zu Rate gezogen werden.

2. **Ein LS-Schalter soll den Schutz bei Überlast übernehmen. Dabei wurde keine Schmelzsicherung mit $I_n \leq 63$ A [bzw. eine andere Schutzeinrichtung mit ähnlichen strombegrenzenden Eigenschaften, z. B. ein hochselektiver Leitungsschutzschalter (SH-Schalter)] diesem LS-Schalter vorgeschaltet.**

   Geprüft werden muss in diesem Fall, ob der Kurzschlussstrom, der am Einbauort des LS-Schalters zu erwarten ist, vom LS-Schalter überhaupt beherrscht (bzw. abgeschaltet) werden kann. Trifft das nicht zu, muss durch Vorschalten von strombegrenzenden Überstrom-Schutzeinrichtungen (z. B. eine Schmelzsicherung) für Sicherheit gesorgt werden. Der Durchlassstrom I_D dieser zusätzlichen Überstrom-Schutzeinrichtung muss kleiner sein als das Schaltvermögen des LS-Schalters. Ansonsten verfährt man genau wie oben unter 1. beschrieben.

   Reicht das Schaltvermögen des LS-Schalters aus, muss zusätzlich mithilfe von Herstellerangaben überprüft werden, ob der beim Ausschalten dieses Kurzschlussstroms noch durchgelassene $I^2 \cdot t$-Wert niedrig genug liegt, sodass die angeschlossenen Kabel und Leitungen sicher geschützt sind (siehe Bild 16.6).

Bei hohen Kurzschlüssen kann eine Schmelzsicherung mit einem Nennstrom $I_n \leq 63$ A für einen ausreichenden Kurzschlussschutz ab Leiterquerschnitten von 1,5 mm^2 sorgen. Nach den Technischen Anschlussbedingungen (TAB) der Netzbetreiber wird jeder neuen elektrischen Anlage ein sogenannter hochselektiver Leitungsschutzschalter (SH-Schalter) vorgeschaltet, der eine noch bessere strombegrenzende Wirkung aufweist als die vorgenannte Schmelzsicherung. Die Berücksichtigung des Kurzschlussschutzes kann deshalb auf die Überlegung reduziert werden, ob die in der Elektroverteilung vorgesehene Überstrom-Schutzeinrichtung den maximalen Kurzschluss schalten kann und ob die Zuordnung zwischen dieser Schutzeinrichtung und dem gewählten Leiterquerschnitt nicht zu großzügig gewählt wurde. Bereits zu Beginn des Abschnitts 16.2.2.1 wurde auf diese Vereinfachung hingewiesen. Danach ist eine Kurzschlussberechnung nicht notwendig, wenn die drei dort genannten Kriterien zutreffen.

Bei diesem Thema erkennt man die enge Verknüpfung zwischen der Auswahl der richtigen Kabel und Leitungen einerseits und der Auswahl der richtigen Überstrom-Schutzeinrichtungen andererseits während der Planung und Errichtung. Zum Thema „Auswahl von Überstrom-Schutzeinrichtungen" sei an dieser Stelle auch auf das Kapitel 18 hingewiesen.

16.2.3 Auswahl nach besonderen Beanspruchungen

Kabel und Leitungen müssen sämtlichen Beanspruchungen, die im Betrieb vorkommen können, standhalten. Auch nach diesem Gesichtspunkt sind Kabel und Leitungen auszuwählen. Hier nur einige Überlegungen:

a) Können Bewegungen im Verlauf der Zuleitung oder beim Verbraucher selbst auftreten, so sind die Kabel und Leitungen dagegen zu schützen. Gelingt das nicht, muss eine flexible Zuleitung gewählt werden. Typische Anwendungsfälle sind:
   - Pendelleuchten, die im Handbereich angebracht sind;
   - Zuleitungen von Maschinen, die unter Umständen bewegt werden können (beispielsweise ein Elektroherd);
   - Zuleitungen zu Betriebsmitteln, die während des Betriebesschwingen und deren Schwingungen sich auf die Zuleitung übertragen können (rotierende Maschinen, Stanzen u. ä.);
   - Zuleitungen von Maschinen, die sich während des Betriebes bewegen, wie Hebezüge, Aufzüge, Kräne;
   - Bei sehr langsamen und/oder begrenzten Bewegungen reicht es eventuell, diese Bewegung durch eine entsprechende Schlaufe aufzufangen (beispielsweise bei der Überbrückung von Dehnfugen).

   Die **Tabelle 16.19** zeigt einige mechanische Belastungsarten auf und unterbreitet Vorschläge für eine korrekte Auswahl.

b) Soll eine hohe Leistung bei hoher Umgebungstemperatur übertragen werden, ist es oft von Vorteil, wenn man eine Leitung wählt, die eine höhere Betriebstemperatur als 70 °C zulässt. Der Vorteil liegt hier auf der Hand: Für jedes Kabel (jede Leitung) hat der Hersteller je nach Isolierung eine maximale Betriebstemperatur angegeben. Die Temperaturdifferenz zwischen dieser Betriebstemperatur und der Umgebungsluft sorgt dabei für genügende Abkühlung durch einen Wärmestrom vom (wärmeren) Leiter über die Isolierung zur (kälteren) Umgebungsluft. Die Strombelast-

Tabelle 16.19 *Beispiele von Kabel- und Leitungstypen für verschiedene Belastungsarten*
Die Liste ist nicht vollständig. Bei der Wahl der angegebenen Kabel- und Leitungstypen muss man nach Funktion (Starkstrom-leitung, Steuerleitung, informationstechnische Datenleitung) und danach unterscheiden, wie hoch die entsprechende Belastung veranschlagt werden muss.

Art der mechanischen Belastung	Kabel- und Leitungstyp	Anwendungsbeispiele
Zugkräfte	YSLTK-JZ, LYSLTK-JZ,NYFGY, NTMTWÖU, NTSWÖU, NSHTÖU	Kräne, Hebeanlagen, Aufzüge
Druckkräfte	NSSHCGEÖU	Schrämleitungen im Bergbau
Biegung	H07RN-F, H01N2-E, H05VVH6-F, NGFLGÖU	Schweißmaschinen, Handwerkzeuge, Roboter
Vibration	H07RN-F, NSSHÖU, NSHTÖU, NTSWÖU, NTSCGEWÖU	Bahnen, Rüttler in der Bauindustrie, auf Fahrzeugen
Torsionskräfte	H07RN-F, NTSWÖU, NTSCGE-WÖU	Handwerkzeuge, Windenergie-Anlagen, Bagger

barkeitstabellen beispielsweise für eine übliche NYM-Leitung gehen von einer Temperaturdifferenz von 70 °C – 30 °C = 40 K aus. Der Betriebsstrom, der das Kabel oder die Leitung erwärmt, darf für jede Verlegeart und jeden Leitungsquerschnitt eine ganz bestimmte Höhe nicht überschreiten.

Erhöht sich die Umgebungstemperatur jedoch beispielsweise auf 50 °C, so beträgt die Temperaturdifferenz nur noch 70 °C – 50 °C = 20 K und folglich darf nur noch ein deutlich niedriger Betriebsstrom fließen, da infolge der geringeren Temperaturdifferenz die Wärmeabfuhr nicht ausreichend gewährleistet ist. Setzt man jedoch ein Kabel (eine Leitung) mit einer höheren maximal möglichen Betriebstemperatur ein, ist es durchaus möglich, trotz höherer Umgebungstemperatur den gleichen Betriebsstrom fließen zu lassen. Das bedeutet: Das Kabel (die Leitung) mit der höheren maximalen Betriebstemperatur kann höher belastet werden – auch wenn ansonsten alle Angaben der beiden Kabel (Leitungen) übereinstimmen.

→ Bei höheren Umgebungstemperaturen als 30 °C kann es sinnvoll sein, ein Kabel (eine Leitung) mit einer zulässigen Betriebstemperatur von 90 °C (oder höher) zu wählen.

Tabelle 16.20 gibt Leitungen mit höheren zulässigen Betriebstemperaturen an.

Die entsprechenden Werte für die Strombelastbarkeit von Kabeln und Leitungen mit zulässigen Betriebstemperaturen > 70 °C findet man in DIN VDE 0298-4 (so in den Tabellen 5, 6, 8).

Tabelle 16.20 *Leitungen für Betriebstemperaturen über 70 °C*

Typ	Betriebstemperatur
H05V2-U, H07V2-U, H07Z-U, NYFYZW, NI2XY, N2XH, N2XCH, NHXHX, NHXCHX	bis 90 °C
H05G-U, H07G-U	bis 110 °C
N7YA, N7YAF	bis 135 °C
N2GFA, N2GFAF, H05SJ-K, A05SJ-U	bis 180 °C

Allerdings muss bedacht werden, dass in der Installationsanlage häufig die Betriebstemperatur der Kabel und Leitungen von 70 °C nicht überschritten werden darf, weil Installations-Einbaugeräte, Steckdosen, Schalter und viele Klemmen in der Regel nur für diese Anschlusstemperatur ausgelegt sind.

→ Das bedeutet: Betriebstemperaturen über 70 °C sollten nur für Verteilerzuleitungen, Zuleitungen fest angeschlossener Verbraucher oder für die Beleuchtung (wenn für deren Anschlussklemmen höhere Temperaturen als 70 °C möglich sind) ausgewählt werden. Im Zweifelsfall muss der Hersteller der angeschlossenen Geräte bezüglich der maximalen Temperatur der Anschlussklemmen befragt werden.

c) Ebenso gibt es Kabel für besonders **niedrige Temperaturen** (wie beispielsweise in Kühlhäusern): **H07V3-U**.

d) Kommt in der Umgebung **aggressive Atmosphäre** vor (beispielsweise öl- oder säurehaltige Luft), dann muss für diesen speziellen Anwendungsfall ein entsprechendes Kabel (Leitung) ausgesucht werden. Oft muss dazu der Hersteller befragt werden, der darüber Auskunft geben sollte, ob das Kabel oder die Leitung diesen Belastungen standhält oder nicht. Geeignete Kabel sind:**NYKY, YKYFY, NSHTÖU, NTSWÖU, NSSHÖU und H07RN-F.**

e) Muss ein Kabel bzw. eine Leitung in einem sehr hohen **Schacht** verlegt werden, so sind ab einer bestimmten Höhe keine üblichen Kabel- und Leitungstypen mehr verwendbar. Im Zweifelsfall sollte der Hersteller befragt werden, ob eine bestimmte Höhe noch vertretbar ist. Gegebenenfalls muss ein Kabel mit einer besonderen Reißfestigkeit eingesetzt werden, das über eine speziell zu diesem Anwendungsfall passende Bewehrung verfügt, z. B. **NYCYRGY** oder **NYCYFGY**.

f) Sind **mechanische Beschädigungen** durch Stöße, Schläge, Quetschungen, Nagetierfraß oder durch ähnliche äußere Einwirkungen zu befürchten, sollte stets auf Kabel- und Leitungstypen mit einer höheren mechanischen Festigkeit zurückgegriffen werden.[47] Diese erreicht der Hersteller häufig dadurch, dass um die aktiven Leiter im Inneren des Kabels (der Leitung) ein zusätzlicher Schirm gelegt wird. Besitzt dieser Schirm zudem eine genügend gute elektrische Leitfähigkeit, kann er als Schutzleiter benutzt werden. Das hat weitere Vorteile – man spricht von Kabeln und Leitungen mit konzentrischem Leiter. Sie werden im Abschnitt 16.2.7 behandelt.

g) In Bereichen zwischen einer Spannungsquelle und der ersten Überstrom-Schutzeinrichtung oder zwischen dem Transformator und seiner Verteilung müssen Kabel und Leitungen erd- und kurzschlusssicher ausgewählt bzw. verlegt werden, weil der Kurzschlussfall hier nur ungenügend oder gar nicht abgesichert ist. Eine erd- und kurzschlusssichere Verlegung wird im Abschnitt 16.1.7.2 dieses Buches beschrieben.
   Eine Alternative dazu bietet eine Verlegung, bei der das Kabel bzw. die Leitung gefahrlos ausbrennen oder schlimmstenfalls verglühen kann[48].

h) Möchte man ein bestimmtes Kabel bzw. eine bestimmte Leitung einsetzen (vielleicht weil es oder sie gerade auf Lager liegt), so muss man in der Regel folgende Überlegung anstellen:
   Häufig gibt ein Kabel oder eine Leitung selbst einen eingeschränkten Anwendungsbereich vor. Das bedeutet, dass man zunächst das Kabel (die Leitung), das man einsetzen möchte, kennen muss, um zu wissen, wo ein Einsatz möglich ist und wo nicht.
   So hat beispielsweise eine **Stegleitung** nach DIN VDE 0100-520, Abschnitt 521.7.2.3 nur einen eingegrenzten Anwendungsbereich und sollte aus Sicht der Brandschadenverhütung möglichst nicht eingesetzt werden[49]. Wird sie dennoch eingesetzt, gelten u. a. folgende Einschränkungen:
   1. Sie darf nur in trockenen Räumen verlegt werden.
   2. Sie darf nur einzeln verlegt werden. Häufungen sind nur im Einführungsbereich des Verteilers erlaubt.

---

47 Selbstverständlich bleibt darüber hinaus immer eine Notwendigkeit, die Kabel und Leitungen durch sonstige Maßnahmen, wie Abschirmungen, Verlegung in mechanisch geschützten Bereichen usw., vor Beschädigungen zu schützen. Bei der oben erwähnten Problematik geht es darum, dass auch dann, wenn man sämtliche Schutzmöglichkeiten einkalkuliert hat, ein Risiko bleibt. Schätzt man dieses Risiko hoch genug ein, muss auf die oben erwähnten Kabel und Leitungen (die zweifellos teurer sind als „übliche" Typen) zurückgegriffen werden.

48 Das sind beispielsweise erdverlegte Kabel oder mineralisolierte Leitungen.

49 Die Stegleitung ist ausschließlich in Deutschland bekannt.

3. Sie darf nicht auf brennbaren Baustoffen verlegt werden – auch nicht unterhalb einer Putzschicht[50].
4. Eine Auf-Putz-Installation ist mit ihr verboten. Allerdings ist es erlaubt, Stegleitungen in Hohlräumen von Decken oder Wänden, die aus nicht brennbaren Baustoffen bestehen, zu verlegen, ohne dass sie mit Putz abgedeckt werden müssen. Die Hohlräume selbst sind natürlich nach erfolgter Verlegung zu verschließen.
5. Sie darf nicht unter Gipskartonplatten verlegt werden, es sei denn, diese Platten werden ausschließlich mit Gipspflastern befestigt.
6. Sie darf auf keinen Fall mit üblichen Nägeln befestigt werden. Am besten geeignet sind Gipspflaster. Es gibt zwar für diesen Anwendungsfall speziell geformte Schellen und Nägel mit Isolierumhüllung am Kopf, aber auch sie bieten nur bei großer handwerklichen Sorgfalt ausreichende Sicherheit davor, dass die Isolierung der Leitung nicht beschädigt wird.
7. Man muss beim Verlegen und beim Fixieren der Stegleitung besondere Sorgfalt walten lassen: Sie darf nicht geknickt werden (siehe Abschnitt 16.3.1) und sollte möglichst nur mit Gipspflaster befestigt werden (siehe Abschnitt 16.3.3).

Eine normale **PVC-Mantelleitung** (NYM) darf nicht direkt in Beton verlegt werden, der gerüttelt bzw. verdichtet wird, und auch nicht direkt in Erde. Hierfür ist die Isolierung nicht ausgelegt.

Ebenso ist eine ungeschützte Verlegung einer NYM-Leitung in der Sonne nicht zulässig (wegen der UV-Strahlung, die den Weichmacher aus dem PVC herausoxidieren und so den Mantelwerkstoff hart und spröde werden lässt).

In diesen und ähnlichen Fällen schränkt der zulässige Anwendungsbereich der Kabel und Leitungen deren Verwendungsmöglichkeit deutlich ein.

16.2.4 Kabel und Leitungen mit verbessertem Verhalten im Brandfall

Wenn vom Brandschutz, von feuergefährdeten Betriebsstätten und vom Vermeiden von Brandlasten die Rede ist, entsteht immer wieder die Frage, ob die Isolierung einer üblichen Leitung, beispielsweise NYM, in jedem Fall diesen Anforderungen gerecht wird. Denn üblicherweise besitzen die

50 Beispielsweise auf Holz mit Putzbedeckung.

gängigen Kabel- und Leitungstypen eine PVC-Isolierung, in der Halogene enthalten sind, die genau das Gegenteil bewirken. Die Frage ist mehr als berechtigt, wenn man bedenkt, dass gerade die Isolierung der zahlreichen Leitungen in einem Gebäude nicht selten bei einem Brand für erhebliche Gefahren gesorgt hat. Durch die beim Brand entstehenden Rauchgase treten stets erhebliche Gefahren für die flüchtenden Menschen sowie für die an der Brandbekämpfung beteiligten Personen auf. Häufig sind diese Rauchgase derart aggressiv, dass große Teile des Gebäudes, die vom Brand gar nicht betroffen waren, nicht selten unwiederbringlich zerstört werden. Gibt es also Forderungen, die hierauf eingehen? Gibt es Anwendungsfälle, in denen übliche Kabel und Leitungen nicht mehr verlegt werden dürfen, weil ihre Isolierung einfach nicht in das Brandschutzkonzept passt? Oder anders gefragt: Gibt es Fälle, wo es sinnvoller ist, statt eines „normalen" Kabels mit PVC-Isolierung ein Kabel mit einer Isolierung aus halogenfreiem Material einzusetzen?

Halogene sind Elemente der 7. Hauptgruppe im Periodensystem der chemischen Elemente. Sie werden auch „Salzbildner" genannt. Es handelt sich dabei um eine Gruppe von Elementen, denen auf der äußersten Schale[51] nur ein Elektron für einen stabilen Zustand des Atoms[52] fehlt. Deshalb sind Halogene äußerst reaktionsfreudig. Zu dieser Gruppe gehören die Stoffe (Elemente) Fluor und Chlor; sie sind gasförmig und zählen zu den reaktionsfreudigsten Halogenen. Auch das flüssige Brom gehört dazu und reagiert (chemisch) ebenfalls schnell. Wenn diese Stoffe mit Wasser (auch in Form der Luftfeuchtigkeit) in Berührung kommen, bilden sie Säuren (daher gibt man ihnen häufig den Beinamen „Säurebildner"). In PVC-Leitungen und -Kabeln ist vor allem Chlor enthalten, sodass diese deshalb auch nicht „halogenfrei" sind.

Immer wieder taucht mit Bezug auf den Brandschutz das Thema „Halogenfreiheit" auf. Dazu muss zunächst gesagt werden, dass nach den Bestimmungstexten der Normen (so beispielsweise nach DIN VDE 0100-520, Abschnitt 527.1.3) lediglich Leitungen verlangt werden, deren Brandverhalten

51 Die Aussagen beziehen sich auf das bekannte „Bohr'sche Atommodell".

52 Eine stabile Anzahl von Elektronen auf der äußeren Schale des Atoms ist beispielsweise zwei oder acht. Solange ein Atom diesen stabilen Zustand nicht erreicht hat, versucht es durch chemische Bindung das „fehlende" Elektron woanders her zu bekommen oder, wenn zu viele Elektronen fehlen, die „überflüssigen" Elektronen der äußeren Schale abzustoßen. Da den Halogenen nur ein Elektron fehlt, bestehen vielfältige und besonders stark ausgeprägte Möglichkeiten, sich dieses Elektron durch chemische Verbindung von irgendeinem anderen Atom zu „holen".

den Anforderungen nach DIN VDE 0482-332-1-2 und VDE 0482-332-2-2 entsprechen[53] – Halogenfreiheit ist also zunächst nicht gefordert.

Man kann davon ausgehen, dass eine normale PVC-Mantelleitung (NYM) diesen brandschutztechnischen Anforderungen gerecht wird. Selbst in feuergefährdeten Betriebsstätten darf eine solche Leitung verlegt werden, weil DIN VDE 0100-420 im Abschnitt 422.3.4 nur fordert, dass Kabel und Leitungen den Anforderungen nach DIN VDE 0482-332-1-2 entsprechen müssen. Auch für Leitungen der Sicherheitsstromversorgungsanlagen nach DIN VDE 0100-718 gibt es keine weitergehenden Anforderungen.

In der vorgenannten Norm DIN VDE 0100-420 wird im Abschnitt 422.3.4 in einer Anmerkung lediglich empfohlen:

„Wo ein hohes Risiko der Flammenausbreitung besteht, z. B. bei langen senkrechten Kanälen mit Kabelbündeln, sollten die Kabel/Leitungen die im zutreffenden Teil der Reihe DIN EN 60332-3 (VDE 0482-332-3) beschriebenen Eigenschaften im Hinblick auf Flammenausbreitung erfüllen."

Eine ähnliche Empfehlung findet man auch in DIN VDE 0100-520, Abschnitt 527.1.3:

„Bei Anlagen, in denen eine erhöhte Brandgefahr zu erwarten ist, können Kabel und Leitungen erforderlich sein, die den erhöhten Anforderungen für gebündelt verlegte Kabel nach der Normenreihe DIN EN 60332-3 (VDE 0482-332-3) entsprechen."

Es ist klar, dass hier Kabel und Leitungen gemeint sind, die sich von den in der Installationstechnik üblicherweise verwendeten Kabel- und Leitungstypen unterscheiden. Deshalb werden sie auch *„Kabel und Leitungen mit verbessertem Verhalten im Brandfall"* genannt. Die Prüfung dieser Kabel und Leitungen wird in DIN EN 60332-3-24 (VDE 0482-332-3-24) beschrieben. Sie wird mit einem Brenner vorgenommen, der im Vergleich zur Prüfung nach DIN VDE 0482-332-1-2 mehr als die 20-fache Heizleistung freigibt. Ganz offensichtlich geht es also hier um Kabel und Leitungen einer ganz anderen Qualität!

In der *„Muster-Richtlinie über brandschutztechnische Anforderungen an Leitungsanlagen (Muster-Leitungsanlagen-Richtlinie MLAR)"*[54] in der Fassung aus 2015 heißt es im Abschnitt 2.2:

„Elektrische Leitungen mit verbessertem Brandverhalten sind Leitungen, die die Prüfanforderungen nach DIN 4102-1:1998-05 in Verbindung mit

53 Hinter dieser Prüfung verbirgt sich eine Beflammungsprüfung mit einen Gasbrenner, der eine Heizleistung von 1 kW besitzt (bei Aderleitungen 0,5 kW). Die Flamme dieses Brenners wird eine gewisse Zeit auf die Isolierung gerichtet, die dabei nur eine ganz bestimmte Strecke weit abbrennen darf.

DIN 4102-16:1998-05 Baustoffklasse B 1 (schwerentflammbare Baustoffe), auch in Verbindung mit einer Beschichtung, erfüllen und eine nur geringe Rauchentwicklung aufweisen oder hierzu gleichwertig europäisch klassifiziert sind."

Der abschließende Hinweis auf die „europäische Klassifizierung" wird im Abschnitt 16.2.8 dieses Buchs näher erläutert.

Die MLAR 2015 erwähnt nicht mehr wie frühere Ausgaben DIN VDE 0472 Teil 804 [entspricht der o.g. DIN EN 60332-3-24 (VDE 0482-332-3-24)]. Nachdem es einem Hersteller gelungen war, ein Kabel bzw. eine Leitung mit einer Isolation herzustellen, die nach der Baustoffklassifizierung B 1 (schwer entflammbar) geprüft werden konnte, sollte nur noch diese wesentlich erschwerte Anforderung gelten. Hier geht die MLAR also deutlich über die Anforderungen der VDE-Normen hinaus. Ohne auf alle Details der genannten Normen einzugehen, kann man zusammenfassend sagen, dass Kabel und Leitungen mit verbessertem Verhalten im Brandfall im Wesentlichen zwei Kriterien erfüllen müssen, durch die sie sich von den sonst üblichen Kabeln und Leitungen unterscheiden:

1) Sie müssen eine möglichst geringe Brandfortleitung[55] längs der Leitungstrasse aufweisen und
2) im Brandfall – also beim Verbrennen der Isolierung – eine möglichst *geringe Rauchdichte* erzeugen.

Planer und Errichter sehen sich häufig einer Vielzahl von Klassifizierungen gegenüber, die es abzuschätzen und anzuwenden gilt. Welcher Typ ist gefordert, welcher ist sinnvoll und welcher Typ darf auf keinen Fall eingesetzt werden? Diese und ähnliche Fragen tauchen immer wieder auf.

Bild 16.8 zeigt ein Schaubild, aus dem die brandschutztechnischen Qualitäten der verschiedenen Kabel- und Leitungstypen im Vergleich zu entnehmen sind.

Auf alle Fälle kann gesagt werden, dass in Bezug auf die Errichtungsnormen und die MLAR die beiden Kriterien „geringe Rauchgasdichte" und

54 Die MLAR wird, wie im Abschnitt 2.1.3 dieses Buchs beschrieben, von der Bauministerkonferenz (ARGEBAU) herausgegeben. Diese MLAR wird in den einzelnen Bundesländern mehr oder weniger zu 100 % übernommen und dort LAR (Leitungs-Anlagen-Richtlinie) oder ähnlich genannt. Die MLAR liegt zurzeit in der Fassung aus 2015 vor.

55 Unter Brandfortleitung – häufig spricht man auch von der Brandfortleitungsgeschwindigkeit – versteht man die Eigenschaft der Isolierung, den einmal entstandenen Brand zu verbreiten, also von einer Stelle zur nächsten zu transportieren. Diese Bewegung des Brandes wird durch das Isoliermaterial selbst, durch die Höhe der Brandtemperatur und durch die Luftbewegung begünstigt. Verhindert wird dies, wenn die Isolation nicht nur schwer entflammbar, sondern auch möglichst selbst verlöschend ist.

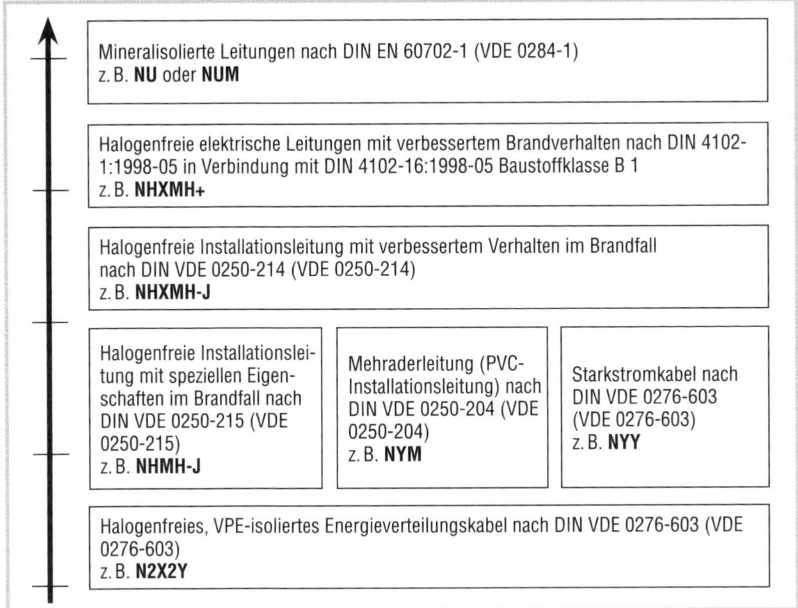

Bild 16.8 *Schematische Darstellung der Brandschutzqualitäten von Kabeln und Leitungen*

Die Brandschutzqualität steigt in Pfeilrichtung an. Die Bezeichnung NHXMH+ ist eine Herstellerbezeichnung der Firma Nexans, da eine Prüfung der höherwertigen Brandschutzqualität dieser Leitung nach VDE nicht vorgesehen ist. Durch das „+“ sollen die wesentlich höheren Brandschutzanforderungen nach DIN 4102 (schwerentflammbarer Baustoff B 1) hervorgehoben werden.

Quelle: VdS 2025

„geringe Brandfortleitung“ in der Regel ausreichen. Häufig kommt jedoch noch ein zusätzliches Kriterium hinzu, wenn es darum geht, dass bei einem Brand der Schaden möglichst gering bleiben und die Gefahr für Leib und Leben sowohl der sich rettenden als auch der den Brand bekämpfenden Menschen möglichst gering gehalten werden soll. Allerdings sind solche Kriterien nicht zwingend Bestandteil behördlicher, in der MLAR festgeschriebener Forderungen. Das folgende Kriterium wird häufig von Versicherungen gefordert:

3) Kabel und Leitungen mit verbessertem Verhalten im Brandfall sollen beim Abbrand *möglichst keine korrosiven Brandgase* entsprechend Prüfungen nach Normen der Reihe VDE 0482-267 entstehen lassen.[56]

56 Häufig ist auch davon die Rede, dass die entstehenden Rauchgase möglichst nicht toxisch (giftig) sein sollen. Der Nachweis für untoxische Rauchgase ist jedoch schwierig und nicht genormt. Deshalb wird hier nicht darauf eingegangen.

Bei keinem der drei Kriterien ist zunächst von Halogenfreiheit die Rede. Wir wollen die einzelnen vorgenannten Kriterien näher betrachten.

Brandfortleitung

Besonders dieses Kriterium ist von entscheidender Bedeutung, wenn man beispielsweise an Kabelhäufungen (Leitungshäufungen) in senkrechten Installationsschächten denkt. Welche Kabel und Leitungen können nun eine möglichst geringe Brandfortleitung gewährleisten?

Halogene werden der Isolierung beigemischt, um die Entzündungstemperatur zu erhöhen. Dadurch wird die Brandfortleitung vermindert. Um die Brandfortleitung noch stärker zu vermindern, wäre es möglich, den Halogenanteil des PVC weiter zu erhöhen. Bei solchen Kabeln und Leitungen wird die Brandfortleitung deutlich reduziert, und die Kriterien nach DIN VDE 0482-332-1-2 und 0482-332-2-2 könnten erfüllt werden. Man spricht in diesem Fall von „FR-PVC“, wobei FR für „flame retardant“ („flammwidrig“ oder „flammhemmend“) steht. Der Nachteil ist jedoch, dass es zur verstärkten Rauchgasentwicklung kommen kann. Diese versucht man durch spezielle Kunststoffmischungen zu verhindern (siehe Rauchdichte). Das erste Kriterium kann also theoretisch auch mit halogenhaltigen Isolierstoffen erfüllt werden.

Lässt man die Halogene weg, so wird die Isolierung extrem brennbar. Es kann also nicht allein um „Halogenfreiheit“ gehen. Beispielsweise besitzen übliche PE-Kabel eine halogenfreie Isolierung und sind damit deutlich schneller entflammbar als übliche PVC-isolierte Kabel und Leitungen. Damit die Isolierung nicht bloß „halogenfrei“ ist, sondern auch ein verbessertes Verhalten im Brandfall aufweist, müssen dem Isoliermaterial bestimmte Zusatzstoffe beigemengt werden. Die Hersteller von halogenfreien Kabeln und Leitungen verwenden hierfür in der Regel Aluminiumoxidhydrat [$Al(OH)_3$]. Im Brandfall wird dieses Hydrat in Aluminiumoxid und Wasser aufgespaltet. Diese Aufspaltung und die Verdampfung des entstehenden Wassers verringern die Brandfortleitung extrem. Halogenfreie Kabel und Leitungen mit verbessertem Verhalten im Brandfall, bestehen die Prüfung nach DIN VDE 0482-332-1-2 also auf alle Fälle und können zusätzlich noch die beiden anderen Kriterien erfüllen.

Rauchdichte

Die Rauchdichte wird im Prüfverfahren nach DIN VDE 0482-1034-1/-2 festgestellt. In einem Brandraum wird das Kabel (die Leitung) verbrannt und mithilfe eines optischen Verfahrens wird die Lichtdurchlässigkeit überprüft. Die Anforderungswerte für Kabel und Leitungen mit verbessertem Verhalten im Brandfall liegen in der Regel bei einer Lichtdurchlässigkeit von 50 % bis 70 %.

- Übliche PVC-Kabel und -Leitungen erreichen nur eine Lichtdurchlässigkeit von 5 % bis 10 %.
- FR-PVC-Kabel und -Leitungen[57] mit erhöhter Halogenbeimischung und besonderer Mischungsabstimmung im PVC-Mantel (siehe oben unter Brandfortleitung) erreichen eine Lichtdurchlässigkeit von 40 % bis 60 % – das ist knapp der geforderte Wert.
- Halogenfreie Kabel und Leitungen mit verbessertem Verhalten im Brandfall erreichen eine Lichtdurchlässigkeit von ca. 90 % – das ist enorm gut!

Also auch das zweite Kriterium könnte mit einer PVC-Isolierung unter bestimmten Voraussetzungen erfüllt werden, wenn auch nur knapp. Halogenfreie Kabel und Leitungen mit verbessertem Verhalten im Brandfall heben sich dagegen deutlich positiv ab.

Korrosivität[58]

Diese Eigenschaft wird geprüft nach Normen der Reihe VDE 0482-267. Hierbei werden in der wässrigen Lösung der Brandgase die elektrische Leitfähigkeit (in µS/mm) und der pH-Wert gemessen. Günstige Werte werden nur durch halogenfreie Kabel und Leitungen erreicht. Auch wenn in den Bestimmungstexten der Normen oder Richtlinien nicht immer ausdrücklich nach Isolierungen mit geringer korrosiver Rauchgasentwicklung gefragt wird, sollte man dieses Kriterium möglichst mit berücksichtigen. Denn häufig sind die Folgeschäden an Bauteilen und Einrichtungen, die gar nicht vom Brand betroffen waren, durch korrosiven Rauch nach einem Brand höher als die eigentlichen Brandschadenkosten. Besonders dann, wenn Einrichtungen teuer (in Museen, Bibliotheken, EDV-Räumen, Maschinenparks usw.) oder wenn viele Bauteile des Bauwerks korrosiv gefährdet sind (viele Aluminium-, Stahl-, Hochglanzoberflächen usw.), sollte man auf Isolierungen zurückgreifen, die weniger korrosive Gase entwickeln. Oft wird bei einem Brand auch die Stahlarmierung des Gebäudes durch korrosive Gase derart angegriffen, dass im Extremfall nur noch ein Abbruch bleibt.

57 FR = flame retardant (flammwidrig, flammhemmend).

58 Korrosive Stoffe sind solche, die Oberflächen von bestimmten Materialien angreifen und verändern, weil sie in der Regel Säuren enthalten oder bei der Ablagerung auf der Oberfläche (eventuell im Zusammenhang mit dem in der Luft enthaltenen Wasser) Säuren bilden.

PVC-Isolierungen, auch die oben erwähnten FR-PVC-Isolierungen, bilden stets korrosive Gase, auch wenn man durch eine besondere Aufbereitung der Kunststoffmischung eine Reduzierung der Rauchentwicklung erreichen kann. Dieses dritte Kriterium wird also nur durch halogenfreie Kabel und Leitungen mit verbessertem Verhalten im Brandfall erfüllt.

Abschließend kann man Folgendes festhalten:

Kabel und Leitungen, die eine *halogenfreie Isolierung mit verbessertem Verhalten im Brandfall* aufweisen, zeichnen sich durch folgende Eigenschaften aus:

→
- Sie sind schwer entflammbar und wirken deshalb einer weiteren Brandausbreitung entgegen.
- Sie verlöschen nach Entzug der Zündquelle recht schnell – auch dies verhindert die Brandausbreitung.
- Sie erzeugen beim Abbrand eine geringere Rauchgasdichte und
- die entstehenden Gase sind weniger korrosiv.

Aufgrund der Tatsache, dass die PVC-Isolierungen im Brandfall halogenhaltige Gase freisetzen und diese Gase in Verbindung mit Wasserstoff (aus Wasserdampf bzw. aus dem Löschwasser) Salzsäure bilden, kommt es bei PVC-Kabeln und -Leitungen zu folgenden Gefahren:

- Die Flucht bzw. die Rettung von Menschen wird beeinträchtigt.
- Die Löscharbeiten der Feuerwehr werden behindert.
- Zu den Schäden, die der eigentliche Brand verursacht, kommen solche hinzu, die durch Korrosion verursacht werden, und dies auch in Bereichen, die vom Feuer unbehelligt geblieben sind.[59]

Halogenfreie Leitungen mit verbessertem Verhalten im Brandfall haben also ohne Zweifel Vorteile, die besonders in Gebäuden mit Menschenansammlungen und dort, wo hohe bzw. unwiederbringliche Sachwerte[60] zu schützen sind, zum Tragen kommen. Die für solche Bauwerke zuständige Behörde oder auch der Versicherer fordert daher häufig, dass in solchen Bereichen Kabel und Leitungen mit halogenfreier Isolierung einzusetzen sind.

59 Schadenfälle zeigen, dass nicht selten die Kosten, die für die Beseitigung der Schäden, die durch diesen „Nebeneffekt“ des Brandes entstanden sind, höher liegen als die des eigentlichen Brandschadens.

60 Beispielsweise kann dies in einem Museum der Fall sein, in dem seltene Sachwerte lagern können, die bei Zerstörung nicht mehr zu ersetzen sind (siehe hierzu die Richtlinien der Feuerversicherungen VdS 2025 Abschnitt 5.6).

Aber auch überall dort, wo davon ausgegangen werden muss, dass die Kosten für Brandfolgeschäden höher ausfallen können als die für den eigentlichen Brand[61], ist die Verlegung dieser Kabel und Leitungen mehr als sinnvoll.

Typische halogenfreie Kabel und Leitungen mit verbessertem Verhalten im Brandfall sind beispielsweise[62]:

Leitungen:

NHXMH, NHMH, NSHXA, H05Z-U/K, H07Z-U/R/K, H07ZZ-F;

Kabel:

NHXH, NHXHX, NHXCHX, N2XH, N2XCH, N2XSH, N2XSEH, NHXHX FE180, NHXCHX FE180 sowie NHXMH+ (s. Bild 16.8).

Viele dieser Kabel und Leitungen haben nicht nur ein „verbessertes Verhalten im Brandfall“, sondern gewährleisten zusätzlich einen Funktionserhalt[63] (siehe Abschnitt 37.1.7).

16.2.5 Mineralisolierte Leitungen

Mineralisolierte **Kabel und Leitungen nach DIN EN 60702-1 (VDE 0284-1)** (siehe **Bild 16.9**) tragen die Bezeichnung NU bzw. NUM und sind für Betriebsspannungen von 300/500 V oder 450/750 V geeignet.

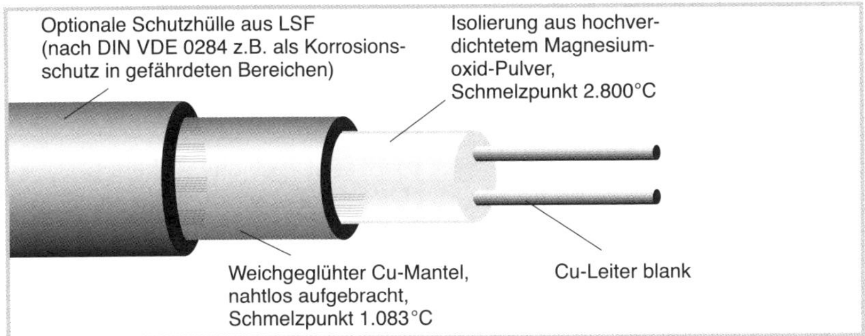

Bild 16.9 *Aufbau einer mineralisolierten Leitung nach DIN VDE 0284-1*

61 Hierunter fallen vor allem viele Betriebe der Druck-, Auto-, Elektronik- oder Textilindustrie (Pelze u. ä.) sowie alle Räume, wo glatte Oberflächen von Bedeutung sind.

62 In den genannten Bezeichnungen steht das „N“ für „genormtes Kabel“, das „H“ für einen Mantel aus thermoplastischem, halogenfreiem Polymer, das „X“ für eine Isolation aus ebenso halogenfreiem Polymer und das „2X“ für eine Isolation aus vernetztem Polyäthylen.

63 So ist mit dem Kabel NHXHX FE180 für 30 min und mit dem Kabel NHXCHX FE180 für 90 min Funktionserhalt möglich. Diese zusätzliche Eigenschaft wird auf dem Außenmantel durch den Hinweis: „E30“ oder „E90“ angegeben (siehe nachfolgenden Abschnitt 16.2.6).

Sie erfüllen die Kriterien, die in DIN VDE 0100-420, Abschnitt 422.3.4 sowie in DIN VDE 0100-520, Abschnitt 527.1.3 jeweils in einer Anmerkung empfohlen werden, wo es um eine erhöhte Brandgefahr, z. B. bei einer besonders großen Kabelhäufung vor allem bei einer senkrechten Verlegung (in Installationsschächten) geht. Auch in Gebäuden mit unwiederbringlichen Sachwerten (beispielsweise in Museen) sind mineralisolierte Leitungen sehr zu empfehlen.

Überall dort, wo von Kabeln und Leitungen mit verbessertem Verhalten im Brandfall die Rede ist, können auch mineralisolierte Leitungen eingesetzt werden. Aus Sicht der Brandschadenverhütung haben sie sogar gegenüber diesen Kabeln und Leitungen einige Vorteile:

- Sie sind nicht brennbar, tragen also nicht zur Brandlast bei.
- Sie kommen als Ursache für die Entstehung eines Brandes so gut wie nie in Frage.
- Sie haben durch ihre „Nichtbrennbarkeit“ sozusagen einen natürlichen Funktionserhalt.
- Sie sind häufig noch nach einem Brand einsetzbar.

Das Isoliermaterial dieser Leitungen besteht aus einem hochverdichteten Magnesiumoxid-Pulver mit einem Kupfermantel.[64]

Das Magnesiumoxid hat einen Schmelzpunkt, der bei 2.800 °C liegt. Hier ist also nicht die Isolierung die Schwachstelle bei einem Brand, sondern der innere Kupferleiter selbst, dessen Schmelzpunkt lediglich bei 1.083 °C liegt. Das bedeutet: diese Leitung ist praktisch brandlastfrei.[65]

Leider sind mineralisolierte Leitungen teurer als normale PVC-Leitungen (wie beispielsweise NYM-Leitungen). Geht es jedoch um Funktionserhalt, so sind sie teilweise preisgünstiger als übliche Kabel und Leitungen mit verbessertem Verhalten im Brandfall.[66] Der einzige Nachteil, der sich gegenüber kunststoffisolierten Kabeln und Leitungen nennen lässt, ist die etwas schwerere Verarbeitung bzw. Montage.[67]

---

64 Für besonders korrosionsgefährdete Bereiche ist die Leitung auch mit einem Kunststoffmantel aus LSF (= low smoke and fume, was soviel wie „geringe Rauchgasdichte“ bedeutet) über dem Kupfermantel erhältlich.

65 Außer solchen mineralisolierten Leitungen, die einen Kunststoffmantel aus LSF besitzen. Allerdings ist die Brandlast dieser LSF-Mäntel um mindestens 4-mal geringer als bei üblichen Isolierungen.

66 Der Preis liegt etwa zwischen dem eines Kabels mit 30-minütigem Funktionserhalt und dem mit 90-minütigem Funktionserhalt.

67 Allerdings besteht bei mineralisolierten Kabeln und Leitungen eine große Wahrscheinlichkeit, dass sie nach einem Brand weiter betrieben werden können, während übliche Kabel und Leitungen mit Funktionserhalt in jedem Fall ausgetauscht werden müssen.

Mineralisolierte Leitungen[68] haben aus Sicht der Brandschadenverhütung noch weitere Vorteile. So wird beispielsweise bei der Prüfung der Kabel und Leitungen mit Funktionserhalt gemäß DIN 4102 Teil 12 nicht das Verhalten dieser Kabel und Leitungen überprüft, wenn sie nach einer Zeit der Flammeneinwirkung plötzlich mit Löschwasser (eventuell aus der Sprinkleranlage) beaufschlagt werden. Aber gerade das kann in der Praxis durchaus eintreten. Die Folge kann sein, dass beispielsweise ein kunststoffisoliertes Kabel mit einem nachgewiesenen Funktionserhalt im konkreten Fall doch ausfällt. Aus diesem Grund fordern die Richtlinien von VdS Schadenverhütung[69] für die Zuleitung von Sprinklerpumpen eine Zusatzprüfung (zusätzlich zu DIN 4102 Teil 12), bei der diese Löschwassereinwirkung bei gleichzeitiger Flammenbeaufschlagung geprüft wird.

Bei mineralisolierten Leitungen gibt es hingegen auch bei der Zusatzprüfung mit Wasserbeaufschlagung keine Probleme.

Insgesamt gesehen können für mineralisolierte Leitungen folgende Vorteile genannt werden:

Sie sind ganz besonders dann zu empfehlen, wenn

- es um Funktionserhalt geht – wie oben beschrieben;
- es um möglichst kleine Brandlast geht (beispielsweise in Rettungswegen oder in Steigeschächten);
- es darum geht, dass bei einem Brand und bei den Löscharbeiten keine toxischen und korrosiven Rauchgase entstehen dürfen, die auch die Teile der Anlage beschädigen, die nicht vom Brand befallen wurden;
- es darum geht, dass durch die Leitungen der Brand nicht fortgeleitet werden darf;
- es darum geht, dass durch die Leitung bzw. durch Fehler in der Isolierung der Leitung möglichst kein Brand entstehen darf;
- die Gefahr besteht, dass die Kabel und Leitungen während eines Brandes mit Wasser beaufschlagt werden (platzende Wasserrohre, Sprinkleranlage usw.), sodass sowohl mechanische als auch thermische Kräfte auf die Kabel- und Leitungsanlage einwirken.

68 Da diese Leitung relativ teuer ist und durch den erhöhten Verlegeaufwand zusätzliche Kosten verursacht, entscheidet man sich häufig für andere Kabel und Leitungen. Beispielsweise kann eine mineralisolierte Leitung bei Richtungsänderungen oft nicht in einem Biegeradius verlegt werden. Stattdessen lässt man die Leitung in einer Abzweigdose enden und führt von dieser Dose aus eine weitere mineralisolierte Leitung in die geänderte Richtung. Auf alle Fälle ist die Beschaffung von mineralisolierten Kabeln und Leitungen oft problematisch, da das Angebot recht gering ist (z. B. www.kme.com).

69 VdS 3423

16.2.6 Leitungen mit integriertem Funktionserhalt

Um Funktionserhalt bei der Kabel- und Leitungsverlegung zu gewährleisten, gibt es drei Möglichkeiten:

1. Man wählt kunststoffisolierte Kabel und Leitungen mit integriertem Funktionserhalt, die nach DIN 4102 Teil 12 geprüft wurden.
2. Man wählt eine mineralisolierte Leitung nach DIN EN 60702-1 (VDE 0284-1), siehe hierzu den vorhergehenden Abschnitt 16.2.5.
3. Man verlegt „normale" kunststoffisolierte Kabel und Leitungen in einem funktionsgeschützten Raum, d. h. in einem besonders geeigneten Doppelboden, im Estrich, in besonders geeigneten Kabelkanälen oder -schächten usw. Hierzu wird Näheres im Abschnitt 30.3 sowie 37.1 ausgeführt werden.

Um die Kabel und Leitungen, die in der Möglichkeit 1 genannt werden, soll es hier gehen. Zum Thema Funktionserhalt wird im Teil F, Kapitel 37 alles Notwendige gesagt. Gefordert wird dieser Funktionserhalt beispielsweise von der Baubehörde. Das Baurecht fordert im Brandfall für bestimmte Sicherheitseinrichtungen, wie Feuerlöschanlagen, Brandmeldeanlagen, Raum- und Wärmeabzugsanlagen, einen Funktionserhalt über eine bestimmte Zeit. Aus diesem Grund werden bei solchen Anlagen häufig Kabel und Leitungen eingesetzt, die nach DIN 4102 Teil 12 geprüft wurden.

→ Bei der Prüfung nach DIN 4102 Teil 12 werden die zu prüfenden Kabel und Leitungen komplett montiert einem Brand ausgesetzt.
Dabei darf es über eine bestimmte Zeit keinen Kurzschluss und **keine Leiterunterbrechung** geben. Diese Zeit nennt man auch die Feuerwiderstandsdauer des Kabels oder der Leitung einschließlich des Befestigungssystems.

Mit üblichen Isolierungen einen Funktionserhalt zu erzielen, ist nicht einfach. Man bedenke, dass die Isolierung von kunststoffisolierten Kabeln und Leitungen, auch von solchen mit verbessertem Verhalten im Brandfall, ab einer bestimmten Temperatur immer zu brennen beginnt. Selbst wenn sie dem Feuer (wie bei Kabeln und Leitungen mit Funktionserhalt) einige Zeit Widerstand leisten können, werden sie doch schließlich ein Opfer der Flammen. Man benötigt also in jedem Fall besondere Maßnahmen (durch spezielle Schirme – siehe die „Trennschicht" beim Kabel im **Bild 16.10**), die auch nach dem Abbrand der Isolierung dafür sorgen, dass es zu keiner Berührung der Adern und damit zu einem Kurzschluss kommt.

Dabei ist es wichtig, dass – wie oben angedeutet – nicht das Kabel oder die Leitung für sich allein einen Funktionserhalt besitzen kann, sondern nur

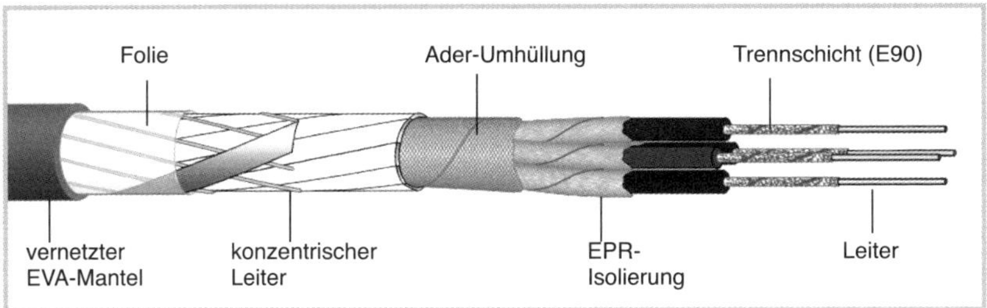

Bild 16.10 *Kabel mit Funktionserhalt von 90 min*

die gesamte Installation, also das Kabel (die Leitung) und das dazugehörige Verlege- bzw. Befestigungssystem (siehe hierzu im Teil F, Abschnitt 37.1.7).

Die Temperaturen beim Brandversuch verlaufen nach der sogenannten „Einheitstemperaturkurve". Danach entwickelt das Feuer, mit dem im Brandversuch das Kabel (die Leitung) beaufschlagt wird, nach spätestens 90 Minuten eine Temperatur von ca. 1.000 °C. Das Kupfer der Leiter schmilzt bei ca. 1.083 °C. Das bedeutet, die Funktion kann gerade noch gewährleistet werden.

Der Hersteller gibt auf der Außenhülle des Kabels (der Leitung) an, dass sein Produkt diesen Funktionserhalt gewährleistet. Dabei unterscheidet man Funktionserhaltsklassen, die eine Aussage darüber machen, für wieviel Minuten dieser Funktionserhalt garantiert wird. Folgende Klassen sind möglich:

30 min, 60 min, 90 min, 120 min und 180 min.

Die Funktionserhaltsklasse wird mit „E" angegeben. Sie muss auf der Leitung (dem Kabel) aufgedruckt sein. Bei verschiedenen Kabeltypen kommt eine Bezeichnung vor, die mit „FE" beginnt. Hierbei handelt es sich um die Angabe des sogenannten „Isolierungserhalts". Er wird nach DIN VDE 0266 Teil 3 geprüft. Dabei wird lediglich ein Stück der Leitung (des Kabels) eingespannt und einer Prüfflamme ausgesetzt. Das Verlegesystem spielt hierbei keine Rolle. **Wichtig ist zu wissen, dass es hierbei keinesfalls um die Angabe des Funktionserhalts geht!**

Kabel und Leitungen mit Funktionserhalt sind beispielsweise folgende Typen:

NHXHX FE180 – auf dem Außenmantel steht dann beispielsweise die Herstellerangabe SIENOPYR E30 (Herstellerbezeichnung) oder E 30 NHXHX FE 180;

NHXCHX FE180 – auf dem Außenmantel steht dann beispielsweise die Herstellerangabe SIENOPYR E90 (Herstellerbezeichnung) oder E 90 NHXCHX FE 180.

Das Prüfzeugnis bezüglich des Funktionserhalts schließt also das Kabel (die Leitung) und das Verlegesystem ein. Daher ist es selbstverständlich, dass man nicht einfach nur ein Kabel oder eine Leitung mit integriertem Funktionserhalt auswählen kann, um es anschließend auf irgendeine Weise zu verlegen. Im Prüfzeugnis sind vielmehr die hierfür geeigneten Möglichkeiten aufgeführt. Dabei werden in der Regel Kabelträgersysteme beschrieben, die eine Befestigung auch an ihrem freien Ende aufweisen (meist als Gewindestange – **Bild 16.11**). Kabelschellen besitzen eine möglichst große Berührungsfläche (**Bild 16.12**). Sämtliche Teile müssen mitgeprüft worden sein.

Auch eventuell notwendige Abzweigdosen bzw. Klemmkästen müssen in sämtliche Überlegungen zum Funktionserhalt einbezogen werden. Produkte, die hierfür besonders geeignet sind, werden im Abschnitt 37.1.4 im Teil F dieses Buches beschrieben.

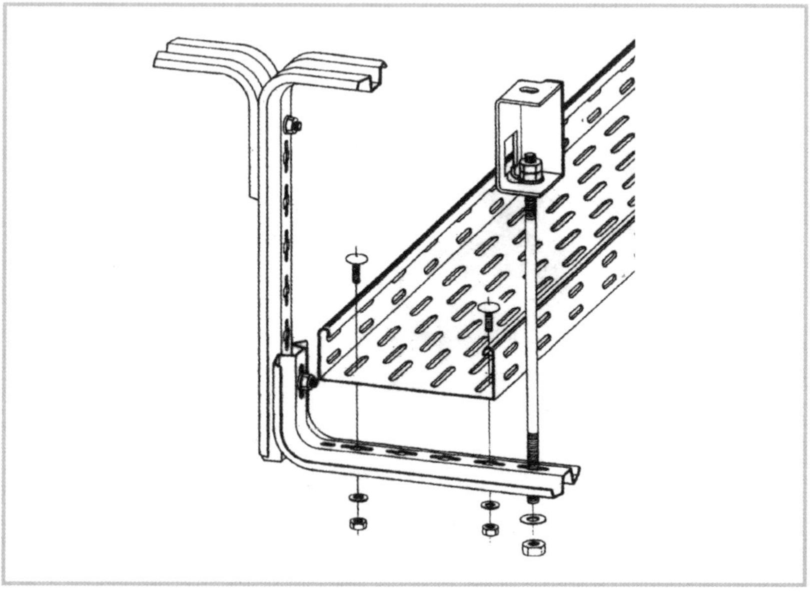

Bild 16.11 *Typische Kabelträgersysteme für Kabel und Leitungen mit integriertem Funktionserhalt. Seit einigen Jahren werden von verschiedenen Herstellern auch Kabelträgersysteme mit Funktionserhalt **ohne** zweite Abhängung angeboten*

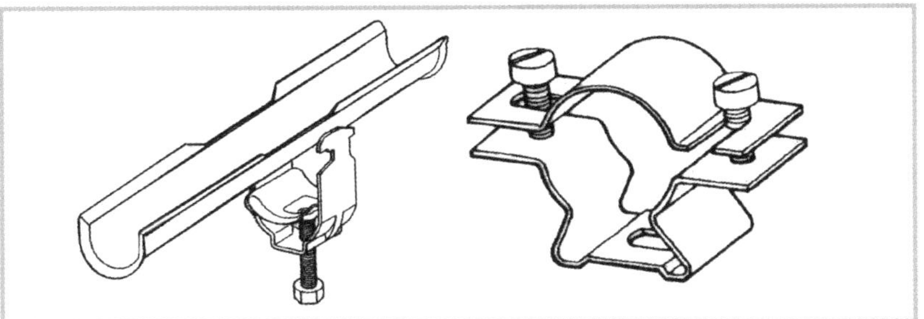

Bild 16.12 *Schellen für die Verlegung von Kabeln und Leitungen mit integriertem Funktionserhalt*

16.2.7 Kabel mit konzentrischem Leiter

Eine besondere Bauart von Kabeln ist die mit einem konzentrischen Kupferleiter (bzw. Aluminiumleiter bei Aluminiumkabel). Bei diesen Kabeln besteht der Schutzleiter aus einer Kupferdrahtumspannung (NYCY) oder aus einer wellenförmig aufgebrachten Lage von Kupferdrähten (NYCWY) – sozusagen als Mantel um die aktiven Leiter im Inneren.

Das erhöht die Sicherheit vor mechanischen Beschädigungen und bei Nagetierfraß (siehe Teil B, Kapitel 12, und im vorhergehenden Abschnitt 16.2.3 bei Punkt f sowie vor allem im folgenden Abschnitt 16.3.3).

Der zusätzliche Vorteil aus Sicht der Brandschadenverhütung liegt auf der Hand: Bei jeder Beschädigung und auch bei sonstigen Isolationsfehlern im Kabel wird direkt oder indirekt auch dieser Mantel betroffen sein. Mit einer vorgeschalteten Fehlerstrom-Schutzeinrichtung (RCD – siehe Kapitel 19) oder einer kontinuierlichen Differenzstromüberwachung (RCM – siehe Abschnitt 20.1) ist das Kabel oder die Leitung optimal und kontinuierlich überwacht. Aber auch ohne eine RCD bzw. RCM wirkt der konzentrische Leiter wie ein Überwachungsleiter für den Stromkreis. Deshalb empfehlen die Sachversicherer in ihren Richtlinien, diese Kabel in feuergefährdeten Bereichen einzusetzen.[70]

Ein weiterer Vorteil dieser Kabel und Leitungen, der jedoch nicht direkt etwas mit dem Thema Brandschadenverhütung zu tun hat, besteht darin, dass sie im Betrieb weitaus geringere Störaussendungen (z. B. magnetische Felder) aufweisen, als beispielsweise übliche Mehrleiterkabel. Für die EMV, die in heutigen Gebäuden praktisch immer eine Rolle spielt, ist das nicht selten von enormer Wichtigkeit.

70 So beispielsweise in VdS 2023 und VdS 2033.

16.2.8 Auswahl nach den neuen Euroklassen für Kabel und Leitungen

Am 01. Juli 2013 löste eine neue Bauprodukteverordnung (BauPVO) die seit 1989 geltende Bauprodukte-Richtlinie ab. Nach einer Überarbeitung fallen seit dem 10.06.2016 so gut wie alle Kabel und Leitungen, die dauerhaft im Bauwerk installiert werden, unter diese BauPVO. Danach sind Hersteller von Kabel und Leitungen verpflichtet, Aussagen zum Brandverhalten ihrer Kabel- und Leitungsisolationen zu machen. Nach einer Übergangsfrist ist diese Kennzeichnung seit dem 01.07.2017 für alle Hersteller verpflichtend. Die Kennzeichnungspflicht schließt die Einordnung des Produktes in sogenannte Euroklassen ein sowie die detaillierte Beschreibung des Brandverhaltens in einer sogenannten Leistungserklärung, die der Hersteller vorlegen bzw. im Internet veröffentlichen muss.

So gut wie alle Kabel und Leitungen, die in Deutschland üblicherweise verwendet werden, fallen unter die neue BauPVO. Dazu gehören auch rein nationale Typen, z. B. Mantelleitungen NYM, Stegleitungen NYIF (NYIFY) und Kabel wie NYY bzw. NYCWY. Auch häufig verlegte informationstechnische Kabel und Leitungen sind nicht ausgeschlossen. Es gibt nur wenige Ausnahmen, beispielsweise Kabel und Leitungen mit integriertem Funktionserhalt.

In Deutschland wurde 2017 zu diesem Thema bereits eine Vornorm herausgegeben:

DIN VDE V 0250-10 *„Isolierte Starkstromleitungen – Teil 10: Leitfaden für die Zuordnung der Klassen des Brandverhaltens“*.

In diesem Leitfaden wird darauf hingewiesen, dass die Kabel- und Leitungshersteller zukünftig angeben müssen, welcher Euroklasse (es gibt insgesamt 7 Klassen) ihr Produkt entspricht, und sie müssen diese Angabe durch eine notifizierte Stelle bestätigen lassen. Die Anforderungen an die Qualität der Kabel und Leitungen in Bezug auf das Brandverhalten sowie die hierfür notwendigen Prüf- und Bewertungsverfahren sind in DIN EN 50575 (VDE 0482-575) festgelegt.

Im besagten Leitfaden werden die sieben Euroklassen beschrieben:

F_{ca}, E_{ca}, D_{ca}, C_{ca}, $B2_{ca}$, $B1_{ca}$, A_{ca}

Daneben gibt es noch zusätzliche Angaben, z. B. bezüglich der Rauchentwicklung oder der Säurebildung beim Abbrand oder der Möglichkeit, dass die brennende Isolation „brennend abtropft“:

- s1 bedeutet, dass die Rauchentwicklung gering ist,
- a1 fordert eine geringe Säurebildung bzw. Korrosivität der entstehenden Gase beim Abbrand,
- d1 gibt an, dass die Isolation nicht oder nur begrenzt brennen abtropfen kann.

Die Zuordnung der Euroklassen zu den Gebäuden, in denen die entsprechenden Kabel und Leitungen verlegt werden dürfen, wird nach deren Sicherheitsbedarf vorgenommen, also für Gebäude

- ohne Sicherheitsbedarf reicht die Euroklasse F_{ca},
- mit geringem Sicherheitsbedarf reicht die Euroklasse E_{ca},
- mit mittlerem Sicherheitsbedarf reicht die Euroklasse D_{ca},
- mit hohem Sicherheitsbedarf reicht die Euroklasse C_{ca},
- mit sehr hohem Sicherheitsbedarf muss je nach Gefährdung $B2_{ca}$, $B1_{ca}$ oder A_{ca} gewählt werden.

Weiterhin wird im Anhang A des Leitfadens in Tabelle A.1 empfohlen, die Brandschutzklassen von Kabeln und Leitungen den Gebäudeklassen nach MBO (Musterbauordnung) zuzuordnen. Damit könnte man für jeden Gebäudetyp festlegen, welche brandschutztechnische Qualität (also welche Euroklasse) die dort verlegten Kabeln und Leitungen vorweisen müssen. Wenn Fluchtwege vorhanden sind, werden diese gesondert erfasst (siehe Tabelle 16.21 in diesem Buch). Gegebenenfalls können Behörden oder der Versicherer zusätzlich die Halogenfreiheit der Isolierstoffe fordern.

Als letztes bleibt aber noch die Frage, welche Kabel- und Leitungstypen welchen Euroklassen zugeordnet werden können. Hier hat DIN VDE 0100-420 in einem nationalen Anhang (DIN VDE 0100-420, Anhang NA) einen ersten Versuch vorgelegt, eine grobe Zuordnung der vorhandenen Kabel- und Leitungstypen zu den Euroklassen zu ermöglichen:

- Zu der **Euroklasse E_{ca}** werden mit hoher Wahrscheinlichkeit folgende Kabel- und Leitungstypen gehören:
  NYM, NYY, NI2XY, H03VV-F, H05VV-F
  sowie die Fernmeldekabel J-Y(ST)Y und JE-Y(ST)Y.
- Zu der **Euroklasse C_{ca}** oder **$B2_{ca}$** (je nach Herstellerangabe) werden mit hoher Wahrscheinlichkeit folgende Kabel- und Leitungstypen gehören:
  NHXMH, N2XH, NHXHX, NHXH, H05Z1Z1-F, H07ZZ-F
  sowie die Fernmeldekabel J-H(ST)H, JE-H(ST)H.

Ein CE-Zeichen, aus dem die Euroklasse hervorgeht, zeigt **Bild 16.13** in diesem Buch.

Die Kennzeichnung der Kabel und Leitungen nach BauPVO ist für die Hersteller verpflichtend und die Zuordnung dieser Euroklassen zum Sicher-

Hersteller:
Kabelhersteller
Leitungsweg 10
12345 Kabelhausen
Artikel:
11102012
NYY-J 3X4 RE schwarz Trommel
PVC-Erdkabel 0,6/1 kV mit CU-Leiter
DoP: 16-0004-00
Brandprüfstelle: CE1488
Zertifizierungsjahr: 2016
Norm: N 50575:2014
Brandverhaltensklasse: Eca
Gefährliche Stoffe: Keine
Verarbeitung nur durch eine Elektrofachkraft

Bild 16.13 *Beispiel für eine CE-Kennzeichnung bei einem Kabel (NYY-J 3x4) nach BauPVO*

heitsbedarf des jeweiligen Gebäudes ist durch die Norm ebenso geregelt. Eine direkt daraus entstehende Verpflichtung, für bestimmte Gebäude eine konkrete Euroklasse auszuwählen (siehe **Tabelle 16.21** in diesem Buch) ist allerdings aus den aktuellen VDE-Normen noch nicht ableitbar. Dies müsste früher oder später in Normen, wie DIN VDE 0100-520, festgelegt werden. Allerdings gibt es schon jetzt Ausschreibungstexte oder behördliche Anforderungen, die die Berücksichtigung der Euroklassen und die entsprechende Zuordnung zu den Gebäudeklassen nach Bauordnung fordern. Das sind zurzeit noch Einzelfälle, die unter Umständen aber zunehmend Schule machen und dann zum Standard werden können. In vielen Gebäudearten bzw. Gebäudebereichen dürften möglicherweise zukünftig keine bislang typische Kabel und Leitungen (wie NYM oder NYY) mehr verlegt werden.

Tabelle 16.21 *Auswahl von Brandschutzklassen (Euroklassen) von Kabeln und Leitungen nach Gebäudetypen entsprechend der BauPVO* (Teil 1/2)
Quelle: DIN VDE V 0250-10 (VDE V 0250-10)

Gebäudeklassen nach MBO				Klassen des Brandverhaltens (Euroklassen)	
Klasse	Gebäude-Beschreibung			Mindestanforderung	
				Gebäude (außer Fluchtweg)	Fluchtweg
1	Gebäude, freistehend, und freistehende land- oder forstwirtschaftlich genutzte Gebäude	bis 7 m hoch	mit nicht mehr als insgesamt 400 m²	E_{ca}	–
2	Gebäude	bis 7 m hoch	mit nicht mehr als insgesamt 400 m²	E_{ca}	–
3	Sonstige Gebäude	bis 7 m hoch	mehr als 400 m²	E_{ca}	$B2_{ca}$ s1 d1 a1
4	Sonstige Gebäude	bis 13 m hoch	bis max. 400 m²	E_{ca}	$B2_{ca}$ s1 d1 a1
5	Sonstige Gebäude einschließlich unterirdischer Gebäude			C_{ca} s1 d2 a1	$B2_{ca}$ s1 d1 a1

Tabelle 16.21 *Auswahl von Brandschutzklassen (Euroklassen) von Kabeln und Leitungen nach Gebäudetypen entsprechend der BauPVO* (Teil 2/2)

Quelle: DIN VDE V 0250-10 (VDE V 0250-10)

Gebäudeklassen nach MBO			Klassen des Brandverhaltens (Euroklassen)	
			Mindestanforderung	
Klasse	**Gebäude-Beschreibung**		**Gebäude (außer Fluchtweg)**	**Fluchtweg**
Sonderbauten				
S1	Hochhäuser	höher als 22 m	C_{ca} s1 d2 a1	$B2_{ca}$ s1 d1 a1
S2	Bauliche Anlagen	höher 30 m	C_{ca} s1 d2 a1	$B2_{ca}$ s1 d1 a1
S3	Gebäude	mehr als 1 600 m² größtes Geschoss, ausgenommen Wohngebäude und Garagen	C_{ca} s1 d2 a1	$B2_{ca}$ s1 d1 a1
S4	Verkaufsstätten	größer 800 m²	C_{ca} s1 d2 a1	$B2_{ca}$ s1 d1 a1
S5	Büro/Verwaltung	Räume größer 400 m²	C_{ca} s1 d2 a1	$B2_{ca}$ s1 d1 a1
S6	Gebäude mit Räumen	einzelne Räume Nutzung mit mehr als 100 Personen	C_{ca} s1 d2 a1	$B2_{ca}$ s1 d1 a1
S7	Versammlungsstätten	mehr als 200 Personen	C_{ca} s1 d2 a1	$B2_{ca}$ s1 d1 a1
S8	Gaststätten/Hotels	mehr als 40 Gastplätze in Gebäuden, mehr als 12 Betten, Spielhallen mehr als 150 m²	C_{ca} s1 d2 a1	$B2_{ca}$ s1 d1 a1
S9	Gebäude mit Nutzungseinheiten für Pflege- oder Betreuungsbedürftige	mehr als 6 Personen, Intensivpflegebedarf	$B2_{ca}$ s1 d1 a1	$B2_{ca}$ s1 d1 a1
S10	Krankenhäuser		$B2_{ca}$ s1 d1 a1	$B2_{ca}$ s1 d1 a1
S11	Sonstige Einrichtungen zur Unterbringung von Personen sowie Wohnheime		C_{ca} s1 d2 a1	$B2_{ca}$ s1 d1 a1
S12	Tageseinrichtungen für Kinder, behinderte und alte Menschen		$B2_{ca}$ s1 d1 a1	$B2_{ca}$ s1 d1 a1
S13	Schulen, Hochschulen und ähnliche Einrichtungen		C_{ca} s1 d2 a1	$B2_{ca}$ s1 d1 a1
S14	Justizvollzugsanstalten und bauliche Anlagen für den Maßregelvollzug		C_{ca} s1 d2 a1	$B2_{ca}$ s1 d1 a1
S16	Freizeit-/Vergnügungsparks		C_{ca} s1 d2 a1	$B2_{ca}$ s1 d1 a1
S18	Regallager mit Oberkante Ladegut höher 7,5 m		E_{ca}	$B2_{ca}$ s1 d1 a1
S19	Bauliche Anlagen für Lagerung von Stoffen mit erhöhter Brandgefahr		$B2_{ca}$ s1 d1 a1	$B2_{ca}$ s1 d1 a1
Weitere Zuordnung durch die Kabelindustrie				
	Industrie		C_{ca} s1 d2 a1	$B2_{ca}$ s1 d1 a1
	Serverräume		$B2_{ca}$ s1 d1 a1	$B2_{ca}$ s1 d1 a1
	Straßentunnel		$B2_{ca}$ s1 d1 a1	$B2_{ca}$ s1 d1 a1
	Bahntunnel		$B2_{ca}$ s1 d1 a1	$B2_{ca}$ s1 d1 a1
	Tiefgaragen		C_{ca} s1 d2 a1	$B2_{ca}$ s1 d1 a1

16.3 Besonderheiten bei Planung und Errichtung von Kabel- und Leitungsanlagen

Hier soll auf drei Problembereiche bei der Planung oder Errichtung von elektrischen Anlagen eingegangen werden, die unter ungünstigen Voraussetzungen brandgefährliche Zustände entstehen lassen können: Biegeradius, Einfluss anderer Gewerke und mechanische Beschädigungen.

In diesem Zusammenhang wird auch auf die Ausführungen im Teil B (Kapitel 4 bis 14) hingewiesen.

16.3.1 Biegeradius

Die Gefahren, die durch zu kleine Biegeradien entstehen können, wurden bereits im Teil B, Kapitel 11 angesprochen. Hier soll es um konkrete Angaben für eine korrekte Planung und Errichtung gehen. DIN VDE 0100-520 (Abschnitt 522.8.3) fordert eine korrekte Montage unter Einhaltung der Biegeradien und gibt in den Abschnitten 521.10.2 und 521.10.3 jeweils für Kabel und Leitungen Richtwerte vor.[71] Einige Angaben aus dieser Norm sind in den **Tabellen 16.22** und **16.23** zusammengestellt.

Bei all diesen Angaben wird stets vorausgesetzt, dass die Biegungen fachtechnisch korrekt ausgeführt werden. Das heißt, die Kabel und Leitungen

Tabelle 16.22 *Biegeradien von üblichen Kabeln wie NYY, NYCWY nach DIN VDE 0100-520*

Kabel	**Biegeradius beim üblichen Verlegen**
1-adrig	15-facher Kabeldurchmesser
mehradrig	12-facher Kabeldurchmesser
	Verringerung um 50 % möglich bei: – einmaligem Biegen – fachgerechter Verlegung – Erwärmung des Kabels auf 30 °C – Biegen über Schablone

Tabelle 16.23 *Biegeradien für übliche Leitungen nach DIN VDE 0100-520*
Die Angaben gelten für Verlegungen bei Temperaturen von 10 bis 20 °C

	Leitungsdurchmesser in mm		
	$D \leq 8$	$8 < D < 12$	$D \geq 12$
Leitungen mit starren Leitern	4 *D*	5 *D*	6 *D*
Leitungen mit flexiblen Leitern	3 *D*	3 *D*	4 *D*

Anmerkung 1: *D* ist der Außendurchmesser der Leitung bzw. das kleinste Außenmaß bei flachen Leitungen.
Anmerkung 2: Der kleinstzulässige Biegeradius entspricht dem inneren Radius.

71 Näheres ist den entsprechenden Normen zu entnehmen, so DIN VDE 0276-603, DIN VDE 0298-1/-3 und DIN VDE 0298-300.

dürfen beim Biegen keine zu niedrigen Temperaturen aufweisen und zum Biegen dürfen keine unzulässigen Hilfsmittel verwendet werden (z.B. Schweißbrenner zum „Weichmachen“ oder scharfkantige Stahlträger als Gegenlager beim Biegen).

Besonders bei großen Kabelquerschnitten ist eine genaue Absprache zwischen Planer, Errichter und dem Architekten notwendig, damit für die korrekte Verlegung der Kabel unter Einhaltung der notwendigen Biegeradien genügend Raum zur Verfügung steht. Häufig steht für die Verlegung großer Querschnitte viel zu wenig Platz zur Verfügung. Die Folge ist, dass sich der Errichter bemühen muss, leider manchmal auch unter Zuhilfenahme unerlaubter Hilfsmittel, trotz der Enge eine Verlegung zu bewerkstelligen. Dabei werden nicht selten Isolierungen verletzt – und so kommen zu den im Teil B dieses Buches beschriebenen Gefahren noch Spuren von Beschädigungen durch mechanische Hilfsmittel oder offene Flammen, mit denen man das Kabel (die Leitung) „bezwungen“ hat.

Sobald man entdeckt – möglichst noch im Planungsstadium – dass die vorhandenen Verlegewege bezüglich der Biegeradien nicht genügend Raum bieten, muss nach einer Lösung gesucht werden, mit der eine fachgerechte Montage der Kabel und Leitungen möglich ist. Das kann

- ein anderer als der vorgesehene Verlegeweg sein,
- durch eine Absprache zwischen den Gewerken geschehen, durch die beispielsweise ein großer Kabelquerschnitt durch das Versetzen eines Lüftungskanals genügend Raum erhält,
- dadurch geschehen, dass beispielsweise statt eines Kabels NYY-J 4 x 185 mm^2 zwei Kabel NYY-J 4 x 95 mm^2 oder Einleiterkabel NYY 4 x 1 x 185 mm^2 verlegt werden[72].

Beim Verlegen von Stegleitungen sollte man auf keinen Fall bei Richtungsänderungen die Leitung knicken oder gewaltsam „umklappen“, um einen „sauberen“ 90°-Winkel hinzubekommen. Bei höheren Belastungen sind hier Schäden vorprogrammiert, da nicht nur die Isolierung beschädigt wird, sondern auch der Kupferleiter selbst an der Knickstelle derart gestaucht bzw. überdehnt wird, dass an dieser Stelle höhere Leitungswiderstände entstehen können, die bei hohen Strombelastungen eine zu hohe Temperatur hervorrufen (siehe auch im vorhergehenden Abschnitt 16.2.3, Punkt h).

Richtungsänderungen bei Stegleitungen werden entweder durch **vorsichtiges** Umklappen um 90° erreicht oder dadurch, dass im Bereich der Rich-

72 Allerdings muss bei der Verlegung von Einleiterkabeln stets bedacht werden, dass dabei Probleme für die EMV im Gebäude entstehen können.

tungsänderung die Adern getrennt und einzeln in geschwungenen Bögen verlegt werden. Die beim Umklappen entstehende „Verdickung“ im Bereich der Richtungsänderung muss in eine in die Wand zu stemmende Vertiefung hineingedrückt werden.

16.3.2 Einflüsse anderer Gewerke

Werden Kabel und Leitungen in der Nähe von anderen technischen Einrichtungen errichtet (und das ist in komplexeren Anlagen stets der Fall), so muss für sämtliche Betriebsfälle (normale Betriebsbedingungen, Reparaturen[73], Wartungsarbeiten, Prüfungen usw.) eine Gefahr für die Kabel- und Leitungsanlage ausgeschlossen sein. Das kann durch

- Abstand zu diesen Einrichtungen oder
- Verwendung von Abschirmungsmaßnahmen

erreicht werden.

Wärmewirkung

In DIN VDE 0100-520, Abschnitt 528.3.1, heißt es, dass Kabel- und Leitungssysteme (-anlagen) nicht in der Nähe von anderen technischen Anlagen errichtet werden dürfen, die durch Wärme oder Rauch einen schädigenden Einfluss auf die Kabel und Leitungen hervorrufen[74]. Dies trifft natürlich auch auf eine andauernde Sonneneinwirkung der Isolierstoffe einer elektrischen Anlage zu. Ist das unvermeidlich, müssen nach DIN VDE 0100-520, Abschnitt 522.2.1 eine oder mehrere der folgenden Maßnahmen vorgesehen werden:

- Abschirmung mittels geeigneter Schirme, z. B. Bleche. Dabei sollten diese Schirme so ausgelegt werden, dass sie die natürliche Wärmeableitung der Kabel und Leitungen selbst nicht unzulässig behindern. Das können Schirmbleche sein oder andere bautechnische Zwischenwände,
- Auswahl von Isolationsmaterialien (bzw. von entsprechenden Kabel- und Leitungstypen), die die höheren Temperaturen beherrschen,
- Verwendung von Isolierschläuchen.

73 Der Bestimmungstext der Norm (DIN VDE 0100-520, Abschnitt 528.2.4) nennt in diesem Zusammenhang zwar nur den Schutz vor Gefahren, „die voraussichtlich im ungestörten Betrieb“ von diesen Anlagen ausgehen können. Aber jeder verantwortungsvoller Planer oder Errichter sollte stets bedenken, dass auch eine vernünftige Reparatur bei den anderen Gewerken möglich sein muss, ohne die Kabel- und Leitungsanlage in Gefahr zu bringen. Dabei sollte man gewisse gewerketypische Reparaturen bei der Planung vor Augen haben (beispielsweise Lötarbeiten).

74 Siehe auch im Teil B, Kapitel 4 dieses Buches.

Hier muss bei der Planung oder Errichtung der Kabel- und Leitungsanlage immer auch auf eine zukünftige Entwicklung Rücksicht genommen werden. Wenn man davon ausgehen kann, dass durch zukünftige Installationen anderer Gewerke Wärmewirkungen auf die Kabel und Leitungen ausgeübt werden, so sollten bereits bei der Errichtung der Kabel- und Leitungsanlage entsprechende Maßnahmen (soweit möglich) vorsorglich getroffen werden.

So sollten z. B. dann, wenn Kabel/Leitungen durch die Etagendecke zu verlegen sind, vor Einbringen des Fußbodenestrichs mindestens vom Rohfußboden bis in etwa 15 cm bis 30 cm Höhe reichende Leerrohre vorgesehen werden, die die darin eingezogenen Kabel/Leitungen vor der beim Abbinden des Estrichs entstehenden Wärme schützen.

Kondenswasser

Ist mit Kondensation zu rechnen (DIN VDE 0100-520, Abschnitt 528.3), so muss durch Anordnung der Kabel- und Leitungsanlage oder durch Abschirmungsmaßnahmen verhindert werden, dass es zu einem schädigenden Einfluss auf das Kabel- und Leitungssystem kommt.

16.3.3 Vermeiden von mechanischen Beschädigungen

Die Möglichkeiten, Kabel und Leitungen mechanisch zu beschädigen, sind beinahe unbegrenzt. Aus diesem Grund sollen hier nur einige Beispiele gegeben werden. Im Übrigen wird auf die Ausführungen im Teil B, Kapitel 13 dieses Buches verwiesen.

Kabel- und Leitungseinführungen

Einführungen sind stets besonders gefährdet. Hier sollte der Fachmann darauf achten, dass die Isolierung unter keinen Umständen verletzt wird oder sonstwie in Gefahr gerät. Dabei sind stets mögliche Bewegungen mit einzukalkulieren, die auf das Kabel (die Leitung) von außen wirken können. So sollte man bedenken, dass bei Einführungen in Verteiler, Geräte, Kanäle oder Schächte, die in Verkehrswege hineinragen und bei denen ein Abschranken oder Abkoffern der eingeführten Kabel und Leitungen nicht möglich ist, immer davon auszugehen ist, dass daran gestoßen, gezogen oder gedrückt wird. Hier sollten also feste, verschraubbare Einführungen gewählt werden, die in jeder Lage einen sicheren Halt bieten.

Die Einführungen sollten stets auch dicht sein, um das Eindringen von Staub, Schmutz und Feuchtigkeit zu verhindern.

Übergänge

Überall dort, wo Kabel und Leitungen die Verlegeart wechseln oder irgendwo hindurchgeführt werden, ist besonders auf eine eventuelle Gefährdung der Isolierung zu achten. Übergänge können sein:

- Ein Kabel wird aus der Kabelrinne herausgefädelt und weiter offen auf der Wand nach unten verlegt.
- Eine Leitung wird durch ein Blech geführt.
- Eine Leitung wird in den Hohlraum eines Stahlgerüstes oder eines Holzbauteils eingeführt, um dort weiter zum Verbraucher verlegt werden zu können.

Hier können beispielsweise Manschetten oder abgerundete, weiche Auflagen, die die Isolierung vor scharfen Kanten schützen, eingesetzt werden.

Befestigungen

Kabel und Leitungen werden häufig gebündelt verlegt – so vor allem oberhalb von Unterdecken. Hier ist es wichtig, dass der Errichter stets die maximal zulässigen Abstände zwischen den Befestigungen einhält. Für einzeln verlegte Kabel gibt DIN VDE 0100-520, Abschnitt 521.10.2 vor, dass die Befestigung in Abständen vom 20-fachen des Kabeldurchmessers erfolgen sollte – maximal darf ein Abstand von 80 cm nicht überschritten werden. Dabei gilt dies auch für Auflagestellen bei Verlegung auf Kabelpritschen oder Gerüsten, es sei denn, die Konstruktion des Kabels lässt nach Herstellerangaben größere Abstände zu.

Bezüglich der Befestigungsabstände von Leitungen wurde in DIN VDE 0100-520 eine Tabelle 2 eingefügt, die Abstände entsprechend der Außendurchmesser der Leitungen angibt. Für eine Leitung mit einem Außendurchmesser zwischen 9 mm und 15 mm sind dies beispielsweise 300 mm und für größere Durchmesser werden Abstände bis zu 400 mm angegeben. Bei senkrechter Verlegung kann der Abstand bei Kabeln auf ca. 1,5 m vergrößert werden, und bei Leitungen, je nach Außendurchmesser, auf 0,4 m bis 0,55 m. Allerdings treten bei dieser Verlegeart häufig zusätzliche Gefahren auf, beispielsweise bei der Befestigung der Kabel und Leitungen auf einer Steigetrasse. Hier werden sie häufig mittels Kabelbinder an den Sprossen der Steigetrasse befestigt, was eine auf Dauer unzulässige Belastung für die Kabel- und Leitungsisolation darstellen kann.

In DIN VDE 0100-520, Abschnitt 522.8.1.1 und Abschnitt 522.8.5, wird hervorgehoben, dass Zugbelastungen, wie sie beispielsweise bei senkrechter Verlegung vorkommen, bei der Montage besonders beachtet werden müssen. Die Befestigung der Kabel und Leitungen darf die Isolierung nicht gefährden – dafür muss die jeweilige Befestigungsart „geeignet" sein. Man kann nicht von einer fachgerechten Installation sprechen, wenn die senkrecht verlegten Kabel und Leitungen beispielsweise mit Draht fixiert würden. Kabelbinder sollten hingegen für diese Verlegeart ausgewiesen sein, wobei der Hersteller die Eignung für diese senkrechte Verlegung bestätigen sollte. Dabei muss er auch angeben, welche Befestigungsabstände bei dieser Verlegeart einzuhalten sind, damit eine Beschädigung der Isolierung ausgeschlossen bleibt. Kann der Hersteller hierzu keine Angaben machen, sollte man auf andere Befestigungsmöglichkeiten zurückgreifen. Kabelbinder sind häufig (je nach Bauart) hart und scharfkantig. Davon auszugehen, dass sie in jedem Fall eine sichere Befestigung für eine senkrechte Kabel- und Leitungsverlegung abgeben, ist nicht korrekt.

Überhaupt sollte man bei Sammelhaltern und Kabelbindern darauf achten, dass nicht zu viele Kabel (Leitungen) zusammengefasst werden (der Hersteller der Sammelhalter bzw. der Kabelbinder gibt hierzu Auskunft) und dass Halter bzw. Kabelbinder die Isolierung nicht zu stramm umfassen dürfen, um Druckstellen zu verhindern.

Ebenso problematisch ist das **Befestigen bzw. Fixieren von Stegleitungen**[75]. Häufig geschieht das, indem man zwischen den „Stegen" bzw. den Leitungsadern Nägel einschlägt. Doch diese Art der Befestigung ist äußerst problematisch, da man von außen kaum feststellen kann, ob die extrem dünne Basisisolierung dieser Leitungsart dabei beschädigt wurde. Statt dessen sollten Gipspflaster eingesetzt werden. Nach Norm (DIN VDE 0100-520, Abschnitt 521.10.5e) sind zwar auch speziell dafür vorgesehene Nägel (mit Isolierstoffunterlegscheiben) oder entsprechend geformte Schellen zulässig, doch auch diese Befestigungsart bietet keinen ausreichenden Schutz vor Verletzung der Isolierung.

Versehentliche Beschädigungen

Die Gefahr, dass Kabel und Leitungen durch einen Nagel, eine Schraube oder durch den Bohrer einer Bohrmaschine verletzt werden, kann reduziert werden, indem man sich möglichst exakt an die Verlegezonen gemäß DIN 18015-3 hält – das gilt auch für die Montage in Hohlwänden.

75 Zum Thema „Stegleitung" siehe auch in den Abschnitten 16.2.3 und 16.3.1.

Beschädigung durch Tiere

Eine andere, in manchen Gebäuden leider unvermeidliche Gefahr ist die durch Nagetierfraß (siehe hierzu auch Kapitel 12 in diesem Buch). Aber auch andere Tiere (beispielsweise in landwirtschaftlichen Betrieben) können Schäden hervorrufen. Die Norm DIN VDE 0100-520 spricht deshalb ganz allgemein vom „Vorhandensein von Tieren“ und den daraus resultierenden Gefahren (dort im Abschnitt 522.10). Im Bestimmungstext folgen dazu drei mögliche Maßnahmen:

1. Auswahl der Kabel und Leitungen mit erhöhtem mechanischen Schutz (beispielsweise Kabel und Leitungen mit konzentrischem Schutzleiter, wie NYCWY),
2. Auswahl eines entsprechend geschützten Verlegeortes,
3. Auswahl eines zusätzlichen lokalen mechanischen Schutzes (beispielsweise ein Gitter oder eine Art Netz, hinter denen man die Leitungen verlegt).

Natürlich können auch Kombinationen dieser Schutzmaßnahmen gewählt werden. Auf alle Fälle muss das bei der Planung bereits mit beachtet werden. Beispielsweise kann der Planer der elektrischen Anlage in Absprache mit dem Architekten dafür sorgen, dass durch entsprechende bauliche Maßnahmen unliebsamen Nagern kein Zutritt zu den Kabel- und Leitungsisolierungen gewährt wird. Steht jedoch von vornherein fest, dass ein Nagetierbefall nicht auszuschließen ist, sollte man direkt auf Kabel und Leitungen mit konzentrischen Leitern (siehe Abschnitt 16.2.7) zurückgreifen und die gefährdeten Kabel- und Leitungsanlagen durch Fehlerstrom-Schutzeinrichtungen (RCD; siehe Kapitel 19) oder durch Differenzstrom-Überwachungseinrichtungen (RCM; siehe Abschnitt 20.1) überwachen.

Sonstige Gefahrenstellen

Im Übrigen sollte man stets darauf achten, dass Kabel und Leitungen entlang ihres Verlaufes durch äußere mechanische Belastungen nicht in Gefahr geraten. So kommt es immer wieder vor, dass beispielsweise Kabel und Leitungen im Türbereich durch das Türblatt beim Öffnen der Tür beschädigt werden oder durch ein Fenster, eine Klappe usw. Der Errichter sollte diese möglichen Gefahren bedenken. Sind sie unvermeidbar, sollten Abschirmbleche oder Türstopper eine Beschädigung der Isolierung verhindern.

16.4 Querschnitt von Neutralleitern

In der aktuellen Ausgabe von DIN VDE 0100-520 wird klar geregelt, unter welchen Bedingungen Neutralleiter (bzw. PEN-Leiter) reduziert werden dürfen. Die Aussagen werden in der **Tabelle 16.24** in diesem Buch zusammengefasst. Das Hauptproblem sind die Oberschwingungsströme der 3. Oberschwingung und Vielfache davon. Wie bereits im Abschnitt 16.1.5.4 in diesem Buch angedeutet (siehe auch Kapitel 28 in diesem Buch), sammeln sich derartige Oberschwingungsströme in Endstromkreisen sicher nicht in gefahrdrohender Menge; in Verteilerstromkreisen können hierdurch allerdings Probleme entstehen.

Tabelle 16.24 zeigt, dass eine Neutralleiterreduzierung zwar möglich ist, sich aber beschränkt auf

- 3-phasige Wechselstromkreise (Drehstromkreise),
- Stromkreise mit einem Leiterquerschnitt über 16 mm^2 und
- Stromkreise, bei denen sichergestellt ist, dass in allen Betriebszuständen der Anteil der 3. harmonischen Oberschwingung (einschließlich Vielfache davon) unter 15 % bleibt.

Tabelle 16.24 *Regeln für eine mögliche Neutralleiterreduzierung nach DIN VDE 0100-520*

I_N Neutralleiterstrom
I_L Außenleiterstrom
I_b Betriebsstrom
S Neutralleiterquerschnitt
S_L Außenleiterquerschnitt
THD gesamte harmonische Verzerrung (Engl.: Total Harmonic Distortion); (nach DIN VDE 0100-520 jedoch nur auf die harmonischen Oberschwingungen der 3. Ordnung und die Vielfachen davon bezogen)

		$S > 16$ mm^2		
	$S \leq 16$ mm^2	THD < 15 %	THD 15 % ... 33 %	THD > 33 %
1-phasig	$S_N = S_L$	$S_N = S_L$	$S_N = S_L$	mehradrige Leitung $S_N = S_L$ bei Berücksichtigung von $I_N = 1{,}45 \cdot I_b$
3-phasig	$S_N = S_L$	$S_N \leq S_L$	$S_N = S_L$	Einleiterkabel $S_N > S_L$ bei Berücksichtigung von $I_N = 1{,}45 \cdot I_b$ $I_L = I_b$

Hier muss zusätzlich Folgendes berücksichtigt werden:

a) Wie bereits in Abschnitt 16.1.5.4 gesagt, ist in der Planungsphase der Anteil der Oberschwingungsströme der 3. Oberschwingung (und Vielfache davon) nur sehr schwer zu bestimmen.
b) Bei neuzeitlichen Verbrauchsmitteln ist immer davon auszugehen, dass in den Verteilungsstromkreisen ein genügend hoher Anteil von Oberschwingungsströmen der 3. Oberschwingung (und Vielfache davon) vorhanden sind.

Aus diesen Gründen sollte eine Reduzierung von PEN-Leitern und Neutralleitern immer vermieden werden.

Der Faktor 1,45, der in der Tabelle 16.24 angegeben wird, ist in DIN VDE 0100-520 zu finden. Er hat nichts mit dem bekannten Faktor der zweiten Gleichung aus DIN VDE 0100-430 zu tun (siehe Abschnitt 16.1.4.1 in diesem Buch). Vielmehr soll durch diesen pauschalen Faktor bei einem Anteil der vorgenannten Oberschwingungsströme von mehr als 33 % einer Überlastung der Kabel und Leitung (vor allem des Neutralleiters) entgegengewirkt werden. Dieser Oberschwingungsanteil ist jedoch sehr schwer zu bestimmen. Außerdem sollte man bei neuzeitlichen Verbraucheranlagen fast immer davon ausgehen können, dass genügend viele Verbrauchsmittel an der Verteilung betrieben werden, die einen mehr oder weniger hohen Anteil an Oberschwingungsströmen der 3. Oberschwingung (oder Vielfache davon) hervorrufen. Aus diesem Grund müsste man diesen Faktor sicherheitshalber fast immer in Verteilerstromkreisen ansetzen. Wer dagegen etwas exakter vorgehen möchte, sollte die Vorgehensweise nach Abschnitt 16.1.5.4 (siehe auch Kapitel 28 in diesem Buch) berücksichtigen.

Besteht der Verteilerstromkreis aus Einzelleitern, darf der Außenleiterquerschnitt selbstverständlich nach dem Betriebsstrom ausgelegt werden. Lediglich bei der Bestimmung des Neutralleiterquerschnitts wird der Betriebsstrom mit dem zuvor erwähnten Faktor 1,45 multipliziert.

16.5 Kabel für Photovoltaikanlagen (VDE 0100-712)

Für Photovoltaikanlagen gibt es seit Juni 2008 eine Errichternorm:

DIN VDE 0100-712 (VDE 0100-712):2008-06
Anforderungen für Betriebsstätten, Räume und Anlagen besonderer Art, Solar-Photovoltaik-(PV)-Stromversorgungssysteme

Diese Norm war dringend nötig geworden, weil derartige Anlagen immer häufiger errichtet wurden und sich die sicherheitstechnischen Fragen hierzu häuften.

Das Besondere an der Leitungsanlage ist:

- Das Leitungssystem auf dem Dach bis hin in den Innenbereich des Gebäudes (genauer bis zum Wechselrichter) wird mit Gleichstrom belastet. Die Probleme bei Gleichstrombelastung sind bekannt: Gleichstrom kann Probleme beim Schalten verursachen und ein durch Fehler entstandener Lichtbogen ist nur schwer zu löschen.
- Die Stromquelle ist letztlich die Sonne, deren Energiezufuhr niemand beeinflussen kann.
  Um Spannungsfreiheit hervorzurufen, muss die Anlage bzw. müssen die Kollektoren abgedeckt werden oder man wartet bis zum Einbruch der Dunkelheit.
- Die Belastungen durch äußere Einflüsse sind auf dem Dach für die Leitungsanlage enorm.
  Neben Wind und Regen treten auf: große Temperaturschwankungen, UV-Bestrahlung durch die Sonne, eventuell Pflanzen- und Pilzbefall, tierische Exkremente sowie bei Sturm Einwirkungen durch herabfallende Äste u. ä.
- Einflüsse durch Blitzüberspannungen müssen gegebenenfalls mit berücksichtigt werden. Dies gilt besonders, wenn eine Blitzschutzanlage vorhanden ist.

Auf alle Fälle muss verhindert werden, dass durch Isolationsfehler Kurzschlüsse oder Erdschlüsse entstehen. So heißt es in DIN VDE 0100-712, *Abschnitt 712.521.101 wörtlich:*

„Kabel und Leitungen auf der Gleichspannungsseite müssen so ausgewählt und verlegt werden, dass das Risiko von Erdschlüssen und Kurzschlüssen möglichst klein ist. Dies muss erreicht werden durch das Verwenden von

- *einadrigen Kabeln mit einem nicht metallischen Mantel oder*
- *Isolierten (einadrigen) Leitungen, die in einzeln isolierten Installationsrohren oder Kabelkanälen verlegt sind.*

Kabel und Leitungen dürfen nicht direkt auf der Dachoberfläche verlegt werden.

ANMERKUNG: DIN EN 50618 (VDE 0283-618) beschreibt Kabel und Leitungen, die für die Verwendung auf der Gleichspannungsseite von PV-Anlagen geeignet sind."

Die in der Anmerkung genannte Norm heißt „Kabel und Leitungen – Leitungen für Photovoltaik-Systeme“. Dort werden 1-adrige Kabel und Leitungen mit der Bauartkennzeichnung **„H1Z2Z2-K“** beschrieben, die bestens für den Einsatz auf dem Dach geeignet sind. In DIN EN 50618 (VDE 0283-618), Tabelle A.3 werden Strombelastbarkeitswerte für eine Umgebungstemperatur von 60 °C angegeben (siehe **Tabelle 16.25** in diesem Buch). Diese relativ hohe Umgebungstemperatur muss wegen den besonderen Verhältnissen auf dem Dach gewählt werden. Wenn Kabel oder Leitungen (einschließlich zugeordnete Betriebsmittel, wie Anschluss- und Klemmkästen) auf der Unterseite der PV-Module montiert werden müssen, ist nach DIN VDE 0100-712, Abschnitt 712.523.101 sogar von einer Umgebungstemperatur von 70 °C auszugehen. **Bild 16.14** in diesem Buch zeigt ein Beispiel für eine entsprechende Leitung.

Besonders auf der Gleichstromseite von PV-Anlagen ist ein sicherer Schutz bei Überstrom nur schwer realisierbar. Neben der schon erwähnten Anforderung, eine möglichst „erd- und kurzschlusssichere Verlegung“ (siehe hierzu Abschnitt 16.1.7.2 in diesem Buch) zu wählen, fordert DIN VDE 0100-712, Abschnitt 712.421.101.1, eine Isolationsüberwachungseinrichtung (IMD) vorzusehen, die auch im Wechselrichter integriert sein kann. Lediglich bei Anlagen mit einer funktionsbedingten Anbindung der DC-

Tabelle 16.25 *Strombelastbarkeitswerte von PV-Leitungen (H1Z2Z2-K) nach DIN EN 50618 (VDE 0283-618) bei einer Umgebungstemperatur von 60 °C*

Nennquerschnitt in mm²	Strombelastbarkeit in A bei Verlegeart		
	Einzelleitung frei in Luft	Einzelleitung an Flächen	zwei Leitungen berührend, an Flächen
1,5	30	29	24
2,5	41	39	33
4	55	52	44
6	70	67	57
10	98	93	79
16	132	125	107
25	176	167	142
35	218	207	176
50	276	262	221
70	347	330	278
95	416	395	333
120	488	464	390
150	566	538	453
185	644	612	515
240	775	736	620

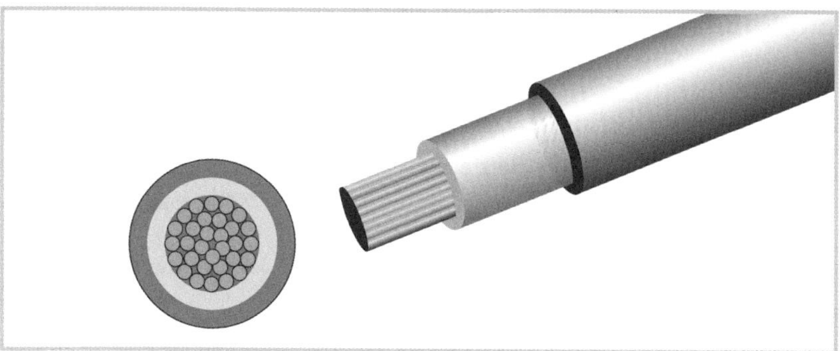

Bild 16.14 *Darstellung eines Solarkabels mit doppelter Isolierung in flexibler Ausführung*

Seite an den Potentialausgleich des Gebäudes kann darauf verzichtet werden. In diesem Fall muss durch eine automatische Trenneinrichtung ein Fehlerstrom, der durch einen Isolationsfehler auf der DC-Seite entstanden ist, eine sichere und rechtzeitige Abschaltung erfolgen (DIN VDE 0100-712, Abschnitt 712.421.101.2).

17 Planung und Errichtung von Verteilern und Hausanschlusskästen

17.1 Verteiler in der aktuellen Normung

17.1.1 Allgemeines

Früher unterschied man in diesem Zusammenhang zwischen Kleinverteilern (typische Installationsverteiler) und den größeren, meist für gewerblich und industriell genutzte Anlagen vorgesehene Verteiler. Letztere wurden dann unterteilt in „Typgeprüfte Niederspannungs-Schaltgerätekombinationen (TSK)" und „Partiell Typgeprüfte Niederspannungs-Schaltgerätekombinationen (PTSK)". All diese unterschiedlichen Bezeichnungen hob man jedoch mit Herausgabe von Normen der Reihe DIN EN 61439 (VDE 0660-600) auf. Nach diesen Normen gibt es nur noch Niederspannungs-Schaltgerätekombinationen. Die vorgenannten Installationsverteiler werden z.B. in DIN EN 61439-3 (VDE 0660-600-3) beschrieben. Der Titel dieser Norm lautet: **Niederspannungs-Schaltgerätekombinationen – Teil 3: Installationsverteiler für die Bedienung durch Laien (IVL).**

17.1.2 Belastbarkeit der Niederspannungs-Schaltgerätekombination

Nach den Normen der Reihe VDE 0660-600 wird durch eine Erwärmungsprüfung festgestellt, ob alle Betriebsströme sicher geführt werden können. Insgesamt müssen für Niederspannungs-Schaltgerätekombinationen sogenannte Bauartennachweise nach Abschnitt 10 aus DIN EN 61439-1 (VDE 0660-600-1) erbracht werden, bei denen Prüfungen und Berechnungen eine Rolle spielen. Die Norm beschreibt einen solchen Nachweis folgendermaßen:

„Der Bauartnachweis dient zum Nachweis der Übereinstimmung der Bauart der Schaltgerätekombination oder des Schaltgerätekombinationssystems mit den Anforderungen dieser Reihe der Normen. Die Prüfungen sind an einem repräsentativen, neuwertigen Prüfling einer Schaltgerätekombination durchzuführen. Der Bauartnachweis muss durch Anwendung eines oder mehrerer der folgenden gleichwertigen und alternativen Verfahren erfolgen: Prüfung, Berechnung, Messung oder Bestätigung der Einhaltung von Konstruktionsregeln."

In der Regel wird also der Hersteller die Betriebsmittel im Verteiler einschließlich der Leitungsquerschnitte der internen Verdrahtung entsprechend auswählen und dann durch eine Erwärmungsprüfung nach Norm VDE 0660-600 nachweisen, dass die Auslegung korrekt erfolgte.

Wer Energieverteiler (Niederspannungs-Schaltgerätekombinationen) selbst baut oder bestehende verändert, muss sich zur Erwärmung im Verteiler sowie um die Auslegung der internen Verdrahtung selbst Gedanken machen. Hierzu sind die Anforderungen nach Anhang H aus VDE 0660-600 sowie (zurzeit noch) nach VDE 0660-507 zu erfüllen.

Als Umgebungstemperatur für diese Betriebsmittel kommt selbstverständlich nur die Innenraumtemperatur im Verteiler in Frage. In den Strombelastbarkeitstabellen aus VDE 0660-507 wurden zwei Temperaturen zugrunde gelegt: 35 °C und 55 °C.

Die erste Temperatur stellt die untere Grenze von üblichen Innenraumtemperaturen in einem elektrischen Energieverteiler dar und die zweite Temperatur die übliche obere Grenze, die in der Regel nicht überschritten werden sollte, da z. B. elektronische Einrichtungen im Verteiler dann nicht mehr auf Dauer sicher betrieben werden können.

Bei Maschinenverteilungen gelten nach DIN EN 60204-1 (VDE 0113-1) sogar 40 °C als übliche Innenraumtemperatur. Um diese bei der Projektierung der Verteilung vorgegebene Temperatur während des Betriebs nicht zu überschreiten, muss eine Wärmelastberechnung durchgeführt werden. Diese kann unter Umständen sehr komplex ausfallen, je nach Art und Umfang der Verteilung.

Eine wichtige Größe spielt dabei der sogenannte „Bemessungsbelastungsfaktor (RDF)". Nach VDE 0660-600-1, Abschnitt 3.8.10, ist dies der vom Hersteller der Schaltgerätekombination angegebene Prozentwert des Bemessungsstroms, mit dem die Abgänge einer Schaltgerätekombination dauernd und gleichzeitig unter Berücksichtigung der gegenseitigen thermischen Einflüsse belastet werden können. RDF steht dabei für das englische „rated diversity factor".

Im Grunde wird damit das Verhältnis der maximal möglichen Strombelastung des Elektroverteilers zur tatsächlichen (also geplanten) Strombelastung ausgedrückt.

Häufig wird dieser Faktor bei größeren Verteilern mit 0,8 angegeben (siehe VDE 0660-600-1, Anhang E). Das bedeutet, dass die Elektroverteilung so ausgelegt wurde, dass sie nur mit maximal 80 % der maximal möglichen Strombelastung betrieben wird.

Das Problem ist, dass sich nachträglich durch Änderungen und Ergänzungen dieses Verhältnis verändert, so dass die ursprüngliche Wärmelastberechnung, die Auslegung der Leitungsquerschnitte der internen Verdrahtung usw. nicht mehr stimmt und auf diese Weise die Temperatur im Verteiler bedrohlich ansteigen kann. Das bedeutet, dass bei der Projektierung einer Verteilung sehr auf mögliche, zukünftige Änderungen geachtet werden muss. Werden solche zwar erwartet, ohne dass sie jedoch wirklich kalkuliert werden können, muss eine ausreichende Reserve vorgehalten werden.[76]

76 Bei Aussetzbetrieb oder ständig wechselnden Betriebszuständen müssen die Stromstärken der verschiedenen Belastungszustände geometrisch über die Zeit gemittelt werden, sofern die verschiedenen Belastungen zyklisch auftreten. Bei Einschaltzeiten über 30 min ist dies jedoch kaum möglich, da die meisten Betriebsmittel im Verteiler dann bereits ihr thermisches Gleichgewicht erreicht haben. Auch bei Ausschaltzeiten über 30 min ist die geometrische Mittelung problematisch. Weitere Einzelheiten sind in DIN EN 61439-1 (VDE 0660-600-1), Anhang E, zu finden. Die Formel für die geometrische Mittelung ist folgende:

$$I_{\text{eff}} = \sqrt{\frac{I_1^2 \cdot t_1 \cdot I_2^2 \cdot t_2 \cdot I_3^2 \cdot t_3}{t_1 + t_2 + t_3 + t_4}}$$

t_1 Dauer für den Stromfluss von I_1
t_2 Dauer für den Stromfluss von I_2
t_3 Dauer für den Stromfluss von I_3
t_4 Strompause (kein Strom fließt)

17.1.3 Kurzschlussfestigkeit des Verteilers

Hierfür sind die Überlegungen bzw. die Berechnung aus Kapitel 15 anzuwenden. Die Betriebsmittel des Verteilers bis zur Einspeisung müssen den maximalen Kurzschlussstrom I_K“ sowie den Stoßkurzschlussstrom I_S aushalten. Hinter der Eingangssicherung (im Beispiel der NH-Sicherungslasttrenner) tritt als maximaler Strom der Durchlassstrom der Sicherung (I_D) auf.

Der Stoßkurzschlussstrom I_S heißt in der Verteilernorm (DIN VDE 0-660-1) „Bemessungsstoßstromfestigkeit I_{PK}“ und der Durchlassstrom I_D (hinter der Haupt-Überstrom-Schutzeinrichtung) heißt dort „bedingter Bemessungskurzschlussstrom I_{CC}“.

Wenn der Kurzschlussstrom I_K“ kleiner als 10 kA ausfällt bzw. I_D kleiner als 17 kA, so ist nach DIN VDE 0-660-1 Abschnitt 10.11.2 kein Nachweis der Kurzschlussfestigkeit mehr notwendig.

17.1.4 Temperatur im Verteiler

Die Innenraumtemperatur von Verteilern sollte in der Regel maximal 40 °C nicht überschreiten. Dabei muss der Planer stets berücksichtigen, dass alle elektrischen Betriebsmittel im Verteiler bei Belastung eine gewisse Verlustleistung aufweisen, die Wärme hervorruft. In industriellen Anlagen ist eine Innenraumtemperatur von 40 °C nicht immer einzuhalten. Deshalb muss sich der Planer bzw. Errichter über die Innenraumtemperatur Gedanken machen und notfalls die Hersteller der Betriebsmittel, die im Verteiler zum Einsatz kommen sollen, nach der jeweiligen Verlustleistung befragen, um hierdurch eine Aussage über die mögliche Innenraumtemperatur treffen zu können.

In der Regel kann man davon ausgehen, dass für viele Betriebsmittel, wie Schutzschalter, Zeitrelais, Schaltrelais u. ä. vom Hersteller eine übliche Umgebungstemperatur von 50 °C vorausgesetzt wird. Natürlich erreicht der Verteiler diese 50 °C nur, wenn eines oder mehrere der folgenden Kriterien zutreffen:

- Die Temperatur des Raums, in dem sich der Verteiler befindet, liegt im Wesentlichen über 35 °C bzw. die Temperaturdifferenz ΔT (siehe weiter unten) zwischen dem Verteiler und seiner Umgebung beträgt weniger als 15 K.
- Im Verteiler befinden sich zahlreiche Betriebsmittel, die relativ viel Wärme erzeugen. Das können Relais, Schütze, Transformatoren, Schaltuhren usw. sein. Aber auch eine dichte Belegung mit LS-Schaltern kann für relativ hohe Verlustwärme im Verteiler sorgen.

- Zahlreiche abgehende Kabel oder Leitungen sind über längere Zeit hoch belastet. Ihre Betriebstemperatur liegt also knapp unter dem zulässigen Wert. Diese Wärme geben diese Kabel und Leitungen auch an die Klemmen im Inneren des Verteilers ab.
- Installationsverteiler sollten nach DIN 18 015 für einen maximalen Gleichzeitigkeitsfaktor (Bemessungsfaktor) von 0,5 ausgelegt sein. Das bedeutet: In der Regel sind nur etwa 50 % aller angeschlossenen elektrischen Verbraucher in Betrieb. Wird dieser Gleichzeitigkeitsfaktor häufig oder für längere Zeit überschritten (beispielsweise, wenn Elektroheizgeräte angeschlossen sind oder durch zahlreiche Nachinstallationen eine veränderte Situation entstanden ist), dann muss mit einer höheren Wärmeentwicklung gerechnet werden.
- Es sind Auswirkungen von Wärmestrahlungen durch technische Einrichtungen oder durch Sonneneinwirkung zu erwarten.

Diese Kriterien müssen bei der Auswahl des Verteilers beachtet werden, um die Frage zu klären, ob er eine Belüftung (beispielsweise Lüftungsschlitze oder Filterlüfter) benötigt oder eventuell sogar einen Klimaaufsatz.

Verteiler dürfen auch bei Beachtung dieser Kriterien nie zu klein ausgelegt werden. Die Reserve sollte man stets großzügig planen. Oft wird ein Verteiler zunächst richtig geplant. Durch Änderungen und Erweiterungen entsteht dann eine viel zu hohe Belastung und somit eine zu hohe Innentemperatur. Hier helfen häufig Herstellerangaben, die bei einer bestimmten Umgebungstemperatur und einer vorgegebenen Bestückung (einschließlich Reserve!) Aussagen über die Belastbarkeit machen können.

Natürlich muss aus diesen Gründen auch über den Standort des Verteilers nachgedacht werden. So sollten Verteiler nie einer äußeren Wärmestrahlung ausgesetzt sein. Auch Räume, in denen mit erhöhten Raumtemperaturen zu rechnen ist, sollten als Standorte für Verteiler nach Möglichkeit nicht in Betracht kommen.

Für eine Berechnung der möglichen thermischen Belastung eines Verteilers gibt der Hersteller in der Regel für seine Verteiler sämtliche Werte an. Beispielsweise wird häufig in einer Tabelle angegeben, wie viel Verlustleistung in einem Verteiler anfallen darf (P_{zul}). Die Verlustleistungen sämtlicher Verteilereinbauten, wie LS-Schalter, Schmelzsicherungen, Relais, Transformatoren, Anschlussleitungen müssen addiert und mit einem Gleichzeitigkeitsfaktor multipliziert ($P_{V\text{-}ges}$) niedriger ausfallen als die zulässige Verlustleistung des Verteilers ($P_{V\text{-}ges} < P_{zul}$).

Übliche Herstellerangaben geben die zulässige Verlustleistung (P_{zul}) für eine vorliegende „Übertemperatur“ ΔT an. Diese Übertemperatur ist die

Temperaturdifferenz zwischen dem Innenraum des Verteilers und der Umgebungstemperatur. Aus diesen Herstellerangaben geht weiterhin hervor, dass sich die zulässige Verlustleistung P_{zul} eines Verteilers tendenziell wie die Temperaturdifferenz ΔT verhält (je kleiner ΔT, umso kleiner fällt P_{zul} aus):

ΔT	30 K	25 K	20 K	15 K	10 K
P_{zul}	100 %	75 %	50 %	38 %	25 %

Beispiel:
Die zulässige Verlustleistung eines Verteilers bei ΔT = 30 K beträgt beispielsweise P_{zul} = 28 W. Das trifft zu, wenn im Verteiler 40 °C herrschen und die Umgebungstemperatur ϑ = 10 °C beträgt. Diese zulässige Verlustleistung reduziert sich jedoch bei höheren Umgebungstemperaturen und gleich bleibender Innentemperatur erheblich, wie das folgende Diagramm zeigt:

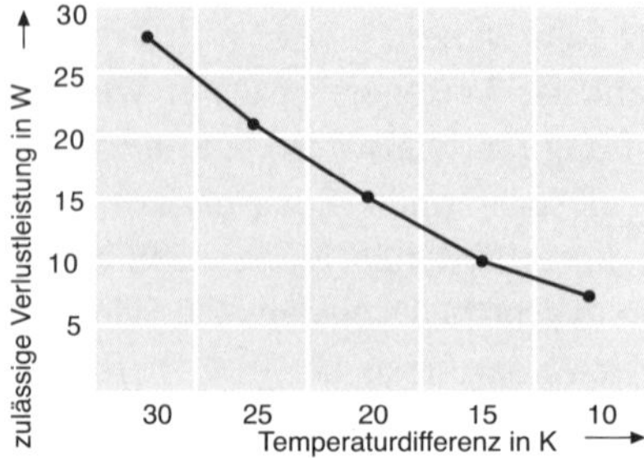

Sinkt die Differenz zwischen Umgebungstemperatur und Innenraumtemperatur des Verteilers auf unter 15 K, so kann ein sicherer Betrieb häufig nur noch mit zusätzlichen Lüftungs- oder Klimatisierungsmaßnahmen erreicht werden. Da viele elektronische Bauteile kaum mehr als 50 °C dauernd anstehende Umgebungstemperatur (= Innenraumtemperatur des Verteilers) vertragen, resultiert daraus eine maximale Umgebungstemperatur für den Verteiler von 35 °C, ab der man über besondere Lüftungs- oder Klimatisierungsmaßnahmen nachdenken muss.

Aus diesen (überschlägigen) Angaben wird deutlich, dass die Umgebungstemperatur von ganz entscheidender Bedeutung bei der Auslegung des Verteilers ist. Planer und Errichter sollten also in jedem Fall den Standort des Verteilers sowie die Belastung durch die eingebauten Betriebsmittel und durch die Verbraucherleistungen genau einkalkulieren und danach die Herstellerangaben zum Verteiler aufmerksam lesen und beachten.

Weitere Planungsgrundlagen für „Niederspannungs-Schaltgerätekombinationen" sind in einem sehr hilfreichen Leitfaden des Zentralverbands der Deutschen Elektro- und Informationstechnischen Handwerke (ZVEH) kurz und knapp niedergelegt: „Leitfaden zur Anwendung der DIN EN 60439-1 (VDE 0660 Teil 500)".

Besondere Sorgfalt ist dann angebracht, wenn Verteiler auf brennbaren Baustoffen befestigt werden müssen. Die VdS-Richtlinien (VdS 2023, Abschnitt 3.3.3) geben hierzu eine wichtige Empfehlung: Sind Verteiler direkt auf brennbaren Baustoffen zu befestigen, sollte eine feuerfeste Unterlage als Zwischenlage eingebracht werden. Feuerfeste Unterlagen sind beispielsweise Fibersilikatplatten mit einer Dicke von mindestens 12 mm.

17.1.5 Lichtbogen-Schutzeinrichtungen für den vorbeugenden Brandschutz

17.1.5.1 Einführung

Lichtbögen, die an Isolationsfehlerstellen auftreten, sind nicht selten. Je nachdem, wo sie auftreten, können sie enorme Schäden anrichten. Doch gleichgültig, wo sie auftreten und welche Energie sie freisetzen, sie kommen auf alle Fälle als Brandursache infrage.

Die Norm (vor allem DIN VDE 0100-420) unterscheidet zwischen

- einem Störlichtbogen, der überwiegend in einer Schaltanlage – z. B. im Bereich der Sammelschiene – auftritt (siehe nachfolgenden Abschnitt 17.1.5.2) und
- einem Fehlerlichtbogen, der im Endstromkreis oder in den angeschlossenen Geräten (z. B. ortsveränderlichen Betriebsmitteln) auftritt (siehe nachfolgenden Abschnitt 17.1.5.3).

Pauschal kann gesagt, werden, dass ein Störlichtbogenschutz in VDE-Normen nirgends pauschal gefordert wird. Ein Fehlerlichtbogenschutz dagegen muss in bestimmten Gebäuden, Räumen oder Raumbereichen bzw. unter bestimmten Voraussetzungen vorgesehen werden. Dies wird in den nachfolgenden Abschnitten näher erläutert.

17.1.5.2 Störlichtbogenschutzeinrichtung

Störlichtbögen entstehen durch Isolationsfehler zwischen aktiven Teilen innerhalb einer Schaltanlage. Die Ursachen sind vielfältig:

- Beim Arbeiten unter Spannung werden (meist durch menschliches Versagen) Fehler gemacht, indem unter Spannung stehende Teile durch irgendwelche leitfähigen Teile überbrückt werden.
- Durch Verschmutzung und Feuchtigkeit wird der Isolationszustand in der Schaltanlage verschlechtert.

- Überspannungen zünden einen Lichtbogen.
- Die Schaltanlage wurde falsch dimensioniert bzw. montiert, so dass kein sicherer Abstand zwischen aktiven Teilen gewährleistet ist.
- Durch nachträgliche Montagen wurde der Isolationszustand gefahrdrohend verschlechtert.
- Leitfähige Fremdkörper (z.B. vergessene Werkzeuge oder Tiere) geraten in das Innere der Schaltanlage.

Je nach Störlichtbogenklasse entsprechend DIN EN 61439-2 Bb. 1 (VDE 0660-600-2 Bbl 1) wird die Schottung und Ausführung der Schaltanlagen bzw. der Feldabschnitte einer Schaltanlage so ausgeführt, dass die Auswirkung von möglichen Störlichtbögen begrenzt werden kann. Doch diese Schottungsmaßnahmen können selbstverständlich einen Störlichtbogen nicht verhindern; sie versuchen lediglich die Auswirkung in Grenzen zu halten. Von einem Störlichtbogenschutz im eigentlichen Sinn des Wortes kann also keine Rede sein.

Eine Einrichtung für einen tatsächlichen Störlichtbogenschutz wird in DIN VDE 0100-420, Abschnitt 421.3 „Störlichtbogenschutzeinrichtung" genannt. Wörtlich heißt es dazu:

„Schutzeinrichtungen zum Schutz bei Auftreten von Lichtbögen sollten installiert werden, wenn von der elektrischen Anlage hohe Anforderungen an die Verfügbarkeit erwartet werden."

Eine solche Schutzeinrichtung vorzusehen, ist demnach keine Verpflichtung. Vielmehr entscheidet der Betreiber, ob die Verfügbarkeit für ihn eine ausreichend große Rolle spielt, so dass sich die Anschaffung einer derartigen Schutzeinrichtung lohnt. Für den Fall, dass ein solcher Schutz vorgesehen werden soll, werden im vorgenannten Normabschnitt allerdings einige Anforderungen klar festgelegt:

a) Fehlauslösungen müssen unter allen Umständen verhindert werden.
b) Die Zeit für die Lichtbogenlöschung muss extrem kurz sein, weil die zerstörerische Wirkung des Lichtbogens bereits nach wenigen Millisekunden beginnt (siehe **Bild 17.1** in diesem Buch).

Zu a:

Um Fehlauslösungen zu verhindern, müssen zwei separate physikalische Faktoren gleichzeitig erkannt werden: Die *Lichtwirkung*, die vom ersten Augenblick der Lichtbogenentstehung auftritt, und der *Stromanstieg*, der ebenfalls sofort registriert werden kann.

Zu b:

Der Lichtbogen muss in maximal 5 ms gelöscht werden. Dies wird gewährleistet, wie in **Bild 17.2** dieses Buchs dargestellt, durch das Zusammenwirken der folgenden Maßnahmen:

- Der Bereich, in dem ein Lichtbogen erwartet wird (in der Regel das Innere einer Schaltanlage) wird optisch überwacht (z. B. mittels Lichtsensoren).

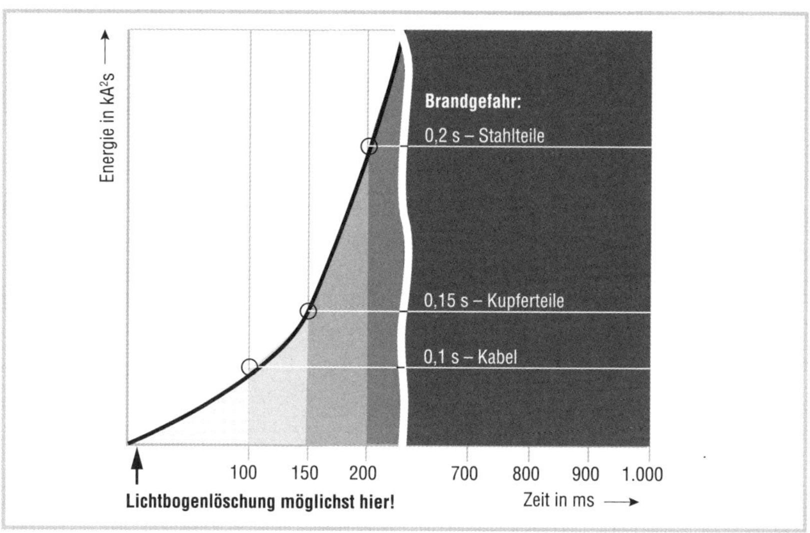

Bild 17.1 *Auswirkung eines Lichtbogens*

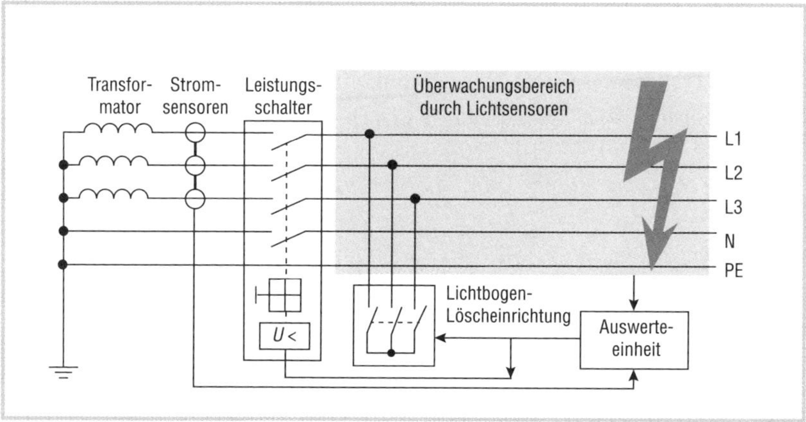

Bild 17.2 *Beispiel einer Störlichtbogenschutzeinrichtung nach DIN VDE 0100-420*
Quelle: VdS 2349-1

- Der Strom wird mittels Stromwandler (Stromsensoren) überwacht.
- Sobald die beiden vorgenannten Signale (Licht- und Stromsignal) gleichzeitig auftreten, werden die Stromschienen (L1, L2 und L3) des Sammelschienensystems in der Schaltanlage in wenigen Millisekunden untereinander mittels einer speziellen Kurzschlussvorrichtung weitgehend widerstandslos verbunden. Dadurch entsteht ein *„widerstandsloser, rein galvanischer 3-poliger Kurzschluss"*.

Die Signale der Lichtsensoren und der Stromsensoren werden hierfür auf eine Auswerteeinheit geschaltet. Sobald diese parallel beide Signale registriert, sendet sie einen Auslöseimpuls an die vorgenannte Kurzschlussvorrichtung. Der so entstehende Kurzschluss entzieht dem Lichtbogen die Energie, sodass er augenblicklich verlischt. Diese Ereigniskette muss nach Norm innerhalb von maximal 5 ms abgewickelt werden. Natürlich gehört dazu auch ein Leistungsschalter, der den durch die besagte Kurzschlussvorrichtung entstandenen Kurzschluss schnellstmöglich abschaltet. Dieser Leistungsschalter wird den Stromanstieg nicht nur selbst registrieren, vielmehr erhält er zusätzlich von der Auslöseeinheit ein entsprechendes Auslösesignal.

Voraussetzung ist natürlich, dass die Schaltanlage korrekt ausgelegt wurde und einen satten, 3-poligen Kurzschluss sicher und ohne Vorschädigungen abschalten kann.

Typisch werden solche Schutzeinrichtungen in industriell genutzten elektrischen Anlagen vorgesehen, bei denen ein Betriebsausfall durch einen Lichtbogen hohe Kosten oder große Gefahren verursachen kann.

17.1.5.3 Fehlerlichtbogen-Schutzeinrichtung

17.1.5.3.1 Allgemeines zu dieser Schutzeinrichtung

In VDE-Normen sind Körper- und Kurzschlüsse in der Regel impedanzlos. So heißt es z. B. in DIN VDE 0100-410, Abschnitt 411.3.2.1:

„Eine Schutzvorrichtung muss die Versorgung zu den Außenleitern eines Stromkreises oder eines Betriebsmittels im Falle eines Fehlers vernachlässigbarer Impedanz zwischen dem Außenleiter und einem Körper oder einem Schutzleiter des Stromkreises oder des Betriebsmittels innerhalb der in 411.3.2.2, 411.3.2.3 oder 411.3.2.4 geforderten Abschaltzeit automatisch abschalten."

Ein Übergangswiderstand an der Fehlerstelle wird also nicht betrachtet. Aufgrund des Schlusses fließt zwar ein mehr oder weniger großer Fehlerstrom (bzw. Kurzschlussstrom), aber aufgrund des fehlenden Übergangswiderstands entsteht an der Fehlerstelle keine gefährliche Verlustwärme. Aus der Sicht des Brandschutzes sind solche Körper- und Kurzschlüsse eher als Idealfall zu betrachten, da am Fehlerort keine Zündenergie für Brände entsteht und die vorgeschaltete Überstrom-Schutzeinrichtung in kürzester Zeit für eine Abschaltung sorgt.

In der Praxis sind Körper- und Kurzschlüsse jedoch häufig „widerstandsbehaftet", wobei der Übergangswiderstand an der Fehlerstelle auch durch einen Lichtbogen am Ort des Schlusses entstehen kann. Besonders in Endstromkreisen, vor allem im Anschlussbereich von Verbrauchsmitteln oder in der Zuleitung zu einem ortsveränderlichen Gerät, kann ein schlechter Isolationszustand oder ein Leiterbruch früher oder später zu einem Lichtbogen führen, der zunächst über kurze Distanz einen widerstandsbehafteten Stromübergang hervorruft.

Solche Übergangswiderstände sind unter anderem auch der Grund, warum aus der Sicht des Brandschutzes gerne Fehlerstrom-Schutzeinrichtungen (RCDs) vorgesehen werden, weil hier bereits geringe Fehlerströme, die über den Schutzleiter oder andere leitfähige Teile fließen, für eine rechtzeitige Abschaltung sorgen.

In der Praxis entstehen Lichtbögen in Endstromkreisen nicht selten durch Leiterbrüche, schlechte Klemmverbindungen oder Quetschungen von Kabeln und Leitungen (siehe **Bild 17.3** in diesem Buch). Problematisch wird dies, wenn der Lichtbogen (z.B. bei einem Leiterbruch) sozusagen in Reihe mit dem angeschlossenen Verbraucher liegt. Man spricht hier von einem ***„seriellen Lichtbogen"*** (siehe die linke Darstellung im Bild 17.3 sowie

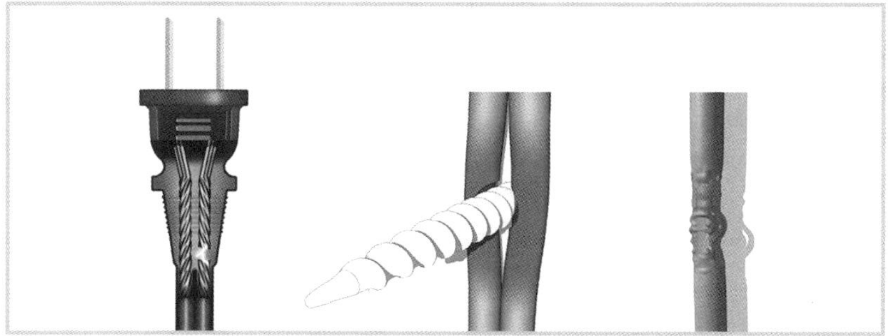

Bild 17.3 *Entstehung eines seriellen Lichtbogens an einem Stecker (links im Bild); solche Lichtbögen können weder durch eine Überstrom-Schutzeinrichtung, noch durch eine Fehlerstrom-Schutzeinrichtung (RCD) registriert werden.*
In der Bildmitte (Defekt durch Anbohren) sowie rechts im Bild (Defekt durch Nagetierfraß oder mechanische Einwirkung) sind weitere Ursachen für Fehlerlichtbögen dargestellt.

die obere Zeile in Tabelle 17.1). Ein solcher Fehler erhöht den Betriebsstrom natürlich nicht, vielmehr reduziert er ihn. Eine Überstrom-Schutzeinrichtung hat hier deshalb keine Chance. Aber auch eine RCD ist hier überfordert, weil der Strom den betrieblich vorgesehenen Stromweg über die aktiven Leiter nimmt.

DIN VDE 0100-420, Abschnitt 421.7 fordert deshalb für bestimmte Orte bzw. Räumlichkeiten eine sogenannte **Fehlerlichtbogen-Schutzeinrichtung AFDD** (von „Arc Fault Detection Device"). Häufig wird dieser Schalter auch kurz *„Brandschutzschalter"* genannt. Diese Schutzeinrichtung soll die zuvor beschriebene Lücke (serielle Lichtbögen) schließen (siehe **Tabelle 17.1** in diesem Buch). Natürlich muss eine solche Schutzeinrichtung der Herstellernorm DIN EN 62606 (VDE 0665-10) entsprechen.

Eine AFDD besteht aus einer Erfassungseinrichtung (AFD-Einheit, siehe **Bild 17.4** in diesem Buch) und einer zugehörigen Schalteinrichtung. Zusammen ergeben diese beiden Teile die vorgenannte AFDD. Unterschieden werden zudem noch AFDDs bestehend aus

- einer AFD-Einheit mit einer entsprechenden Ausschaltvorrichtung,
- einer AFD-Einheit mit integriertem Leitungsschutzschalter oder mit integrierter Fehlerstrom-Schutzeinrichtung (bzw. beides),
- aus einer separaten AFD-Einheit, die vor Ort mit einem Leitungsschutzschalter oder einer Fehlerstrom-Schutzeinrichtung kombiniert wird.

Tabelle 17.1 *Darstellung verschiedener Lichtbogenarten mit Kennzeichnung der Schutzeinrichtung, die für eine Abschaltung sorgen kann, bzw. die für den dargestellten Fehler ungeeignet ist.*

Lichtbogenart		Erfassung
seriell	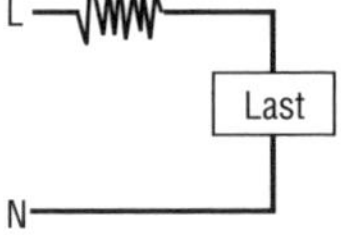 L, Last, N	Wird *weder* durch **RCD** *noch* durch **Überstromschutzeinrichtung** erfasst. Durch **AFDD** sicher erfassbar.
parallel Außenleiter – Neutralleiter/ Außenleiter – Außenleiter	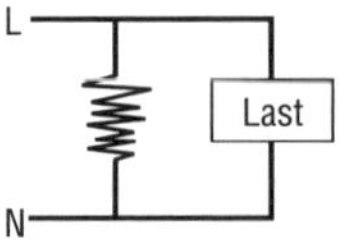 L, Last, N	Wird *nicht* durch **RCD** und nur *begrenzt* durch **Überstromschutzeinrichtung** erfasst. Durch **AFDD** sicher erfassbar.
parallel Außenleiter – Schutzleiter	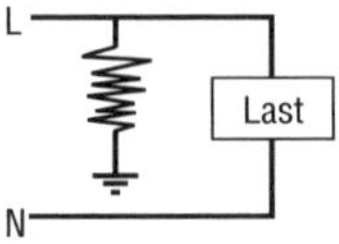 L, Last, N	Wird durch **RCD** erfasst, *begrenzt* durch **Überstromschutzeinrichtung** erfasst. Durch **AFDD** sicher erfassbar.

Bild 17.4 *AFD-Einheit, an die (an der rechten Seite) eine Abschalteinrichtung, z. B. ein LS-Schalter angebracht werden kann.*

Eine AFDD reagiert nicht auf die Stromhöhe (wie ein LS-Schalter) oder auf Differenzströme (wie eine RCD), sondern sie registriert das Frequenzspektrum des Stroms. Lichtbögen weisen eine ganz besondere Frequenzstruktur auf, die sie dem Strom aufprägen. Die AFDD erkennt diese Struktur und kann somit den Lichtbogen identifizieren und eine Abschaltung hervorrufen. Aufgrund der spezifischen Frequenzstruktur des Stroms kann eine AFDD zwischen betriebsbedingten Lichtbögen, die z.B. bei Schaltvorgängen oder am Kollektor von Motoren auftreten können, und realen Fehlerlichtbögen unterscheiden.

Bezüglich der Registrierung und Abschaltung der AFDD sind besonders die seriellen Lichtbögen (Reihenfehlerlichtbögen) problematisch, da die Lichtbogenströme in diesem Fall zum Teil sehr gering sein können. Dennoch fordert DIN EN 62606 (VDE 0665-10) auch bei einem geringen Lichtbogenstrom eine möglichst schnelle Abschaltung. Beispielsweise muss ein Lichtbogenstrom von 2,5 A in spätestens 1 s abgeschaltet werden. Bei einem Strom im Lichtbogen von 32 A bis 63 A wird eine Abschaltung in maximal 120 ms gefordert.

Höhere Lichtbogenströme, wie sie z.B. bei Parallelfehlerlichtbögen auftreten können, müssen noch schneller abgeschaltet werden. Ab einem Lichtbogenstrom von 150 A beträgt die maximale Abschaltzeit nur noch 80 ms.

17.1.5.3.2 Forderungen nach AFDDs in Stromkreisen

VDE 0100-420, Abschnitt 421.7 empfiehlt AFDDs vorzusehen in Endstromkreisen in

a) Räumlichkeiten mit Schlafgelegenheiten,
b) Räume oder Orte mit besonderem Brandrisiko – Feuergefährdete Betriebsstätten (nach Musterbauordnung (MBO): Bauliche Anlagen, deren Nutzung durch Umgang mit oder Lagerung von Stoffen mit Explosions- oder erhöhter Brandgefahr verbunden ist);
c) Räume oder Orte aus Bauteilen mit brennbaren Baustoffen, wenn diese einen geringeren Feuerwiderstand als feuerhemmend (F30) aufweisen;
d) Räume oder Orte mit Gefährdungen für unersetzbare Güter (z. B. in einem Museum).

Zugleich wird im selben Abschnitt der Norm gefordert, dass zur Erkennung von besonderen *„Risiken durch Auswirkungen von Fehlerlichtbögen in Endstromkreisen"* für vorgenannte Räume und Orte (Punkte a bis d) in der Planungsphase eine Risiko- und Sicherheitsbewertung durchzuführen ist. Das Ergebnis ist dabei zu dokumentieren. Wenn bei dieser Risikobewertung festgestellt wird, dass in den betrachteten Räumlichkeiten *„besonderen Risiken durch Auswirkungen von Fehlerlichtbögen in Endstromkreisen"* vorhanden sind, müssen geeignete bauliche, anlagentechnische oder organisatorische Maßnahmen vorgesehen werden.

Eine entsprechende anlagentechnische Maßnahme ist z. B. der Einsatz von AFDDs in den Endstromkreisen. Auf diese Weise wird die Notwendigkeit, eine AFDD in Endstromkreisen bei den vorgenannten Räumlichkeiten vorzusehen, indirekt gefordert, weil nur dann, wenn sich bei der vorgenannten Risikobewertung keine *„besonderen Risiken durch Auswirkungen von Fehlerlichtbögen in Endstromkreisen"* ergeben, auf eine AFDD verzichtet werden kann.

Der „Arbeitskreis Maschinen und Elektrotechnik staatlicher und kommunaler Verwaltungen (AMEV)" hat hierzu eine Schrift herausgegeben: *„Fehlerlichtbogen-Schutzeinrichtung (AFDD)"*, in der für öffentliche Gebäude eine Risikobetrachtung angegeben wird, mit der festgelegt werden kann, ob eine AFDD vorzusehen ist oder nicht. Diese Risikobetrachtung kann eventuell modifiziert auch für andere Gebäude verwendet werden.

Weiterhin kann gesagt werden:

1) Es gibt keine Anpassungsforderung für bestehende Anlagen, vorausgesetzt, dass eine Anpassung nicht durch Änderungen, Erweiterungen oder Neuinstallationen notwendig wird.

2) Elektrische Anlagen in Krankenhäuser fallen nicht in den Geltungsbereich von VDE 0100-420, Abschnitt 421.7.
3) Für Holzhäuser gilt diese Forderung nach einem Brandschutzschalter (AFDD) nicht, wenn z. B. Wände mit Gipsbauplatten und nicht brennbaren Dämmstoffen errichtet wurden, bzw. wenn die elektrischen Leitungen und Installationsgeräte von nicht brennbaren oder feuerhemmenden Stoffen umgeben sind. Auch Baustoffe, die eine Feuerwiderstandsfestigkeit von mindestens F30 aufweisen (feuerhemmend) gelten in diesem Sinn als ausreichende Trennung.
4) Bei den Räumen und Orten mit Gefährdung von unersetzlichen Gütern geht es selbstverständlich ausschließlich um Räume oder Gebäude wie Museen, Galerien, Archive, Baudenkmäler sowie um ähnliche Räume oder Gebäude, bei deren Erhaltung und Nutzung besondere kulturhistorische, künstlerische, wissenschaftliche, technische, volkstümliche oder städtebauliche Gründe berücksichtigt werden müssen.
5) Von Fall zu Fall muss bewertet werden, ob bei bestimmten Bereichen, Räumen oder Gebäuden eine erhöhte Sachwertgefährdung vorliegt. Dies kann allerdings nur der Betreiber der Anlage oder dessen Versicherer festlegen. In diesem Fall zählen diese Bereiche bzw. Gebäude auch zu denen „mit Gefährdung von unersetzlichen Gütern“. Unter Umständen kann man dies auch von Räumen oder Gebäuden sagen, bei denen ein erhöhtes Betriebsunterbrechungsrisiko vorliegt, das erhebliche Kosten verursachen kann. Auch in diesem Fall sollte man den Betreiber oder dessen Versicherer befragen.

17.1.5.3.3 Zusammenfassung zum Thema Fehlerlichtbogenschutz

In der **Tabelle 17.2** dieses Buchs wird versucht, die verschiedenen Anforderungen nach Schutzeinrichtungen für einen vorbeugenden Brandschutz zu listen. Zum Verständnis der Tabelle ist es wichtig zu berücksichtigen, dass hier ausschließlich die Anforderungen nach Schutzeinrichtungen aus der Sicht des Sach- und Brandschutzes dargestellt werden. Die Überschneidungen mit den Anforderungen des Personenschutzes werden in den Fußnoten der Tabelle angegeben.

Tabelle 17.2 *Zusammenstellung der Anforderungen nach Schutzeinrichtungen für den vorbeugenden Brandschutz* (Teil 1/2)

Art der Stromkreise bzw. Ort ihrer Errichtung	Überstrom-Schutzeinrichtung	RCD	AFDD
Schlaf- oder Aufenthaltsräume von Heimen oder Tageseinrichtungen für – Kinder, – Menschen mit Behinderungen oder alte Menschen	wird gefordert[a]	keine pauschale Forderung[b]	wird gefordert, sofern sich besondere Risiken durch Auswirkungen von Fehlerlichtbögen in Endstromkreisen ergeben[c]
Schlaf- oder Aufenthaltsräume von barrierefreien Wohnungen nach DIN 18040-2	wird gefordert[a]	keine pauschale Forderung[b]	wird gefordert, sofern sich besondere Risiken durch Auswirkungen von Fehlerlichtbögen in Endstromkreisen ergeben[c]
feuergefährdete Betriebsstätten	wird gefordert[a]	wird gefordert[d] $I_{\Delta n} \leq 300$ mA bzw. bei Gefahr von widerstandsbehafteten Fehlern (z. B. Flächenheizungen): $I_{\Delta n} \leq 30$ mA	wird gefordert, sofern sich besondere Risiken durch Auswirkungen von Fehlerlichtbögen in Endstromkreisen ergeben[c]
brennbare Umgebung, wie Möbel, Hohlwandinstallationen, brennbare Einrichtungsgegenstände	wird gefordert[a]	wird gefordert[d] $I_{\Delta n} \leq 300$ mA bzw. bei Gefahr von widerstandsbehafteten Fehlern (z. B. Flächenheizungen): $I_{\Delta n} \leq 30$ mA	wird gefordert, sofern sich besondere Risiken durch Auswirkungen von Fehlerlichtbögen in Endstromkreisen ergeben[c]
Räume mit unwiederbringlichen Sach- oder Vermögenswerten (unersetzlichen Gütern), wie Museen, Galerien	wird gefordert[a]	wird gefordert[d] $I_{\Delta n} \leq 300$ mA bzw. bei Gefahr von widerstandsbehafteten Fehlern (z. B. Flächenheizungen): $I_{\Delta n} \leq 30$ mA	wird gefordert, sofern sich besondere Risiken durch Auswirkungen von Fehlerlichtbögen in Endstromkreisen ergeben[c]
EDV-, Rechenzentren, Serverräume usw.	wird gefordert[a]	keine Forderung[b]	empfohlen oder als Anforderung im Einzelfall (z. B. Forderung des Betreibers)
besondere Lager mit hochwertigen bzw. schwer zu beschaffenden Lagergut	wird gefordert[a]	empfohlen oder als Anfor-derung im Einzelfall (z. B. Forderung des Betreibers)[b]	wird gefordert, sofern sich besondere Risiken durch Auswirkungen von Fehlerlichtbögen in Endstromkreisen ergeben[c]
übrige Gebäude und Räume ohne besondere Risiken[e]	wird gefordert[a]	keine Forderung[b]	keine Forderung

Tabelle 17.2 *Zusammenstellung der Anforderungen nach Schutzeinrichtungen für den vorbeugenden Brandschutz* (Teil 2/2)

a Überstrom-Schutzeinrichtungen können zusätzlich nach DIN VDE 0100-410 als Fehlerschutzvorkehrung erforderlich sein. Sie müssen dann die Anforderung nach einer maximalen Abschaltzeit (t_a) nach DIN VDE 0100-410, Abschnitt 411.3.2 erfüllen.
In jedem Fall kann ein LS-Schalter zusammen mit einer RCD (FI/LS-Schalter) oder mit einer AFD-Einheit zusammengefasst werden (AFDD, bestehend aus AFD-Einheit und LS-Schalter oder AFD-Einheit und FI/LS-Schalter).

b Aus der Sicht des Sach- und Brandschutzes fehlt eine Forderung, aber bei Steckdosenstromkreisen und ggf. auch bei Beleuchtungsstromkreisen besteht eine Forderung wegen Anforderungen für einen zusätzlichen Schutz nach DIN VDE 0100-410, Abschnitte 411.3.3 und 411.3.4. In den übrigen Stromkreisen müssen RCDs je nach Anwendungsfall oder je nach Art der Anlage unter Umständen als Fehlerschutzvorkehrung vorgesehen werden (z. B. im TT-System oder nach DIN VDE 0100-410, Abschnitt 411.3.2.5.

c Die AFD-Einheit kann in Kombination mit einem LS-Schalter, der für den Schutz bei Überstrom vorgesehen wurde, eine AFDD bilden. Möglich ist auch die Kombination einer AFD-Einheit mit einem LS-Schalter und einer RCD.

d Für Steckdosenstromkreise und für Beleuchtungsstromkreise in privaten Wohnbereichen sowie kleingewerblichen Anlagen ist eine RCD für den zusätzlichen Schutz nach DIN VDE 0100-410, Abschnitte 411.3.3 und 411.3.4 gefordert. Sofern eine RCD auch für den Fehlerschutz erforderlich wird, reicht eine einzige RCD mit $I_{\Delta n} \leq 30$ mA.
Ebenso kann in einem Stromkreis eine RCD, die für den Fehlerschutz und/oder den zusätzlichen Schutz vorgesehen wurde, auch die Aufgabe des vorbeugenden Brandschutzes mittels einer RCD nach DIN VDE 0100-420, Abschnitt 422.3.9 übernehmen, sofern $I_{\Delta n} \leq 300$ mA nicht überschritten wird.

e Räume und Orte mit explosionsgefährlichen Bereichen müssen gesondert betrachtet werden

17.1.6 Interne Verdrahtung im Energieverteiler

Auch im Inneren von Energieverteilern (Schaltgerätekombinationen, Schaltschränken) müssen Leitungen verlegt werden. Ihre Umgebungsbedingungen sind aber häufig anders als bei vergleichbaren Leitungen irgendwo in der elektrischen Anlage außerhalb der Verteilung.

Für die Auslegung von Leiterquerschnitten bei der Verdrahtung innerhalb von Schaltgerätekombinationen findet man Hinweise in DIN EN 61439-1 (VDE 0660-600-1), Anhang H sowie im DIN VDE 61439-1 Bbl 2 (VDE 0660-600-1 Bbl 2). Im Wesentlichen sind dort Anleitungen zur Erwärmungsberechnung im Inneren von Schaltgerätekombinationen zu finden. Bei dieser Erwärmungsberechnung sind selbstverständlich auch die stromführenden Leiter in der Schaltgerätekombination zu berücksichtigen. In einer Tabelle wird in diesem Zusammenhang die Strombelastbarkeit solcher Leiter bei einer Schaltschrank-Innenraumtemperatur von 55 °C angegeben und dazu die Wärmeleistung, die pro Meter Leitung beim Fließen des maximalen Betriebsstroms an die Umgebung (also an den Innenraum der Schaltgerätekombination) abgegeben wird.

In der Regel wird der Hersteller der Schaltgerätekombination die Leitungen entsprechend der Strombelastbarkeit sowie seiner Wärmelastberechnung auslegen. Dabei ist er auf die Angabe seines Kunden bezüglich der ab-

gehenden Leistungen sowie der Umgebungsbedingungen (z. B. Temperatur im Verteilerraum) angewiesen. Natürlich müssen entsprechende Reserven eingeplant werden, aber wenn diese durch nachträgliche Änderungen und Erweiterungen in der Schaltgerätekombination zunehmend ausgereizt werden, können zu hohe Schaltschrank-Innentemperaturen entstehen, die gefahrdrohende Zustände hervorrufen oder einen frühzeitigen Ausfall von Betriebsmitteln (z. B. Schalt-, Steuer- und Schutzgeräte) verursachen.
Bei Maschinenverteilungen muss nach DIN EN 60204-1 (VDE 0113-1) beispielsweise eine maximale Schaltschrank-Innentemperatur von 40 °C vorausgesetzt werden.
Um die Leitungsquerschnitte in der Schaltgerätekombination festlegen zu können, werden in DIN EN 61439-1 Bbl 2 (VDE 0660-600-1 Bbl 2), Tabelle B.1 Strombelastbarkeitswerte für übliche Verlegearten im Schaltschrank angegeben (siehe **Tabelle 17.3** in diesem Buch). Sie gelten jedoch nur für eine Schaltschrank-Innentemperatur von 55 °C. Allerdings kann man die Werte für jede gewünschte Temperatur umrechnen, da die Werte aus den üblichen Strombelastbarkeitstabellen (z. B. Tabelle 16.4 in diesem Buch) entnommen sind. Die Reduktionsfaktoren für eine erhöhte Umgebungstemperatur und für Häufung werden in der Fußnote der Tabelle 17.3 angegeben. Um die Werte dieser Tabelle auf eine andere Temperatur umrechnen zu können, müssen die Werte zunächst auf die Temperatur der üblichen Strombelastbarkeitstabellen (z. B. auf 25 °C entsprechend Tabelle 16.4) umgerechnet werden. Das kann geschehen, indem man die Strombelastbarkeitswerte aus der Tabelle 17.3 durch 0,58 (Reduktionsfaktor für eine Umgebungstemperatur von 55 °C) dividiert. Danach sucht man aus der Tabelle der Reduktionsfaktoren für höhere Umgebungstemperaturen (z. B. Tabelle 16.5) den Reduktionsfaktor für die gewählte Schaltschrank-Innentemperatur und multipliziert damit das Ergebnis der Division.

Beispiel:
Für einen Querschnitt von 1,5 mm² im Kanal wird in Tabelle 17.3 ein maximaler Betriebsstrom von 7,6 A (I_{b1}) angegeben. Die Umgebungstemperatur nach Tabelle 17.3 dieses Buchs beträgt 55 °C. Es soll der maximale Betriebsstrom (I_{b2}) bei 40 °C errechnet werden. Nach Tabelle 16.5 in diesem Buch kann mit einem Umrechnungsfaktor von 0,58 auf die übliche Temperatur von 25 °C umgerechnet werden, bei der ein Umrechnungsfaktor = 1 angesetzt werden kann. Für die Umgebungstemperatur von 40 °C muss bei üblichen Leitungen (wie NYM) nach Tabelle 16.5 ein Umrechnungsfaktor von 0,82 berücksichtigt werden. Dadurch ergibt sich folgender maximaler Betriebsstrom:

$$I_{b2} \leq \frac{I_{b1} \cdot 0{,}82}{0{,}58} = \frac{7{,}6\,\text{A} \cdot 0{,}82}{0{,}58} \approx 11\,\text{A}$$

Tabelle 17.3 *Dauerstrombelastbarkeit und Verlustleistung von üblichen Leitern im Inneren von Niederspannungs-Schaltgerätekombinationen (Energieverteilern) nach DIN EN 61439-1 Bbl 2 (VDE 0660-600-1 Bbl 2)*

Leiteranordnung		Einadrige Leitungen in einem Kabelkanal auf einer Wand, horizontal oder vertikal laufend. 6 Leitungen (2 dreiphasige Stromkreise) dauernd belastet		Einadrige Leitungen mit gegenseitiger Berührung frei in Luft oder auf einer gelochten Wanne. 6 Leitungen (2 dreiphasige Stromkreise) dauernd belastet		Abstand mindestens ein Leitungsdurchmesser. Einadrige Leitungen, horizontal mit Abstand frei in Luft	
Leiterquerschnitt	Widerstand des Leiters bei 20 °C, R_{20} [a]	Max. Betriebsstrom I_{max} [b]	Verlustleistung je Leiter P_v	Max. Betriebsstrom I_{max} [c]	Verlustleistung je Leiter P_v	Max. Betriebsstrom I_{max} [d]	Verlustleistung je Leiter P_v
mm²	mΩ/m	A	W/m	A	W/m	A	W/m
0,50	36,0	3,7	0,6	-	-	-	-
0,75	24,5	4,8	0,7	-	-	-	-
1	18,1	5,8	0,7	-	-	-	-
1,5	12,1	7,6	0,8	9,6	1,3	15	3,2
2,5	7,41	10	0,9	13	1,6	21	3,7
4	4,61	14	1,0	18	1,9	28	4,2
6	3,08	18	1,1	24	2,1	36	4,7
10	1,83	24	1,3	33	2,5	50	5,4
16	1,15	33	1,5	45	2,9	67	6,2
25	0,727	43	1,6	61	3,3	89	6,9
35	0,524	54	1,8	76	3,6	110	7,7
50	0,387	65	2,0	93	4,0	134	8,3
70	0,268	83	2,2	120	4,6	171	9,4
95	0,193	101	2,4	147	5,0	208	10,0
120	0,153	117	2,5	171	5,4	242	10,7
150	0,124	-	-	198	5,8	278	11,5
185	0,099 1	-	-	227	6,1	318	12,0
240	0,075 4	-	-	269	6,6	375	12,7
300	0,060 1	-	-	311	7,0	432	13,5

a Werte aus DIN EN 60228 (VDE 0295) „Leiter für Kabel und isolierte Leitungen"
b Strombelastbarkeit aus Strombelastbarkeitstabelle bei Verlegeart B1 für 3 belastete Adern, einer Umgebungstemperatur von 55 °C sowie einer Häufung von 2
c Strombelastbarkeit aus Strombelastbarkeitstabelle bei Verlegeart F für 3 belastete Adern, einer Umgebungstemperatur von 55 °C sowie einer Häufung von 2
d Strombelastbarkeit aus Strombelastbarkeitstabelle bei Verlegeart G für 3 belastete Adern, einer Umgebungstemperatur von 55 °C sowie einer Häufung von 2

17.2 Hausanschlusskästen

Hausanschlusskästen sind nicht notwendigerweise im ausreichenden Maß gegen Kurzschluss geschützt. Hier kann es vorkommen, dass Kurzschlüsse erst nach über einer Stunde abgeschaltet werden (wenn sie vor der Hausanschlusssicherung auftreten). Aus diesem Grund müssen Hausanschlusskästen und alle netzseitig in die Hausanschlusskästen eingeführten Kabel nach VDE-AR-N 4100, Abschnitt 5.2.2 stets auf nicht brennbaren und lichtbogenfesten Baustoffen montiert werden. Ist das nicht sicher gewährleistet (beispielsweise in Gebäuden aus brennbaren Baustoffen), müssen beide der folgenden Bedingungen erfüllt sein:

- Hausanschlusskästen müssen von den brennbaren und nicht lichtbogenfesten Baustoffen durch eine lichtbogenfeste Unterlage, die allseits mindestens 150 mm übersteht, getrennt werden. Eine lichtbogenfeste Unterlage besteht aus einem Material mit der Lichtbogen-Verhaltens-Kennzahl von LV 1.1.1.2 nach DIN VDE 0303-5 (VDE 0303-5). Dies ist beispielsweise eine 20 mm dicke Fibersilikatplatte.
- Zusätzlich müssen alle in die Hausanschlusskästen eingeführten Kabel und Leitungen gegen Kurzschluss geschützt sein.

Sinnvollerweise sollte man ebenso dafür sorgen, dass sich auch unterhalb des Hausanschlusskastens keine brennbaren Baustoffe befinden (Holzfußboden, Kunststoffbeschichtungen usw.). So können unterhalb des Kastens auf dem Boden Unterlagen aus Stahlblech oder Fibersilikat für eine ausreichende Sicherheit sorgen (Näheres hierzu findet man in den VdS-Richtlinien VdS 2023, Abschnitt 3.1).

18 Auswahl der Überstrom-Schutzeinrichtungen

Wie bereits der Name dieser Betriebsmittel ausdrückt, geht es hierbei um Einrichtungen zum Schutz vor „Überstrom“. Ein Überstrom kann entstehen durch Überlast und durch Kurzschluss (siehe hierzu im vorhergehenden Abschnitt 16.1).

Zum Schutz vor Überstrom werden Überstrom-Schutzeinrichtungen eingesetzt. Das sind im Wesentlichen:

- Schmelzsicherungen,
- Leitungsschutzschalter (LS-Schalter) sowie selektive Hauptleitungs-Schutzschalter (SH-Schutzschalter),
- Leistungsschalter.

Wie man leicht erkennt, handelt es sich um solche Einrichtungen, die den Stromkreis bei unzulässig hohen Strömen unterbrechen. Damit sie das zum Schutz der Anlage können, muss die richtige Auswahl getroffen werden. Im Folgenden soll das weiter erläutert werden. Dabei wird auf die Überlegungen aus den Kapiteln 15 und 16 zurückgegriffen.

18.1 Auswahl entsprechend dem Nennschaltvermögen und der Kurzschlussfestigkeit

Wie bereits im Kapitel 15 ausgeführt, ist die Kenntnis des höchsten Kurzschlussstroms für Überstrom-Schutzeinrichtungen wichtig, denn sie müssen auch diesen Extremfall sicher beherrschen können. So fordert DIN VDE 0100-430, dass die Überstrom-Schutzeinrichtung stets für den höchsten Kurzschlussstrom, der in der Anlage vorkommen kann, ausgelegt sein muss. Andernfalls besteht die Gefahr, dass

- Schmelzsicherungen bei Strömen, für die sie nicht ausgelegt sind, explodieren und somit zur Brandgefahr werden,
- LS-Schalter besonders hohe Kurzschlussströme nicht mehr begrenzen und damit selbst in Gefahr geraten, zerstört zu werden. Dabei können im ungünstigsten Fall die Kontakte verschweißen, wodurch der fehlerhafte Stromkreis nicht mehr unterbrochen wird;
- letztendlich die Kabel- und Leitungsanlage beschädigt oder zumindest so vorgeschädigt wird, dass diese bei weiterem Betrieb zur Brandgefahr wird.

LS-Schalter haben in Bezug auf den Kurzschluss eine typische Schwäche: Die Schaltgeschwindigkeit des Schalters hat eine Grenze, die in der Trägheit der beteiligten Massen im Schalter selbst begründet liegt. Auch wenn der Kurzschlussstrom noch so groß wird, der Schalter kann einfach nicht entsprechend schneller abschalten. Ab einer gewissen Höhe wird somit der Kurzschlussstrom durch den Schalter in fast gleich bleibender Zeit abgeschaltet (**Bild 18.1**, siehe auch Bild 15.2 a). Aus diesem Grund wird die Energie, die beim Ausschalten des Kurzschlussstroms noch zur Fehlerstelle durchgelassen wird, mit wachsendem Kurzschlussstrom immer größer; denn diese Energie ist abhängig von der Stärke des Stroms und der Zeit, in der er fließt.

LS-Schalter lassen also mit zunehmendem Kurzschlussstrom eine immer höhere Energie (Stromwärme-Impuls) beim Abschalten zur Fehlerstelle durch. Diese Energie wird mit dem $I^2 \cdot t$-Wert[77] des Schalters angegeben.

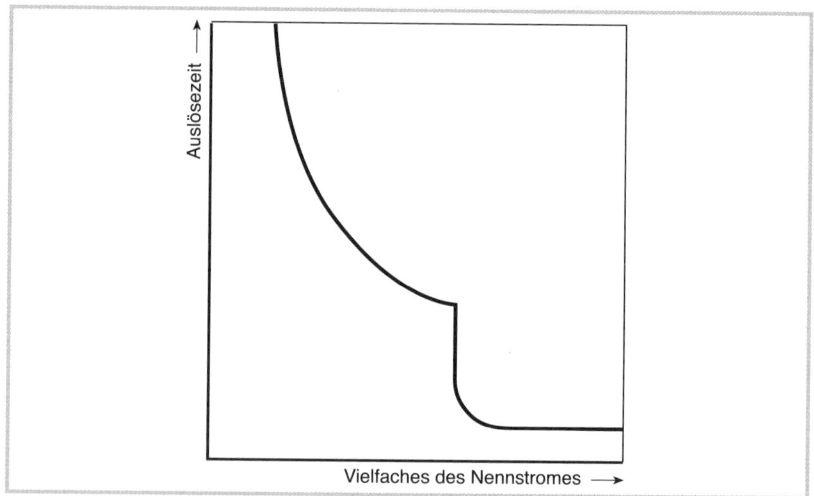

Bild 18.1 *Im unteren Bereich der Kennlinie eines LS-Schalters wird deutlich, dass ab einer bestimmten Stärke des Kurzschlussstroms die Abschaltzeit kaum noch weiter verkürzt wird.*

Weitere Informationen zum Thema $I^2 \cdot t$-Wert bzw. Durchlassenergie oder Stromwärme-Impuls sind im Abschnitt 16.2.2 nachzulesen, wo es um den Schutz von Kabeln und Leitungen bei hohen Kurzschlussströmen geht.

Für eine Überstrom-Schutzeinrichtung geben die Hersteller einen maximalen Ausschaltstrom bzw. ein Bemessungsschaltvermögen an. Dieser Ausschaltstrom ist der höchstmögliche Strom, den die Schutzeinrichtung noch unbeschadet ausschalten kann.[78]

Bei LS-Schaltern wird das Bemessungsschaltvermögen auf dem Typenschild des Schalters angegeben (**Bild 18.2**). Auf dem Markt befinden sich hauptsächlich LS-Schalter mit Nennschaltvermögen von **3.000 A, 6.000 A,**

77 Hier steht das I für den Kurzschlussstrom (I_K) und das t für die Zeit (t_a), die der Schalter zum Abschalten benötigt.

78 Im Grunde müsste man auch das Nenn-Einschaltvermögen einer Überstrom-Schutzeinrichtung mit in die Überlegung einbeziehen – zumindest bei Schalteinrichtungen mit hohen Nennströmen wie z. B. Leistungsschaltern. Der Grund ist, dass diese Schalteinrichtungen möglicherweise auch einen Kurzschluss schalten müssen, da dieser Fehler beispielsweise dem Schalthandelnden nicht bekannt ist. In diesem Fall muss jedoch das Einschaltvermögen höher liegen als das Ausschaltvermögen, da das Schaltorgan im Extremfall mit dem Stoßkurzschlussstrom belastet wird. Das Nenn-Einschaltvermögen sollte (wenn dieser Fall möglicherweise eintreffen kann) also so hoch sein wie der Höchstwert des Kurzschlussstroms (I_S = Stoßkurzschlussstrom oder I_D = Maximalwert des Durchlassstroms, den die vorgeschaltete Sicherung (o. ä.) durchlässt). Wird der Schalter bei einem solchen Fall überlastet, entstehen ein hohes Unfallrisiko und ebenso eine Brandgefahr.

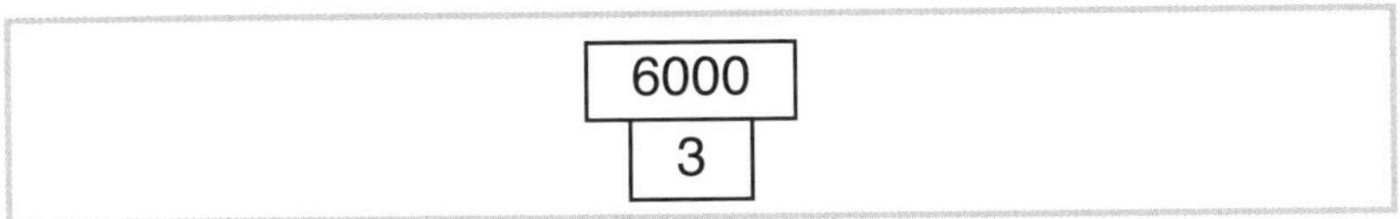

Bild 18.2 *Angabe des Nennschaltvermögens (6.000 A) und der Energiebegrenzungsklasse[79] bei Leitungsschutzschaltern*

10.000 A und **15.000 A.** Sie unterscheiden sich natürlich auch preislich voneinander. Aus Kostengründen ist es also bei LS-Schaltern sinnvoll, über den höchstmöglichen Kurzschlussstrom und das Nennschaltvermögen des Schalters nachzudenken.

Nur wenn dieses Schaltvermögen der Überstrom-Schutzeinrichtung so hoch liegt, dass ein möglicher Kurzschlussstrom noch sicher abgeschaltet werden kann, ist die elektrische Anlage normgerecht und im Sinn der Brandschadenverhütung errichtet worden.

NH-Sicherungen schalten auch hohe Kurzschlussströme (in der Regel bis **50 kA**) sicher ab. Es sind aber auch solche mit einem Ausschaltvermögen bis **100 kA** auf dem Markt. Für die meisten Anwendungsfälle reicht das aus, sodass bei Einsatz von NH-Sicherungen meist keine weiteren Überlegungen bezüglich Nennschaltvermögen der Überstrom-Schutzeinrichtungen notwendig werden.

Auf alle Fälle kann Folgendes festgestellt werden: Nicht nur nach den beiden Bedingungen[80] für den Schutz von Kabeln und Leitungen gegen Überstrom, wie sie in DIN VDE 0100-430 festgelegt sind, muss die Überstrom-Schutzeinrichtung ausgewählt werden, sondern auch nach dem höchstmöglichen Kurzschlussstrom – und das besonders, wenn LS-Schalter eingeplant werden sollen.

18.1.1 Auswahlvorgaben bei privaten Wohngebäuden und ähnlichen Nutzungseinheiten

Für den Bereich des privaten Wohnungsbaus ist im Musterwortlaut der TAB festgelegt worden, dass die elektrische Anlage hinter der Übergabestelle des

79 Die Energiebegrenzungsklasse gibt indirekt in Abstufung von 1 bis 3 an, wie viel Energie (Stromwärme-Impuls oder $I_2 \cdot t$-Wert) der LS-Schalter beim Ausschalten noch durchlässt. Auf dem Markt sind in der Regel nur die Klassen 2 und 3 erhältlich, da Klasse 1 kaum Anwendung findet. Je niedriger die Klasse ist, umso mehr Energie lässt der Schalter beim Ausschalten durch. In üblichen Anlagen wird auch kaum noch Klasse 2 eingesetzt. In der Hausinstallation ist es üblich, einen LS-Schalter mit 6.000 A Schaltvermögen der Klasse 3 zu wählen.

80 1. Bedingung: $I_b \leq I_n \leq I_Z$; 2. Bedingung: $I_2 \leq 1{,}45 \cdot I_Z$ – siehe im Teil C, Abschnitt 16.1.4.1 dieses Buches.

NB (Hausanschlusskasten) für mindestens folgende Stoßkurzschlussströme ausgelegt sein muss:

- Betriebsmittel des Hauptstromversorgungssystems von der Übergabestelle des NB (in der Regel der Hausanschlusskasten) bis zu den letzten Anschlussklemmen (bzw. bis zur letzten Überstrom-Schutzeinrichtung) vor der Messeinrichtung müssen einem Stoßkurzschlussstrom bis **25 kA**
- und übrige Betriebsmittel dahinter bis zu den Abgangsklemmen des letzten Stromkreisverteilers müssen einem Stoßkurzschlussstrom bis **10 kA**

standhalten. Dabei handelt es sich um Scheitelwerte (Maximalwerte) des anfänglichen Kurzschlussstroms (siehe im Abschnitt 15.4).

Die erstgenannten 25 kA stellen einen Scheitelwert dar, also einen Stoßkurzschlussstrom bzw. Durchlassstrom. Er ergibt sich, wenn man einen einspeisenden Transformator mit einer Nennleistung von 630 kVA zugrunde legt und im Hausanschlusskasten eine Sicherung mit I_n = 315 A vorsieht. Leitungslängen werden nicht näher berücksichtigt. Dieser Wert wurde im Beispiel im Abschnitt 15.4 bereits besprochen bzw. nachgerechnet.

Da in privaten Haushalten (bei Ein- oder Mehrfamilienwohnhäusern) eine solch große Hausanschlusssicherung in der Regel nicht zu erwarten ist, kann man bei diesen Anlagen bei oben genannter Festlegung von einer ausreichenden Sicherheitsreserve ausgehen.

Bild 18.3 stellt diese Festlegung skizzenhaft dar. Hier geht es um die Tatsache, dass Betriebsmittel im Bereich der Hauptleitung[81] – also vor dem Zähler – für den Fall, dass der einspeisende Transformator in der Nähe der Einspeisung des Gebäudes liegt, im Kurzschlussfall besonderen Belastungen ausgesetzt sind.

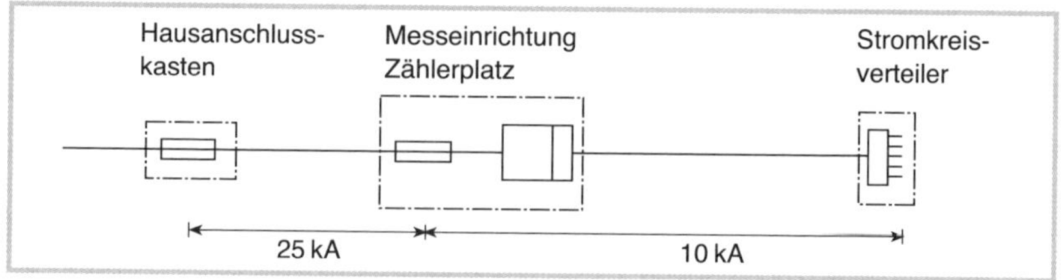

Bild 18.3 *Kurzschlussfestigkeit (genauer Stoßstromfestigkeit) von Betriebsmitteln im privaten Wohnungsbau nach TAB*

81 Die Hauptleitung ist der Teil der Leitung in der Verbraucheranlage, der hinter der Übergabestelle des Netzbetreibers (NB) liegt und die ungemessene elektrische Energie führt – also die Leitung vom Anfangspunkt des Verbrauchernetzes (in privaten Wohnbereichen und ähnlichen Nutzungseinheiten ist das der Hausanschlusskasten) und der Messeinrichtung (dem Zähler).

Dagegen liegt vor den Betriebsmitteln, die zwischen dem Zählerplatz und dem Stromkreisverteiler installiert sind, die gesamte Hauptleitung bis zum Hausanschlusskasten. Das stellt eine nicht unerhebliche Dämpfung dar. Dazu kommt, dass die Zählervorsicherung zusätzlich eine strombegrenzende Wirkung besitzt. Deshalb reicht es hier, die oben genannten 10 kA in Rechnung zu bringen.

Und noch etwas wird in der TAB verlangt:

➔ Die Überstrom-Schutzeinrichtungen in den Abgängen des Stromkreisverteilers sollten ein Bemessungsschaltvermögen von mindestens **6 kA** aufweisen.

Die Aufteilung erscheint hier etwas willkürlich, man liegt damit jedoch insgesamt „auf der sicheren Seite".

Kann jedoch die Möglichkeit, dass durch Umstellen des Transformators zu einem späteren Zeitpunkt ein höherer Kurzschlussstrom zu erwarten ist, nicht ausgeschlossen werden, sollte man LS-Schalter mit einem Bemessungsschaltvermögen von 10 kA einsetzen.

Zusammenfassung: **Tabelle 18.1** gibt im Überblick die Forderungen des NB bezüglich der Kurzschlussströme im Einspeisebereich wieder.

LS-Schalter werden vom Hersteller in der Regel mit ihrem Schaltvermögen angegeben (siehe Bild 18.2). Laut TAB-Forderung sollte man im Stromkreisverteiler grundsätzlich solche mit mindestens 6 kA Schaltvermögen einsetzen und im Bereich zwischen der Zählervorsicherung bis zum Stromkreisverteiler mit mindestens 10 kA Schaltvermögen (Tabelle 18.1). In den Fällen, wo Zähler und Stromkreisverteiler in einem Gehäuse untergebracht sind (in Einfamilienhäusern durchaus üblich), sollte man sorgfältig untersuchen, ob die LS-Schalter für 6 kA oder für 10 kA ausgelegt werden müssen. Hier sollte sich der Planer oder Errichter beim zuständigen NB erkundigen, wie hoch der Kurzschlussstrom (vor allem der Stoßkurzschlussstrom I_S bzw. der Durchlassstrom I_D – also der maximale Spitzenwert des Kurzschlussstroms) werden kann.

Tabelle 18.1 *Festlegungen bezüglich der Kurzschlussfestigkeit von LS-Schaltern im Wohnungsbau nach TAB*

Ort des Einsatzes	Stoßkurzschlussstromfest bis
Überstrom-Schutzeinrichtung im Bereich der Hauptleitung bis einschließlich zur Zählervorsicherung	25 kA
Zwischen Zählervorsicherung bis zum Stromkreisverteiler	10 kA
	Bemessungsschaltvermögen von
Im Stromkreisverteiler als Stromkreissicherung	6 kA

Auf alle Fälle sollten LS-Schalter die Energiebegrenzungsklasse 3 aufweisen – auch das fordern die TAB.

18.1.2 Auswahlvorgaben bei industriellen Anlagen

Im Industriebereich liegen die Verhältnisse oft anders. Hier werden die Berechnungen der Kurzschlussströme schwierig, denn es spielen zu viele Faktoren eine Rolle[82]:

- Häufig werden Industrienetze von mehreren parallel einspeisenden Transformatoren versorgt.
- Verteiler (beispielsweise Kabelverteiler für die Versorgung diverser Unterverteilungen oder Schaltanlagen größerer Maschinen) werden zum Teil untereinander vermascht, so dass die Energie entweder von der einen oder von der anderen Seite eingespeist werden kann.
- Motoren und Kompensationsanlagen liefern bei Kurzschluss ähnlich einem Generator Strom zur Fehlerstelle hin und beeinflussen so die Höhe des Kurzschlussstroms.
- Eventuell können auch mehrere Einspeisepunkte vorliegen, die der NB dem Betrieb zur Verfügung stellt, um einen sicheren Betrieb zu gewährleisten.

In all diesen Fällen wird eine genaue Berechnung des Kurzschlussstroms unter Umständen sehr problematisch. Sie ist mit vertretbarem Aufwand häufig nur mit einem Kurzschlussberechnungsprogramm durchführbar. Nur für den Fall, dass ein Transformator einen Verbraucher, eine Verbrauchergruppe, einen Gebäudekomplex usw. im Stich einspeist, kann eine kurze überschlägige Berechnung nach Kapitel 15 dieses Buches für Betriebsmittel, die hinter dem Transformator errichtet wurden, sinnvoll sein.

Beispiel:
In einem Lastschwerpunkt eines Industriebetriebes steht eine sogenannte Schwerpunktstation mit einem 400-kVA-Transformator (u_K = 4 %) und der zugehörigen NS-Schaltanlage. Sie versorgt nach **Bild 18.4** u. a. eine große Maschine, die eine eigene Schaltanlage besitzt. Es soll nun überprüft werden, welche maximalen Ströme vom NH-Sicherungslasttrenner (mit I_n = 250 A) beherrscht werden müssen, der sich direkt hinter dem Transformator (in Richtung des Verbrauchers) in der NS-Schaltanlage befindet, und vom Leistungsschalter, der in der Schaltanlage der Maschine als Hauptschalter vorgeschaltet ist. Zwischen der NS-Schaltanlage des Transformators (NSHV) und dem Leistungsschalter in der Schaltanlage der Maschine befindet sich eine 18 m lange Zuleitung NYY 3 x 150/70 mm² (also ein sog. 31/2-Leiter-Kabel).

---

82 Für eine weitergehende Betrachtung zu diesem komplexen Gebiet sei auf das Buch verwiesen: *Karl-Heinz Kny:* Kurzschluss-Schutz in Gebäuden. Verlag Technik, Berlin

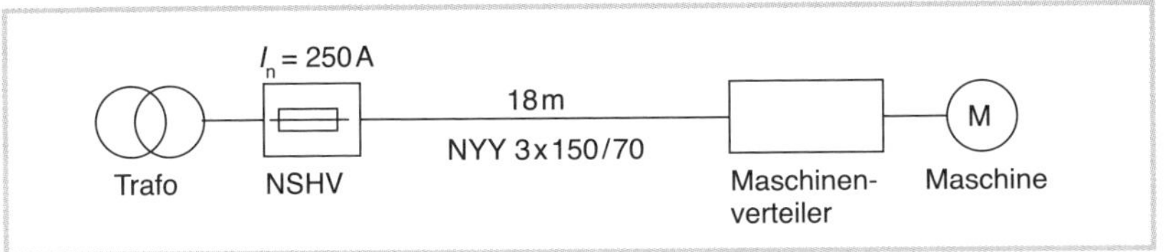

Bild 18.4 *Beispiel einer Maschinenversorgung durch einen Transformator im Stich*

Nach Tabelle 15.2 im Abschnitt 15.1 hat der genannte Transformator einen Kurzschlussstrom I_K von ca. 13,7 kA, und nach Tabelle 15.4 im Abschnitt 15.3 kann man von einem Stoßkurzschlussstrom I_S von 27 kA ausgehen.

Das bedeutet, der NH-Sicherungslasttrenner in der NSHV des Transformators muss für einen Stoßkurzschlussstrom von ca. 30 kA ausgelegt sein. Wenn die Möglichkeit in Betracht gezogen werden muss, dass der Lasttrenner auch auf einen bestehenden Kurzschluss geschaltet werden könnte, muss auch das Einschaltvermögen diesen Wert aufweisen.

Für den größten Kurzschlussstrom (3-poliger Kurzschluss) ist es bedeutungslos, dass das o. g. 3½-Leiter-Kabel eingesetzt wird. Sein Impedanz- und Widerstandswert entspricht dem des 4-Leiter-Kabels NYY 4x150 und beträgt nach Tabelle 15.3:

$$X_L = 0{,}08\,\text{m}\Omega/\text{m} \cdot 18\,\text{m} = 1{,}44\,\text{m}\Omega \text{ und } R_L = 0{,}124\,\text{m}\Omega/\text{m} \cdot 18\,\text{m} = 2{,}23\,\text{m}\Omega\,.$$

Impedanz und Widerstand des Transformators sind (nach Tabelle 15.2 im Abschnitt 15.1):

$$X_{Tr} = 15\,\text{m}\Omega \text{ und } R_{Tr} = 5\,\text{m}\Omega$$

Die gesamte Impedanz im Kurzschlussstromkreis wäre dann:

$$X = X_L + X_{Tr} = 1{,}44\,\text{m}\Omega + 15\,\text{m}\Omega = 16{,}44\,\text{m}\Omega$$

$$R = R_L + R_{Tr} = 2{,}23\,\text{m}\Omega + 5\,\text{m}\Omega = 7{,}23\,\text{m}\Omega.$$

Nach Formel (3) ist der Kurzschlussstrom:

$$I_K = \frac{U}{\sqrt{3} \cdot \sqrt{R^2 + X^2}} = \frac{400\,\text{V}}{1{,}732 \cdot \sqrt{16{,}44\,\text{m}\Omega^2 + 7{,}23\,\text{m}\Omega^2}} \approx 13\,\text{kA}$$

Der Maximalwert des Durchlassstroms I_D, den die 250-A-Sicherung durchlässt, wäre nach Bild 15.4 aus Abschnitt 15.4 ca. 18 kA, den die Betriebsmittel in der NSHV (hinter dem NH-Sicherungslasttrenner) maximal aushalten müssen.

Der Hauptschalter der angeschlossenen Maschine (Leistungsschalter) sollte immer noch ein Nennschaltvermögen (Ausschaltvermögen) von ca. 15 kA besitzen und ein Einschaltvermögen von ca. 20 kA.[83] Die Stoßkurzschlussstromfestigkeit sollte mindestens 20 kA betragen. Die Werte wurden jeweils aufgerundet.

Eine andere Möglichkeit wäre, Angaben des Betreibers zu übernehmen, der bei einem größeren Industrieunternehmen die Verbraucher kennt, und der die Fachleute beschäftigt, die mit Hilfe von Berechnungsprogrammen die

83 Sollte die Abschaltzeit des Leistungsschalters so kurz sein, dass die Abschaltung noch im Höchstwert des Kurzschlussstroms stattfinden könnte, so sollte auch das Ausschaltvermögen mit 20 kA gewählt werden.

notwendigen Angaben zur Kurzschlussfestigkeit machen können. Dieser letztgenannte Weg wird in industriellen Anlagen häufig eingeschlagen. Der Betreiber (oder das für ihn planende Büro) schreibt in der Ausschreibung für die entsprechenden Betriebsmittel (Lasttrennschalter, Leistungsschalter, Sicherungen usw.) eine Stoßkurzschlussstrombelastbarkeit sowie ein Nennschaltvermögen vor. Dennoch sollte stets überlegt werden, ob diese Vorgabe nicht viel zu hoch oder zu niedrig liegt, was die elektrische Anlage nutzlos verteuert bzw. gefährdet.

18.2 Auswahl aufgrund von Abschaltzeiten bei Kurzschluss

Im Abschnitt 16.2.2.2 wurde gezeigt, dass dann, wenn der Kurzschlussstrom geringer ausfällt als der 20-fache Nennstrom der vorgeschalteten Schmelzsicherung bzw. geringer als der Wert für die Kurzschluss-Schnellauslösung bei Schutzschaltern (z. B. LS-Schaltern), nach Formel (21) überprüft werden muss, ob die Überstrom-Schutzeinrichtung noch früh genug abschaltet (siehe Abschnitt 16.2.2.2).

Wird mit Formel (21)

$$t \leq \frac{(k \cdot S)^2}{I^2}$$

entsprechend Abschnitt 16.2.2.2 eine Zeit errechnet, muss diese mit der Abschaltzeit der jeweiligen Überstrom-Schutzeinrichtung verglichen werden (Strom-Zeit-Auslösekennlinie). Benötigt die Überstrom-Schutzeinrichtung zum Abschalten eine zu lange Zeit, muss ggf. durch die Wahl einer Überstrom-Schutzeinrichtung mit kürzerer Abschaltzeit für Sicherheit gesorgt werden. Dies könnte beispielsweise ein Leistungsschalter oder LS-Schalter statt einer Schmelzsicherung sein. Bei manchen Leistungsschaltern besteht auch noch die Möglichkeit, die Abschaltzeit für den Kurzschlussstrom einzustellen.

18.3 Auswahl nach Betriebsströmen

Für die korrekte Zuordnung der Überstrom-Schutzeinrichtung zum Leiterquerschnitt bei vorgegebenem Betriebsstrom des angeschlossenen Verbrauchers muss DIN VDE 0100-430 beachtet werden. Das wurde im vorhergehenden Kapitel 16 bereits beschrieben. Hier müssen die Planungsbedingungen aus Abschnitt 16.1.4.1 eingehalten werden:

$I_b \leq I_n \leq I_Z$ und $I_2 \leq 1{,}45 \cdot I_Z$ [siehe Formeln (5) und (6)].

18.4 Auswahl nach Verbraucheranforderungen

Auch die Art des Verbrauchers spielt eine Rolle bei der Auswahl von Überstrom-Schutzeinrichtungen. Damit kann Folgendes gemeint sein:

1. Die Stärke des Betriebsstroms
   Da die Überstrom-Schutzeinrichtung die Betriebsmittel schützen muss und gleichzeitig im Betrieb nicht unkontrolliert auslösen darf, muss der Nennstrom der Überstrom-Schutzeinrichtung der ersten Bedingung aus Abschnitt 16.1.4.1 entsprechen:
   $I_b \leq I_n \leq I_Z$.[84]
   Dabei ist zu berücksichtigen, dass auch die Überlastung der Geräte (Steckdosen, Installationsschalter und Fehlerstrom-Schutzeinrichtungen) verhindert werden muss. **Für den Nennstrom der Überstrom-Schutzeinrichtung ist dann jeweils der niedrigere Wert zu wählen (der Nennstrom des Kabels (der Leitung) oder des Gerätes).**
2. Das Betriebsverhalten des Verbrauchers
   Beispielsweise muss bei hohen Anlaufströmen (wie bei einem Motor) ein LS-Schalter, Typ C (statt Typ B) eingesetzt werden; denn der Typ C löst erst beim 10-fachen Nennstrom sicher aus (der Typ B bereits beim 5-fachen). Auf alle Fälle muss bei der Auswahl von LS-Schaltern stets beachtet werden, dass mit ihnen auch die in DIN VDE 0100-410 und -430 vorgegebenen Abschaltzeiten eingehalten werden können.

18.5 Auswahl nach Umgebungstemperatur und Häufung

Schaut man sich die erste der beiden Bedingungen

$$I_b \leq I_n \leq I_Z$$

für den Schutz vor Überstrom bei Überlast gemäß DIN VDE 0100-430 (siehe im Abschnitt 16.1.4.1) einmal genauer an, so könnte man annehmen, dass es ohne Weiteres möglich ist, den Sicherungsnennstrom genau so hoch zu wählen wie den Betriebsstrom: $I_b = I_n$. Doch das stimmt so nicht. Der Schalter soll ja während des normalen Betriebs nicht auslösen. Die Kennlinien der Sicherungen und LS-Schalter haben eine linke und eine rechte Grenzlinie (siehe Bild 15.2 im Abschnitt 15.4).

84 I_b Betriebsstrom des Verbrauchers; I_n Nennstrom der Überstrom-Schutzeinrichtung; I_Z Strombelastbarkeit des Kabels (der Leitung).

➔ Ganz oben, wo die Kennlinie fast einen senkrechten Verlauf annimmt, kann man die beiden Prüfströme der Überstrom-Schutzeinrichtungen ablesen:
I_1 den kleinen Prüfstrom, der auch Nichtauslösestrom genannt wird und
I_2 den großen Prüfstrom, der auch Auslösestrom genannt wird.

Wichtig für unsere Überlegung ist der kleine Prüfstrom. Der Betriebsstrom muss stets kleiner sein als dieser kleine Prüfstrom, da sonst nicht sicher ist, ob die Überstrom-Schutzeinrichtung während des Betriebs unkontrolliert auslöst oder nicht.

➔ Die kleinen Prüfströme für übliche Überstrom-Schutzeinrichtungen sind:
Schmelzsicherungen $1{,}25 \ldots 1{,}5 \cdot I_n$
LS-Schalter $1{,}13 \cdot I_n$.

Diese Werte gelten bei Temperaturen von 20 °C (DIN VDE 0636-10). Bei höheren Umgebungstemperaturen verschiebt sich jedoch der Nichtauslösestrom, und zwar je 10 K um ca. 5 %. Für die Schmelzsicherung wirkt sich das in der Regel nicht bedenklich aus.

Beim LS-Schalter muss man allerdings die Umgebungstemperatur zwangsläufig mit beachten. Die Umgebungstemperatur des LS-Schalters ist normalerweise die Innentemperatur des Verteilers, und für die gilt:

In einem Verteiler muss man besonders dann, wenn

➔
- die LS-Schalter hinter dicht schließenden Türen oder überhaupt in IP54-Schränken montiert sind und/oder
- der Verteiler insgesamt hoch belastet ist[85] und/oder
- die Umgebungstemperatur des Verteilers ungewöhnlich hoch liegt und/oder
- der Verteiler Wärmestrahlungen oder der Sonne ausgesetzt ist,

von einer möglichen Innentemperatur von 40 °C und mehr ausgehen.

Diese Temperatur ist dann die Umgebungstemperatur für sämtliche Betriebsmittel im Inneren des Schaltschranks. Bei 40 °C Umgebungstemperatur liegt der Nichtauslösestrom des LS-Schalters jedoch schon gefährlich nahe am Nennstrom des Schalters.

Um Betriebsunterbrechungen zu vermeiden, wird empfohlen, LS-Schalter so auszuwählen, dass der Betriebsstrom möglichst nicht höher liegt als 0,9 x Nennstrom:

$$I_b \leq 0{,}9 \cdot I_n \,. \qquad (23)$$

85 Damit ist sowohl die Belastung nach angeschlossener elektrischer Leistung gemeint, als auch die Anzahl der Betriebsmittel und Klemmen im Schrank sowie der zur Verfügung stehende Raum für diese Betriebsmittel im Inneren des Schaltschrankes (ist wenig oder viel Reserve vorhanden?).

Außerdem ist für den Fall, dass viele LS-Schalter in einer Reihe montiert werden, die alle relativ hoch belastet sind, stets von einer gegenseitigen Temperaturbeeinflussung auszugehen. Auch hier sollte man einen Reduktionsfaktor für sämtliche LS-Schalter wegen Häufung berücksichtigen (**Tabelle 18.2**).

Natürlich bleibt hier immer ein gewisser individueller Entscheidungsspielraum – aber der ist nie ganz auszuschließen, da jede Anlage im Grunde eine „besondere Einzelfertigung" darstellt. Für alle Anlagen gültige Parameter anzugeben, ist schier unmöglich.

Bei LS-Schaltern käme man mit vorgenanntem Reduktionsfaktor für die erhöhte Umgebungstemperatur und einer Reduktion wegen erhöhter Belastung auf Werte entsprechend **Tabelle 18.3.**

Tabelle 18.2 *Empfehlungen für Reduktionen der möglichen Strombelastbarkeit von LS-Schaltern (Typ B) wegen Häufung* ***ohne*** *Berücksichtigung der Innentemperatur im Schaltschrank*

Angenommene durchschnittliche Belastung der LS-Schalter	Reduktionsfaktor für I_n wegen Häufung
hohe Belastung[1]	0,75
mittlere Belastung[2]	0,8
niedrige Belastung[3]	0,9

1 Hier ist gemeint, dass die Reihe im Verteiler mit LS-Schaltern und ähnlichen Betriebsmitteln (beispielsweise RCDs) belegt ist, dass die meisten Schalteinrichtungen relativ hoch und für längere Zeiträume belastet sind (Ströme nur wenig unterhalb des Nennstroms der Schalteinrichtung) und dass sämtliche Schalteinrichtungen zusammen genommen einen hohen Gleichzeitigkeitsfaktor aufweisen (viele der LS-Schalter sind für längere Zeit gleichzeitig im Betrieb).

2 Hier liegt die Belastung im Gegensatz zu 1 nicht mehr so hoch oder die hohe Belastung steht nur kurzzeitig an bzw. die LS-Schalter sind häufig nicht gleichzeitig im Betrieb oder einige der LS-Schalter führen einen sehr niedrigen Strom.

3 Hier ist die Reihe mit LS-Schaltern besetzt wie bei 1, aber der Gleichzeitigkeitsfaktor ist sehr niedrig und die meisten LS-Schalter führen einen kleinen Betriebsstrom. Eventuell könnte auch eine teilweise besetzte Reihe vorliegen mit höherer Belastung.

Tabelle 18.3 *Empfehlungen für Reduktionen der möglichen Strombelastbarkeit von LS-Schaltern wegen Häufung und* ***gleichzeitiger*** *Berücksichtigung einer Innentemperatur im Schaltschrank von ca. 40 °C*
Legende wie Tabelle 18.2.

Angenommene durchschnittliche Belastung der LS-Schalter	Gesamt-Reduktionsfaktor für I_n wegen Häufung *und* Umgebungstemperatur
hohe Belastung[1]	0,68
mittlere Belastung[2]	0,72
niedrige Belastung[3]	0,81

18.6 Back-up-Schutz bzw. kombinierter Kurzschlussschutz

Seit der Herausgabe der aktuell gültigen DIN VDE 0100-530 unterscheidet man bei der Koordinierung von Schaltgeräten in Bezug auf den Kurzschlussschutz in:

- Back-up-Schutz und
- kombinierten Kurzschlussschutz.

18.6.1 Back-up-Schutz

Beim Back-up-Schutz geht es um den Kurzschlussschutz für folgende Geräte:

- Schütz,
- Überlastrelais,
- Netzumschalter bei vorhandener Sicherheitsstromversorgung (TSE),
- Impulsrelais,
- Schalter und
- Fehlerstrom-Schutzeinrichtung (RCD).

Nach DIN VDE 0100-510 (VDE 0100-510), Abschnitt 512.1.2 müssen sämtliche Geräte in der elektrischen Anlage nicht nur für den vorgesehenen Betriebsstrom ausgelegt sein, sondern auch die Energie beherrschen, die eine vorgeschaltete Überstrom-Schutzeinrichtung bei einem Fehler (vor allem Kurzschluss oder Körperschluss) bis zur Trennung vom Netz noch an die angeschlossenen Betriebsmittel durchlässt. Das bedeutet für die zuvor erwähnten Schalteinrichtungen, dass sie diesen fehlerbedingten Überstrom bis zur Abschaltung sicher führen und gegebenenfalls auch selbst schalten können. In DIN VDE 0100-530, Abschnitt 536.4.2.2 heißt es beispielsweise bezüglich des Kurzschlussschutzes von Schützen und Überlastrelais wörtlich:

„Im Falle eines Kurzschlusses kann das Durchlassverhalten (Durchlassenergie, Spitzenstrom) der vorgeschalteten Schutzeinrichtung dazu führen, dass die Schützkontakte bei einem Stromwert öffnen, der über dem Einschalt- und Ausschaltvermögen des Schützes liegt."

Pauschal lässt sich sagen, dass die Überstrom-Schutzeinrichtung, die den Kurzschlussschutz der betrachteten Schalteinrichtung übernehmen soll, vom Hersteller der Schalteinrichtung vorgegeben wird. Planer und Errichter müssen also die Auswahl gemäß den Herstellerangaben treffen.

Sollen Lastschalter, Trennschalter, Lasttrennschalter oder Schalter-Sicherungseinheiten nach DIN EN 60947-3 (VDE 0660-107) einen Back-up-

Schutz erhalten, weil die Anforderungen des Schalterherstellers aus irgendeinem Grund nicht beachtet werden, muss nach DIN VDE 0100-530, Abschnitt 536.4.2.3 die folgende Vorgehensweise beachtet werden:

- Das Bemessungskurzschluss-Einschaltvermögen des Schalters (der Schalter-Sicherungseinheit) muss höher als der Maximalwert des unbeeinflussten Kurzschlussstroms am Einbauort sein.
- Anhand der Auslösekennlinien (oft angegeben als „Zeit-Strom-Kennlinien“) der Überstrom-Schutzeinrichtung muss geprüft werden, ob der vom Hersteller angegebene Wert des Bemessungskurzzeitstroms I_{cw} noch im geschützten Bereich liegt. Der Wert für I_{cw} wird in der Regel für eine bestimmte Zeit angegeben (z. B. 20 kA, 0,2 s).

Sofern die Leitungsführung zum betrachteten Gerät erd- und kurzschlussfest ausgeführt wurde, kann die Überstrom-Schutzeinrichtung auch nach dem Gerät angeordnet werden.

18.6.2 Kombinierter Kurzschlussschutz

Nach DIN VDE 0100-430, Abschnitt 434.5.1 muss jede Überstrom-Schutzeinrichtung ein Schaltvermögen besitzen, dass dem unbeeinflussten Kurzschlussstrom am Einbauort entspricht. Wenn das nicht gewünscht oder nicht möglich ist, muss eine vorgeschaltete Überstrom-Schutzeinrichtung vorgesehen werden. Die Abschaltcharakteristika dieser beiden Schutzeinrichtungen müssen so aufeinander abgestimmt sein, dass die Gesamtdurchlassenergie beider Schutzeinrichtungen nicht die maximale Durchlassenergie überschreitet, die sowohl die betrachtete Überstrom-Schutzeinrichtung als auch die angeschlossenen und zu schützenden Leiter gerade noch ohne Schaden aushalten. Mit anderen Worten: insgesamt muss ein ausreichendes Bemessungsschaltvermögen entstehen.

Ein kombinierter Kurzschlussschutz ist damit stets erforderlich, wenn ein zu erwartender Kurzschlussstrom das Schaltvermögen der betrachteten Überstrom-Schutzeinrichtungen übersteigt. Dieser Schutz bedingt, dass für sehr hohe Überströme auf Selektivität zu Gunsten der Anlagensicherheit verzichtet wird. Für einen funktionierenden kombinierten Kurzschlussschutz sind in der Regel entsprechende Herstellerangaben erforderlich (siehe **Tabelle 18.4** in diesem Buch).

Tabelle 18.4 *Kombinierter Kurzschlussschutz für LS-Schalter durch unterschiedliche Sicherungen*

Schutzgerät (LS-Schalter)	Vorsicherung: NH-Sicherung, Betriebsklasse gG	geschützt bis
LS-Schalter, Typ B oder C 6 A bis 40 A, Schaltvermögen: 6 kA	50 A	50 kA
	63 A	40 kA
	80 A	25 kA
	100 A	25 kA
	125 A	25 kA
LS-Schalter, Typ B oder C 6 A bis 63 A, Schaltvermögen: 10 kA	50 A	60 kA
	63 A	
	80 A	
	100 A	
	125 A	

Beispiel:
LS-Schalter benötigen einen Kurzschlussschutz, wenn ein zu erwartender Kurzschlussstrom höher ausfällt als sein Schaltvermögen. Daraus ergibt sich die Notwendigkeit einer Vorsicherung, die vom Hersteller des LS-Schalters angegeben wird. In Tabelle 18.4 dieses Buchs werden LS-Schalter mit einem Schaltvermögen von 6 kA bzw. 10 kA angegeben (Herstellerangaben). Sofern der Kurzschlussstrom diesen Wert übersteigt, muss eine entsprechende Vorsicherung gewählt werden, die einen kombinierten Kurzschlussschutz bis zu einer gewissen Grenze (rechte Spalte von Tabelle 18.4) bietet.

Die gegenseitige Beeinflussung der Abschaltcharakteristika von in Reihe liegenden Überstrom-Schutzeinrichtungen ist zum Teil sehr komplex. Deshalb sind die Herstellerangaben bezüglich der maximalen Vorsicherung stets zu beachten. In DIN VDE 0100-530, Abschnitt 536.4.2.1 heißt es wörtlich:

„Bei der Auswahl von zwei Überstrom-Schutzeinrichtungen für den kombinierten Kurzschlussschutz müssen die Anweisungen des Herstellers der nachgeschalteten Überstrom-Schutzeinrichtung berücksichtigt werden. Diese Anweisungen müssen auf Prüfungen nach den betreffenden Produktnormen (je nach Anwendbarkeit, z. B. DIN EN 60947-2 (VDE 0660-101) und DIN EN 60898-1 (VDE 0641-11)) beruhen. Wenn keine Herstellerangaben verfügbar sind, darf der kombinierte Kurzschlussschutz von Überstrom-Schutzeinrichtungen nicht angewendet werden, und jede Überstrom-Schutzeinrichtung muss das erforderliche Kurzschlussausschaltvermögen am Einbauort aufweisen."

19 Fehlerstrom-Schutzeinrichtung (RCD)

19.1 Grenzen der Sicherheit bei üblichen Überstrom-Schutzeinrichtungen

Bereits im Kapitel 16 wurde deutlich, dass eine Grundvoraussetzung für eine aus Sicht der Brandschadenverhütung sichere Elektroinstallation eine korrekte Auslegung von Leitungsquerschnitt und zugeordneter Überstrom-Schutzeinrichtung ist. Doch hat dieser Schutz in Bezug auf die Brandschadenverhütung seine Grenzen – auch das wurde im Grunde schon deutlich.

Erinnern wir uns an die Aussagen im Abschnitt 16.1.4.1. Dort hieß es, dass die Überstrom-Schutzeinrichtung die Leitung nur sicher schützt, wenn der große Prüfstrom der Überstrom-Schutzeinrichtung (I_2) kleiner (höchstens gleich) der 1,45-fachen Strombelastbarkeit der Leitung (I_Z) ist:

$$I_2 \leq 1{,}45 \cdot I_Z \,.$$

Das war die zweite Bedingung bei der Auslegung von Leitungsquerschnitt und Überstrom-Schutzeinrichtung gemäß DIN VDE 0100-430. Diese Formel (6) besagt jedoch, dass eine Überlast, die einen Überstrom ≤45 % über der Strombelastbarkeit der Leitung hervorruft, spätestens nach einer Stunde (bei größeren Nennstromstärken nach zwei und mehr Stunden) abgeschaltet werden muss (siehe im Abschnitt 16.2.1).

→ Bereits hier wird klar: Kleinere Ströme, die, wie im Teil B beschrieben, brandgefährlich irgendwohin abfließen, werden durch eine solche Überstrom-Schutzeinrichtung niemals erfasst werden können.

Dazu muss ganz klar gesagt werden, dass die Normen in ihren Bestimmungstexten stets den widerstandslosen Kurzschluss unterstellen. Hierbei ist der Schutz, den eine Überstrom-Schutzeinrichtung bietet, sicher ausreichend. Dieser Fehlerfall stellt jedoch aus Sicht der Brandschadenverhütung eher den „Idealfall" dar, denn hier schalten die Überstrom-Schutzeinrichtungen (wenn korrekt geplant wurde) in weniger als 5 s ab.

In der Praxis stellt sich dagegen nicht selten ein „widerstandsbehafteter Kurzschluss" ein[87] oder es entsteht „nur" ein Kriech- bzw. Fehlerstrom. Ganz gleich, ob dieser brandgefährliche Fehlerstrom durch

- einen im Teil B dieses Buches beschriebenen Isolationsfehler entsteht oder
- dadurch, dass sich an der Fehler-Kontaktstelle ein Lichtbogen bildet, der stets einen zusätzlichen Widerstand in die Fehlerschleife einbringt, oder
- dadurch, dass an der Fehler-Kontaktstelle Lacke, Farben oder Rost einen Übergangswiderstand $>0\ \Omega$ verursachen,

immer ergibt sich eine Situation, wie sie **Bild 19.1** zeigt.

Die Abschaltbedingungen für die Überstrom-Schutzeinrichtungen sind in

DIN VDE 0100-430 Schutz gegen thermische Überlastung durch Überstrom – Sachschutz und

DIN VDE 0100-410 Schutz gegen elektrischen Schlag – Personenschutz

definiert.

In der Regel übernimmt die Überstrom-Schutzeinrichtung den Personenschutz und den Sachschutz. Allerdings erfüllt sie die Bedingungen für den Sachschutz nur unzureichend.[88]

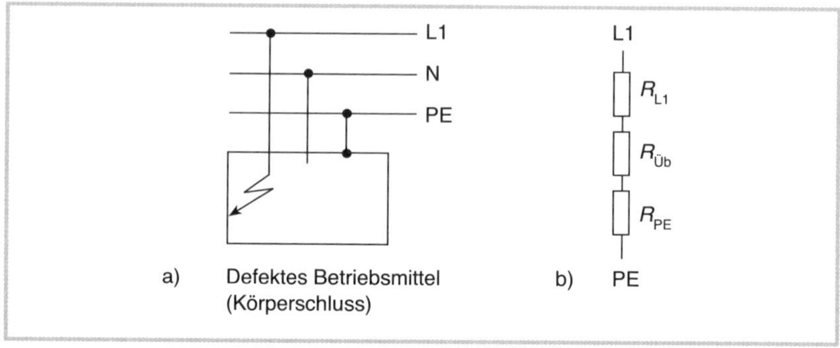

Bild 19.1 *Körperschluss in einem Betriebsmittel mit Übergangswiderstand (a) und zugehöriges Ersatzschaltbild (b)*

R_{L1} Leiterwiderstand des Außenleiters

R_{PE} Leiterwiderstand des PE- bzw. PEN-Leiters

$R_{Üb}$ Übergangswiderstand an der Fehler-Kontaktstelle, bedingt durch einen Isolationsfehler oder durch Farben, Lacke, Rost o. ä. an der Übergangsstelle

Der Widerstand der gesamten Fehlerstromschleife R_S ($\approx Z_S$) beträgt somit: $R_S = R_{SNetz} + R_{L1} + R_{Üb} + R_{PE}$

(R_{SNetz} ist der Widerstand des einspeisenden Netzes).

87 Hinzu kommen die Fälle, wo in der Fehlerschleife (= Stromkreis, der durch den Fehler zustande kommt und über den der Fehlerstrom fließt) ein Teil des Nutzwiderstandes liegt. Das kann beispielsweise bei Begleitheizungen vorkommen, aber auch bei allen anderen Verbrauchern, wenn im angeschlossenen Betriebsmittel der Kurzschluss entsteht.

Beispiel:
1. Ein widerstandsbehafteter Kurzschluss zwischen einem Außenleiter und einem am Schutzleiter angeschlossenen Körper (Körperschluss) verursacht einen Überstrom, der 45 % über dem Nennstrom der Sicherung (oder des LS-Schalters) liegt. Einen Überstrom, der 45 % über dem Nennstrom liegt, hält eine übliche Überstrom-Schutzeinrichtung unter Umständen 1 Stunde und länger aus[89]. Das bedeutet, dass bei einer 16-A-Sicherung ein Strom von 23,2 A eine Stunde lang fließen kann.
Hier wird an der Fehlerstelle folgende Leistung frei:

$$P_F = U \cdot I = 230\,V \cdot 23{,}2\,A = 5.336\,W \approx 5{,}3\,kW.$$

2. Bei einem Körperschluss wirkt an der Fehlerstelle ein Übergangswiderstand (siehe Bild 19.1) von 50 Ω. Dadurch wird folgender Strom fließen:

$$I = U/R = 230\,V/50\,\Omega = 4{,}6\,A.$$

Die vorgeschaltete Sicherung von 10 A wird diesen Strom nicht abschalten können, selbst dann nicht, wenn beispielsweise ein zusätzlicher Betriebsstrom von 5 A durch die Leitung fließt. Folglich wird auf unbegrenzte Zeit folgende Verlustleistung anfallen:

$$P_F = 230\,V \cdot 4{,}6\,A = 1.058\,W \approx 1\,kW.$$

Fazit: Im ersten Beispiel wird eine Leistung von über 5 kW über eine Stunde lang an der Fehlerstelle wirksam und im zweiten Beispiel sogar eine Leistung von immerhin 1 kW auf unbegrenzte Zeit. **Das ist mehr als brandgefährlich!**

→ Versuche haben gezeigt, dass eine Leistung von 60 W (in besonders ungünstigen Fällen sogar noch weniger) bereits als Brandursache infrage kommt.

Geht man von den oben genannten 60 W aus, so kommt man zu der Aussage, dass ein Strom von I_F = 60 W/230 V = 261 mA bereits eine Brandgefahr darstellen kann.

Hinzu kommt noch, dass es im Grunde nicht praxisgerecht ist, den widerstandslosen Kurz- oder Körperschluss in jedem Fall vorauszusetzen – das trifft besonders bei Steckdosenstromkreisen zu. Hier geht man nach der Norm von einer Schleifenimpedanz Z_S bzw. einem Schleifenwiderstand R_S (ohne Berücksichtigung der „Blindwiderstandsanteile") bis zur Steckdose aus und tut dabei so, als würde der Stromkreis an der Steckdose enden. Jedes Betriebsmittel mit Anschlussleitung (vielleicht sogar mit zusätzlicher Verlängerung) bildet aber bei dieser Voraussetzung bereits betriebsbedingt

88 Damit ist nicht gesagt, dass eine Überstrom-Schutzeinrichtung auch den Personenschutz umfassend abdeckt, da ihre Schutzwirkung in vielen Fällen durch den Einsatz einer Fehlerstrom-Schutzeinrichtung ergänzt werden muss (so vor allem bei Räumen und Gebäuden nach der Gruppe 700 aus DIN VDE 0100). Für den „Normalfall" gilt jedoch, dass beim Einsatz einer üblichen Überstrom-Schutzeinrichtung für ausreichende Sicherheit in Bezug auf den Personenschutz gesorgt ist.

89 Das hängt damit zusammen, dass Überstrom-Schutzeinrichtungen durch die Hersteller so ausgelegt werden, dass sie bei einem so genannten großen Prüfstrom (I_2) gemäß den Bestimmungstexten der Normen erst nach 1 h bis 4 h auslösen müssen (siehe im vorhergehenden Abschnitt 16.1.4.1). Bei üblichen Überstrom-Schutzeinrichtungen (siehe hierzu auch Abschnitt 16.1.4.1 in diesem Buch) beträgt dieser große Prüfstrom im eingebauten Zustand $I_2 = 1{,}45 \cdot I_n$ (I_n = Nennstrom der Überstrom-Schutzeinrichtung).

durch diese Anschlussleitung einen zusätzlichen Widerstand, den man zum Schleifenwiderstand hinzurechnen müsste. Aber auch bei fest angeschlossenen Betriebsmitteln kann man nicht davon ausgehen, dass der Körperschluss (widerstandslos) an den Anschlusspunkten stattfindet. Vielmehr kommen auch hier im Fehlerfall u. U. Teile von Nutzwiderständen, Widerstände von Anschlussleitungen im Inneren des Betriebsmittels usw. hinzu.

In all diesen Fällen trifft also im Grunde genommen die abgeänderte Formel (24) zu, bei der zur Schleifenimpedanz ein Übergangswiderstand hinzukommt:

$$I_a = \frac{U_0}{Z_S + R_{Üb}} \qquad (24)$$

Dabei ist $R_{Üb}$ gleichzusetzen mit dem Widerstand,

- der durch Farben, Lacke, Rost o. ä. entsteht,
- den ein Lichtbogen, der sich an der Fehlerstelle ausbildet, einbringt,
- den eine Geräte-Anschlussleitung innerhalb der Fehlerschleife verursacht, oder
- der durch einen widerstandsbehafteten Isolationsfehler gemäß Teil B dieses Buches entsteht.

Alle diese Möglichkeiten werden bis heute in den Bestimmungstexten der Normen leider unbeachtet gelassen.

Ein Fehlerstrom, wie er im Teil B dieses Buches (dort auch als Kriechstrom bezeichnet) beschrieben wurde und der als mögliche Brandursache infrage kommt, macht sich in TT- und TN-Systemen meist früher oder später auch als ein Strom bemerkbar, der über den Schutzleiter (Schutzleiterstrom) oder direkt zur Erde (Erdfehlerstrom) abfließt. Ist zu erwarten, dass dieser Fehlerstrom nicht so hoch werden kann, dass die vorgeschaltete Überstrom-Schutzeinrichtung frühzeitig abschaltet, sollte man besser auf eine Fehlerstrom-Schutzeinrichtung (RCD[90]) zurückgreifen, die die angeschlossenen Stromkreise kontinuierlich überwacht.

90 RCD = residual current devices. Das ist der Oberbegriff für Schutzschalter, die entweder mit Hilfsspannung (früher als „Differenzstrom-Schutzeinrichtung" bekannt) oder ohne Hilfsspannung (früher als „Fehlerstrom-Schutzeinrichtung" bekannt) einen von einem aktiven Leiter zum PE-Leiter (oder zur Erde) abfließenden Strom registrieren und bei einer festgelegten Stärke den (oder die) fehlerhaften Stromkreis(e) vom Netz trennen.
Im Folgenden wird in der Regel der in Deutschland offiziell festgelegte Begriff „Fehlerstrom-Schutzeinrichtung (RCD)" verwendet. Mit diesem Begriff sind eigentlich beide Arten der zuvor erwähnten RCD gemeint. Da nach DIN VDE 0100-510 jedoch nur Betriebsmittel eingesetzt werden dürfen, denen eine harmonisierte Norm zugrunde liegt, ist aber im Grunde genommen nur der „alte netzspannungsunabhängige FI-Schutzschalter" gemeint; denn für die „Differenzstrom-Schutzeinrichtungen" gibt es zur Zeit noch keine harmonisierte Norm.

→ Als Schlusssätze können formuliert werden:

- Überstrom-Schutzeinrichtungen schützen Kabel und Leitungen gemäß DIN VDE 0100-430 vor Überstrom. Sie schützen weiterhin Personen und Tiere gemäß DIN VDE 0100-410 vor zu hohen Berührungsspannungen bei „widerstandslosen" Kurzschlüssen (Körperschlüsse und Erdschlüsse).
- Gegen Isolationsfehler, die einen Strom über widerstandsbehaftete Fehlerstellen verursachen, schützt eine Fehlerstrom-Schutzeinrichtung (RCD). Sie schützt weiterhin Personen und Tiere gemäß DIN VDE 0100-410 bei besonderen Gefahren (Zusatzschutz) oder im TT-System, wenn der Anlagenerder für eine rechtzeitige Auslösung zu hochohmig ist.

19.2 Funktion einer Fehlerstrom-Schutzeinrichtung (RCD)

Man könnte die Funktion vereinfacht so erklären:

Die Fehlerstrom-Schutzeinrichtung (RCD) vergleicht kontinuierlich die Ströme im angeschlossenen Stromkreis. Stimmen hinein- und herausfließende Ströme überein, ist alles in Ordnung. Fließt jedoch hinter der Fehlerstrom-Schutzeinrichtung (RCD) in Richtung des Verbrauchers ein Teilstrom zum PE-Leiter oder direkt zur Erde (beispielsweise über ein fremdes leitfähiges Teil), so „geht dieser Teilstrom an der Fehlerstrom-Schutzeinrichtung (RCD) vorbei". Es fließt somit mehr Strom hinein (in Richtung des Verbrauchers) als wieder hinaus. Diese Differenz registriert die Fehlerstrom-Schutzeinrichtung (RCD). Erreicht dieser „Differenzstrom" eine gewisse Höhe, schaltet die Fehlerstrom-Schutzeinrichtung (RCD) ab. Maßgebend für die Höhe des vorgenannten „Differenzstroms", bei der die Fehlerstrom-Schutzeinrichtung (RCD) abschaltet, ist der so genannte Bemessungsdifferenzstrom $I_{\Delta n}$.[91]

Ein so „kleiner" und dennoch brandgefährlicher Fehlerstrom, wie er im Abschnitt 19.1 beschrieben wurde, kann nur durch solche Fehlerstrom-Schutzeinrichtungen (RCDs) bemerkt werden. Sie werden häufig für folgende Bemessungsdifferenzströme angeboten:

$I_{\Delta n}$ = 10 mA, 30 mA, 100 mA, 300 mA, 500 mA.

91 Genauer gesagt muss die Fehlerstrom-Schutzeinrichtung (RCD) nach Norm bei 50 % bis 100 % des für sie angegebenen Bemessungsdifferenzstroms schalten. Die Hersteller legen die Auslösung in der Regel bei 70 % bis 80 % des Bemessungsdifferenzstroms fest.

Bei diesen Werten erfolgt in einer Zeit <400 ms die Abschaltung[92]. Selbst dann, wenn ein Fehler in der Leitungsisolation sich zunächst nicht auf den PE-Leiter auswirkt (also beispielsweise ein widerstandsbehafteter Schluss zwischen Außenleitern), wird früher oder später auch der in der Leitung mitgeführte PE-Leiter in Mitleidenschaft gezogen und die Fehlerstrom-Schutzeinrichtung (RCD) kann auslösen. Das **Bild 19.2** zeigt die Funktion in einem TT-System.

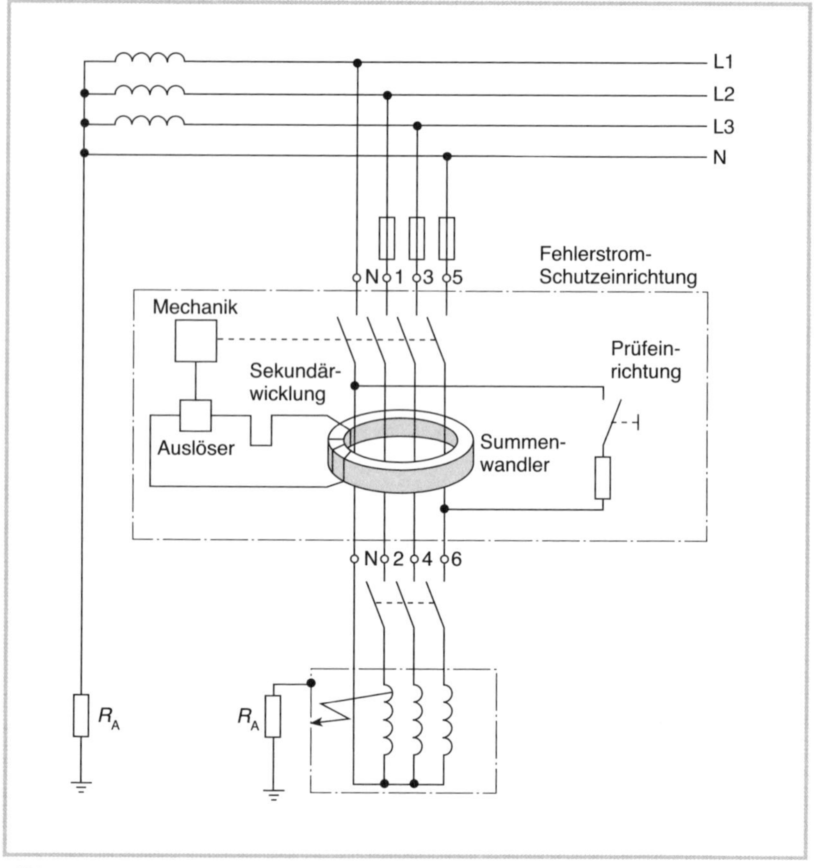

Bild 19.2 *Funktion einer Fehlerstrom-Schutzeinrichtung (RCD)*

92 In dieser Zeit muss eine Abschaltung erfolgen, sonst könnten Fehlerstrom-Schutzeinrichtungen (RCDs) beispielsweise beim TN-System im Fehlerfall nicht für eine genügend schnelle Abschaltung nach DIN VDE 0100-410 sorgen. In Wirklichkeit schalten die Fehlerstrom-Schutzeinrichtungen (RCDs) nach Herstellerangaben bereits nach 40 ms bis 50 ms, wenn sie üblicherweise unverzögert arbeiten.

Aus der Sicht der Brandschadenverhütung lässt sich sagen:

→ Wird eine Fehlerstrom-Schutzeinrichtung (RCD) mit einem $I_{\Delta n} \leq 300\,\text{mA}$ als Überwachung eingesetzt, werden die brandgefährlichen 60 W in der Regel nicht erreicht bzw. frühzeitig erkannt.[93]

Als Alternative im Sinne einer konstanten Überwachung der elektrischen Anlage kann auch eine RCM[94] eingesetzt werden, die im folgenden Kapitel 20 behandelt wird.

→ Gerade weil auf eine Überwachung des Isolationszustands einer elektrischen Anlage nicht verzichtet werden kann und weil eine Isolationsmessung in gewerblichen und industriellen Anlagen häufig aus betrieblichen Gründen nicht durchführbar ist, sollte wo immer möglich auf diese Art der Überwachung (RCD oder RCM) zurückgegriffen werden.

Aus diesem Grund hat VdS Schadenverhütung in den Richtlinien VdS 2046 „Sicherheitsregeln für Starkstromanlagen bis 1.000 V" im Abschnitt 3.2.5 darauf hingewiesen, dass dann, wenn aus „örtlichen oder betrieblichen Gründen" eine Abschaltung der Stromkreise für eine Isolationswiderstandsmessung nicht durchgeführt werden kann, Maßnahmen nach VdS 2349 vorzusehen sind. Im Wesentlichen umfasst dies die konstante Überwachung des Stromkreises durch eine RCD oder eine RCM.[95]

---

93 Die Hersteller legen die Auslösebereiche ihrer Fehlerstrom-Schutzeinrichtungen (RCDs) in der Regel auf einen Bereich zwischen 70 % bis 80 % des Nenn-Bemessungsdifferenzstroms.
Bei einer Fehlerstrom-Schutzeinrichtungen (RCD) mit einem Bemessungsdifferenzstrom von $I_{\Delta n} = 300\,\text{mA}$ kann also davon ausgegangen werden, dass die brandgefährlichen 60 W nicht erreicht werden:
$P_F = 240\,\text{mA} \cdot 230\,\text{V} = 55{,}2\ \text{W}$ (bei Auslösestrom der RCD $I_a = 0{,}8 \cdot I_{\Delta n} = 0{,}8 \cdot 300\ \text{mA} = 240\ \text{mA}$).

94 RCM = residual current monitors. Es handelt sich hierbei um eine Differenzstrom-Überwachungseinrichtung, die jedoch nicht abschaltet, sondern nur signalisiert. Hierdurch ist eine einfache Überwachung der Anlage möglich. Allerdings ist das kein Ersatz für die Schutzmaßnahme mit der Fehlerstrom-Schutzeinrichtung (RCD) nach DIN VDE 0100-410, sondern immer nur eine zusätzliche brandschutztechnische Maßnahme.
Siehe auch: *Wolfgang Hofheinz:* Fehlerstrom-Überwachung in elektrischen Anlagen, VDE-Verlag, Berlin

95 Sofern eine RCM vorgesehen wird, muss gewährleistet sein, dass auf deren Signalisierung eine möglichst kurzfristige Reaktion erfolgt. Ist das nicht gewährleistet, kann die PCM auch über einen Leistungsschalter mit Unterspannungsauslöser für eine Abschaltung benutzt werden.

19.3 Auswahl von Fehlerstrom-Schutzeinrichtungen (RCDs) unter Berücksichtigung der gewünschten Funktion

Bereits oben wurde angedeutet, dass es auf die Funktion ankommt, die die Fehlerstrom-Schutzeinrichtung (RCD) ausführen soll. Folgende hauptsächlichen Funktionen kommen infrage:

1. Wird sie als „zusätzlicher Schutz“[96] eingesetzt, so ist stets eine RCD mit einem Bemessungsdifferenzstrom von $I_{\Delta n} \leq 30\,\text{mA}$ zu verwenden. Dieser Wert von $\leq 30\,\text{mA}$ ist ein üblicher Wert für den Bereich des Personenschutzes, der natürlich gleichzeitig die Belange des Brandschutzes mit abdecken kann – siehe unten bei 3.
2. Wird sie im TT-System eingesetzt, damit die Abschaltbedingungen gemäß DIN VDE 0100-410 eingehalten werden können, kommt es nicht in erster Linie auf die Höhe des Bemessungsdifferenzstroms an, sondern darauf, dass bei einer vorliegenden Größe des Anlagenerders R_A folgende Bedingung eingehalten wird:

$$R_A \leq \frac{50\,\text{V}}{I_{\Delta n}}$$

Das ist je nach der Größe des Anlagenerders durch RCDs mit Bemessungsdifferenzströmen von 500 mA und sogar 1.000 mA möglich.[97]

3. Aus brandschutztechnischen Gründen sollte jedoch (wie in den vorhergehenden Abschnitten beschrieben) stets eine RCD mit $I_{\Delta n} \leq 300\,\text{mA}$ gewählt werden.

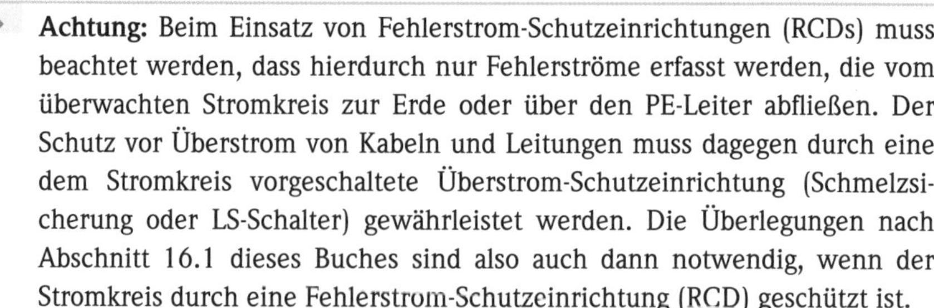

→ **Achtung:** Beim Einsatz von Fehlerstrom-Schutzeinrichtungen (RCDs) muss beachtet werden, dass hierdurch nur Fehlerströme erfasst werden, die vom überwachten Stromkreis zur Erde oder über den PE-Leiter abfließen. Der Schutz vor Überstrom von Kabeln und Leitungen muss dagegen durch eine dem Stromkreis vorgeschaltete Überstrom-Schutzeinrichtung (Schmelzsicherung oder LS-Schalter) gewährleistet werden. Die Überlegungen nach Abschnitt 16.1 dieses Buches sind also auch dann notwendig, wenn der Stromkreis durch eine Fehlerstrom-Schutzeinrichtung (RCD) geschützt ist.

96 Hier ist ein zusätzlicher Schutz nach VDE 0100-410, Abschnitt 415 gemeint. Ein solcher zusätzlicher Schutz wird (z. B. in Anlagen gefordert, die in der Gruppe 7 der VDE 0100-701 „Räume mit Badewanne oder Dusche“) oder für Steckdosenstromkreise nach VDE 0100-410, Abschnitt 411.3.3.

97 Beispiel: Bei einem Bemessungsdifferenzstrom $I_{\Delta n} = 1.000\,\text{mA}$ darf der Anlagenerder folgende Größe nicht überschreiten: $R_A \leq 50/1 = 50\,\Omega$. Diesen Wert für R_A einzuhalten dürfte in der Regel keine Probleme verursachen.

19.4 Auswahl von Fehlerstrom-Schutzeinrichtungen (RCDs) unter Berücksichtigung des Ableitstroms

Ein Problem, das häufig auftritt, ist der in vielen Anlagen vorhandene Ableitstrom, der bereits betrieblich bedingt ist. Hier einige Beispiele:

- Bei ausgedehnten Anlagen könnte das der kapazitive Ableitstrom über die Leitungskapazitäten sein.
- Bei Wassererwärmungsgeräten werden die Heizstäbe oft direkt vom Wasser umspült. Dabei fließt immer auch ein Ableitstrom über das Wasser zwischen den aktiven Leitern und ebenso von denen zum PE-Leiter.
- Viele Verbraucher haben vom Aufbau her mehr oder weniger hohe Kapazitäten zur Erde hin (z. B. Entladekondensatoren). Sie bewirken einen entsprechenden kapazitiven Ableitstrom.
- Bei vielen Verbrauchern kommen in den letzten Jahren zunehmend Filter zum Einsatz, die über Induktivitäten und Kapazitäten (sog. Y-Kondensatoren) einen ständigen betrieblichen Ableitstrom verursachen.

Es kann aus diesem Grund dazu kommen, dass Fehlerstrom-Schutzeinrichtungen (RCDs) auslösen, obwohl kein wirklicher Fehlerstrom fließt.

Das kann sehr störend sein und im industriellen bzw. gewerblichen Bereich Ausfallschäden u. ä. verursachen. Häufig wird eine solche Störquelle dadurch beseitigt, indem man den Schalter ganz einfach überbrückt. So weit darf es nicht kommen. Planer und Errichter tragen hier eine hohe Verantwortung, den richtigen Schalter auszusuchen.

Zunächst ist der mögliche Ableitstrom in Erfahrung zu bringen. Hier helfen Herstellerangaben, den auftretenden betriebsbedingten Ableitstrom in etwa zu erfassen. Dabei ist Folgendes zu beachten:

Eine Fehlerstrom-Schutzeinrichtung (RCD) darf nach Norm beim halben Nenn-Bemessungsdifferenzstrom $I_{\Delta n}$ abschalten. Eine Fehlerstrom-Schutzeinrichtung (RCD) mit $I_{\Delta n} \leq 30\,\text{mA}$ kann also durchaus bei 15 mA schalten. Der betriebsbedingte Ableitstrom sollte also in jedem Fall deutlich unterhalb dieser Grenze bleiben (beispielsweise in diesem Fall 12 mA nicht übersteigen).

Kommt der betriebsbedingte Ableitstrom in die Nähe des halben Nenn-Bemessungsdifferenzstroms der Fehlerstrom-Schutzeinrichtung (RCD), so sollte Folgendes überlegt werden:

- Eventuell könnte der Stromkreis, der durch die Fehlerstrom-Schutzeinrichtung (RCD) überwacht werden soll, weiter aufgeteilt werden.
  Das bedeutet: Insgesamt mehr Stromkreise bilden und möglichst wenige

(ableitstromintensive) Verbraucher an eine gemeinsame Fehlerstrom-Schutzeinrichtung (RCD) anschließen.

- Im Extremfall sollten Verbraucher, die einen hohen Ableitstrom liefern, stets separat durch eine Fehlerstrom-Schutzeinrichtung (RCD) überwacht werden.
- Lässt es die Norm zu, so kann eine Fehlerstrom-Schutzeinrichtung (RCD) mit einem entsprechend höheren Bemessungsdifferenzstrom gewählt werden.
- Sollte in industriellen Anlagen all das nicht greifen, so könnte der Einsatz einer RCM[98] in Betracht gezogen werden, wenn gewährleistet ist, dass die Signalisierung dieser Schutzeinrichtung (denn eine RCM schaltet nicht ab) in jedem Fall beachtet wird. Das Signal könnte beispielsweise an einer ständig besetzten Stelle auflaufen. Noch besser wäre, das „Störsignal" der RCM über einen Leistungsschalter (mit Unterspannungswächter) für eine Auslösung zu nutzen (**Bild 19.3**).

19.5 Auswahl von Fehlerstrom-Schutzeinrichtungen (RCDs) nach dem Betriebsstrom

Auf dem Markt gibt es Fehlerstrom-Schutzeinrichtungen (RCDs) für folgende Nennströme:

16 A, **25 A**, **40 A**, **63 A**, 80 A, 100 A, 125 A, 250 A
(übliche Werte sind fett gedruckt).

Außerdem besteht die Möglichkeit, eine Fehlerstrom-Schutzeinrichtung (RCD) mit externen Summenstromwandlern einzusetzen, die höhere Betriebsströme als 250 A ermöglichen.

Die Frage ist, welchen Nennstrom wählt man bei einer RCD aus? In der Regel sind RCDs mehreren Stromkreisen oder sogar als Hauptschalter einem kompletten Verteiler vorgeschaltet. Die Summe der Nennströme aller abgehenden Stromkreissicherungen anzusetzen, wäre sicher falsch. Vielmehr muss man wie bei der Bemessung einer Hauptsicherung den Gleichzeitigkeitsfaktor berücksichtigen; denn nicht alle Stromkreise sind gleichzeitig in Betrieb, und selbst dann, wenn einige Stromkreise gleichzeitig in Betrieb sind, werden sie nicht notwendigerweise gleichzeitig voll belastet.

98 RCM sind in der Lage, betriebsbedingte kapazitive Ableitströme durch eine Grundeinstellung zu unterdrücken, indem man die Sensibilität des Schalters entsprechend verändert (ähnlich wie das „Tara" bei einer Waage). Siehe auch Abschnitt 20.1.

Sind Fehlerstrom-Schutzeinrichtungen (RCDs) nur einem Stromkreis zugeordnet, eventuell sogar nur einem Verbraucher, so fällt die Entscheidung leicht. Allerdings sollte man bei Steckdosenstromkreisen darauf achten, dass hier zukünftig an eine oder mehrere Steckdosen eventuell leistungsstarke Verbraucher angeschlossen werden.

Eine weitere Frage ist die nach der Vorsicherung. Die Hersteller geben auf dem Typenschild die Bemessungs-Kurzschlussfestigkeit der RCD an (**Bild 19.4**). Diese Bemessungs-Kurzschlussfestigkeit wird jedoch nur im Zusammenhang mit einer vorgeschalteten Sicherung gewährleistet. Das bedeutet, die Vorsicherung muss die Durchlassenergie ($I^2 \cdot t$-Wert) bei Kurz-

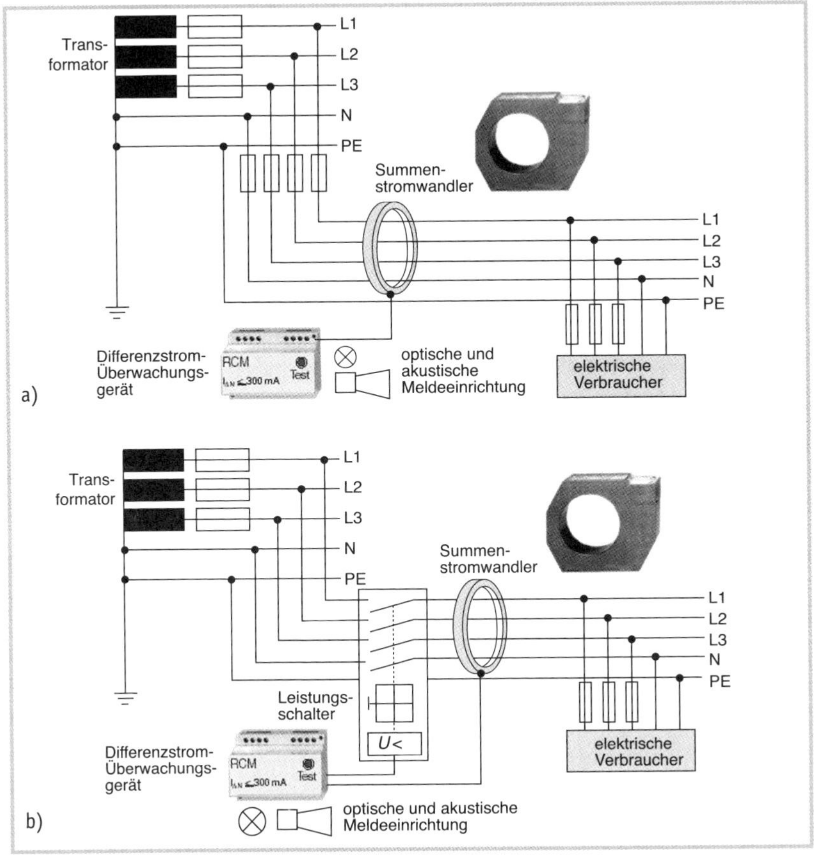

Bild 19.3 *Überwachung von Stromkreisen auf Isolationsfehler mittels RCM nach VdS 2349*
a) Der eventuell auftretende Fehlerstrom wird lediglich registriert (gemeldet).
b) Der eventuell auftretende Fehlerstrom wird über den Unterspannungswächter eines Leistungsschalters abgeschaltet.

schluss auf ungefährliche Werte begrenzen. In der Regel ist das der Fall, wenn die Werte aus der **Tabelle 19.1** eingehalten werden.

Auf alle Fälle sollte man sicherheitshalber die Herstellerangaben hierzu berücksichtigen. Ist eine RCD für nur einen Verbraucher zuständig, so sollte der Betriebsstrom natürlich nie größer sein als der Bemessungsstrom der RCD. Für diesen Fall gilt Tabelle 19.1 natürlich nicht, da es in dieser Tabelle lediglich um den Kurzschlussschutz geht. Die ständige Überlastung der RCD durch den Betriebsstrom muss durch die korrekte Auswahl des Bemessungsstroms der RCD ausgeschlossen werden.

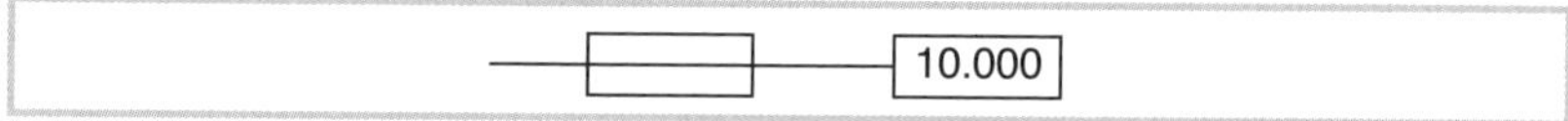

Bild 19.4 *Angabe der Bemessungs-Kurzschlussfestigkeit von 10 kA (rechts) Das Symbol der Sicherung (links) zeigt an, dass das nur im Zusammenhang mit der vorgeschalteten Sicherung möglich ist.*

Tabelle 19.1 *Maximale Vorsicherung als Kurzschlussschutz für Fehlerstrom-Schutzeinrichtungen (RCDs)*

Bemessungsstrom der RCD in A	maximaler Nennstrom der Vorsicherung in A
≤ 40	63
≥ 63	100

19.6 Auswahl von Fehlerstrom-Schutzeinrichtungen (RCDs) unter Berücksichtigung der möglichen Fehlerstromarten

In der heutigen Zeit kann man nicht mehr davon ausgehen, dass Fehlerströme reine Wechselströme sind. Vielmehr kommen bei den angeschlossenen Verbrauchern mit elektronischen Bauteilen sehr häufig Fehler im Gleichspannungsteil vor – also hinter der Gleichrichtung. Das bewirkt, dass der Fehlerstrom, der zur Erde oder über den PE-Leiter abfließt, Gleichstromanteile aufweist. Da die Isolationsfehler durch die Fehlerstrom-Schutzeinrichtung (RCD) im Summenstromwandler „nur induktiv" registriert werden, wird der Gleichstromanteil nicht mehr bemerkt. Vielmehr besteht die Gefahr, dass das Eisen des Summenstromwandlers durch diese Gleichströme in die magnetische Sättigung getrieben und die Funktion des Schalters damit außer Kraft gesetzt wird. Aus diesem Grund bieten die Hersteller mittlerweile folgende RCDs an:

1. RCD, Typ AC:
   Diese RCD kann nur reine sinusförmige Wechselströme registrieren; sie sind in Deutschland bislang (mit Recht!) nicht erlaubt.

2. RCD, Typ A:
   Diese RCD kann sinusförmige Wechselströme und pulsierende Gleichfehlerströme registrieren. Dabei muss der pulsierende Strom mindestens im Verlauf einer Periode annähernd zu null werden (DIN VDE 0160, Anhang A, Abschnitt A.5.2.11.2). Diese Ströme kommen beispielsweise bei Fehlern im Gleichstromteil eines ungesteuerten oder halbgesteuerten Zweipuls-Brückengleichrichters vor.
3. RCD, Typ F:
   Der F-Typ hat das gleiche Auslöseverhalten wie der nachfolgende B-Typ. Deshalb wird er auch in der gleichen Norm beschrieben (DIN EN 62423 (VDE 0664-40)). Trotzdem kann er den B-Typ keinesfalls ersetzen, weil er nicht in der Lage ist, glatte Gleichfehlerströme über 10 mA zu registrieren. Sein Auslöseverhalten bezüglich eines Gleichstromanteils ähnelt also eher dem A-Typ, der immerhin 6 mA Gleichstromanteil beherrscht. Der F-Typ eignet sich für den Einsatz bei Verbrauchern, die Fehlerströme erzeugen, welche besonders stark durch Mischfrequenzen bis zu einer Höhe von 1 kHz gekennzeichnet sind. Dies können beispielsweise Geräte sein, die elektronische Bauteile enthalten (z. B. eine Waschmaschine, deren Motor über einen Frequenzumrichter gesteuert wird).
4. RCD, Typ B:
   Diese RCD kann sowohl sinusförmige Wechselströme als auch jede andere Form von Wechselströmen mit einem sehr hohen Gleichstromanteil (also auch solche Ströme mit sehr geringer Welligkeit, die zu keinem Zeitpunkt zu null werden) registrieren (DIN VDE 0160, Anhang A, Abschnitt A.5.2.11.2). Diese Ströme kommen beispielsweise bei Fehlern im Gleichstromteil eines gesteuerten Zweipuls- oder Sechspuls-Brückengleichrichters vor.

Sind relativ glatte Gleichfehlerströme (besser Mischströme mit hohem Gleichstromanteil) zu erwarten, muss man auf den Typ B zurückgreifen. Andernfalls reicht eine RCD, Typ A aus.

5. RCD, Typ B+:
   Seit 2009 taucht in der Norm ein zusätzlicher Typ auf, der eine Reaktion auf den in vielen Anlagen zunehmenden Anteil an Oberschwingungsströmen darstellt. Er wird in der Norm als „Typ B+“ bezeichnet. Ausschlaggebend für die Projektierung eines solchen Typs war der Gedanke, dass Fehlerstrom-Schutzeinrichtungen nicht nur für den Personenschutz eingesetzt werden können. Auch der Brandschutz profitiert von dieser Technik, da brandgefährliche Isolationsfehler, wie in Abschnitt 19.1 dieses Buches beschrieben, unter Umständen nur sehr kleine Fehlerströme

hervorrufen, die von üblichen Überstrom-Schutzeinrichtungen nicht registriert werden.
Allerdings kommen in Stromkreisen mit zahlreichen oder leistungsstarken elektronischen Einrichtungen, wie Frequenzumrichterantriebe und USV-Anlagen, zunehmend Ströme mit höheren Frequenzen vor. Wir sprechen in diesem Zusammenhang von harmonischen Oberschwingungsströmen, die den sinusförmigen Netzstrom mit seiner Frequenz von 50 Hz überlagern. Da übliche RCDs nur bis maximal 2 kHz geprüft werden, ist ihr Verhalten bei höheren Frequenzen nicht festgelegt. Für den Personenschutz spielt dies eine untergeordnete Rolle, da die Empfindlichkeit des menschlichen Körpers mit zunehmender Frequenz abnimmt. Dies gilt jedoch nicht für den Brandschutz, weil es unerheblich ist, ob eine Wärmeleistung durch Gleichstrom oder durch Wechselstrom mit höheren Frequenzen hervorgerufen wird.
Der Gesamtverband der Deutschen Versicherungswirtschaft (GDV) und der Zentralverband der Deutschen Elektro- und Informationstechnischen Handwerke (ZVEH) haben daher in einer Gemeinschaftsarbeit Richtlinien erarbeitet, in denen u. a. diese Problematik angesprochen wird:
VdS 3501:2008-10 (Isolationsfehlerschutz in elektrischen Anlagen mit elektronischen Betriebsmitteln)
In diesen Richtlinien wird aus den soeben beschriebenen Gründen gefordert, dass RCDs in Stromkreisen mit elektronischen Einrichtungen nicht nur Gleichfehlerströme erfassen, sondern auch beim Auftreten von Oberschwingungsströmen sicher auslösen müssen.
Im VDE-Vorschriftenwerk wurde dieser Gedanke in folgenden Normen umgesetzt:

- **DIN VDE 0664-400 (VDE 0664-400):2012-05**
  Fehlerstrom-Schutzschalter Typ B ohne eingebauten Überstromschutz zur Erfassung von Wechsel- und Gleichfehlerströmen für den gehobenen vorbeugenden Brandschutz – Teil 400: RCCB Typ B+
- **DIN VDE 0664-401 (VDE 0664-2401):2012-05**
  Fehlerstrom-Schutzschalter Typ B mit eingebautem Überstromschutz zur Erfassung von Wechsel- und Gleichfehlerströmen für den gehobenen vorbeugenden Brandschutz – Teil 401: RCBO Typ B+

Diese deutschen Normen definieren Anforderungen, die bei Prüfung von Fehlerstrom-Schutzeinrichtungen (RCDs) zusätzlich zu den Prüfungen beim Typ B berücksichtigt werden müssen, wenn diese bei unverhältnismäßig hohen Oberschwingungsanteilen, die Frequenzen oberhalb 2 kHz aufweisen, betrieben werden sollen.

Neben der Erfassung von glatten Gleichfehlerströmen (wie dies bereits für den Typ B kennzeichnend ist), werden folgende Spezifikationen für den Typ B+ gefordert:

Erfassung von

a) sinusförmigen Wechselfehlerströmen mit Frequenzen bis 20 kHz;
b) sinusförmigen Wechselfehlerströmen mit Frequenzen bis 20 kHz und pulsierenden Gleichfehlerströmen der Bemessungsfrequenz;
c) pulsierenden Gleichfehlerströmen mit Überlagerung von glatten Gleichfehlerströmen.

Dabei wird bis zu einer Frequenz von 20 kHz festgelegt, dass der Auslösewert von 420 mA nicht überschritten wird.

Als Kennzeichen für den Typ B+ gilt: 

Überall dort, wo ein Brandschutz auch bei Vorhandensein von leistungsstarken elektronischen Einrichtungen (vor allem Frequenzumrichterantrieben) sicher gewährleistet sein muss, ist eine solche Schutzeinrichtung dringend zu empfehlen.

19.7 Auswahl von Fehlerstrom-Schutzeinrichtungen (RCDs) unter Berücksichtigung der Stoßstromfestigkeit bei transienten Überspannungen

Die Stoßstromfestigkeit[99] von Fehlerstrom-Schutzeinrichtungen (RCDs) bedeutet nicht, dass der Schalter keine höheren Stoßströme vertragen kann. Es geht auch gar nicht um die Gefahr der Zerstörung der Schutzeinrichtung, vielmehr wird hierunter ein Stromimpuls verstanden, den eine Fehlerstrom-Schutzeinrichtung (RCD) verträgt, ohne dabei auszulösen.

Schaltüberspannungen, nahe und ferne Blitzeinschläge u. ä. können Stromimpulse bewirken, die die RCD zur Auslösung veranlassen. Üblicherweise wird ein solcher Stromimpuls mit einer Impulsform 8/20 geprüft.[100]

100 Diese Impulsform besagt, dass der Impuls in 8 µs auf 90 % seines Maximalwertes ansteigt und innerhalb von 20 µs auf die Hälfte seines Maximalwertes zurückfällt.

99 Stoßstrom darf hier nicht mit Stoßkurzschlussstrom verwechselt werden. Letzterer ist der Spitzenwert im ersten Augenblick eines Kurzschlusses. Stoßstrom hingegen ist ein Stromimpuls, der beispielsweise durch Schalthandlungen (bei einem Transformator) oder durch Blitzschlag entsteht und der sich über die Kabel und Leitungen überträgt. Er hat in der Regel einen festgelegten Verlauf, nach dem er innerhalb einer bestimmten Zeit (beispielsweise in 8 µs) auf 90 % seines Maximalwertes ansteigt und innerhalb einer bestimmten Zeit (beispielsweise in 20 µs) wieder auf die Hälfte dieses Maximalwertes absinkt.

Übliche RCDs besitzen nach Norm eine Stoßstromfestigkeit von ca. 250 A. Das ist nicht gerade viel und hier liegt auch der Grund, warum RCDs häufig unter der Einwirkung von Gewitter grundlos auslösen. Gerade in Anlagen, in denen RCDs für die Sicherheit der Anlagen, Personen und Tiere eingesetzt werden (wie beispielsweise in landwirtschaftlichen Betriebsstätten), ist es erforderlich, dass sie sicher und korrekt funktionieren. Der Anwender wird bei Fehlauslösungen verleitet, die Funktion durch Überbrückung außer Kraft zu setzen – das kann niemand wollen.[101] Hier ist es möglich, solche RCDs einzusetzen, die eine höhere Stoßstromfestigkeit aufweisen. In Fällen, wo mit häufiger Auslösung durch Gewitter (oder durch sonstige Wirkungen, wie Schalthandlungen) zu rechnen ist oder wo es um Anlagen geht, die auf keinen Fall unkontrolliert und ohne zugrunde liegenden Fehler abgeschaltet werden dürfen, sollte man stets auf besonders stoßstromfeste RCDs zurückgreifen.

Fehlerstrom-Schutzeinrichtungen (RCDs), die eine höhere Stoßstromfestigkeit besitzen, sind:

- Kurzzeitverzögerte RCD (häufig KV-Typen genannt), die eine sehr kleine Verzögerungszeit für die Auslösung besitzen. Vom Hersteller wird in der Regel eine typische Auslösezeit von mindestens 60 ms bei $1 \cdot I_{\Delta n}$ vorgesehen.[102] Sie sind in der Regel also wie übliche RCDs ohne Kurzzeitverzögerung einzusetzen. Ihre Stoßstromfestigkeit beträgt je nach Hersteller bis zu 3 kA, häufig auch 6 kA.
- Selektive RCD (auch S-Typ genannt mit der zusätzlichen Bezeichnung [S] auf dem Typenschild. Hierbei handelt es sich um RCDs, die je nach Hersteller bei $1 \cdot I_{\Delta n}$ erst nach 150 ms bis maximal 500 ms auslösen. Diese Schalter sind in der Regel bis 6 kA stoßstromfest. Zusätzlich kann man sie auch in einer Anlage sozusagen als Hauptschalter einsetzen, wobei sie sich durch die Verzögerungszeit selektiv zu nachgeschalteten (kurzzeit- oder unverzögerten) RCDs verhalten.[103]

100 In landwirtschaftlichen Betrieben tritt das besonders in den Vordergrund. Hier gibt es Bereiche, wie beispielsweise die Belüftung bei Intensivtierhaltung, die auf keinen Fall ausfallen dürfen. In solchen Anlagen sollte man sinnvollerweise RCDs einsetzen, die bei Überspannungseinflüssen nicht auslösen.

102 RCD ohne Verzögerung werden in der Regel mit einer Auslösezeit von ca. 40 ms bis 50 ms hergestellt.

103 Allerdings ist bei Reihenschaltung zu beachten, dass zwischen den Bemessungs-Differenzströmen der vorgeschalteten RCD ($I_{\Delta n1}$) und der nachgeschalteten RCD ($I_{\Delta n2}$) folgende Beziehung gelten sollte: $I_{\Delta n1} \geq 3 \cdot I_{\Delta n2}$.

19.8 Netzspannungsabhängige Fehlerstrom-Schutzeinrichtungen (RCDs)

Im vorhergehenden Abschnitt wurden nur die sogenannten netzspannungsunabhängigen Fehlerstrom-Schutzeinrichtungen (RCDs) beschrieben. Sie überwachen den Strom, der im Netz zum Verbraucher fließt, ohne selbst von der Netzspannung abhängig zu sein. Vielmehr kommt die Energie für die Auslösung des Schaltschlosses von dem in der RCD registrierten Differenzstrom selbst.

In letzter Zeit ist jedoch immer wieder die Rede von den netzspannungsabhängigen RCDs oder, wie sie früher in Deutschland hießen, den Differenzstrom-Schutzeinrichtungen (DI-Schutzschalter; DI-Schutzeinrichtung). Mit Hilfe der Elektronik können diese Schalter eine Menge mehr leisten als die oben beschriebenen netzspannungsunabhängigen. Beispielsweise könnte man sie in die Lage versetzen, einen vorhandenen betriebsbedingten Ableitstrom zu separieren, um nur den anfallenden Fehlerstrom zu registrieren.[104]

Zukünftig sollen solche Schalter auf dem Markt erscheinen, die eine hochsichere Elektronik besitzen, die nicht nur das Schaltgerät selbst auf Fehler überwacht, sondern auch die angeschlossene elektrische Anlage. So sollen N- und PE-Leiterunterbrechungen festgestellt werden können. Betriebsbedingte Ableitströme sollen separiert werden und ungewollte Verbindungen zwischen PE- und N-Leiter (beispielsweise bei Nachinstallationen) sollen als Störmeldungen signalisiert werden können. Natürlich ist das alles noch „Zukunftsmusik“. Wie die Entwicklung verlaufen wird, ist noch ungewiss.

Der Planer und Errichter muss sich in seiner Entscheidung an die Realität halten. Heutige netzspannungsabhängige RCDs enthalten eine Elektronik, deren Ausfallwahrscheinlichkeit noch nicht durch entsprechende Normen festgelegt ist. Diese Lücke sollte unbedingt ausgefüllt werden.

Aber das ist nicht das Einzige, was der Planer oder Errichter bei seiner Auswahl zu bedenken hat. Vielmehr gibt es ein Problem, das in der Art und Weise begründet liegt, wie die Spannung für die interne Elektronik zur Verfügung gestellt wird.

Diese Problematik soll durch **Bild 19.5** verdeutlicht werden.

104 Man kann das mit einer Waage vergleichen, bei der man durch eine „Tara-Einstellung“ die Verpackung einer Ware abziehen kann, um nur das Gewicht des Inhalts zu ermitteln.

Durch einen widerstandslosen Kurzschluss fallen die Potentiale von Punkt C und Punkt D aus Bild 19.5 zusammen. Für den Eingang der RCD lässt sich das Ersatzschaltbild nach **Bild 19.6** angeben.

Der Kurzschlussstrom I_K wird vom Netz durch die RCD zur Fehlerstelle fließen und wieder zurück über den PE-Leiter bis zum Aufteilungspunkt „X“ zwischen N-Leiter und PE-Leiter bzw. dann über den PEN-Leiter.

An den Anschlusspunkten A und B der RCD kann daher nur noch die Spannung anliegen, die zwischen diesen Punkten abfällt, und das ist der Spannungsabfall, den der Kurzschlussstrom an der Leitung zwischen den Punkten A und B verursacht:

$$U_{AB} = I_K \cdot (R_{L1} + R_{PE}).$$

Diese Spannung (häufig auch als Ucoil bezeichnet) muss so groß sein, dass die Elektronik der RCD noch arbeiten kann. Es muss nun diskutiert werden, wie niedrig diese Spannung sein darf, weil es in jedem Fall folgende Einwände gegen eine solche Mindestspannung gibt:

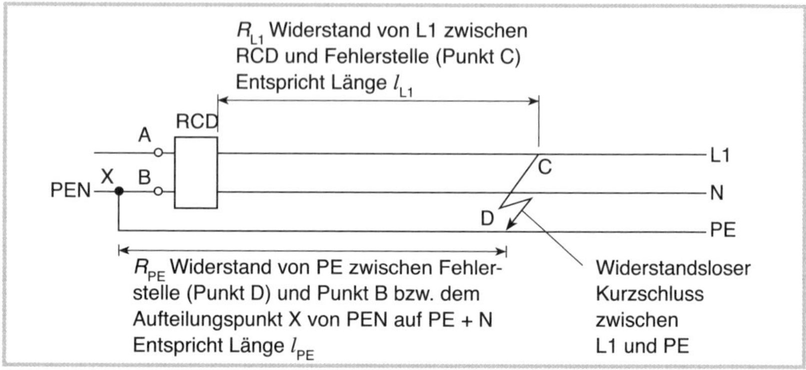

Bild 19.5 *Prinzipskizze einer 1-phasigen, netzspannungsabhängigen Fehlerstrom-Schutzeinrichtung (RCD) mit Fehlerstelle auf der Verbraucherseite*

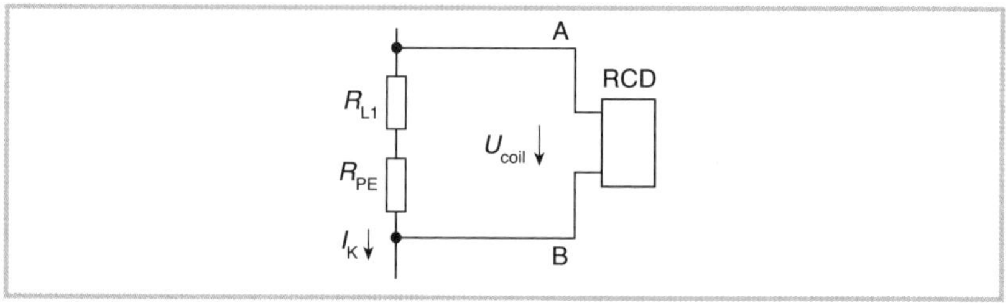

Bild 19.6 *Ersatzschaltbild für die Eingangsseite der Fehlerstrom-Schutzeinrichtung (RCD) bei Kurzschluss zwischen L1 und PE*

Eine **netzspannungsabhängige** RCD, die eine Mindestspannung benötigt, bietet keine gleichwertige Sicherheit wie eine netzspannungsunabhängige RCD, weil die netzspannungsabhängige RCD nur Fehler registrieren kann, die ab einer bestimmten Entfernung von der RCD in Richtung des Verbrauchers auftreten.

Und das aus folgenden Gründen:

Berechnet man die Leitungslänge, ab der die für die RCD geforderte Mindestspannung (U_{AB}) im Kurzschlussfall vorliegt, so kommt man je nach Querschnitt der Leitungen und je nach dem Schleifenwiderstand des einspeisenden Netzes (bis zum Eingang der Schutzeinrichtung) auf einige Meter (**Bild 19.7**).

Bei Fehlern, die hinter dem Ausgang der RCD innerhalb dieser Leitungslänge entstehen, löst die RCD nicht aus!

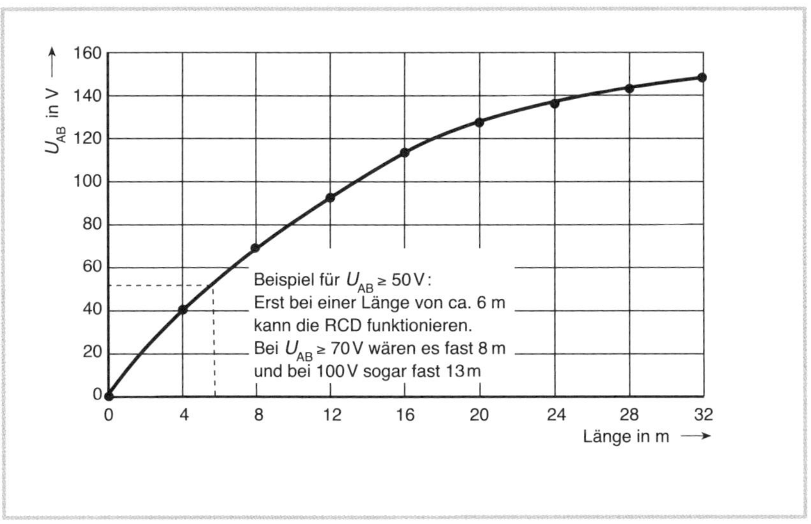

Bild 19.7 *Verlauf der Spannung U_{AB}, die für die Elektronik der Fehlerstrom-Schutzeinrichtung (RCD) im Kurzschlussfall zur Verfügung steht, in Abhängigkeit von der Leitungslänge l_F zwischen Fehlerstrom-Schutzeinrichtung (RCD) und Fehlerstelle.*

Auf der x-Achse ist die Leitungslänge l_F aufgetragen, ab der die jeweilige Spannung U_{AB} beim Kurzschluss entsteht. Als Beispiel wurde eine Mindestspannung für die Elektronik der RCD von 50 V bis 100 V (U_{AB}) angenommen. Hier würde eine Leitungslänge von 6 m bis 13 m benötigt, um diese Spannung für die Elektronik der RCD entstehen zu lassen. Ereignet sich der Kurzschlussstrom hinter der RCD innerhalb dieser Länge, kann die RCD nicht arbeiten.

Beispiel:

Gegeben:

I_K Kurzschlussstrom in A

U_{AB} Spannung in der Schleife hinter der RCD bis zur Fehlerstelle in V und zugleich Spannung an der Elektronik der RCD

U Spannung des Netzes gegen Erde, hier 230 V

R_{S1} Schleifenwiderstand des Netzes vor der RCD in Ω

R_{S2} Schleifenwiderstand hinter der RCD bis zur Fehlerstelle in Ω

R_{PE}; R_{L1} Widerstände der Leiter (PE bzw. L1) hinter der RCD bis zu den Fehlerstellen in Ω

κ elektrische Leitfähigkeit (für Cu = 56 m/W · mm²)

S Querschnitt der Leitung in mm²

l_F Leitungslänge von der RCD bis zur Fehlerstelle in m

l_{PE} Länge des PE-Leiters von der RCD bis zur Fehlerstelle in m

l_{L1} Länge des L1-Leiters von der RCD bis zur Fehlerstelle in m

Angenommene Werte:

$$R_{S1} = 0{,}4\,\Omega \quad \text{und} \quad S = 1{,}5\,\text{mm}^2$$

Es soll gelten: Länge PE-Leiter (l_{PE}) = Länge L1-Leiter (l_{L1})

$\Rightarrow l_{PE} = l_{L1} = l_F$ und daher gilt auch: $R_{PE} = R_{L1}$

$$I_K = \frac{U_0}{R_{S1} + R_{S2}} \rightarrow \text{(es gilt vereinfacht } R_{S2} = 2 \cdot \frac{l_F}{\kappa \cdot S}\text{, wenn } l_{PE} = l_{L1} = l_F \text{ ist.)}$$

$$I_K = \frac{U_0}{R_{S1} + 2 \cdot \dfrac{l_F}{\kappa \cdot S}}$$

Für die Eingangsspannung an der RCD gilt dann:

$$U_{AB} = I_K \cdot R_{S2}$$

$$U_{AB} = \frac{I_K \cdot R_{S2}}{\kappa \cdot S}$$

Rechnet man diese Werte durch, so kommt man für die Leitungslänge I_F in Abhängigkeit von der Eingangsspannung U_{AB} zu folgenden Ergebnissen (**Tabelle 19.2**):

Tabelle 19.2 *Beispielrechung mit den oben angegebenenen Werten für den Netzschleifenwiderstand und den Leitungsquerschnitt*

U_{AB} ist die Spannung, die bei der Leitungslänge l_F hinter der Fehlerstrom-Schutzeinrichtung (RCD) bis zur Fehlerstelle ansteht, wenn durch einen widerstandslosen Kurzschluss ein Kurzschlussstrom zum Fließen kommt.

l_F in m	U_{AB} in V	I_K in A
4	44	464
8	74	390
12	96	355
16	112	295
20	125	263
24	135	237
28	144	216
32	151	198

Die Werte für die Leitungslänge, innerhalb der eine netzspannungsabhängige RCD nicht sicher funktioniert, sind ebenso abhängig von der Netzschleifenimpedanz (R_{S1}) und vom Querschnitt (S) der Leitung. **Bei ungünstigen Werten können durchaus Längen zwischen 30 m und 40 m zustande kommen, die die RCD zum sicheren Auslösen benötigt.** Netzspannungsabhängige RCDs sollten deshalb mit Energiespeichern ausgerüstet werden, die auch ein Abschalten garantieren, wenn die Spannung am Eingang der Elektronik durch einen Kurzschluss zusammenbricht. Solange das nicht gewährleistet ist, sollten Planer und Errichter beachten, dass diese Schutzschalter nicht in jedem Fall die gleichwertige Sicherheit gewährleisten wie ein netzspannungsunabhängiger Fehlerstrom-Schutzschalter (RCD). Werden sie jedoch ausschließlich zur Überwachung auf eine „schleichende" Isolationsverschlechterung eingesetzt, ist ihr Einsatz durchaus empfehlenswert; denn in diesem Fall wird stets ein Widerstand an der Fehlerstelle vorausgesetzt, der die Spannung U_{AB} genügend hoch ausfallen lässt.

19.9 Unterscheidung von Fehlerstrom-Schutzeinrichtungen (RCDs)

RCDs werden nach Auslöseverhalten und Anwendungsbereich in Typen unterteilt bzw. am Markt angeboten. Die Zahl der Typen hat in den letzten Jahren zugenommen. Deshalb scheint ein kleiner Überblick mit kurzen Erläuterungen angebracht zu sein. Einen solchen Überblick zeigt **Tabelle 19.3** in diesem Buch.

19.10 Probleme beim Einsatz von Fehlerstrom-Schutzeinrichtungen (RCDs)

In der Praxis kommen nicht selten Situationen vor, in denen eine RCD nicht ohne Weiteres einsetzbar ist. Gründe können z. B. sein, dass im zu schützenden Stromkreis

- die Betriebsströme zu groß sind, da übliche RCDs nur bis maximal 125 A (Bemessungsstrom der RCD) angeboten werden oder
- der betriebsbedingte Ableitstrom, den eine RCD zwangsläufig als „Fehlerstrom" registriert, zu hoch liegt und deshalb ungewollte Abschaltungen erwartet werden müssen.

Bei zu großen Betriebsströmen empfiehlt DIN VDE 0100-420, Abschnitt 422.3.9 sowie DIN VDE 0100-530, Abschnitt 532.2 den Einsatz von Leistungsschaltern, die alle aktiven Leiter trennen können und zusätzlich folgende Charakteristika aufweisen:

a) Bei Betriebsströmen bis 250 A können Leistungsschalter mit integriertem Fehlerstromschutz (CBR) nach DIN EN 60947-2 (VDE 0660-101), Anhang B vorgesehen werden.

Tabelle 19.3 *Übersicht zur Auswahl von Fehlerstrom-Schutzeinrichtung für die Fehlerschutzvorkehrung (automatische Abschaltung im Fehlerfall). Der Typ-B+ darf bei höheren Frequenzanteilen im Fehlerstrom die Grenze von $I_{\Delta N} \leq 300$ mA leicht überschreiten* *Übersicht zur Auswahl von Fehlerstrom-Schutzeinrichtung für die Fehlerschutzvorkehrung (automatische Abschaltung im Fehlerfall). Der Typ-B+ darf bei höheren Frequenzanteilen im Fehlerstrom die Grenze von $I_{\Delta N} \leq 300$ mA leicht überschreiten.*

Anforderung an die RCD	**RCD-Typ**	$I_{\Delta N}$	**Stoßstromfestigkeit (sofern erforderlich)**
TN-System			
Frequenzen im Fehlerstrom überwiegend: 50 Hz sowie geringem Gleichstromanteil (≤ 6 mA)	A	$I_{\Delta N} \leq \frac{U_0}{Z_S}$ bzw. für den Brandschutz: $I_{\Delta N} \leq 300$ mA	– bis 250 A beim A-Typ – bis 3 kA (F-Typ oder kurzzeitverzögert) – bis 6 kA (S-Typ)
Fehlerstrom mit einem Frequenzgemisch bis 1 kHz sowie geringem Gleichstromanteil (≤ 10 mA) (eingesetzt häufig bei Geräten und Maschinen im Haushalt mit elektronischer Steuerung – z. B. Drehzahlsteuerung einer Waschmaschine über Frequenzumrichter. ACHTUNG: Reine Gleichfehlerströme dürfen nicht vorkommen!)	F		
Fehlerstrom mit einem Frequenzgemisch bis 1 kHz sowie einem glatten Gleichstromanteil (eingesetzt häufig bei Geräten und Maschinen im Haushalt mit elektronischer Steuerung – z. B. Drehzahlsteuerung einer Waschmaschine über Frequenzumrichter. ACHTUNG: Reine Gleichfehlerströme dürfen nicht vorkommen!)	B		
Fehlerstrom mit einem Frequenzgemisch bis 20 kHz sowie einem glatten Gleichstromanteil (eingesetzt häufig bei Geräten und Maschinen im Haushalt mit elektronischer Steuerung – z. B. Drehzahlsteuerung einer Waschmaschine über Frequenzumrichter. ACHTUNG: Reine Gleichfehlerströme dürfen nicht vorkommen!)	B+		
TT-System			
Frequenzen im Fehlerstrom überwiegend: 50 Hz sowie geringem Gleichstromanteil (≤ 6 mA)	A	$I_{\Delta N} \leq \frac{50\,\text{V}}{R_a}$ bzw. für den Brandschutz: $I_{\Delta N} \leq 300$ mA	– bis 250 A beim A-Typ – bis 3 kA (F-Typ oder kurzzeitverzögert) – bis 6 kA (S-Typ)
Fehlerstrom mit einem Frequenzgemisch bis 1 kHz sowie geringem Gleichstromanteil (≤ 10 mA) (eingesetzt häufig bei Geräten und Maschinen im Haushalt mit elektronischer Steuerung – z. B. Drehzahlsteuerung einer Waschmaschine über Frequenzumrichter. ACHTUNG: Reine Gleichfehlerströme dürfen nicht vorkommen!)	F		
Fehlerstrom mit einem Frequenzgemisch bis 1 kHz sowie einem glatten Gleichstromanteil	B		
Fehlerstrom mit einem Frequenzgemisch bis 20 kHz sowie einem glatten Gleichstromanteil (eingesetzt wie Typ B, jedoch wenn zu erwarten ist, dass z. B. Frequenzumrichterantriebe besonders hohe Anteile höherer Frequenzen in den Fehlerstrom einbringen – besonders geeignet für den vorbeugenden Brandschutz.)	B+		

b) Wenn noch größere Betriebsströme beherrscht werden müssen, bieten sich ein modulares (also externes) Fehlerstromgerät (MRCD) nach DIN EN 60947-2 (VDE 0660-101), Anhang M an.

c) Differenzstrom-Überwachungseinrichtung (RCM) nach DIN EN 62020 (VDE 0663) zusammen mit Leistungsschaltern (siehe **Bild 19.8** in diesem Buch) vorzusehen. Zur Funktion von RCMs, siehe nachfolgenden Abschnitt 20.2.
Hinweis: Diese RCMs müssen in der Lage sein, die Empfindlichkeit der Signalisierung so einzustellen, sodass die betriebsbedingten Ableitströme für die RCM „unsichtbar" bleiben.

Sofern besonders hohe Ableitströme den Einsatz einer RCD unmöglich machen, müssen gesonderte Maßnahmen in der Anlage vorgesehen werden, beispielsweise

- indem entsprechende Filter vorgesehen werden, die den Anteil der Oberschwingungsströme vermindern und damit die Ableitströme reduzieren.

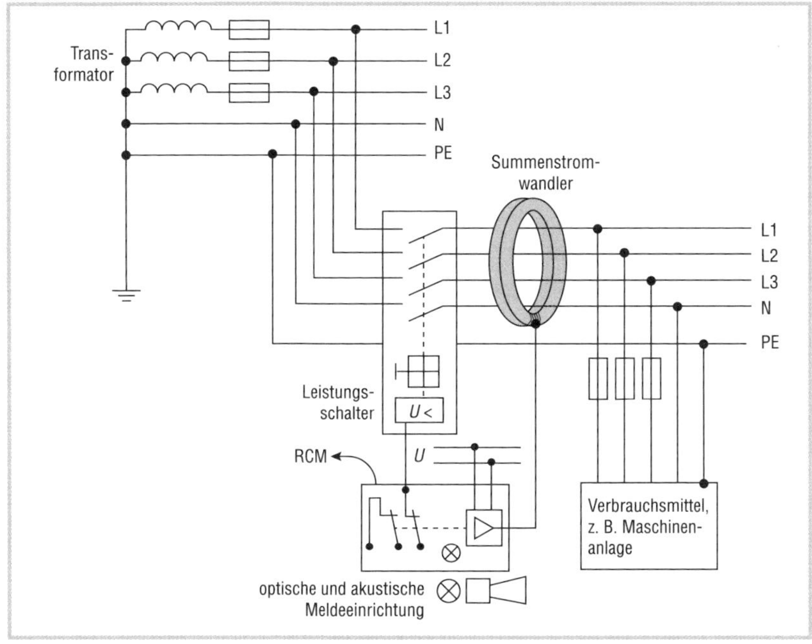

Bild 19.8 *Überwachung eines Stromkreises in einem TN-System durch Meldung mittels Differenzstrom-Überwachungseinrichtung (RCM) und zusätzlicher Abschaltung über einen Leistungsschalter mit einer Unterspannungsauslösung*
Quelle: VdS 2349-1

- Alternativ oder zusätzlich kann auf eine geeignete Aufteilung der Stromkreise geachtet werden, sodass die Höhe der Ableitströme pro Stromkreis möglichst klein bleibt.

Für besonders hohe Betriebsströme bietet der Markt sogenannte Fehlerstromrelais mit externen Stromwandlern (in der Regel nach EN 62020) an. Der Stromwandler registriert einen Strom, der aufgrund eines Isolationsfehlers über Schutzleiter oder andere leitfähige Teile fließt (Differenzstrom). Der Schaltzustand kann beim Fehlerstromrelais über einen Öffner- oder Schließerkontakt am Ausgang zur Signalverarbeitung benutzt werden. Möglich wäre auch ein Fehlerstromrelais mit integrierter Trennvorrichtung vorzusehen, über die der Betriebsstrom geführt wird. Beim Errichten einer festgelegten Höhe des Differenzstroms trennt das Fehlerstromrelais den überwachten Stromkreis vom Netz.

Der Stromwandler arbeitet bei diesem Gerät in der Regel als externer Summenstromwandler, durch den die zu überwachenden aktiven Leiter (Außenleiter und Neutralleiter) geführt werden. Der in diesem Summenstromwandler auftretende Sekundärstrom ist der Differenzstrom der aktiven Leiter des überwachten Stromkreises. Dieser Differenzstrom wird auf den Eingang des Fehlerstromrelais geschaltet.

Fehlerstromrelais können als Differenzstromüberwachung oder auch als Fehlerstrom-Schaltgerät verwendet werden, je nachdem, ob sie bei einem Schwellwert des registrierten Differenzstroms lediglich melden oder abschalten (z. B. indem sie einen Leistungsschalter ansteuern, der den Stromkreis vom Netz trennt oder bei entsprechender Ausführung selbst über eine Trennvorrichtung verfügen.).

20 Sonstige Schutzeinrichtungen

20.1 Differenzstrom-Überwachungseinrichtung (RCM)

Sofern keine direkte Forderung aus Normen oder anderen verbindlichen Regelwerken vorliegt, dass Fehlerstrom-Schutzeinrichtungen (RCDs) vorzusehen sind, kann die Sicherheit vor Bränden auch durch eine konstante Überwachung mittels einer RCM (eng.: Residual Current Monitoring) erhöht werden (siehe Bild 19.8 im vorherigen Abschnitt 19.10). Diese Schutzeinrichtung arbeitet im Prinzip ähnlich wie eine RCD (siehe Abschnitt 19.2 in diesem Buch), allerdings ohne eine Abschalteinrichtung. Fehlerströme, die der zugehörige (interne oder externe) Summenstromwandler registriert, führen also nicht zur Abschaltung, sondern werden lediglich gemeldet. Die Bedingung ist jedoch, dass diese Meldung nicht „ins Leere“ geht, sondern z. B. an einer ständig besetzten Stelle aufläuft, damit rechtzeitig entsprechende Maßnahmen eingeleitet werden können. Wenn die RCM über entsprechende externe Stromwandler betrieben wird, können auch Stromkreise mit höheren Betriebsströmen auf diese Weise überwacht werden.

Diese Möglichkeit wird auch in sogenannten VdS-Richtlinien (z. B. VdS 2349-1) vorgeschlagen. Damit können für den Fall, dass eine Abschaltung durch eine RCD, z. B. aus betrieblichen Gründen, vermieden werden muss, beginnende Isolationsverschlechterungen früh genug erkannt werden, bevor sich diese derart verschlimmern, dass Kurzschlüsse oder Fehlerlichtbögen entstehen können, die dann einen Ausfall des gesamten Stromkreises oder möglicherweise auch Brände hervorrufen.

In VDE-Normen wird eine reine Überwachung bzw. Signalisierung allerdings nirgends vorgeschrieben. Wenn RCMs erforderlich werden, um z. B. einen vorbeugenden Brandschutz nach DIN VDE 0100-420 zu gewährleisten, weil Räume als feuergefährdete Betriebsstätte eingestuft wurden, muss ab einer bestimmten Höhe des Isolationsfehlerstroms (bei brandschutztechnischen Belangen in der Regel ab 300 mA) eine Abschaltung stattfinden. Das bedeutet, dass die Anforderungen aus Kapitel 19 in diesem Buch erfüllt sein müssen.

Allerdings führt die Überwachung mittels einer RCM (ohne Abschaltung) nach DIN VDE 0105-100/A1, Abschnitt 5.3.3.101.0.2 zu einer Erleichterung im Zusammenhang mit der Prüfung elektrischer Anlagen. Es geht dabei um die Isolationswiderstandsmessung. Wörtlich heißt es im erwähnten Abschnitt dieser Norm:

„Wenn ein Stromkreis durch ein Differenzstrom-Überwachungsgerät nach DIN EN 62020 (VDE 0663) oder eine Isolationsüberwachungseinrichtung nach DIN EN 61557-8 (VDE 0413-8) ständig überwacht wird und diese Überwachungseinrichtung einwandfrei funktionieren, kann auf die Messung des Isolationswiderstands verzichtet werden.

Die einwandfreie Funktion der Differenzstrom-Überwachungsgeräte oder Isolationsüberwachungseinrichtungen muss geprüft werden. Dies kann z. B. durch Betätigen der Prüftaste erfolgen.“

Durch die Erwähnung in einer aktuellen Norm darf vermutet werden, dass diese Alternative zur Isolationswiderstandsmessung auch von der Berufsgenossenschaft akzeptiert wird. Die Versicherer kennen diese Möglichkeit übrigens schon seit vielen Jahren, sie wird mit einer ähnlichen Formulierung z. B. in VdS 2046, Abschnitt 3.2.3 erwähnt.

Den Einsatz von RCMs mit zugehöriger Abschalteinrichtung wird auch in DIN VDE 0100-530 beschrieben. In DIN VDE 0100-530, Abschnitt 532.2 wird die Alternative zum Schutz durch eine RCD in feuergefährdeten Betriebsstätten erwähnt und im Abschnitt 532.3 wird für den *„Schutz bei Brandrisiken in IT-Systemen"* festgelegt, dass auch eine RCM vorgesehen werden kann. Dort heißt es wörtlich:

„In IT-Systemen dürfen Differenzstrom-Überwachungseinrichtungen (RCMs) alternativ zu Fehlerstrom-Schutzeinrichtungen (RCDs) nach 532.2 eingesetzt werden, vorausgesetzt, der Bereich wird von elektrotechnisch unterwiesenen Personen oder Elektrofachkräften überwacht."

Allerdings wird in Deutschland in IT-Systemen stattdessen überwiegend eine Isolationsüberwachung (IMD) vorgesehen.

20.2 Isolationsüberwachungseinrichtung (IMD)

Eine ähnliche Funktion übernimmt die Isolationsüberwachung im IT-System. Sie soll an dieser Stelle lediglich erwähnt werden, da diese Überwachungseinrichtung in entsprechenden Fachbüchern hinlänglich beschrieben wurde (siehe Literaturverzeichnis). Nach DIN VDE 0100-410 ist ihr Einsatz im IT-System sowieso Pflicht, insofern braucht sie auch nicht weiter empfohlen zu werden.

20.3 Probleme mit neuzeitlichen Netzen und neuere Entwicklungen

In den letzten Jahren haben besonders die elektronischen Verbraucher die elektrischen Netze verändert (siehe hierzu auch Kapitel 28). So gibt es heute kaum noch Motoren (gleichgültig, ob 1- oder 3-phasig), deren Drehzahl nicht über moderne Frequenzumrichter gesteuert wird. Überall kommen USV-Anlagen zum Einsatz, um mögliche Netzstörungen zu vermeiden bzw. um eine erhöhte Betriebssicherheit zu gewährleisten.

Diese neuzeitlichen Verbraucher bewirken jedoch, dass

- bei einem Körperschluss nicht mehr ausschließlich Wechselfehlerströme fließen (siehe Abschnitt 19.6 dieses Buches),
- hohe Anteile von Ableitströmen auf dem Schutzleiter fließen (siehe Abschnitt 19.4 dieses Buches) und

- die Ströme in der Verbraucheranlage nicht mehr reine Sinusströme mit einer Frequenz von 50 Hz sind, sondern Mischformen, die einen mehr oder weniger hohen Anteil an Oberschwingungen enthalten.

All das macht es zunehmend schwieriger, in der elektrischen Anlage die bisher üblichen Schutzeinrichtungen gegen Isolationsfehler [wie die Fehlerstrom-Schutzeinrichtung (RCD)] zu verwenden. In manchen Fällen muss man mittlerweile ganz auf derartige Schutzeinrichtungen verzichten, weil sie nicht sicher funktionieren oder weil Filterströme einen zu hohen Ableitstrom im Schutzleiter (PE) hervorrufen. Das trifft besonders in gewerblichen oder industriellen Anlagen zu, in denen besonders viele Frequenzumrichter-Antriebe im Einsatz sind. Hier greifen bisher übliche Maßnahmen des Personen- und Sachschutzes (Brandschadenverhütung) häufig nur noch bedingt oder gar nicht.

In Bezug auf Gleichfehlerströme haben die Hersteller mittlerweile mit der Fehlerstrom-Schutzeinrichtung (RCD), Typ B und B+ reagiert. Allerdings löst diese nicht das Problem der hohen Ableitströme (siehe Abschnitt 19.6 dieses Buches) und der nicht mehr sinusförmigen Betriebsströme (Oberschwingungen; siehe Kapitel 28 dieses Buches). Die Hersteller sind jedoch bemüht, diese Lücke zu schließen. Eine Möglichkeit wäre beispielsweise, bei Stromkreisen, in denen sich elektrische Betriebsmittel befinden, die hohe Ableitströme verursachen, grundsätzlich auf ein 6-Leiter-System überzugehen. Hierbei werden Filterströme usw. über einen separaten und isoliert (auch gegenüber dem Potentialausgleich im Gebäude) verlegten Leiter geführt.

Es gibt noch andere Vorschläge und Lösungsversuche bis hin zu Geräten, die während des Betriebs in einem TN-System kontinuierlich den Isolationszustand in einer Anlage überprüfen sollen. Allerdings sind derartige Schutzeinrichtungen zurzeit noch in der Entwicklungsphase und niemand weiß aktuell, ob es hierzu in nächster Zeit ein serienreifes Produkt geben wird. Für Endstromkreise wurden zwar Brandschutzschalter (AFDDs) entwickelt (siehe Abschnitt 17.1.5.3 in diesem Buch), aber deren Schutz bezieht sich lediglich auf Endstromkreise und derzeit noch zusätzlich beschränkt auf 1-phasige Wechselstromkreise bis 16 A. Hier muss man die weitere Entwicklung abwarten. Allerdings können Planer und Errichter schon jetzt einiges tun, um das Risiko einer Brandentstehung zu minimieren.

Zunächst ist es wichtig, in elektrischen Anlagen bei einer mehr oder weniger großen Dichte an Geräten mit elektronischen Steuerungen, vor allem USV-Anlagen und Frequenzumrichter gesteuerten Antrieben, einen möglichst umfassenden zusätzlichen Potentialausgleich zu errichten.

Bei frequenzgesteuerten Antrieben ist zudem auf eine absolut korrekte Installation zu achten (z. B. Schirme beidseitig ohne Schnörkel – also direkt – auflegen und Leitungslängen so kurz wie möglich halten). Eine weitere Maßnahme ist der Einsatz von ableitstromarmen Filtern (z. B. 4-Leiter-Filter), die zwar etwas teurer als die „normalen" Filter sind, dafür aber bis zu Strömen von einigen 100 A nur sehr geringe Ableitströme verursachen. Wenn dann noch die vorgenannten RCD Typ B und B+ eingesetzt werden, die auch bei Strömen oberhalb 50 Hz sicher auslösen, kann auch eine Anlage mit USV und Frequenzumrichtern sicher betrieben werden.

Außerdem muss untersucht werden, ob Filter, die in der Regel gegen den Schutzleiter (PE) geschaltet werden, nicht ebenso gut gegen den N-Leiter geschaltet werden können. Das würde den Ableitstrom extrem herabsetzen und den Einsatz einer Fehlerstrom-Schutzeinrichtung (RCD), Typ B (allstromsensitiv – siehe Abschnitt 19.4 dieses Buches) oder auch einer RCM mit Leistungsschalter (siehe Bild 19.3) möglich machen. Ist das nicht möglich, muss über den zuvor erwähnten sechsten Leiter nachgedacht werden. Eine Planung mit Einbeziehung der verschiedenen beteiligten Hersteller ist auf alle Fälle mehr als angebracht.

21 Planung und Errichtung von Beleuchtungsanlagen

21.1 Worauf man bei Beleuchtungsanlagen achten sollte

Mit besonderer Sorgfalt muss bei der Errichtung von Leuchten gearbeitet werden, denn Leuchten sind häufig Brandverursacher. **Glühlampen-Leuchten** sind im Grunde „kleine Heizgeräte mit Lichtwirkung". Ungefähr 90 % der aufgenommenen Energie werden bei diesen Betriebsmitteln in Wärme umgesetzt. Die Glühlampen können bereits bei Leistungen bis 100 W Temperaturen bis zu 200 °C annehmen. Übersieht man die Notwendigkeit, dass die entstehende Wärme abgeführt werden muss, kann leicht ein brandgefährlicher Wärmestau entstehen (**Bild 21.1**).

Leuchtstofflampen-Leuchten bzw. **Leuchten mit Entladungslampen** haben zwar eine bessere Lichtausbeute und weisen dazu am Lampenkörper ungefährliche Temperaturen auf, aber sie benötigen zum Betrieb so genannte Vorschaltgeräte, die unter Umständen hohe Temperaturen annehmen können. Auch **LED-Leuchten** weisen bei gleicher Lichtausbeute wie typi-

Bild 21.1 *Eine Glühlampe übt bei direkter Berührung mit dem umgebenden Material brandgefährliche Wirkungen aus. Die relativ hohe Temperatur der Lampe kann Brände verursachen.*

sche Glühlampen-Leuchten eine wesentlich geringere Verlustleistung auf, was auf eine verbesserte Situation in Bezug auf den Brandschutz hinweist. Aber diese Leuchten benötigen ebenfalls elektronische Vorschalteinrichtungen, die gefährliche Zustände annehmen können. Zu typischen Vorschaltgeräten ist noch Folgendes zu sagen:

- Konventionelle Vorschaltgeräte (sogenannte Drosselspulen) werden im Normalbetrieb ca. 100 °C warm.
- Im anormalen Betrieb können sie allerdings Temperaturen bis zu 200 °C annehmen. Ein solcher anormaler Betrieb liegt vor, wenn die Lampe ständig zündet (flackert). Aus diesem Grund dürfen Leuchtstofflampen-Leuchten nach der derzeit noch gültigen Norm DIN VDE 0100-559 nicht ohne weiteres auf brennbarem Material montiert werden. Nur wenn die Leuchte ein $\stackrel{F}{\nabla}$-Kennzeichen trägt, hat der Hersteller dafür Sorge zu tragen, dass auch im anormalen Betrieb an der Befestigungsfläche der Leuchte keine Temperaturen über 130 °C entstehen können.
- Mit der Zeit altert die Isolierung der Drosselspule. Die Isolierung wird spröde und es kommt zu Windungsschlüssen. In diesem Stadium kann das Vorschaltgerät Temperaturen von über 300 °C annehmen. Dieser Alterungsprozess wird stark verkürzt, wenn der zuvor beschriebene anormale Betrieb der Drosselspule für längere Zeit anhält bzw. dieser Zustand häufig auftritt.

Deshalb sollte der anormale Betrieb bei Leuchtstofflampen-Leuchten, auch bei solchen mit einem $\stackrel{F}{\nabla}$-Kennzeichen, nicht längere Zeit andauern.

Das bedeutet z. B. auch, dass flackernde Leuchtstofflampen möglichst bald ausgetauscht werden müssen. Sicherheit bietet ebenso ein Sicherheitsstarter, der das Flackern verhindert. Auch flackernde LED-Lampen können auf innere Fehler in der Elektronik hinweisen, die unter Umständen gefährliche Zustände annehmen können. Farbliche Veränderungen am Gehäuse können genauso auf derartige Mängel hinweisen.

In der **Tabelle 21.1** sind die zahlreichen Vorschriften zu diesem Thema zusammengefasst.

Tabelle 21.1 *Leuchtenmontage und Kennzeichnung von Leuchten* (Teil 1/2)

Installationsorte/-flächen			**Leuchten, DIN EN 60598 (DIN VDE 0711) bzw. DIN VDE 0710**		**Lampen Betriebsgeräte als unabhängiges Zubehör, DIN EN 61347 (DIN VDE 0712)**
			aktuell	veraltet	
nicht brennbar[1]			D	F F	
			M, M M		
			keine Kennzeichnung	F, F	
			oder Warnhinweis	F oder Warnhinweis	
schwer oder normal entflammbar[2]			D, M, M M keine Kennzeichnung	F, F, F F	110, 130, P
besondere Bereiche	Überdeckung mit Wärmedämmung		keine Kennzeichnung	F	F[3]
	Überdeckung mit Wärmedämmung nicht gestattet				
	Einrichtungsgegenstände (Möbel), DIN VDE 0100-724		M[4], M M		110[4], 130, P
	feuergefährdete Betriebsstätten, DIN VDE 0100-420		M M, D	F F	110, P
		Stab und/oder Faserentfall	D[5]	F F	F F[3], D[3]

Tabelle 21.1 *Leuchtenmontage und Kennzeichnung von Leuchten* (Teil 1/2)

1 Baustoff nach DIN EN 13501 bzw. DIN 4102. Nach DIN EN 60598 (VDE 0711): Werkstoff, der eine Verbrennung nicht unterstützt.
2 Baustoff nach DIN EN 13501 bzw. DIN 4102. Nach DIN EN 60598 (VDE 0711): Werkstoffe mit Entzündungstemperatur ≥ 20 °C, die sich bei dieser Temperatur weder verformen noch erweichen, z. B. Holz mit einer Materialdicke > 2 mm.
3 Diese Kennzeichenkombinationen sind nicht genormt; die Sicherheitskriterien des Betriebsgeräts müssen denen der Leuchte entsprechen; Bestätigung vom Hersteller einholen.
4 Nur zulässig, wenn der Werkstoff mindestens normal entflammbar (B 2 nach DIN 4102) ist.
5 Nur zulässig, wenn Leuchten einschließlich der Lampen dem Schutzgrad IP5X entsprechen.

Neben der teilweise veralteten Norm VDE 0710, halten sich die Hersteller an die Normen der Reihe VDE 0711.

Für den Errichter ist zur Zeit noch DIN VDE 0100-559 maßgebend. Wichtige Hinweise enthalten auch die Richtlinien VdS 2005 der Sachversicherer.

Bei der Auswahl der Leuchten ist stets zu berücksichtigen,

- aus welchem Material die Befestigungsfläche besteht,
- wie die direkte Umgebung der Leuchte bei Einbauleuchten beschaffen ist,
- in welchen Räumen die Leuchten errichtet werden sollen (beispielsweise in feuergefährdeten Betriebsstätten oder in Feuchträumen),
- welche Sicherheitsabstände zu brennbaren Materialien bei Strahlern einzuhalten sind.

Dabei unterscheiden sich die Leuchten durch ihre Kennzeichnungen:

Leuchten ohne begrenzte Oberflächentemperatur

Kennzeichnung ▽F

Das sind Leuchten (in der Regel Leuchten mit Entladungslampen), deren Befestigungsfläche im Normalbetrieb keine höheren Temperaturen als 90 °C, im anormalen Betrieb als 130 °C und im Fehlerfall als 180 °C annehmen.

Diese Leuchten dürfen auf brennbaren Materialien montiert werden, die normal oder schwer entflammbar sind. Normal entflammbar ist beispielsweise ein Holzpaneel. Besteht jedoch Unsicherheit über das Brandverhalten des Baustoffs, muss der zuständige Architekt oder Bauingenieur darüber Auskunft geben bzw. man muss sich diese Informationen anderweitig beschaffen.

Bei der Montage sollte vermieden werden, dass durch die Montageart ein Wärmestau entsteht, der letztendlich doch zu einer Brandgefahr werden kann.

Achtung! Da DIN VDE 0100-420, Abschnitt 422.3.8 fordert, dass in feuergefährdeten Betriebsstätten Leuchten mit begrenzter Oberflächentemperatur eingesetzt werden müssen, darf auch eine Leuchte mit dem veralteten ▽F-Kennzeichen in solchen Räumen bzw. Bereichen nicht errichtet werden.

Kennzeichnung ‾▽F
Diese Leuchte darf auch dort montiert werden, wo sie beispielsweise als Einbauleuchte in einer Zwischendecke mit wärmedämmenen, brennbaren Werkstoffen in Berührung kommt. Leuchten mit diesem veralteten Kennzeichen werden allerdings nicht mehr hergestellt (siehe Tabelle 21.1 und Tabelle 21.2).

Kennzeichnung ▽F̸
Diese Leuchte darf nur auf nicht brennbaren Unterlagen montiert werden. Auch dieses Kennzeichen ist veraltet (siehe Tabelle 21.1 und Tabelle 21.2).

Leuchten mit begrenzter Oberflächentemperatur
Kennzeichnung ▽F▽F bzw. ▽D
Leuchten mit dem ▽F▽F-Kennzeichen werden nicht mehr hergestellt, da sie durch Leuchten mit dem aktuell gültigen ▽D-Kennzeichen ersetzt wurden (siehe Tabelle 21.1). Sie werden jedoch möglicherweise immer noch verbaut. Leuchten mit solchen Kennzeichen können auch im Fehlerfall keine Temperaturen annehmen, die brennbare Stäube oder Fasern entzünden könnten. Die äußeren waagerechten Flächen dieser Leuchten werden auch im Fehlerfall nicht wärmer als 115 °C. Bei den ▽F▽F-Leuchten (**Bild 21.2**) muss der Hersteller zudem noch die Montageart angeben (an der Wand, in einer Nische, eingebaut, am Pendel usw.). Die mit ▽D gekennzeichneten Leuchten benötigen nach Norm diesen Hinweis nur dann, wenn es vom Hersteller eine Einschränkung gibt (beispielsweise „nicht an der Wand"). Auf den Unterschied, der in Bezug auf die Schutzart der Leuchte bzw. des Leuchtmittels zwischen Leuchten mit dem alten ▽F▽F-Kennzeichen und dem neuen ▽D-Kennzeichen besteht, wird im Abschnitt 26.2.6 eingegangen. Die mit dem Zeichen ▽F▽F gekennzeichneten Leuchten durften nur bis 01. August 2005 hergestellt und bis 01. April 2012 errichtet werden.

Kennzeichnung ▽M
Diese Kennzeichnung gilt nur für Leuchten mit Entladungslampen. Die so gekennzeichneten Leuchten sind für die Montage auf Einrichtungsgegen-

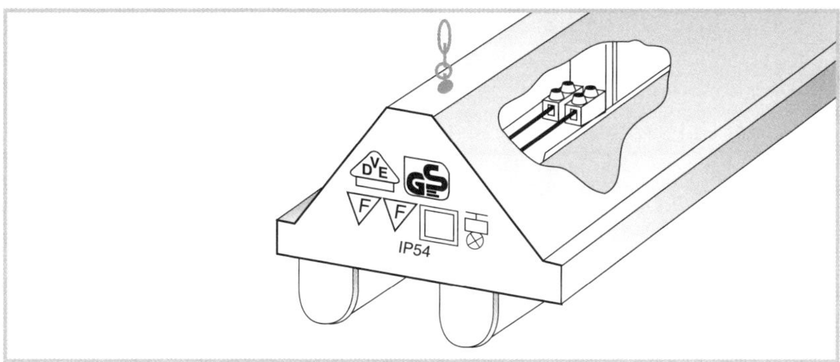

Bild 21.2 *Leuchte mit ▽F▽F-Kennzeichnung*
(wurden durch Leuchten mit dem Kennzeichen ▽D ersetzt)

ständen (beispielsweise in einem Schrank) geeignet, wenn der Werkstoff der Befestigungsfläche mindestens normal entflammbar ist, auch wenn diese Fläche lackiert, beschichtet oder furniert wurde.

Diese Leuchten entsprechen in etwa den Leuchten mit ▽F-Kennzeichnung. Allerdings gilt hier zusätzlich, dass nicht nur zur Befestigungsfläche hin, sondern auch an allen anderen der Leuchte benachbarten Flächen selbst im anormalen Betrieb keine höheren Temperaturen als 130 °C und im Fehlerfall als 180 °C entstehen dürfen.

Kennzeichnung ▽M▽M

Die so gekennzeichnete Leuchte (**Bild 21.3**) kann auch dann in Einrichtungsgegenständen befestigt werden, wenn deren Brandverhalten nicht bekannt ist. Diese Leuchte lässt auch im Fehlerfall an den zuvor (bei der ▽M-Leuchte) beschriebenen Flächen keine höhere Temperatur als 115 °C entstehen.

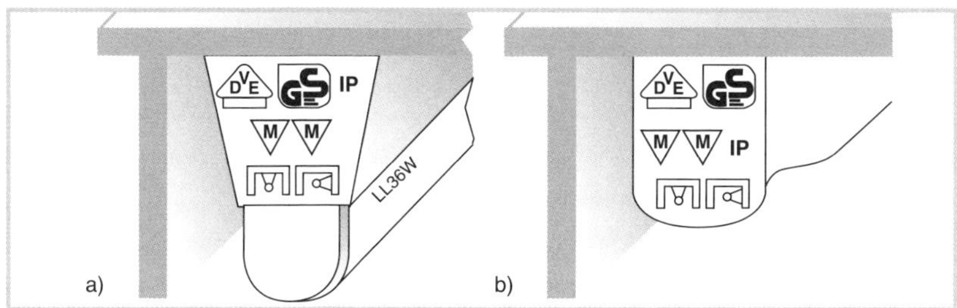

Bild 21.3 *Leuchte mit ▽M▽M-Kennzeichnung*
a) Leuchtstofflampen-Leuchte
b) Glühlampen-Leuchte

Vorschaltgeräte von Entladungslampen dürfen nicht außerhalb der Leuchte errichtet werden, außer, der Hersteller hat das Vorschaltgerät für diesen Anwendungsfall durch das Zeichen ⊖ gekennzeichnet. Dabei gibt es wiederum Unterschiede, je nachdem, ob die Befestigungsfläche brennbar ist oder nicht (siehe Tabelle 21.1).

Aus der Sicht der Brandschadenverhütung haben die Versicherungen in vielen Jahrzehnten eigene Erfahrungen gesammelt und in den VdS-Richtlinien niedergelegt. In Bezug auf die Errichtung von Beleuchtungsanlagen werden in diesen Richtlinien noch folgende wichtige Empfehlungen gegeben (VdS 2005):

- Kondensatoren für Leuchten mit Entladungslampen, die keine ▽F-Kennzeichnung für „flammsichere Kondensatoren“ oder ▽F▽P-Kennzeichnung für „flamm- und platzsichere Kondensatoren“ aufweisen, müssen eine Kapselung aus Metall haben, die die Entzündung brennbarer Materialien außerhalb verhindert, oder es müssen elektronische Vorschaltgeräte verwendet werden.
- Werden in EDV-Räumen bzw. -Bereichen Leuchten mit Entladungslampen eingesetzt, müssen diese entweder mit
  a) elektronischen Vorschaltgeräten nach DIN VDE 0712 Teil 201 oder
  b) Sicherheitsstartern nach DIN VDE 0712 Teil 101, Drosselspulen mit Temperatursicherung (DIN VDE 0631) und flamm- und platzsicheren Kondensatoren (▽F▽P-Kennzeichnung) ausgerüstet sein.

Früher wurde durch Kennzeichnung auf der Leuchte festgelegt, ob eine Leuchte auf brennbaren Baustoffen montiert werden durfte. Dies änderte sich im Jahr 2009 grundlegend. Die aktuell gültige Leuchtennorm DIN EN 60598-1 (VDE 0711-1) sieht eine gänzlich andere Art der Kennzeichnung vor. Danach wird nur noch durch ein Warnsymbol angegeben, wenn eine Leuchte nicht auf brennbaren Baustoffen montiert werden darf. Fehlt ein solches Symbol, gibt es keinerlei Einschränkungen und eine solche Montage ist möglich. Aus der ursprünglichen „Hinweispflicht“ des Herstellers (z. B. das ▽F -Kennzeichen: *„Montage auf brennbaren Materialien ist erlaubt“)* wurde somit ein *„Warnhinweispflicht“* des Herstellers (z. B. mit einem entsprechenden Warnzeichen ist eine bestimmte Montage nicht erlaubt). **Tabelle 21.2** in diesem Buch veranschaulicht dies am Beispiel einer Herstellerangabe.

Darüber hinaus muss durch Kennzeichnung die Eignung der Leuchte bezüglich der Montage in Betriebsstätten mit besonderer Gefährdung angezeigt werden. Allerdings hat sich bei dieser Kennzeichnung wenig geän-

Tabelle 21.2 *Herstellerangabe zur geänderten Kennzeichnungspflicht bezüglich der Montage von Leuchten auf Gebäudeteilen*
Quelle: Trilux

Gebäudeteil		Brandschutzkennzeichnung für Leuchten			
		bis 01.08.2009* (alte Regelung)		ab 01.08.2009* (neue Regelung)	
		positiv			negativ
		(zulässig)	(unzulässig)	(zulässig)	(unzulässig)
nicht brennbare Baustoffe, z. B. Metall, Beton		Kennzeichnung nicht erforderlich	–	Kennzeichnung nicht erforderlich (Positiv-Kennzeichnung nicht vorgesehen)	–
schwer oder normalentflammbare Baustoffe, z. B. Holzwerkstoffe, auch wenn diese furniert oder lackiert sind	bei Anbau- oder Einbaumontage	F F D M, M M	F		oder
	bei Einbaumontage mit wärmeisolierender Abdeckung	F	F ** F D M, M M		oder
* Übergangsfrist bis 12.04.2012, Leuchten konnten noch mit den alten Brandschutzkennzeichen ausgewiesen werden. ** In der Praxis konnten nach Rücksprache mit dem Hersteller einige Leuchten mit den folgenden Kennzeichnungen ebenfalls für solche Anwendungen verwendet werden.					

dert. Sie besteht, wie die frühere Kennzeichnung, aus Hinweis-Kennzeichen, die vorhanden sein müssen, wenn die Montage möglich ist (siehe hierzu Tabelle 21.1 in diesem Buch).

Die neuen Anforderungen zu den Montageflächen aus den entsprechenden Normen für Leuchten sehen vor, dass Leuchten für eine Montage auf allen zur allgemeinen Verwendung üblichen Baustoffen geeignet sein müssen. Nur wenn die Leuchte diese Anforderungen nicht oder nur teilweise erfüllt, muss durch eine Kennzeichnung (Warnhinweis) eine entsprechende Einschränkung für die Montage angegeben werden.

Selbst im Fehlerfall (z. B. beim Windungsschluss des Vorschaltgerätes bei Leuchten mit Leuchtstofflampen) darf die Leuchte ohne eine Kennzeichnung (d. h. ohne einen Warnhinweis) keine Temperatur über 180 °C an der Befestigungsfläche annehmen.

In der zuvor bereits erwähnten Leuchtennorm VDE 0711-1 sind die Warnhinweise für Leuchten angegeben, mit denen sie gekennzeichnet werden müssen, wenn die Leuchten nicht auf brennbaren Baustoffen montiert werden dürfen (siehe **Tabelle 21.3** in diesem Buch).

Tabelle 21.3 *Beispiele für typische Kennzeichen bei Leuchten mit Einschränkungen in Bezug auf den Montageort bzw. die Montageart nach DIN EN 60598-1 (VDE 0711-1)*

Leuchte nicht zur direkten Befestigung auf oder (als Einbauleuchte) in normal entflammbaren Oberflächen geeignet	Oberflächenleuchte Einbauleuchte
Einbauleuchte, die nicht mit Material zur Wärmedämmung abgedeckt werden darf	

21.2 Besonderheiten bei Niedervoltbeleuchtungsanlagen (Kleinspannungsbeleuchtungsanlagen)

Der Begriff Niedervoltbeleuchtungsanlage ist allgemein bekannt. In VDE-Normen wird dieser Begriff jedoch nicht verwendet; dort heißen diese Beleuchtungsanlagen „Kleinspannungsbeleuchtungsanlagen", so z. B. in **DIN VDE 0100-715 (VDE 0100-715) Errichten von Niederspannungsanlagen – Teil 7-715: Anforderungen für Betriebsstätten, Räume und Anlagen besonderer Art – Kleinspannungsbeleuchtungsanlagen.**

Die Beleuchtung selbst heißt dementsprechend Kleinspannungsbeleuchtungssystem, wie in

DIN EN 60598-2-23 (VDE 0711 Teil 2-23) Leuchten – Teil 2-23: Besondere Anforderungen – Kleinspannungsbeleuchtungssysteme für Glühlampen.

Diese Beleuchtungsanlagen haben das Merkmal, dass sie im Gegensatz zu den üblichen (Niederspannungs-) Beleuchtungsanlagen zwar mit einer ungefährlichen Kleinspannung betrieben werden, dafür jedoch zum Teil sehr hohe Betriebsströme verursachen. Dazu kommt, dass die Lampen dieser Anlagen wesentlich heißer werden als übliche Glühlampen. Temperaturen von über 500 °C sind keine Seltenheit.

Die niedrige Spannung verursacht außerdem eine zusätzliche, nicht zu bagatellisierende Gefahr: der oft gedankenlose Umgang mit diesen Betriebsmitteln. Der Nutzer glaubt, diese Beleuchtungsanlage sei in jeder Hinsicht ungefährlich. Die aus brandschutztechnischer Sicht bedenklichen Ströme und die entstehende Wärme werden nicht beachtet bzw. unterschätzt.

Nachfolgende Punkte sind für die Projektierung und Errichtung dieser Anlagen hervorzuheben:

(1) Auch für die Niedervoltbeleuchtungsanlage gilt die Tabelle 21.1 aus dem vorherigen Abschnitt 21.1. Hier ist anzumerken, dass auch die Transformatoren und Konverter einer Kennzeichnungspflicht unterliegen. Der Errichter sollte diese Kennzeichen kennen und sie bei der Errichtung berücksichtigen.

(2) Beim Einbau in brennbaren Baustoffen (Wärmeableitung) und dort, wo brennbare Baustoffe angestrahlt werden (Wärmestrahlung), ist zu beachten, dass es zwei verschiedene Systeme gibt:
- Bei **Aluminiumreflektoren** wird die Wärmeenergie zu 90 % in Strahlrichtung und nur zu 10 % nach hinten abgegeben und
- bei **Kaltlichtreflektoren** zu 40 % in Strahlrichtung und zu 60 % nach hinten.

Hier sind die Herstellerangaben beim Einbau strikt zu beachten; dies wird in VDE 0100-715, Abschnitt 715.482.2.3, besonders betont. Es dürfte selbstverständlich sein, dass bei den Kaltlichtreflektoren nach hinten keine Materialien mit Wärme beaufschlagt werden, die sich bei andauernder thermischer Belastung entzünden können.

(3) Bei Strahlern ist nach VdS 2324 ein Abstand von mindestens 0,5 m zu brennbaren Werkstoffen einzuhalten. Sind zu diesen Abständen Herstellerangaben vorhanden, sind selbstverständlich diese zu beachten.

(4) Grundsätzlich müssen nach VDE 0100-715, Abschnitt 715.411.1 sowie Abschnitt 715.43, Stromquellen für Niedervolt-Beleuchtungsanlagen SELV-Stromquellen nach DIN VDE 0100-410 sein, die nach VDE 0100-430 bei Überstrom zu schützen sind.

(5) **Dimmer, Transformatoren** und **Konverter** müssen stets zueinander und zum gesamten Beleuchtungssystem passen. Werden hier Produkte gemischt, deren Betriebsverhalten nicht aufeinander abgestimmt ist, können Brandgefahren entstehen.

(6) Transformatoren müssen entweder
- **kurzschlussfeste Sicherheitstransformatoren** nach DIN VDE 0551-1 sein; sie tragen folgende Kennzeichnung:
  und nach VdS 2334 zusätzlich
- oder sie sind primärseitig mit einer speziellen Kurzschlussschutzvorrichtung geschützt.[106]

Sollen mehrere Transformatoren sekundärseitig parallel geschaltet werden, müssen sie zusätzlich auch auf der Primärseite parallel geschaltet werden. Im Primärstromkreis muss eine Trenneinrichtung für alle angeschlossenen Transformatoren vorgesehen werden. Es ist zusätzlich darauf zu achten, dass alle parallel geschalteten Transformatoren gleiche elektrische Eigenschaften haben.

(7) Konverter müssen DIN EN 61347-1 (VDE 0712-30) und DIN EN 61347-2-2 (VDE 0712-32) entsprechen; vor allem müssen sie **kurzschlussfest** und **gegen Überhitzung geschützt** (Kennzeichen ▽110) sein. Als unabhängiges Zubehör tragen sie das Kennzeichen ⊖.
Bei der Verwendung von mehreren Konvertern muss beachtet werden, dass diese nicht parallel geschaltet werden dürfen.

(8) Transformatoren und Konverter müssen **jederzeit zugänglich** sein, denn gerade diese Betriebsmittel sind häufig genug Ursache für Brände. Sie müssen die gesamte Leistung aller angeschlossenen Leuchten übertragen und liegen dabei ständig an der vollen Netzspannung. Die dabei anfallende Verlustleistung muss sicher abgeführt werden. Aus diesen Gründen müssen sie für Wiederholungsprüfungen und auch sonst bei allen anfallenden Problemen, die bei dieser Beleuchtungsanlage auftreten können, ständig zugänglich sein.

(9) **Dimmer** sollen nach VdS 2324 beim Leerlaufbetrieb des Transformators **selbsttätig abschalten** und zudem für **110 % der Trafoleistung** bemessen sein.

(10) Leuchten sollten nach VdS 2324 das **GS-Zeichen** tragen.

(11) Nach VdS 2324, Abschnitt 4.3.2, müssen Leuchten eine **Schutzscheibe** haben, damit heiße Lampen oder Lampenteile nicht auf brennbare Baustoffe fallen können. Beim Einsatz von **Niederdrucklampen** ist die Schutzscheibe jedoch nicht zwingend erforderlich (**Bild 21.4**).

(12) Bei fester Verlegung muss der Leiterquerschnitt mindestens 1,5 mm^2 Cu betragen. Er darf auf 1 mm^2 Cu verringert werden, wenn man flexible Leiter verwendet und die Leiterlänge auf 3 m begrenzt bleibt.

(13) **Freihängende flexible Leiter** müssen einen Mindestquerschnitt von 4 mm^2 aufweisen.

---

106 Diese besondere Schutzeinrichtung muss sämtliche folgenden Anforderungen erfüllen:
- dauernde Überwachung des Leistungsbedarfs der Leuchten;
- automatische Abschaltung der Stromversorgung innerhalb von 0,3 s im Falle eines Kurzschlusses oder eines Fehlers, der eine Leistungsanhebung von mehr als 60 W verursacht;
- automatische Abschaltung, wenn der Versorgungsstromkreis mit verminderter Leistung in Betrieb ist (z. B. bei Anschnittsteuerung oder Regelungen oder einem Lampenfehler) und ein Fehler eine Leistungsanhebung von mehr als 60 W verursacht;
- automatische Abschaltung beim Einschalten des Versorgungsstromkreises, falls ein Fehler eine Leistungsanhebung von mehr als 60 W verursacht;
- diese Schutzeinrichtung muss fehlersicher sein.

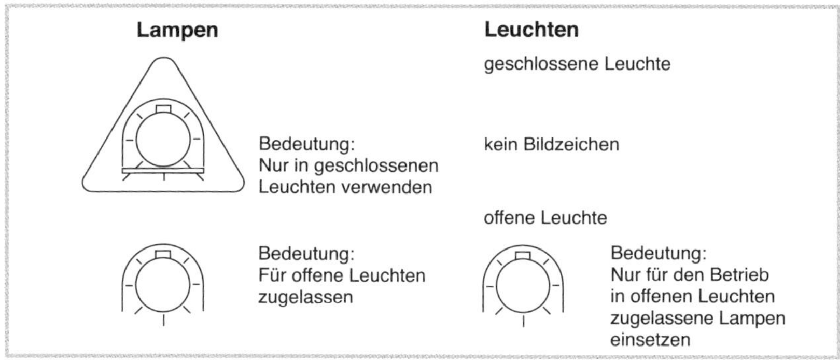

Bild 21.4 *Leuchtmittel und Schutzscheiben bei Niedervoltleuchten*

(14) **Blanke Leiter** dürfen nach VDE 0100-715 verwendet werden, wenn die Nennspannung von 25 V AC bzw. 60 V DC nicht überschritten wird und alle folgenden Anforderungen erfüllt werden:
- Die Beleuchtungsanlage ist so ausgeführt, errichtet oder umhüllt, dass die Gefahr eines Kurzschlusses auf ein Minimum begrenzt ist.
- Die verwendeten Leiter haben aus mechanischen Gründen einen Querschnitt von mindestens 4 mm^2.
- Die Leiter oder Adern sind nicht direkt auf brennbaren Materialien angeordnet.

(15) Bei **parallel geführten Zuleitungen** muss nach VdS 2324 mindestens **eine Leitung isoliert** sein. Oder es ist eine **besondere Schutzeinrichtung** zu installieren, die die Leistung überwacht und bei einer Leistungserhöhung von 60 W in 0,3 s abschaltet – siehe bei Punkt (6).

(16) An Orten, wo leichtentzündliche Stoffe sich nähern können, und in Bereichen bis zu einer Höhe von 2,25 m dürfen **nur isolierte Leiter** verwendet werden.

(17) Bestandteile von Gebäuden oder Einrichtungen dürfen **nicht als aktive Leiter** verwendet werden.

(18) **Freihängende Träger-** oder **Profilleiter** müssen auf ihrer gesamten Länge **zugänglich** sein. Sie müssen das **5-fache der Masse** tragen, die an sie angehängt wird, nach VdS 2324 jedoch mindestens **10 kg** (in VDE 0100-715 wird eine Mindesttraglast von 5 kg genannt).

(19) Anschlussstücke für Leuchten, die auch der mechanischen Verbindung der Leuchte am Leiter dienen, müssen nach VdS 2324 mindestens das 5-fache der Masse der Leuchte (einschließlich Lampe) ohne bleibende Verformung tragen können, mindestens jedoch 1,5 kg.

(20) Der Anschluss von Leuchten sowie Hängemitteln für Leuchten einschließlich tragende Leiter über Kontergewichte, Krokodilklemmen, Schneidklemmen oder ähnliche Elemente ist nicht zulässig.

(21) Nach VDE 0100-715, Abschnitt 715.525.1, soll der Spannungsfall zwischen dem Transformator und der in der größten Entfernung installierten Leuchte 5 % der Nennspannung der Anlage nicht überschreiten.

22 Elektroinstallationsrohre und -kanäle

Anforderungen an **Elektroinstallationsrohre** sind in DIN EN 61386-1 (VDE 0605-1) beschrieben. Je nach Anwendungszweck und zu erwartenden Umgebungsbedingungen sind unterschiedliche Anforderungen festgelegt. Die Hersteller müssen die Einhaltung durch entsprechende Prüfungen nachweisen. Über die konkrete Ausführung bzw. Eignung der Rohre für die verschiedenen Anwendungsfälle gibt eine in der Norm festgelegte Kennzeichnung mit einem 12-stelligen Zahlencode Auskunft. Die vorletzte Stelle dieses Klassifizierungscodes beschreibt z. B. das Brandverhalten der Elektroinstallationsrohre.[107] Die Ziffer „1“ an dieser Stelle besagt, dass das Rohr den Mindestanforderungen an eine brandschutztechnische Qualität entspricht, während eine „2“ lediglich aussagt, dass keine brandschutztechnischen Anforderungen für dieses Rohr festgelegt wurden und das Rohrmaterial deshalb als „flammausbreitend“ bezeichnet werden muss.[108]

Besonders Rohre aus Metall bieten eine hervorragende Sicherheit gegen mechanische Beschädigungen und erhöhen dabei nicht die Brandlast, da sie nicht brennbar sind. Sie werden also gerne dort eingesetzt, wo es auf diese Vorteile ankommt (wie beispielsweise bei Auf-Putz-Installation in feuergefährdeten Betriebsstätten). Eventuell kann auch die abschirmende Eigenschaft[109] der Metallrohre von Nutzen sein. Für übrige Auf-Putz-Installatio-

107 Dieser Klassifizierungscode muss nicht notwendigerweise auf dem Rohr selbst angebracht sein. Er kann beispielsweise auch auf einer beigefügten Informationsschrift (Beipackzettel) zu finden sein.

108 Bezüglich des Brandverhaltens der Rohre wird in der Norm lediglich zwischen „flammausbreitend“ und „nicht flammausbreitend“ unterschieden. Die früher übliche Kennzeichnung mit einem „F“ für ein bestimmtes Brandverhalten ist entfallen.

109 Gemeint ist hier eine Abschirmung der Kabel und Leitungen im Elektroinstallationskanal gegenüber elektromagnetischen Einflüssen von außerhalb bzw. eine Abschirmung der Umgebung gegenüber den elektromagnetischen Einflüssen, die von den Kabeln und Leitungen im Elektroinstallationskanal ausgehen.

nen können selbstverständlich auch brennbare Rohre mit flammwidrigem Verhalten ausgewählt werden (siehe hierzu auch im Teil D, Abschnitt 30.3, sowie im Teil E, Kapitel 34 dieses Buches).

Elektroinstallationsrohre, die nicht flammwidrig sind, müssen nach der neuen Norm orange eingefärbt sein. DIN VDE 0100-520 schreibt vor, dass für diese Rohre nur eine Verlegung unter Putz infrage kommt – oder das Rohr muss allseits mit nicht brennbarem Material umschlossen sein.

Anforderungen an **Elektroinstallationskanäle** sind in DIN EN 50085-1 (VDE 0604-1) beschrieben. In dieser Norm werden u. a. auch Prüfungen benannt, nach denen der Hersteller die brandschutztechnische Qualität (Entflammbarkeit und Brandausbreitung) seines Produktes festlegen kann. Leider fehlt zurzeit noch die Anforderung an die entsprechende Kennzeichnung der Kanäle. Das bedeutet, dass der Planer bzw. Errichter sich in den technischen Produktunterlagen oder beim Hersteller selbst über das Brandverhalten des Elektroinstallationskanals informieren muss. Wählt er Kanäle aus nicht brennbaren Materialien (z. B. Metallkanäle), so erübrigt sich dieses Problem, aber bei brennbaren Materialien ist die Eignung eines Kanals aus der Sicht des Brandschutzes nicht ohne Weiteres erkennbar.

Metallene Installationskanäle haben zudem den Vorteil, dass sie zusätzlich abschirmende Eigenschaften (wie zuvor auch metallene Elektroinstallationsrohre) besitzen und dass sie nicht zur Brandlasterhöhung beitragen, da sie nicht brennbar sind. Aber auch die mechanische Festigkeit dieser Kanäle kann für bestimmte Anwendungsfälle von Vorteil sein, besonders dann, wenn – bedingt durch die bautechnische Situation – größere Befestigungsabstände eingeplant werden müssen (siehe hierzu auch im Teil D, Abschnitt 30.3, sowie im Teil E, Kapitel 34 dieses Buches).

Elektroinstallationskanäle können wie folgt unterschieden werden:

- Installationskanäle, die in der Regel nur für die Aufnahme von Kabeln und Leitungen bestimmt sind,
- Geräteeinbaukanäle, die auch systemgebundene Einbaudosen bzw. Geräteeinbaueinheiten aufnehmen können und
- Sockelleistenkanäle, die wie Fußbodenleisten installiert werden.

Bei Kanälen kommt häufig eine kombinierte Verlegung von Starkstromleitungen und informationstechnischen Leitungen vor. In diesem Fall sollte auf eine getrennte Führung geachtet werden. Für diese Maßnahme sprechen mehrere Gründe:

1. Beim Nachinstallieren und sonstigen Arbeiten werden beim jeweils anderen System mechanische Beschädigungen vermieden.

2. Da informationstechnische Leitungen in der Regel nicht so spannungsfest sind wie z. B. Starkstromleitungen, herrscht eine höhere Sicherheit – auch bei transienten Überspannungen.[110]
3. Durch die räumliche Trennung wird auch die elektromagnetische Beeinflussung zwischen den Systemen reduziert.

Wichtig ist auch, dass Installationsgeräte (wie Steckdosen und Schalter) nur in Geräteeinbaukanäle eingebracht werden dürfen, da diese über entsprechende Vorrichtungen für diesen Zweck verfügen.

Sockelleistenkanäle haben in der Regel Abzweige mit entsprechenden Tanks, in die man Installationsgeräte einbringen kann.

Abschließend sei hinzugefügt, dass der Hersteller von Kanälen nach VDE 0604-1, Abschitt 7.3, in seinen technischen Unterlagen ausweisen muss, welchen nutzbaren Querschnitt er vom Gesamtkanalquerschnitt vorgibt. Hier geht es also um einen Füllfaktor[111]. Häufig wird hierbei ein Faktor von 0,6 angegeben. Sind also genauere Informationen zum nutzbaren Querschnitt nicht ermittelbar, muss ein Faktor von 0,6 angewendet werden. Das sollte bei der Planung auch in Bezug auf die Berücksichtigung von Reserven dringend beachtet werden (siehe hierzu auch Punkt f im Kapitel 24).

23 Unterflurkanäle

Für die Installation im Bodenbereich gibt es die sogenannten Unterflurkanäle. Dabei geht es um Kanäle, wie sie in DIN EN 50085-2-2 (VDE 0604-2-2) beschrieben werden. Es handelt sich um Leitungsführungskanäle, die ein- oder mehrzügig eine Verkabelung erlauben, die im Fußboden in die Nähe der Verbraucher geführt wird. Das ist besonders in großen Räumen oder dort, wo man bei der Raumaufteilung und -nutzung flexibel sein möchte, von Vorteil.

Unterflurkanäle gibt es für die Unterbodenmontage (in der Regel unterhalb des Estrichs) sowie für die bodenbündige Montage. Im Grunde geht es um eine besondere Form von Elektroinstallationskanälen, wie sie im vorigen Kapitel 22 beschrieben wurden, weshalb auch die dort gemachten Aus-

110 DIN VDE 0100-520 fordert, dass bei der Verlegung von Kabeln und Leitungen aus unterschiedlichen Spannungsbereichen eine gemeinsame Verlegung in einem Kanal ohne Trennsteg nur möglich ist, wenn **alle** Kabel und Leitungen für die höchste im Kanal vorkommende Spannung isoliert sind.

111 Der Füllfaktor ist das Verhältnis aus der Fläche, die durch Kabel und Leitungen im Kanal belegt ist zu der gesamten Kanal-Querschnittsfläche.

sagen und Anforderungen auf sie übertragbar sind. Die Kanäle münden in Geräte- oder Zugdosen. In den Gerätedosen können Installationsgeräte für Starkstrom oder EDV eingebracht werden. Ebenso können auf dem Fußboden über diesen Kanälen auch so genannte **Teli-Tanks** – das sind kleine viereckige Säulen, in deren Seiten sich gleichfalls Installationsgeräte einbringen lassen – montiert werden. Vielfach wird der Kanal zu diesem Zweck von oben angebohrt und über dieser Öffnung wird der Tank installiert.

Für all diese Verlegesysteme gilt: Sie müssen stets ausreichend dimensioniert sein, damit bei der Verlegung oder beim Nachziehen von zusätzlichen Kabeln und Leitungen die Isolierung nicht beschädigt wird und die Wärmeabfuhr gewährleistet bleibt. Ein Füllfaktor von ca. 0,6 sollte in jedem Fall nicht überschritten werden, um Beschädigungen der Kabel und Leitungen (beispielsweise beim Nachziehen von Leitungen) sowie unzulässige Erwärmungen zu vermeiden.

Brandschutztechnisch sind Unterflurkanäle sehr günstig, da die Kabel und Leitungen, die in ihnen verlegt werden, nicht zur Brandlast im Raum beitragen (ähnlich wie eine „Unter-Putz-Installation"). Allerdings bieten sie keinen Funktionserhalt. Auch der Übergang zu Räumen, die in einem anderen Brandabschnitt liegen, ist nicht automatisch sicher im Sinne einer Brandschottung. In diesem Fall müssen die Kanäle im Bereich der Brandwand, die sie unterqueren, zusätzlich ein Schott innerhalb des Kanalquerschnitts erhalten.

In der MLAR (Muster-Leitungsanlagen-Richtlinie, siehe Abschnitt 2.1.3 dieses Buches) findet man seit der Ausgabe aus dem Jahr 2005 erstmalig Aussagen zu Unterflurkanälen. Sie können auch in Rettungswegen (Treppenraum oder Flur) eingesetzt werden, sowohl in estrichbündiger als auch estrichüberdeckter Montage. Bei der estrichbündigen Montage müssen die Abdeckungen (für eine Montage innerhalb des Rettungswegs) aus nicht brennbaren Baustoffen bestehen.

Im Bereich von notwendigen Treppenräumen und Räumen zwischen notwendigen Treppenräumen und Ausgängen ins Freie dürfen die Unterflurkanäle keine Öffnungen haben. Dies ist nur in notwendigen Fluren erlaubt, sofern die eventuell notwendigen Revisions- oder Nachbelegungsöffnungen dicht schließend ausgeführt sind und aus nicht brennbaren Baustoffen bestehen.

24 Allgemeine Bestimmungen für die Auswahl von Betriebsmitteln

Grundlegend gilt nach DIN VDE 0100-510, Abschnitt 511.2, dass nur Betriebsmittel eingesetzt werden dürfen, die den einschlägigen Normen und Bestimmungen entsprechen. Die Norm spricht hier von *„einschlägigen Europäischen Normen (EN) oder einschlägigen Harmonisierungsdokumenten (HD) oder der einschlägigen nationalen Norm, in die das HD übernommen worden ist"*.

Fehlen solche Normen, muss das betreffende Betriebsmittel entsprechend einer besonderen Übereinkunft zwischen dem Planer und dem Errichter der Anlage ausgewählt werden. Der Hersteller dieser Betriebsmittel muss dazu dem Planer oder dem Errichter eine ausreichende Dokumentation und die notwendigen Prüfberichte übergeben.

Es kann als ebenso selbstverständlich angesehen werden, dass jedes Betriebsmittel gemäß DIN VDE 0100-510 (so vor allem Abschnitt 512) so ausgewählt werden muss, dass es den zu erwartenden Einflüssen standhält – dass also nicht der Personenschutz, der Sach- und Brandschutz und auch nicht die Funktion durch äußere Einflüsse beeinträchtigt werden. Ein nicht unwesentliches Merkmal normgerechter und damit sicherer Betriebsmittel ist die Kennzeichnung.

→ Wo immer möglich, sollte auf Betriebsmittel mit einem VDE-Kennzeichen zurückgegriffen werden. Dieses Zeichen zeigt dem Planer und Errichter, dass das Betriebsmittel durch eine unabhängige Stelle aufgrund von bestehenden Normen auf Sicherheit überprüft wurde.

Als wichtige Merkpunkte aus DIN VDE 0100-510 können hier genannt werden:

a) Lösbare Verbindungen sollten stets leicht zugänglich sein (Abschnitt 513).[112]
b) Die Kabel- und Leitungsanlage muss so bezeichnet werden, dass alle Kabel und Leitungen bei Prüfungen und Reparaturen usw. leicht zugeordnet werden können (Abschnitt 514.2). Dies gilt nach Abschnitt 514.4 auch für die Zuordnung zu den zugehörigen Schutzeinrichtungen.

112 Das bedeutet nicht, dass man sämtliche Klemmen nur hinter schnell lösbare Klappen oder einfach zu öffnende Deckel bringen darf. Vielmehr geht es darum, dass Klemmen nicht hinter solchen Verkleidungen oder Bauteilen errichtet werden dürfen, die nur durch Zerstörung oder nur unter großen Anstrengungen entfernt werden können (siehe hierzu auch im folgenden Kapitel 25 unter der Überschrift „Ausführung der Klemmverbindung").

c) Schädliche Beeinflussungen durch nichtelektrische Einrichtungen müssen ausgeschlossen werden (Abschnitt 515.1).
d) Betriebsmittel, die nach hinten offen sind, dürfen nicht ohne Weiteres auf eine brennbare Unterlage montiert werden. Hier ist eine feuersichere Trennung (Isolierstoffunterlage von mindestens 1,5 mm mit einer Entflammbarkeit FH1 nach IEC 707)[113] notwendig (Abschnitt 515.1).

Ohne eine direkte Anforderung in DIN VDE 0100-510 wird die Anforderung bezüglich einem mechanischen Schutz von Kabeln und Leitungen nach DIN VDE 0100-520, Abschnitt 522.8.1 erfüllt, wenn zusätzlich folgende Auswahlkriterien eingehalten werden:

e) Der Innendurchmesser von Installationsrohren muss so ausreichend dimensioniert sein, dass ein problemloses Einziehen der Kabel und Leitungen oder der Aderleitungen gewährleistet ist.

Außerdem ist bei Installationskanälen eine geeignete Wärmeabfuhr für die stets im Inneren entstehende Verlustwärme zu gewährleisten. Hersteller geben hierzu häufig folgende Anforderung an:

f) Bei Installationskanälen sollte ein maximaler Füllfaktor von 0,6 eingehalten werden. Das muss auch bei der Berücksichtigung von Reserven in der Planungsphase beachtet werden. Das bedeutet, bei der Errichtung muss ein freier Raum im Kanalquerschnitt bleiben von 40 % zuzüglich Reserve.

25 Brandgefährliche Übergangswiderstände

Ohne Verbindungselemente funktioniert keine elektrische Anlage. Im Verlauf eines Stromkreises muss der elektrische Strom einige Verbindungselemente passieren – ganz gleich, ob es sich um den Übergang am Messerkontakt einer NH-Sicherung, um Schraubverbindungen, Quetschverbindungen, schraublose oder geschraubte Klemmstellen oder um Lötstellen handelt. All diese Verbindungsstellen bilden stets eine potentielle Brandgefahr, denn an dieser Stelle wird das ansonsten recht homogene Gefüge des Kupferleiters unterbrochen – es kommt zum Übergangswiderstand. Nur wenn dieser Übergangswiderstand in Grenzen gehalten werden kann, ist die Gefahr der Überhitzung gebannt.

113 Beispielsweise: Hartpapier auf Phenolharz-Basis Hp 2063, DIN 7735 oder Hartglasgewebe auf Epoxidharz-Basis Hgw 2372.1, DIN 7735 oder Hartpapier auf Epoxidharz-Basis Hp 2361.1, DIN 7735 oder Glashaarmatte auf Polyester-Basis Hm 2471, DIN 7735.

Die elektrische Verbindung in einer Klemme[114] sollte stets über eine möglichst große Berührungsfläche für die Strom-Übergangsstelle (beispielsweise vom Kupferleiter zur Klemmstelle und wieder zum nächsten Kupferleiter) zustande kommen. Durch eine möglichst große Berührungsfläche wird die Stromdichte an dieser Stelle minimiert und dadurch die Stromwärme klein gehalten.

Allerdings treffen diese Aussagen ohne Abstriche so nur für den Idealzustand zu. In Wirklichkeit berühren sich die Kontaktflächen wegen der mikroskopischen Unebenheiten nur an wenigen Punkten. Von der gesamten Kontaktfläche A_K bleibt also in Wirklichkeit nur ein realer Anteil übrig. Dieser Anteil soll mit A_{RK} bezeichnet werden. Dabei gilt:

$$A_K >> A_{RK}.$$

Überprüft man weiter, welche Teile wirklich den Stromübergang tragen, so kommt man letztendlich auf wenige kleine Kontaktpunkte, die den gesamten Stromübergang übernehmen. Diese stromtragenden Kontaktflächen (A_{SK}) sind extrem klein. Dafür bilden sie jedoch an der Übergangsstelle fast ein homogenes Gefüge zwischen den beiden Flächen. Man spricht in diesem Zusammenhang von einem völlig gasfreien Übergang.[115] Hier gilt:

$$A_K >> A_{RK} >> A_{SK} .$$

Es kommt also nicht nur auf die Größe des Kontaktes an, sondern auch auf die Kontaktkraft, die für eine ausreichende Anzahl von mikroskopisch kleinen stromtragenden Kontaktflächen (A_{SK}) sorgt.[116]

114 Im Folgenden wird unterschieden:
1) „Klemme“ ist das Betriebsmittel, das aus der „Klemmstelle“ besteht, an der die zu verbindenden Leiter im so genannten „Druckübertragungsteil“ galvanisch kontaktiert (geklemmt, gequetscht, gepresst ...) werden, und dem (meist isolierten) „Klemmgehäuse“, das die Klemmstelle umschließt oder die einzelnen Klemmstellen der Klemme zusammenhält:
Klemme = Klemmstelle + Klemmgehäuse.
2) „Klemmstelle“ ist der „Klemmort“. Sie besteht aus dem „Druckübertragungsteil“ einschließlich der „Klemmschraube“ und dem „Klemmkörper“ (bzw. bei schraublosen Klemmstellen aus dem „Klemmkörper“ und der „Klemmfeder“):
Klemmstelle = Druckübertragungsteil + Klemmkörper + Klemmschraube (bzw. Klemmkörper + Klemmfeder).

115 Es befinden sich also keine Luft- oder Gasmolekühle zwischen den Kontaktflächen, sondern die physikalischen Strukturen der beiden leitfähigen Flächen berühren sich innig und direkt.

116 Abgesehen von Lötverbindungen und ähnlichen Verbindungselementen, die dadurch zustande kommen, dass ein dritter Stoff (das Lot) sich um die beiden zu verbindenden Teile schmiegt und bei richtiger Erwärmung sogar an der Oberfläche in sie hineindiffundiert.

Hier liegt dann auch schon das Problem: Eine Verbindungsstelle ist immer nur so gut, wie es

- die richtige Auswahl der Verbindungselemente (die richtige Klemme),
- die fachtechnische Ausführung und
- die richtige Nutzung

zulassen.

Klemmenauswahl

Für eine Verbindungsstelle ist stets die richtige Klemme auszuwählen. Die Hersteller der Klemmen geben auf ihren Produkten dafür die notwendigen Informationen. So muss beachtet werden,

- für welche Querschnitte die Klemme geeignet ist,[117]
- ob Bewegungen der anzuschließenden Leiter zu erwarten sind,
- ob Umwelteinflüsse wie beispielsweise aggressive Luft einen schädlichen Einfluss auf die Klemme ausüben können,
- welche Art Leiter durch sie geklemmt werden können (flexible Drähte oder nur starre usw.) und
- welche Materialien mit der Klemme verbunden werden können (Aluminium mit Kupfer?).

Bei Unstimmigkeiten sollte auf jeden Fall der Hersteller der Klemme befragt werden, ob die jeweilige Klemme den Bedingungen vor Ort gewachsen ist. Ein Planer oder Errichter tut gut daran, sich bestimmte (telefonisch oder mündlich) zugesicherte Eigenschaften schriftlich bestätigen zu lassen.

An dieser Stelle soll auch näher auf die verschiedenen Arten von Verbindungselementen eingegangen werden:

- Schraubklemmen,
- schraublose Klemmen,
- Schneidklemmen,
- Quetschverbindungen,
- Lötverbindungen usw.

Schraubklemmen sind die üblichen Klemmen, die bereits seit Jahrzehnten im Einsatz sind. Sie sind sehr sicher, wenn sie, wie oben beschrieben, richtig ausgewählt und, wie im Weiteren beschrieben, richtig ausgeführt werden. Der Vorteil dieser Klemmen besteht darin, dass mit ihnen auch relativ

117 In der Regel kann eine Klemme solche Leiter sicher fassen, die zwei Nenn-Leiterquerschnitte kleiner sind als der Nenn-Leiterquerschnitt, für den die Klemme benannt ist. Beispielsweise kann eine Klemme für $10\,mm^2$ Leiter bis $4\,mm^2$ sicher fassen – wenn der Hersteller nichts anderes erwähnt.

große Leiterquerschnitte und zudem auch unter einer Klemmstelle mehrere Leiter gleichzeitig geklemmt werden können. Allerdings kann es vorkommen, dass man aus sicherheitstechnischen Gründen die Klemmen zu einem späteren Zeitpunkt nachziehen muss. Daran sollte man immer denken, weil die Kräfte innerhalb der Schraubverbindung nicht konstant bleiben (entweder wegen der Klemme selbst oder wegen des Leiters, der plastisch nachgeben kann).

Im Wesentlichen gibt es drei Arten von Schraubklemmen:

- **eigentliche Schraubklemme (Buchsenklemme)**
  Das ist wohl die älteste Art der Schraubklemme. Bei ihr klemmt die Schraube selbst den Leiter und stellt zugleich den elektrischen Kontakt her. Hier drückt also die Schraube direkt auf den Leiter, der vorher in die Klemmenöffnung eingeführt wurde.
  Der Vorteil dieser Klemme ist die enorme Haltekraft, mit der die Leiter geklemmt werden. Außerdem ist diese Klemmverbindung relativ beständig gegen Korrosion. Bei den Schraubklemmen sind in der Regel sehr geringe Übergangswiderstände zu verzeichnen.
  Als **Nachteil** muss gesagt werden, dass diese Verbindungsart nur dann sicher ist, wenn besonderes handwerkliches Geschick angewendet wird, da „eine Umdrehung zu viel“ bereits zur Gefahr werden kann, weil die einzuführenden Leiter durch die Schraube sehr schnell beschädigt werden können. Die Leiterenden müssen in der Regel sehr gut vorbereitet werden, besonders bei flexiblen Leitern.
- **Rahmenklemme (Bild 25.1a)**
  Hierbei drückt die Schraube nicht direkt auf den Leiter, sondern zunächst auf eine Metallplatte oder -zunge. Der Klemmrahmen dient dabei als Gegenlager, der beim Anziehen vielfach für ein Verkeilen der Gewindegänge sorgt, so dass eine gewisse Sicherheit gegen Lockern erreicht wird.
  Der **Vorteil** ist, dass die Leiterenden nicht direkt durch die Schraube eingeschnürt werden können. Die Beschädigungsgefahr ist geringer. Das wirkt sich besonders bei flexiblen Leitern aus, sodass diese Leiter nicht so intensiv vorbereitet werden müssen.
  Allerdings ist auch bei diesen Schraubklemmen immer noch viel handwerkliches Geschick erforderlich. Das ist stets als Nachteil zu vermerken: Es gibt zahlreiche Möglichkeiten, bei dieser Klemme während der Errichtung unabsichtlich Mängel „einzubauen“, die später für Brandgefahren sorgen können.

- **Fahrstuhlklemme**
  Auch bei dieser Klemme drückt die Schraube nicht selbst auf den Leiter. Auf ihr befindet sich jedoch eine Art Mutter, die beim Drehen der Schraube durch das Gewinde auf- oder abwärts bewegt wird. Dadurch klemmt diese Mutter den eingeführten Leiter zwischen sich und dem Rahmen fest.
  Vor- und Nachteile sind ähnlich wie bei den zuvor genannten Rahmenklemmen.

Schraublose Klemmen (Federklemmen) sind ebenfalls bereits seit Jahren bekannt und werden gerne eingesetzt, da die Montagekosten deutlich geringer ausfallen als bei den Schraubklemmen.

Zu unterscheiden sind im Wesentlichen zwei Arten:

- **eigentliche Federklemme (Bild 25.1b)**
  Bei dieser Klemme wird der Leiter einfach in die Klemmstelle geschoben. Die Kontaktfeder gibt nach und lässt den Leiter relativ ungehindert passieren. Allerdings drückt die Kontaktfeder den Leiter von Anfang an gegen den Klemmkörper. Das Zurückziehen des Leiters (Lösen der Klemmverbindung) ist nicht ohne Weiteres möglich, da die Kontaktfeder auf dem Leiterende wie ein Widerhaken wirkt. Zum Öffnen benötigt man entweder einen von außen einzuführenden Gegenstand (z. B. Dorn) oder das Öffnen geschieht mithilfe einer in der Klemme integrierten Druckvorrichtung (so in Bild 25.1b).
  Der **Vorteil** ist, dass diese Klemmverbindung schnell herstellbar ist. Das handwerkliche Geschick steht nicht so sehr im Vordergrund wie bei der Schraubklemme. Durch die Kontaktfeder bleibt der Kontakt gleichbleibend gut und dauerhaft. Ein Nachziehen ist nicht erforderlich.
  Der **Nachteil** besteht darin, dass flexible Leiter entsprechend vorbehan-

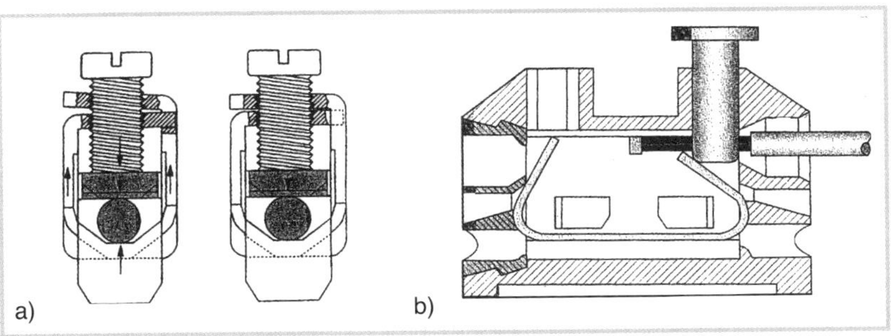

Bild 25.1 *Schraubklemmen (a) und schraublose Klemmen (Federklemmen) (b)*

delt werden müssen. Auch ist ein Nachlassen der Federkraft zu erwarten, wenn die Klemme häufig gelöst wird.

- **Zugfederklemme (Bild 25.2)**
  Im Grunde gilt das Gleiche wie bei der einfachen Federklemme. Die Feder muss durch eine von außen wirkende Kraft (z. B. durch das Einführen eines Schraubendrehers oder durch das Drücken einer Vorrichtung) vorgespannt werden. Dadurch entsteht die Öffnung, in die der Leiter eingeführt werden kann. Beim Lösen dieser Kraft wird der Leiter geklemmt bzw. kontaktiert.
  Die Vor- und Nachteile sind ähnlich wie bei der Federklemme, nur können die Federkräfte eventuell noch größer sein als bei der zuvor beschriebenen Federklemme. Auch die Kontaktfläche kann großzügiger gestaltet werden (siehe Bild 25.2).

In der Regel kann unter einer Klemmstelle einer schraublosen Klemme nur ein Leiter geklemmt werden.

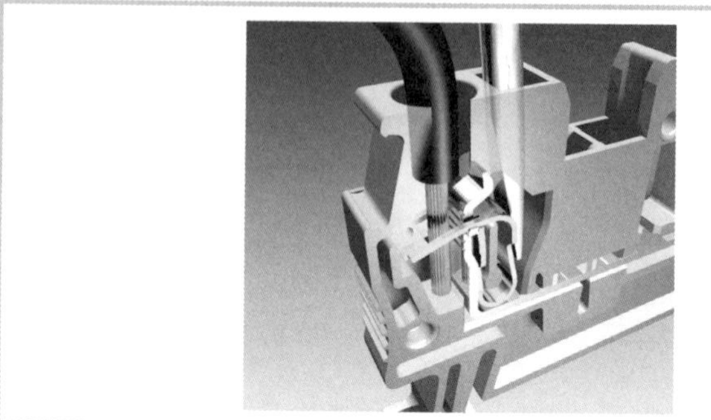

Bild 25.2 *Beispiel einer Zugfederklemme*
Gleich bleibender Kontaktdruck und Wartungsfreiheit sind ihre Vorteile. Zum Einführen des Leiters benutzt man in der Regel als Werkzeug einen passenden Schraubendreher.
(Bildquelle: Phönix Contact)

Schneidklemmen gibt es in der Fernmeldetechnik bereits seit Jahren (LSA-Plus-Technik). In den letzten Jahren werden sie auch in der Anschlusstechnik für den sogenannten Starkstrombereich angeboten. Der Vorteil dieser Klemmen liegt auf der Hand: Man braucht die Leiterenden nicht mehr abzuisolieren. Vielmehr kann man den Leiter komplett in das Anschlussloch einführen und ihn durch eine Vorrichtung, die sich in der Klemme befindet, in die Klemmschneide einführen (**Bild 25.3**). Die Vorrichtung wird dabei in der Regel von außen mittels eines Schraubendrehers betätigt.

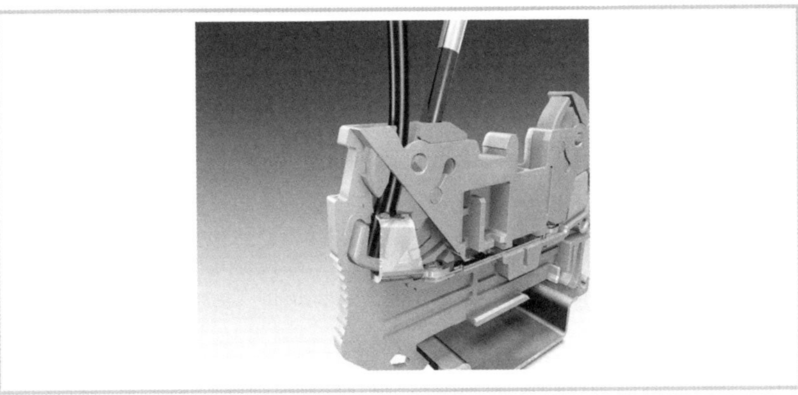

Bild 25.3 *Schneidklemme*
Der Leiter muss nicht mehr abisoliert werden. Die Schneiden durchtrennen die Isolierung und bilden eine gasfreie Verbindung.
(Bildquelle: Phönix Contact)

Man fragt sich immer wieder, ob durch eine derart kleine Verbindung zwischen dem anzuschließenden Leiter und der Schneide in der Klemme ein ausreichender, stromtragfähiger Kontakt zustande kommen kann, der imstande ist, Ströme von 10 A oder 16 A zu übertragen. Doch die oben aufgeführten Überlegungen geben hierauf bereits eine Antwort: Die „kleine" Kontaktfläche, die durch eine derartige Schneidklemme zustande kommt, ist ebenso gut und stromtragfähig wie eine gut ausgeführte Verbindung mittels einer Schraubklemme.

Allerdings sollte der Planer oder Errichter stets darauf achten, dass die Isolierung durch die Schneidklemme gut und sicher durchtrennt werden kann. Es gibt Isolierungen, die derart elastisch sind, dass es hier eventuell zu Problemen kommen kann. Besteht Unsicherheit, sollte der Hersteller befragt werden.

Ein Vorurteil gegenüber diesen Klemmen besteht in der Befürchtung, dass die Schneidklemme die Kupferader beschädigen könnte. Das ist jedoch nicht der Fall. Schneidklemmen heißen deshalb so, weil sie zunächst die Isolierung schneiden und anschließend den Kupferleiter klemmen. Die Kupferader selbst wird dabei nicht beschädigt.

Quetsch-, Press- und Lötverbindungen erfordern gute fachliche Kenntnisse. Die Quetschverbindung muss genau auf die anzuschließenden Leiter abgestimmt sein. Handelt es sich beispielsweise um Sektorleiter oder um

Rundleiter?[118] Sind es starre, eindrahtige Leiter oder starre, mehrdrahtige? Diese und ähnliche Fragen müssen genau geklärt werden. Bei Pressverbindungen müssen die Presshülsen richtig ausgewählt und zum Pressen das richtige Werkzeug benutzt werden. Alles, einschließlich der anzuschließenden Leiter, muss hier aufeinander abgestimmt sein und zusammen passen. Auch die Auswahl der richtigen Lötverbindung ist genau auf die entsprechende Anwendung abzustimmen, damit die mechanische Festigkeit, die Wärmebeständigkeit, eventuell auch die Kurzschlussfestigkeit und die Festigkeit gegen Umwelteinflüsse gewährleistet sind.

Ausführung der Klemmverbindung

Aber auch die fachliche Ausführung ist wichtig:

- DIN VDE 0100-520, Abschnitt 526.5.5-6 erwähnt die fast selbstverständliche Forderung, dass Anschlüsse von Leitern nur in dafür vorgesehenen Anschlussräumen vorgenommen werden dürfen. Sinnfällige Behelfskonstruktionen und fantasievolle Notlösungen sollten für einen Fachmann in diesem Zusammenhang tabu sein. Beispielsweise haben Dosenklemmen oder Lüsterklemmen in einem Elektroverteiler nichts zu suchen. In VDE 0660-600-1, Abschnitt 8.6.3 heißt es wörtlich: *„Leiter dürfen zwischen zwei Klemmstellen keine Verbindungsstellen, z.B. Flickstellen oder Lötstellen, haben.“*
- Bereits bei der Behandlung der Adern, die geklemmt werden sollen, werden allzu oft Fehler gemacht. Dazu zählen häufig Einkerbungen, die dem Kupferleiter beim Abisolieren zugefügt werden. Solche winzigen Einkerbungen bergen stets die Gefahr eines Leiterbruchs in sich, der gefährliche Lichtbögen an der Bruchstelle zur Folge hat.
- Wird eine geklemmte Kupferader z.B. durch die Klemmschraube zu stark gequetscht, so besteht ebenfalls die Gefahr des Leiterbruchs.
- Werden flexible Aderenden verlötet und anschließend mit Schrauben geklemmt, besteht die Gefahr, dass das Lot durch den Anpressdruck nachgibt („fließt“) und sich dadurch die Klemmstelle lockert.
- Wenn unter eine Klemmstelle, die für nur eine Ader ausgelegt ist, zwei Adern geklemmt werden, so ist eine sichere Verbindung nicht gewährleistet.

118 Bei Quetschverbindungen ist es wichtig, nicht nur nach der Angabe des Querschnitts (beispielsweise 95 mm^2, Kupfer) zu fragen, sondern auch nach der Form der Ader (beispielsweise Sektorform des starren, vieldrahtigen Leiters), die mit der Quetschverbindung gefasst werden soll. Das wird vielfach vergessen und hat in der Vergangenheit zu Bränden geführt.

- Es hat sich stets als problematisch erwiesen, unter einer Klemme verschiedene Leiterquerschnitte zu klemmen. Sollte das zwingend erforderlich sein, ist das besonders sorgfältig vorzunehmen.[119]
- Besonders Quetschverbindungen bilden eine Gefahr, wenn sie nicht richtig ausgeführt sind. Hier ist darauf zu achten, ob für die Klemme neben dem Querschnitt auch die Form oder die Art des Leiters vorgeschrieben wird. So kann es durchaus vorkommen, dass eine Klemme, die für einen runden Leiter ausgelegt ist, einen segmentförmigen Leiter gleichen Querschnitts nicht sicher fassen kann. Hierdurch sind in der Vergangenheit bereits Brände verursacht worden.
  Auch die Benutzung einer falschen Quetschzange[120] kann für eine unkorrekte und damit brandgefährliche Verbindung sorgen.
- Nach DIN VDE 0100-520, Abschnitt 526.3 müssen Verbindungen zur Besichtigung, Prüfung und Wartung zugänglich sein (siehe hierzu auch Kapitel 24). Davon ausgenommen sind lediglich
  - Muffen von erdverlegten Kabeln,
  - gekapselte Muffen, die mit Isoliermasse gefüllt sind,
  - Verbindungen bei Heizelementen, z. B. bei Decken- oder Fußbodenheizungen.

Richtige Nutzung von Klemmen

Man könnte die Fehlerliste bei der Montage hier endlos erweitern. Aber auch beim Betrieb der elektrischen Anlage können Störungen auftreten:

- Rüttelbewegungen, die bei der Planung der elektrischen Anlage nicht bekannt waren und die sich auf die Klemmstelle übertragen,
- chemisch verunreinigte Atmosphäre, die gleichfalls bei der Planung nicht bekannt war und die die Kontaktflächen angreift,
- ständige Überlastung der elektrischen Anlage und damit der Klemmverbindungen,
- ständige Erweiterungen des Verteilers, in dem sich die Klemmen befinden, verbunden mit immer zahlreicheren Klemmstellen, die insgesamt die Umgebungstemperatur der Klemmen erhöhen,

119 Leider hat es sich gezeigt, dass selbst dann, wenn in einem solchen Fall mit allergrößter Sorgfalt gearbeitet wurde, diese Sorgfalt bei späteren Arbeiten (Reparaturen, Fehlersuche, Nachinstallationen usw.) nicht mehr angewendet wurde. Aus diesem Grund sollte dieser Fall stets eine Ausnahme bleiben.

120 Gemeint ist, dass die Zange nicht für die jeweilige Querschnittsgröße bzw. für die Querschnittsform geeignet ist. Ebenso gilt das für falsche Profileinsätze in der Quetschzange, wenn diese für mehrere Querschnittsgrößen (und -formen) geeignet ist.

- häufige und länger andauernde hohe Belastungen der angeschlossenen Kabel und Leitungen, die ihre hohen Leitertemperaturen (bis 70 °C) auch an die Klemmen abgeben, oder
- an Leitungen aufgehängte Gegenstände beaufschlagen die Klemmstellen mit einer Belastung, für die sie häufig nicht vorgesehen waren, oder führen zu schadhaften Veränderungen an den Klemmen, die sich gefährlich auswirken können.

Oft sind die Folgen Lockerungen von Verbindungsstellen, und das bedeutet eine Reduzierung der Berührungsfläche und damit eine Erhöhung der Stromdichte an der verbleibenden stromtragenden Kontaktfläche ASK. Durch Versuche wurden an Klemmen, bei denen Leiterlockerungen herbeigeführt wurden, noch vor dem Zünden eines eventuell entstehenden Lichtbogens Temperaturen von mehreren Hundert °C festgestellt.

Im Beiblatt 1 zu DIN VDE 0100-520 wird zudem Folgendes empfohlen:

„Es sind entsprechende Maßnahmen vorzusehen, um sicherzustellen, dass die Leiter in den Anschlussklemmen sich nicht lockern können. Hierbei kann es sich um materielle Maßnahmen handeln (z. B. Verwendung von federnden Anschlüssen), sie können sich aber auch aus der Einhaltung von Anweisungen zur Überprüfung der Anlage ergeben."

Die zuletzt genannte Bemerkung kann nur auf Wiederholungsprüfungen bezogen werden, bei denen auch stets auf die Wärmeentwicklung im Bereich der Klemmen geachtet werden muss (siehe hierzu auch Teil G dieses Buches).

Quetschverbindungen bei Kabelschuhen

Immer wieder kommt es im Anschlussbereich von Betriebsmitteln zu Bränden durch schlecht ausgeführte Quetschverbindungen bei Kabelschuhen. Auf dem Markt werden zahlreiche Formen von Kabelschuhen angeboten. Ganz grob kann man drei Arten unterscheiden (**Bild 25.4**):

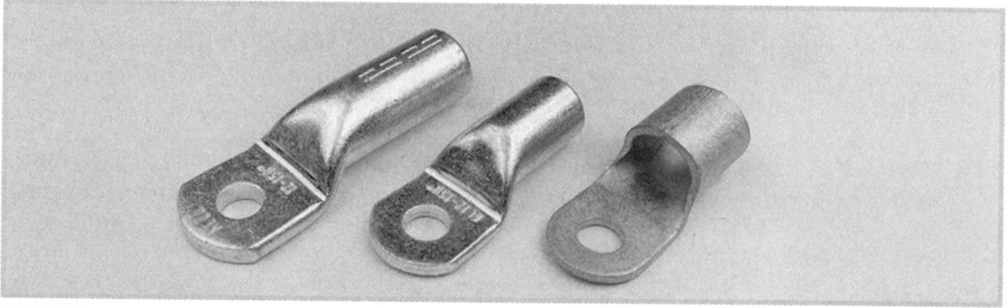

Bild 25.4 *Drei unterschiedliche Arten von Kabelschuhen: Press-, Rohr- und Quetschkabelschuh (von links)*

- **Presskabelschuhe** nach DIN 46235 und **Rohrkabelschuhe**
  Diese ersten beiden Arten werden aus Rohrstücken gefertigt. Sie eignen sich für sämtliche Kupferleiter in ein-, mehr-, fein- und feinstdrähtiger Ausführung. Auf der Anschlusslasche findet man die Ziffernfolge, die u. a. die genormte metrische Schraubenabmessung für den Anschlussbolzen (z. B. 10 für M-10-Gewinde) und den vorgesehenen Leiterquerschnitt angibt. Presskabelschuhe haben einen längeren zylindrischen Anschlussbereich als Rohrkabelschuhe.
- **Quetschkabelschuhe** nach DIN 46234
  Sie werden im Gegensatz zu den erstgenannten Typen aus Blechen hergestellt. Deshalb ist die zylindrische Anschlusshülse in der Regel nach beiden Seiten offen, wobei die kreisförmig gebogene Lasche stets durch eine Lötnaht verschlossen wird. Quetschkabelschuhe eignen sich nicht für eindrähtige Leiter und werden im Gegensatz zu den beiden zuvor genannten Kabelschuharten auch meist nur für Querschnittsbereiche bis maximal 240 mm² hergestellt.

Kabelschuhe kommen in der Regel bei großen Leiterquerschnitten zum Einsatz, bei denen von einer entsprechend hohen Strombelastung ausgegangen werden kann. Deshalb wirken sich Fehler, die bei der Ausführung dieser Pressverbindung gemacht werden, extrem brandgefährlich aus. Werden hier nicht die geeigneten (zum Teil genormten) Presswerkzeuge verwendet oder werden nicht die vorgesehenen Leiterquerschnitte eingeführt, ist eine dauerhaft stromtragfähige Verbindung nicht gewährleistet. Für Presskabelschuhe gibt es z. B. genormte Werkzeuge und für die Rohrkabelschuhe geben Markenhersteller geeignete Werkzeuge an. Das **Bild 25.5** stellt fehlerhafte Verpressungen einer korrekten Ausführung gegenüber.

Aber auch die Qualität der Kabelschuhe ist zum Teil sehr unterschiedlich. Hier kann der Errichter häufig nur nach optischen Merkmalen entscheiden. Die Verarbeitung sollte sauber (z. B. gratfrei), die Enden der zylindrischen Anschlussbereiche sollten rechtwinklig und die Anschlusslasche gleichmäßig eben sein.

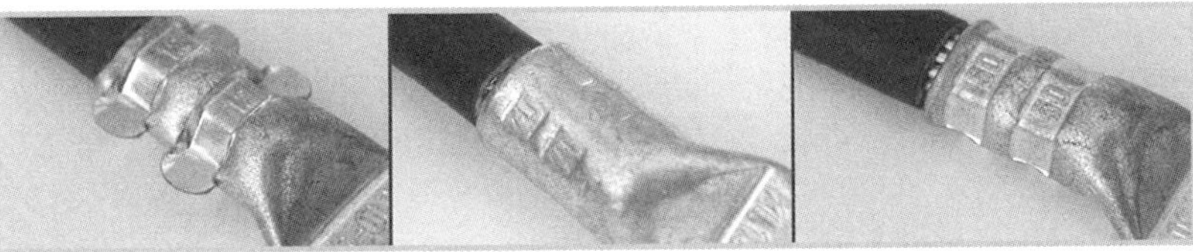

Bild 25.5 *Links eine sogenannte „Überpressung", mittig entsprechend eine „Unterpressung" und rechts eine korrekte Ausführung; mangelhafte Ausführungen entstehen meist durch falsche Presswerkzeuge*

26 Auswahl und Errichtung von Betriebsmitteln in Bereichen mit besonderen Gefahren

26.1 Definition „Feuergefährdeter Bereich oder Betriebsstätte"

In der einschlägigen Fachliteratur wird häufig über die feuergefährdete Betriebsstätte oder ganz allgemein von erhöhter Brandgefahr gesprochen. Häufig wird der Begriff „feuergefährdete Betriebsstätte" benutzt und der erfahrene Planer bzw. Errichter weiß sofort, dass hier andere oder zumindest veränderte Anforderungen in Bezug auf Planung und Errichtung der elektrischen Anlage gelten. Die Voraussetzung ist aber in jedem Fall eine korrekte Einstufung der Betriebsstätte (eines Gebäudes, Raums oder Raumbereichs). Doch die Frage stellt sich in diesem Zusammenhang: Welche Kriterien können für eine solche Einstufung herangezogen werden?

Wer das Baurecht aufmerksam liest, wird feststellen, dass dort an keiner Stelle von einer feuergefährdeten Betriebsstätte die Rede ist. Vielmehr wird von einer „erhöhten Brandgefahr" gesprochen, ohne sie weiter zu erklären, als ob jeder Leser wüsste, was hiermit gemeint ist. Der für die Einstufung verantwortliche Betreiber wird an dieser Stelle allein gelassen.

In industriellen Gebäuden und zum Teil auch bei baurechtlichen Sonderbauten (z. B. Versammlungsstätten, Theater, Kinos, Schulen, Hochhäuser, Geschäftshäuser, Hotels, Großgaragen) muss häufig für das komplette Gebäude oder zumindest Teile davon ein Brandschutzkonzept angefertigt werden. Im Grunde schließt ein solches Konzept die geforderte Gefährdungsbeurteilung mitsamt der definierten Maßnahmen, dieser Gefährdung zu begegnen, ein. Auch hier muss spätestens dann, wenn die Nutzung der verschiedenen Räume innerhalb des Gebäudes festgelegt wurde, gegebenenfalls eine Einstufung vorgenommen werden. Aber es bleiben Fragen wie „Was ist eine feuergefährdete Betriebsstätte? Wer legt diesen Begriff inhaltlich fest? Wo ist eine schlüssige Begriffsbestimmung zu finden?"

In der bis August 1997 gültigen Norm DIN VDE 0100-720 Feuergefährdete Betriebsstätten wurde im Abschnitt 2.2 eine feuergefährdete Betriebsstätte relativ eindeutig beschrieben. Seit diese Norm 1997 zurückgezogen wurde, fehlt jedoch eine gleichwertige Definition. Vielmehr war in DIN VDE 0100-482, die sowohl DIN VDE 0100-720 als auch DIN VDE 0100-730[121] seit August 1997 ersetzte, nur noch folgende Erläuterung zu finden:

121 Der Titel dieser Norm lautet: „Verlegung von Leitungen in Hohlwänden sowie in Gebäuden aus vorwiegend brennbaren Baustoffen".

„Der Hauptabschnitt 482 gilt für die Auswahl und Errichtung von elektrischen Anlagen in Räumen oder Orten mit besonderem Brandrisiko – feuergefährdete Betriebsstätten.

Das sind solche, bei denen das Brandrisiko durch die Art der verarbeiteten oder gelagerten Materialien, durch die Verarbeitung und durch die Lagerung von brennbaren Materialien einschließlich der Ansammlung von Staub, wie in Scheunen, Holzverarbeitungswerkstätten, Papier- und Textilfabriken, oder ähnlichem verursacht wird."

Es wird deutlich, dass diese Definition zu den feuergefährdeten Betriebsstätten sehr allgemein gehalten wurde. Hier ist lediglich von der Lagerung oder der Verarbeitung von brennbaren Materialien die Rede. Dadurch sind zu diesem Thema immer wieder Fragen aufgetaucht.

Das für diese Norm zuständige Komitee der DKE hat hierzu einen ergänzenden Text eingefügt. In DIN VDE 0100-420 (die DIN VDE 0100-482 abgelöst hatte) findet man im Abschnitt 422.3 folgenden Text:

„Feuergefährdete Betriebsstätten nach DIN VDE 0100-510 (VDE 0100-510):2014-10, Tabelle ZA.1 (BE2) sind gekennzeichnet durch:

- *Feuergefahren, die sich durch Herstellung, Bearbeitung oder Lagerung von brennbarem Material einschließlich Vorhandensein von Staub, z.B. in Scheunen, Werkstätten für Holzbearbeitung, Papierfabriken, ergeben.*

Besondere Brandrisiken (feuergefährdete Betriebsstätten) sind z.B. solche, bei denen das Brandrisiko durch die Art der verarbeiteten oder gelagerten Materialien, Verarbeitung oder Lagerung von brennbaren Materialien einschließlich der Ansammlung von Staub, wie in Scheunen, holzverarbeitenden Betrieben, Papier- und Textilfabriken oder Ähnlichem, verursacht.

ANMERKUNG 1: Die Art und die zulässigen Mengen brennbarer Stoffe oder die Oberfläche oder das Volumen der Betriebsstätten dürfen durch nationale Behörden festgelegt sein.

Die Einstufung in feuergefährdete Betriebsstätten liegt in der Verantwortung des Betreibers/Nutzers der elektrischen Anlage, falls notwendig unter Beachtung des Baurechts und der Unfallverhütungsvorschrift DGUV, Vorschrift 1 der Unfallversicherungsträger/Verordnung über Arbeitsstätten. Der Betreiber sollte für die Einstufung einen Sachkundigen hinzuziehen. Die Richtlinie zur Schadenverhütung VdS 2033 ‚Feuergefährdete Betriebsstätten und diesen gleichzustellende Risiken', veröffentlicht vom Gesamtverband der Deutschen Versicherungswirtschaft (GDV), enthält entsprechende Fallbeispiele. Danach sind feuergefährdete Betriebsstätten Räume oder Orte in Räumen oder im Freien, bei denen die Gefahr besteht, dass sich nach den örtlichen und betrieblichen Verhältnissen leicht entzündliche Stoffe in gefahrdrohender Menge den elektrischen Betriebsmitteln so nähern können, dass höhere Temperaturen an diesen Betriebsmitteln oder Lichtbögen eine Brandgefahr bilden. Hierunter können fallen: Arbeits-, Trocken- und Lagerräume, Heu-, Stroh-, Jute- und Flachslager sowie derartige Stätten im Freien, z.B. in Papier-, Textil- oder Holzverarbeitungsbetrieben.

‚Leicht entzündlich' sind brennbare feste Stoffe, die, der Flamme eines Zündholzes 10 s ausgesetzt, nach Entfernen der Zündquelle von selbst weiter brennen und weiter glimmen. Hierunter fallen Materialien wie Heu oder Stroh, Strohstaub, Holzspäne, lose Holzwolle, Magnesiumspäne, Reisig, loses Papier, Baum- und Zellwollfasern."

Diese lange Textfassung ist wichtig! Sie zeigt, dass die Verantwortung beim Betreiber (z.B. Unternehmer) liegt. Allerdings hat der Planer, Errichter oder Prüfer einer elektrischen Anlage stets Auskunftspflicht. Wenn er der Meinung ist, dass keine oder eine falsche Einstufung vorgenommen wurde, muss er das dem Betreiber bzw. Unternehmer schriftlich anzeigen. Ein Errichter, der ohne nachzudenken eine elektrische Anlage so installiert, als gäbe es keine feuergefährdeten Betriebsstätten, verfährt extrem fahrlässig. Natürlich kann er sich herausreden, dass die Einstufung nicht in seiner Verantwortung liegt. Allerdings muss er sich fragen lassen, warum er plant und errichtet, ohne genau zu wissen, was er tut. Und wenn er es weiß, so muss er dieses Wissen auch kundtun. Also gilt auch hier der alte Grundsatz: „Wer schreibt, der bleibt."

Dem Betreiber muss klar sein, dass er sich der Verantwortung, eine sachgerechte Einstufung vorzunehmen, nicht entziehen kann. Tritt er z.B. als Arbeitgeber (Unternehmer mit Beschäftigten) auf, gilt für ihn das Arbeitsschutzgesetz. Dort heißt es im § 5

„Beurteilung der Arbeitsbedingungen

(1) Der Arbeitgeber hat durch eine Beurteilung der für die Beschäftigten mit ihrer Arbeit verbundenen Gefährdung zu ermitteln, welche Maßnahmen des Arbeitsschutzes erforderlich sind.

...

(3) Eine Gefährdung kann sich insbesondere ergeben durch

1. *die Gestaltung und die Einrichtung der Arbeitsstätte und des Arbeitsplatzes,*
2. *physikalische, chemische und biologische Einwirkungen,*
3. *die Gestaltung, die Auswahl und den Einsatz von Arbeitsmitteln, insbesondere von Arbeitsstoffen, Maschinen, Geräten und Anlagen sowie den Umgang damit,*

4. die Gestaltung von Arbeits- und Fertigungsverfahren, Arbeitsabläufen und Arbeitszeit und deren Zusammenwirken,
5. unzureichende Qualifikation und Unterweisung der Beschäftigten."
Konkretisiert wird dies durch die Arbeitsstättenverordnung (ArbStättV) sowie zusätzlich durch die Betriebssicherheitsverordnung (BetrSichV) für Bereiche, die der besonderen Überwachung unterliegen, wie beispielsweise explosionsgefährdete Bereiche.

Danach ist der Arbeitgeber bzw. Unternehmer in jedem Fall verpflichtet, sich über die Gefahren, die in seinem Betrieb vorhanden sind oder vorhanden sein können, Gedanken zu machen (Stichwort: Gefährdungsbeurteilung). Er kann also nicht so tun, als wüsste er von nichts. Notfalls muss er sich bei entsprechenden Fachleuten über die Gefährdung informieren.

Tritt er nicht als Arbeitgeber, sondern als Vermieter oder Pächter auf, wird er durch das Bürgerliche Gesetzbuch (BGB), z.B. in §535, dazu aufgefordert, die Mietsache in einem geeigneten Zustand zu übergeben und diesen Zustand auch weiterhin aufrechtzuerhalten. Wenn nach einem Schadenfall festgestellt werden kann, dass eine Gefährdung vorhanden war und keine Maßnahmen entsprechend den anerkannten Regeln der Technik vorgesehen waren, weil niemand eine Einstufung vorgenommen hat, kann sich der Vermieter sicher nicht mit seiner Unkenntnis herausreden. Allerdings kommen feuergefährdete Betriebsstätten in privat vermieteten Räumlichkeiten eher selten vor.

Will der Betreiber oder sein Architekt nichts von einer Einstufung in feuergefährdete Betriebsstätten wissen, muss sich der Planer bzw. Errichter schriftlich äußern und anzeigen, dass er seine Bedenken allen Verantwortlichen mitgeteilt hat.

DIN VDE 0100-420 ist die Norm, die für das Thema dieses Buches von besonderer Bedeutung ist. In ihr findet man im Wesentlichen folgende Themen:

- **Schutz gegen Brände, verursacht durch elektrische Betriebsmittel** wird im Abschnitt 421 behandelt. Hier geht es vor allem darum, dass Wärme, die von elektrischen Betriebsmitteln hervorgerufen wird (im ungestörten Betrieb sowie im Fehlerfall), keine Gefahr oder schädlichen Auswirkungen auf benachbartes festes Material hervorrufen darf. In diesem Abschnitt der Norm findet man u.a. auch die aktuellen Anforderungen an die Lichtbogen-Schutzeinrichtungen (Störlichtbogenschutz und Fehlerlichtbogenschutz, siehe Abschnitt 17.1.5 in diesem Buch).

- **Maßnahmen bei besonderen Brandrisiken** werden im Abschnitt 422 beschrieben. In diesem Abschnitt wird gefordert, dass elektrische Betriebsmittel so ausgewählt und errichtet werden, dass deren betriebsbedingte Temperatur im bestimmungsgemäßen Gebrauch sowie die vorhersehbare Temperaturerhöhung im Fehlerfall kein Feuer verursachen können. Sollte eine entsprechend sichere Montage nicht möglich sein, müssen entsprechende Maßnahmen vorgesehen werden. In diesem Abschnitt der Norm werden auch die besonderen Anforderungen an die Elektroinstallation in feuergefährdeten Betriebsstätten beschrieben.

Auch in den VdS-Richtlinien (VdS 2023 „Elektrische Anlagen in Gebäuden aus vorwiegend brennbaren Baustoffen“) werden ähnliche Vorgaben für eine sichere Elektroinstallation beschrieben.

26.2 Planung und Errichtung in feuergefährdeten Betriebsstätten

26.2.1 Allgemeine Festlegungen und Begriffsbestimmungen

26.2.1.1 Die Einstufung als feuergefährdete Betriebsstätte

Die Definition der feuergefährdeten Betriebsstätte, wie sie vor allem in DIN VDE 0100-420 zu finden ist, wurde bereits im Abschnitt 26.1 beschrieben. Fasst man die Beispiele, die in DIN VDE 0100-420 und der entsprechenden Fachliteratur erwähnt werden, zusammen, kommt man auf nachfolgende unvollständige Liste. Typischerweise zählen zu den feuergefährdeten Betriebsstätten folgende Gebäude, Räume oder Bereiche:

- Papierverarbeitungsbetriebe,
- Textilverarbeitungsbetriebe,
- Kunststoffverarbeitungsbetriebe,
- Holzverarbeitungsbetriebe,
- Heulager,
- Strohlager,
- Jutelager,
- Flachslager,
- Garagen und deren Nebenräume.

Diese Liste ist jedoch weder vollständig noch aussagekräftig genug, um alle vorkommenden Variationen von Räumen und Gebäuden, in denen sich feuergefährdete Betriebsstätten befinden können, abzudecken.

Aus diesem Grund verweist DIN VDE 0100-420 auf VdS 2033 (Elektrische Anlagen in feuergefährdeten Betriebsstätten und diesen gleichzustellende Risiken). Dort sind in zwei Tabellen zahlreiche Beispiele für feuergefährdete Betriebsstätten aufgeführt.

Die erste Tabelle ist nach Betriebsstätten geordnet (**Tabelle 26.1** in diesem Buch). Erwähnt werden Gebäudearten bzw. Gebäudenutzungen, die Anlass für die Vermutung geben, dass es sich um eine feuergefährdete Betriebsstätte handelt.

Als zusätzliches Kriterium (zweite Spalte von links) dient die Angabe von Bereichen innerhalb der genannten Gebäude bzw. Betriebsstätten, in denen die Art der Verarbeitung oder Lagerung der dort vorkommenden Stoffe die Einstufung als feuergefährdete Betriebsstätte wahrscheinlich macht.

Tabelle 26.1 *Ausschnitt aus VdS 2033, Tabelle 1; das Kreuz gibt an, dass die Vermutung nahe liegt, dass es sich um eine feuergefährdete Betriebsstätte handelt*

Tabelle 1: Feuergefährdete Betriebsstätten
Hinweis: Nach Abschnitt 2 ist generell die Explosionsgefährdung zu prüfen

Mögliche Feuergefährdete Betriebsstätte	Beispiele von Teilbereichen	Materialien (brennbar)	Brandgefährdung d. leicht entzündliche Stoffe ohne Staub/Fasern	Brandgefährdung d. leicht entzündliche Stoffe mit Staub/Fasern
Aufbereitung (Recycling, Entsorgung, Versorgung)	Abfüllung, Abscheideranlage, Abtropfstrecke, Hydraulikanlage, Förderanlage, Laboratorium	Abfälle	X	-
		Abfälle mit Staubentwicklung	-	X
		Farben	X	-
		Fette	X	-
		Holzfasern, Holzspäne	-	X
		Kohle	-	X
		Kühlöle	X	-
		Kunststoffabfälle	-	X
		Kunststoffe	-	X
		Lacke	X	-
		Metallstäube	-	X
		Lösungsmittel	X	-
		Metallspäne	-	X
		Öle	X	-
		Organische Abfälle	-	X
		Papier, Pappe	-	X
		Pasten	X	-
		Petroleum	X	-
		Schneidöle	X	-
		Stroh und Stroherzeugnisse	-	X
		Textilien	X	-
		Textilien (mit Staubbelastung)	-	X
		Torf, Torfmull, Torfstreu	-	X
		Wachse (kein Kerzenwachs)	X	-

Das dritte Kriterium für die korrekte Einstufung ist die Angabe der in diesem Bereich vorkommenden Stoffe.

Die Versicherungswirtschaft kennt außerdem Gebäude, in denen nicht unbedingt (physikalisch betrachtet) die gleiche Gefährdung auftritt wie in feuergefährdeten Betriebsstätten, für die aber aufgrund der dort gelagerten oder verarbeiteten Materialien oder Wertgegenstände ähnliche Maßnahmen gefordert werden. Solche Gebäude können z. B. Museen mit unwiederbringlichen Sachwerten sein. Sie werden „Gebäude mit gleichzustellenden Risiken" genannt. Die zweite Tabelle aus VdS 2033 zeigt eine Auswahl solcher Betriebsstätten bzw. Gebäude (**Tabelle 26.2** dieses Buches).

Besonders die erste Tabelle (Tabelle 26.1) erweist sich als nützlich für die Beurteilung bzw. Einstufung von Räumlichkeiten als feuergefährdete Betriebsstätte. Allerdings lässt sich eine solche Tabelle nicht immer zu hun-

Tabelle 26.2 *Auswahl von Gebäuden bzw. Betriebsstätten nach VdS 2033, die ähnliche Maßnahmen erforderlich machen wie feuergefährdete Betriebsstätten; in diesem Zusammenhang ist von „gleichzustellende Risiken" die Rede.*

Tabelle 2: gleichzustellende Risiken

Mögliche gleichzustellende Risiken	Beispiele von Teilbereichen	wertvolle Materialien
Unwiederbringliche Kulturgüter	Ausstellung	
	Bibliothek	
	Burg	
	Kunsthalle	
	Museum	
	Schloss	
Erhöhte Sachwertgefährdung oder/und Betriebsunterbrechungsrisiko	Archivraum	
	Großbahnhof	
	EDV-Zentrale	
	Großflughafen	
	Kaufhaus	
	Kühlhaus	
	Lager	Formen
		Matrizen
		Muster
		Walzen
	Leitwarten	
	Steril- und Reinsträume	
	Versandhaus	
Gebäude aus vorwiegend brennbaren Baustoffen	Gebäude mit Bauelementen, die vorwiegend aus Holz, Holzbaustoffen oder anderen brennbaren Materialien bestehen	
	Gebäudeteile wie Hohlwände und Decken als auch Raumteiler aus brennbaren Materialien	
	Gebäudeteile aus nicht brennbaren Baustoffen, die aber mit brennbaren (schwer oder normal entflammbaren) Materialien verkleidet oder ausgefüllt sind	

dert Prozent auf die konkrete Situation anwenden. Beispielsweise kann es bei feuergefährdeten Betriebsstätten durchaus vorkommen, dass die elektrische Anlage in Teilbereichen der dort genannten Gebäude oder Betriebsstätten nicht den höheren Anforderungen nach DIN VDE 0100-420 entsprechen muss. Umgekehrt kann es Räume geben, die nicht als feuergefährdete Betriebsstätte eingeordnet werden, in denen jedoch Teile der elektrischen Anlage so geplant und errichtet werden müssen, als befänden sie sich in einer feuergefährdeten Betriebsstätte (unabhängig von der Einstufung als „gleichzustellende Risiken").

Ebenso ist es möglich, dass eine Betriebsstätte als feuergefährdet einzustufen ist, aber durch bestimmte Maßnahmen oder durch die Art des Betriebs eine derartige Einstufung nicht notwendig ist.

In jedem Fall dienen die Tabellen zunächst als Richtschnur, mit deren Hilfe man eine Beurteilung vornehmen kann. Findet man eine bestimmte Betriebsstätte in einer der Tabellen, ist zunächst zu vermuten, dass die komplette Betriebsstätte als feuergefährlich einzustufen ist. Mit dieser Vorgabe betrachtet man die Betriebsstätte vor Ort. Erst bei dieser direkten Betrachtung der Örtlichkeit kann die Entscheidung getroffen werden, welche Bereiche tatsächlich feuergefährlich sind und wo die Abgrenzung zu den übrigen Bereichen stattfinden muss. Das bloße Nachschlagen in einer Tabelle ersetzt nicht die fachgerechte Überlegung.

Beispiele

a) Die Beleuchtung in einem eindeutig als feuergefährdete Betriebsstätte eingestuften Raum befindet sich 12 m über dem Fertigfußboden. Im Raum wird Holz verarbeitet. Durch eine moderne Absauganlage und durch die Art der Verarbeitung und Wartung wird gewährleistet, dass sich in dieser Höhe kein Staub und keine Fasern ablagern können. Aus diesem Grund werden an die Beleuchtungsanlage nicht die Anforderungen nach DIN VDE 0100-420 gestellt. Es wird lediglich darauf geachtet, dass keine heißen Teile der Beleuchtung auf leichtentzündliche Stoffe herabfallen können (eventuell Schutzscheibe vor dem Leuchtmittel o. ä.) und dass für die Verdrahtung innerhalb der Leuchten wärmebeständige Isolationen verwendet wurden. Eventuell kann eine Fehlerstrom-Schutzeinrichtung (RCD) in den Beleuchtungsstromkreisen für eine zusätzliche Sicherheit sorgen.
b) In einem Raum, der nicht als feuergefährdete Betriebsstätte eingestuft wurde, wird ein Teil der Elektroinstallation in normal entflammbaren

Baustoffen (B2 nach DIN 4102) ausgeführt (eventuell in einer Holzkonstruktion). Dieser Teil der Elektroinstallation muss dann den Anforderungen nach DIN VDE 0100-420, Abschnitt 422.4 genügen.

c) Ein Hochregallager mit mehreren Haupt- und Nebengängen, in dem sich überwiegend brennbare und zum Teil leicht entzündliche Stoffe befinden, wird zunächst als feuergefährdete Betriebsstätte eingestuft. Allerdings lagern die brennbaren Stoffe gut verpackt und sauber geordnet. Der laufende Betrieb (vor allem der Umgang mit dem Lagergut) ruft offensichtlich keine zusätzlichen Gefahren hervor. Die Beleuchtung ist stets über den Gängen angeordnet, so dass eine Näherung von leicht entzündlichen Stoffen an die elektrischen Betriebsmittel (Leuchten) weitgehend verhindert wird. Fraglich ist in diesem Fall, ob der gesamte Raum oder Bereiche des Raums als feuergefährdete Betriebsstätte einzustufen sind. Auf alle Fälle muss bei der Auswahl und Errichtung der Betriebsmittel darauf geachtet werden, dass diese keine gefährlichen Temperaturen in der Nähe des Lagerguts hervorrufen. Die Beleuchtung muss natürlich auch wie im ersten Beispiel sicher betrieben werden können. Eventuell kann auch hier in bestimmten Stromkreisen (z. B. bei den Beleuchtungsstromkreisen) eine Fehlerstrom-Schutzeinrichtung (RCD) für eine zusätzliche Sicherheit sorgen.

26.2.1.2 Begriffsbestimmung für eine geeignete Handlungsanweisung

Bereits im vorangegangenen Abschnitt tauchte indirekt die Frage nach der Konkretisierung der Definition der feuergefährdeten Betriebsstätte auf. Häufig wird nämlich die Frage gestellt: Was gilt nun? Die Definition des Begriffs oder eine Tabelle (z. B. Tabelle 1 aus VdS 2033)? Nimmt man die Definition und wendet diese in einer konkreten Anlage an, die nach der genannten Tabelle aus VdS 2033 als feuergefährdet einzustufen ist, kann es zu widersprüchlichen Bewertungen kommen.

Vom Grundsatz her müsste die Definition immer Recht haben, sonst wäre sie schlichtweg falsch. Etwas anderes ist es, wenn die Definition die Situation nicht genau genug beschreibt, zweideutig ist oder den Blickwinkel zu stark einengt.

Für eine sachgerechte Beurteilung bzw. Einstufung von Betriebsstätten benötigt man eine klare Handlungsanweisung, die der Begriffsbestimmung entspricht. Eine Begriffsbestimmung, aus der eine sachgerechte Handlungsanweisung entwickelt werden kann, wäre etwa folgende:

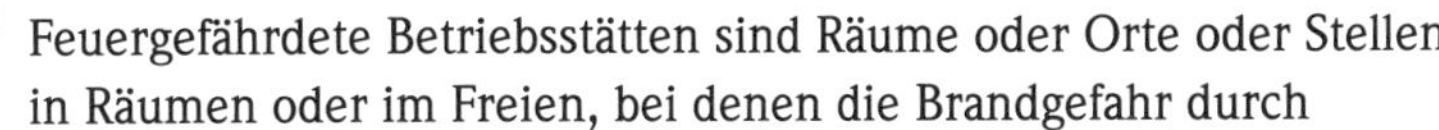

Feuergefährdete Betriebsstätten sind Räume oder Orte oder Stellen in Räumen oder im Freien, bei denen die Brandgefahr durch

- die Art der verarbeiteten oder gelagerten Materialien,
- die Verarbeitung oder die Lagerung von brennbaren Materialien oder
- die Ansammlung von Staub oder ähnlichem

verursacht wird. Dabei besteht die Brandgefahr im Vorhandensein einer gefahrdrohenden Menge von leicht entzündlichen Stoffen, die sich an erhöhten betriebs- oder fehlerbedingten Temperaturen von elektrischen Betriebsmitteln entzünden können.

Mit dieser Begriffsbestimmung kann, wie im Folgenden beschrieben, eine Beurteilung vor Ort, also in einer konkreten Anlage, durchgeführt werden.

26.2.1.3 Vorhandensein von leichtentzündlichen Stoffen

Nachdem anhand der Tabelle 1 aus VdS 2033 eine erste Einschätzung vorgenommen wurde, kann in einem weiteren Schritt die Beurteilung der Örtlichkeit selbst anhand der vorgenannten Begriffsbestimmung erfolgen.

Das wichtigste Kriterium ist ohne Zweifel das Vorhandensein von „leicht entzündlichen Stoffen“. Die Definition zu solchen Stoffen findet man in DIN VDE 0100-420, Abschnitt 422.3 (siehe hierzu das Zitat im vorherigen Abschnitt 26.1).

Es muss also zunächst geklärt werden, ob derartige Stoffe überhaupt vorhanden sind. Dabei geht es um alle vorhandenen Materialien, egal, ob diese gelagert oder verarbeitet werden oder ob sie sozusagen als Nebenprodukt beim Betrieb anfallen (z. B. Staub, Späne oder Fasern). Eventuell muss hierzu die eine oder andere Stoffprobe entnommen und eine Flammprobe entsprechend der zuvor erwähnten Definition leichtentzündlicher Stoffe durchgeführt werden. Bei Stäuben und Fasern oder dergleichen ist in der Regel davon auszugehen, dass sie leichtentzündlich sind.

Kann festgestellt werden (z. B. durch eine Flammenprobe), dass sich im entsprechenden Raum bzw. Betriebsbereich leichtentzündliche Stoffe befinden, muss in einem zweiten Schritt über die üblicherweise anfallende Menge dieser Stoffe nachgedacht werden. Ein Aktenordner in einer Werkstatt kann sicherlich „leicht entzündet“ werden, aber er stellt für sich noch lange keine gefahrdrohende Menge dar. Völlig anders sieht die Sache aus, wenn in einer Betriebsstätte zeitweise Unmengen an leicht entzündlichen Stoffen gelagert werden (z. B. Scheune) oder während des Betriebs (z. B. als Fasern und Staub) anfallen (z. B. in einem Sägewerk oder einer Schreinerei).

Auch wenn ein subjektiver Spielraum nicht völlig ausgeschlossen werden kann, schafft eine solche Klärung deutlich mehr Sicherheit.

→ Grundsätzlich kann von einer gefahrdrohenden Menge gesprochen werden, wenn diese ausreicht, um – einmal in Brand gesetzt – ein sich schnell ausbreitendes Feuer hervorzurufen, das den übrigen Raum bzw. große Teile des Raums (und somit die anwesenden Menschen und Sachwerte) in Gefahr bringt.

Dabei spielen ganz sicher

- die Verteilung dieser gefahrdrohenden Menge im Raum,
- die zu erwartende Brandausbreitungsgeschwindigkeit auf Grund der beteiligten Materialien,
- die Art des Raums (Größe des Raums im Verhältnis zum eigentlich feuergefährdeten Bereich, Raumnutzung, ständige Anwesenheit von Personen usw.) sowie
- die zu erwartende Schadenhöhe bzw. Gefährdung

eine nicht zu unterschätzende Rolle.

26.2.1.4 Brandgefahr durch elektrische Betriebsmittel

Da hier von der elektrischen Anlage die Rede ist, müssen diese Ausführungen auf elektrische Betriebsmittel beschränkt bleiben. In der Begriffsbestimmung (siehe vorheriger Abschnitt 26.2.1.3) wird die Brandgefahr beschrieben, die darin besteht, dass die leicht entzündlichen Stoffe mit erhöhten Temperaturen, die durch elektrische Betriebsmittel hervorgerufen werden, in Berührung kommen können.

Die Frage ist also: Wie kommen diese beiden Teile zusammen – leicht entzündliche Stoffe und elektrische Betriebsmittel?

Die Antwort kann nur sein: Auf jede nur denkbare Art und Weise, gleichgültig ob

- die leicht entzündlichen Stoffe sich durch die Art der Lagerung den Betriebsmitteln nähern (z. B. in einem Lager) oder
- das Betriebsmittel oder Teile davon sich den leichtentzündlichen Stoffen nähern.

Ersteres gilt auch für den Fall, dass die leichtentzündlichen Stoffe auf Grund ihrer Größe oder Beschaffenheit (z. B. Staub oder Fasern) in elektrische Betriebsmittel eindringen können, und letzteres gilt auch für heiße Teile von Betriebsmitteln, die beispielsweise abplatzen können (z. B. heiße Teile von Leuchtmitteln). Ebenso ist es möglich, dass die Betriebsmittel durch Bewegungen während des Betriebs in die Nähe der leichtentzündlichen Stoffe geraten können (z. B. ortsveränderliche Betriebsmittel).

In Bezug auf die elektrischen Betriebsmittel selbst muss betont werden, dass es zum einen solche gibt, die während des Betriebs sehr heiß werden können (z. B. Leuchten und Wärmegeräte) oder die unter Umständen betriebsbedingte Lichtbögen und Funken hervorrufen (z. B. Motoren, Schweiß- und Schaltgeräte).

Außerdem darf nicht übersehen werden, dass erhöhte Temperaturen an den elektrischen Betriebsmitteln auch durch Fehler hervorgerufen werden. Folgende unvollständige Beispielliste soll dies verdeutlichen:

- Lüftungsöffnungen von elektrischen Verbrauchsmitteln werden verstopft oder zugestellt (vielleicht sogar durch die leichtentzündlichen Stoffe).
- Die Verdrahtung innerhalb einer Leuchte hat keine wärmebeständige Isolation, sodass die im Inneren der Leuchte auftretenden Temperaturen diese verspröden lassen. So können z. B. durch eine Bewegung innerhalb dieser Verdrahtung widerstandsbehaftete Kurz- oder Körperschlüsse auftreten, die längere Zeit anstehen, bevor sie bemerkt oder abgeschaltet werden.
- Die Anschlussleitung zu einem ortsveränderlichen Verbrauchsmittel ist defekt, so dass Kurzschlüsse und Lichtbögen auftreten.
- Gleiches gilt für defekte ortsveränderliche Verbrauchsmittel.
- Ein elektrisches Verbrauchsmittel wird überlastet.
- Ein Kabel oder eine Leitung der festen Installation wird während des Betriebs beschädigt, so dass auch hier erhöhte Temperaturen, Kurzschlüsse oder Lichtbögen auftreten.

Ein besonderes Problem sind anfallende Stäube oder Fasern, die sich auf Betriebsmittel legen oder in sie eindringen können. Diese Stoffe sind besonders gefährlich, weil sie über eine längere Zeit Wärmenester bilden können und sich dann irgendwann entzünden. Dabei reicht es, wenn dieser Staub- oder Faserbelag örtlich begrenzt ist. Ein so entstandener Brand überträgt sich schnell auf die anderen im Raum vorhandenen leicht entzündlichen Stoffe.

Damit wäre die Gefährdungsbeurteilung im Sinne der vorgenannten Begriffsbestimmung (Abschnitt 26.2.1.2 dieses Buches) abgeschlossen. Nach dieser Beurteilung in der konkreten Anlage kann eine Entscheidung getroffen werden, ob die Einstufung nach der Tabelle aus VdS 2033 angebracht ist oder konkretisiert, eingeschränkt bzw. angepasst werden muss.

An dieser Stelle soll noch eins deutlich hervorgehoben werden: Bei einigen Betriebsstätten muss nicht nur über eine Feuergefährdung, sondern gegebenenfalls auch bzw. vor allem über eine Explosionsgefährdung nachgedacht werden.

26.2.1.5 Grundsätzliche Maßnahmen

Oberste Gebote in feuergefährdeten Betriebsstätten sind:

→
- **Sämtliche Betriebsmittel müssen auf solche beschränkt werden, die für den Betrieb in diesen Betriebsstätten unbedingt erforderlich sind (DIN VDE 0100-420, Abschnitt 422.1.1).**
- **Die Betriebsmittel müssen so ausgewählt werden, dass sie im normalen Betrieb für die brennbare Umgebung keine Gefahr darstellen (entweder weil die Oberflächentemperaturen niedrig bleiben oder weil durch zusätzliche Maßnahmen – wie Abschirmung – keine Brandgefahr entsteht). Auch bei vorhersehbaren Fehlern (z.B. Isolationsfehler, Überstrom, Wärmestau, Überspannungen, Oberschwingungen usw.) darf die dabei entstehende Erwärmung umliegendes Material nicht zerstören oder entzünden (DIN VDE 0100-420, Abschnitt 421.1).**

In den folgenden Texten wird häufig die kurzschluss- und erdschlusssichere Verlegung genannt. Darunter versteht die Norm (DIN VDE 0100-520, Abschnitt 521.11 und die Richtlinien der Feuerversicherer – VdS-2033) Folgendes:

- Verlegung von starren Leitern, bei denen ein gegenseitiges Berühren und eine Berührung mit Erde ausgeschlossen werden kann, zum Beispiel Sammelschienen, Schienenverteiler;
- Verlegung von Einzelleitern (blank oder isoliert), die an Abstandhaltern sicher befestigt sind (beispielsweise in Stromschienensystemen oder Sammelschienen in einem Verteiler);
- Verlegung von 1-adrigen Mantelleitungen oder Kabeln, die gegen mechanische Beanspruchung geschützt sind;
- Verlegung von je einer basisisolierten Aderleitung in einem Elektroinstallationsrohr (aus Isoliermaterial) oder in einem Elektroinstallationskanal oder in einem separaten Zug eines Elektroinstallationskanals;
- Verlegung von Aderleitungen wie NSGAFöu (DIN VDE 0250-602), NSHXAö (DIN VDE 0250-606), NSHXASö (DIN VDE 0250-606), NSHXSCMö (DIN VDE 0250-606);
- Verlegung von mehradrigen Kabeln und mehradrigen Mantelleitungen, die nicht in der Nähe brennbarer Stoffe verlegt sind und bei denen die

Gefahr einer mechanischen Beschädigung durch die Art der Verlegung und zusätzlichen Maßnahmen (z. B. Verlegung in Stapa-Rohren) nicht gegeben ist;
- Anwendung gleichwertiger Maßnahmen (wie Kabel und Leitungen, die ohne Gefahr für die Umgebung abbrennen können, zum Beispiel erdverlegte Kabel).

26.2.2 Auswahl der Schutzart bei den Betriebsmitteln und Verteilern

- Wenn Staub anfallen kann, sind Schaltgeräte und Leuchten mit der Schutzart IP5X (beispielsweise IP55 oder IP54) auszuwählen. Und wenn der Staub leitfähig (z. B. metallisch) ist, müssen sie in der Schutzart IP6X ausgeführt sein (DIN VDE 0100-420, Abschnitt 422.3.3 und 422.3.8). Selbstverständlich können Schaltgeräte auch außerhalb der feuergefährdeten Betriebsstätte montiert werden oder sie werden in Verteilern untergebracht, die diese Schutzart aufweisen. In diesen Fällen spielt die Schutzart der Schaltgeräte selbst keine Rolle.
  Fällt kein Staub an, so ist in jedem Fall die Schutzart IP4X (beispielsweise IP44 oder IP43) vorzusehen.
- Betriebsmittel müssen dann, wenn sich Staub auf ihnen ablagern kann, für derartige Betriebsbedingungen geeignet sein. Das heißt, es dürfen an ihnen keine gefahrdrohenden Temperaturen entstehen (DIN VDE 0100-420, Abschnitt 422.3.2 und 422.3.8). In solchen Fällen ist in jedem Fall mit dem Hersteller zu klären, ob er garantieren kann, dass seine Betriebsmittel bei einer Staubablagerung keine brandgefährlichen Temperaturen verursachen.

Immer wieder taucht die Frage auf, ob der Energieverteiler für die feuergefährdete Betriebsstätte auch in der Betriebsstätte selbst stehen darf. Die Antwort darauf findet man im bereits erwähnten Abschnitt 422.3.3 aus DIN VDE 0100-420. Dort wird gefordert, dass dann, wenn sich die Speisepunkte der Stromkreise in der feuergefährdeten Betriebsstätte befinden, diese in einer Umhüllung mit der entsprechenden Schutzart (siehe den ersten Punkt dieser Aufzählung) untergebracht sein müssen. Diese Umhüllung kann selbstverständlich der Energieverteiler sein, in dem diese Speisepunkte in der Regel ohnehin zu finden sind.

26.2.3 Planung und Errichtung der Kabel- und Leitungsanlage

- Kabel und Leitungen sollten – wenn irgendwie möglich – vollkommen in nicht brennbare Materialien wie Putz oder Beton eingebettet werden. Auf alle Fälle müssen sie „nicht flammausbreitende" Eigenschaften nach Normen der Reihe VDE 0482-332 aufweisen. Kabel und Leitungen, die in Deutschland üblicherweise in Gebäuden verlegt werden (z. B. NYY, NYCWY oder NYM), sind hierfür geeignet, (siehe hierzu auch die Abschnitte 16.2.4 und 16.2.8 in diesem Buch).
- Bei senkrechter Kabelverlegung oder bei besonderen Kabelhäufungen (Kabelbündel) sind Kabel und Leitungen mit verbessertem Verhalten im Brandfall empfehlenswert (siehe Abschnitt 16.2.4 dieses Buches).
- Durchqueren Kabel und Leitungen lediglich die feuergefährdete Betriebsstätte, ohne für deren Versorgung notwendig zu sein, müssen sie bei Überstrom nach DIN VDE 0100-430 geschützt sein und es dürfen sich keine Verbindungen oder Klemmen innerhalb der feuergefährdeten Betriebsstätte befinden.
  Ausnahme: Die Verbindungen oder Klemmen sind in feuerbeständigen (F90) Umhüllungen untergebracht.[122]
  Beinahe selbstverständlich ist, dass keine blanken Leiter verwendet werden dürfen.
- Kabel- und Leitungssysteme sind in TN- und TT-Systemen mit einer Fehlerstrom-Schutzeinrichtung (RCD) mit einem Bemessungsdifferenzstrom $I_{\Delta n} \leq 300\,\text{mA}$ zu schützen.
- Bis 1997 wurden typische Brandschutzmaßnahmen in feuergefährdeten Betriebsstätten in VDE 0100 Teil 720 festgelegt. Bereits in dieser Ausgabe der Norm wurden zum Schutz von Kabeln und Leitungen Fehlerstrom-Schutzeinrichtungen (RCDs) gefordert. Dort war allerdings noch von einem maximalen Bemessungsdifferenzstrom $I_{\Delta n} \leq 0{,}5\,\text{A}$ die Rede. Erst mit Herausgabe von DIN VDE 0100-482, die im August 1997 die VDE 0100 Teil 720 ersetzte, wurde für den Brandschutz in feuergefährdeten Betriebsstätten eine RCD mit $I_{\Delta n} \leq 300\,\text{mA}$ gefordert.
  Aktuell findet man diese Anforderung in DIN VDE 0100-420, Abschnitt 422.3.9. Allerdings bezieht sich diese Anforderung lediglich auf Ends-

122 In früheren Ausgaben der Norm (DIN VDE 0100-482, Abschnitt 482.1.5) reichte eine Umhüllung mit einer ▽H▽- Kennzeichnung. Diese Kennzeichnung ist allerdings nicht europäisch genormt. Von der Sache her sind Umhüllungen (Installationsdosen und -kästen usw.) mit dieser Kennzeichnung allerdings immer noch geeignet.

tromkreise. Da die Mitarbeiter in den Deutschen Normungsgremien jedoch zu Recht bezweifeln, dass Verteilerstromkreise ein geringeres Risiko einbringen als Endstromkreise, wurde in der Norm in einer deutschen (grauschattierten) Anmerkung darauf hingewiesen, dass auch in Verteilerstromkreisen RCDs vorgesehen werden sollten, wenn diese in feuergefährdeten Betriebsstätten verlegt wurden.

Wo die Gefahr besteht, dass es zu widerstandsbehafteten Isolationsfehlern (wie bei Flächenheizelementen) kommen kann, müssen RCDs mit einem Bemessungsdifferenzstrom $I_{\Delta n} \leq 30\,\text{mA}$ vorgesehen werden (DIN VDE 0100-420, Abschnitt 422.3.9).

Um die Schutzwirkung der Fehlerstrom-Schutzeinrichtung (RCD) zu erhöhen, sind Kabel und Leitungen mit konzentrischen Leitern empfohlen. Der konzentrische Leiter sollte die Rolle des PE-Leiters übernehmen. Er sorgt dafür, dass bei Isolationsfehlern früher oder später immer auch ein Erdfehlerstrom fließt, der die Fehlerstrom-Schutzeinrichtung (RCD) zur Abschaltung bringt. Zusätzlich sorgt dieser konzentrische Leiter auch für eine bessere Beständigkeit gegen mechanische Einwirkungen. Er wird deshalb auch durch die Versicherungen (VdS 2023) nachdrücklich empfohlen (siehe hierzu auch im Abschnitt 16.2.3 dieses Buches bei Punkt f und im Abschnitt 16.2.7).

Nach DIN VDE 0100-410, Abschnitt 411.3.1.1 muss in jedem Stromkreis ein Schutzleiter mitgeführt werden. Wörtlich heißt es dort: *„Für jeden Stromkreis muss ein Schutzleiter vorhanden sein, der durch Anschluss an die diesem Stromkreis zugeordnete Erdungsklemme oder Erdungsschiene geerdet ist."* Dies gilt somit auch für Stromkreise, an denen auf Dauer Betriebsmittel der Schutzklasse II betrieben werden sollen. Dieser Schutzleiter übernimmt eine gewisse Überwachungsfunktion, mit der eine vorgeschaltete Fehlerstrom-Schutzeinrichtung (RCD) bei einem Isolationsfehler zur Auslösung gebracht werden kann.[123]

In DIN VDE 0100-420, Abschnitt 422.3.9a sowie in DIN VDE 0100-530, Abschnitt 532.2 findet man Hinweise zu Alternativen, wenn aus betrieblichen Gründen eine Fehlerstrom-Schutzeinrichtung (RCD) nicht einsetzbar ist (siehe hierzu auch Abschnitt 19.10 in diesem Buch). Diese Fälle können eintreten, wenn

123 Die Idee ist, dass auch dann, wenn bei einem Isolationsfehler lediglich die aktiven Leiter (L1, L2, L3, N) betroffen sein sollten, früher oder später auch der PE-Leiter (Schutzleiter) mit betroffen sein wird, sodass ein genügend großer Fehlerstrom die Fehlerstrom-Schutzeinrichtung (RCD) zur Auslösung bringt.

- der Betriebsstrom I_b zu hoch liegt (z. B. I_b einige 100 A),
- der Ableitstrom I_{Abl} zu hoch liegt ($I_{Abl} > 0{,}5 \cdot I_{\Delta n}$),
- der Anteil an Oberschwingungsströmen einen korrekten Betrieb der Fehlerstrom-Schutzeinrichtung (RCD) nicht möglich macht.

Für diese und ähnliche Fälle geben die Normen vier Alternativen an:

1) Bei Betriebsströmen bis 250 A können Leistungsschalter mit integriertem Fehlerstromschutz (CBR) nach DIN EN 60947-2 (VDE 0660-101), Anhang B vorgesehen werden.
2) Wenn noch größere Betriebsströme beherrscht werden müssen, bietet sich ein modulares (also externes) Fehlerstromgerät (MRCD) nach DIN EN 60947-2 (VDE 0660-101), Anhang M an.
3) Verwendung von Differenzstrom-Überwachungseinrichtungen (RCMs) nach DIN EN 62020 (VDE 0663) zusammen mit Leistungsschaltern (siehe Bild 19.8 in diesem Buch).
4) Erd- und kurzschlusssicheres Verlegen der Kabel und Leitungen. In diesem Fall ist eine Abschaltung nicht gefordert.

Sofern zu hohe Ableitströme erwartet werden, müssen gesonderte Maßnahmen in der Anlage vorgesehen werden, beispielsweise

- indem entsprechende Filter vorgesehen werden, die den Anteil der Oberschwingungsströme vermindern und damit die Ableitströme reduzieren.
- Alternativ oder zusätzlich kann auf eine geeignete Aufteilung der Stromkreise geachtet werden, so dass die Höhe der Ableitströme pro Stromkreis möglichst klein bleibt.
- Sofern die Ableitströme nicht zu hoch ausfallen und zusätzlich während des Betriebs relativ konstant bleiben, kann der Einsatz von RCMs Abhilfe schaffen (siehe zuvor bei Punkt 3), wenn diese die Möglichkeit bietet, die Empfindlichkeit des Gerätes so einzustellen, dass die betriebsbedingten Ableitströme für die RCM „unsichtbar“ bleiben.

Sollten flexible Leitungen zum Einsatz kommen, sollten diese für schwere Belastungen ausgelegt sein[124], z. B. H07RN-F.

124 Diese Empfehlung findet man in DIN VDE 0100-420, Abschnitt 422.3.12, allerdings dort in Bezug auf PEN-Leiter in feuergefährdeten Betriebsstätten. Doch von der Sache her sollte sich diese Empfehlung grundsätzlich auf die Verlegung von flexiblen Leitungen in feuergefährdeten Betriebsstätten beziehen.

26.2.4 PEN-Leiter in feuergefährdeten Betriebsstätten

PEN-Leiter sind in feuergefährdeten Betriebsstätten nur dann erlaubt, wenn sie diese Betriebsstätte lediglich durchqueren, also zu anderen Gebäudebereichen führen (DIN VDE 0100-420, Abschnitt 422.3.12).

Den PEN-Leiter in feuergefährdeten Betriebsstätten zu verbieten, ist sicher ein Gewinn für die Brandschadenverhütung. Mit der Erlaubnis, den PEN-Leiter auch in solchen Betriebsstätten verlegen zu dürfen, solange dieser Leiter die feuergefährdete Betriebsstätte nur durchquert, sind die Probleme jedoch vorprogrammiert.

Zunächst ist der PEN-Leiter als Schutzleiter stets mit dem Potentialausgleich im Gebäude verbunden. Da er zudem auch die Neutralleiterfunktion übernimmt, fließen über ihn ständig Betriebsströme, die sonst über den Neutralleiter zurück zur Spannungsquelle fließen würden. Diese Ströme fließen über den PEN-Leiter und damit auch parallel über sämtliche mit dem PEN-Leiter verbundene Teile des Schutz- und Potentialausgleichssystems (also beispielsweise über Schutzleiter, Potentialausgleichsleiter und leitfähige Teile wie Heizungs- und Lüftungsrohre und Stahlkonstruktionen des Gebäudes).

In feuergefährdeten Betriebsstätten will man derartige Streuströme, die irgendwo über metallene Gebäudeteile und Rohre fließen, mit Recht vermeiden. In den übrigen Bereichen sind diese Streuströme aber offensichtlich erlaubt.

Allerdings „wissen" diese Streuströme nicht, wo der feuergefährdete Bereich im Gebäude anfängt bzw. aufhört. Das bedeutet, diese Ströme werden in jedem Fall auch über sämtliche metallene Konstruktionen und Rohre im Bereich der feuergefährdeten Bereiche und Räume fließen. Will man also diese brandgefährlichen Streuströme im feuergefährdeten Bereich wirklich vermeiden, muss man im gesamten Gebäude den PEN-Leiter verbieten – alles andere ist Augenwischerei.

Vor diesem Hintergrund hilft es auch nur zum Teil, wenn DIN VDE 0100-420, Abschnitt 422.3.12 fordert, dass Verbindungen zwischen dem durchquerenden PEN-Leiter und leitfähigen Teilen in der feuergefährdeten Betriebsstätte nicht erlaubt sind und dass bei der Verlegung der Kabel und Leitungen mit PEN-Leiter das Risiko eines Fehlers zwischen dem PEN-Leiter und leitfähigen Teilen in der feuergefährdeten Betriebsstätte auf ein Minimum reduziert sein muss.

Im zuvor erwähnten Abschnitt der Norm wird in Anmerkungen zusätzlich darauf hingewiesen, dass hierfür eine erd- und kurzschlusssichere Verlegung (siehe Abschnitt 26.2.1.5 in diesem Buch) oder die Verwendung von mineralisolierten Leitungen (siehe Abschnitt 16.2.5 in diesem Buch) notwendig wäre.

Glücklicherweise ist nach VDE 0100-444, Abschnitte 444.4.3.1 und 444.3.2 in neu errichteten Gebäuden ein PEN Leiter ohnehin nicht mehr erlaubt.

26.2.5 Neutralleiter-Trennklemmen

Um insbesondere bei kleinen Leiterquerschnitten Isolationsmessungen ohne Ab- und Anklemmen des Neutralleiters vornehmen zu können, sollten für die Neutralleiter der Endstromkreise im Verteiler stets Neutralleiter-Trennklemmen vorgesehen werden. Für Räume oder Orte mit Gefährdungen für unersetzbare Güter wird dies in DIN VDE 0100-420, Abschnitt 422.6 auch gefordert. Auch in DIN VDE 0100-718, Abschnitt 718.421.8 wird dies für öffentliche Gebäude und Arbeitsstätten gefordert.

26.2.6 Beleuchtungsanlage

Nach der aktuellen Normung dürfen Leuchten ohne Kennzeichnung auf allen möglichen Montageflächen befestigt werden (siehe Abschnitt 21.1 in diesem Buch). Dies gilt jedoch nicht automatisch für die Montage in feuergefährdeten Betriebsstätten. Hier müssen Leuchten nach DIN VDE 0100-420, Abschnitt 422.3.8 eine ▽D- oder eine ▽M▽M-Kennzeichnung aufweisen. Dies sind Leuchten mit einer „begrenzten Oberflächentemperatur".

Leuchten mit der ▽D -Kennzeichnung können auch in feuergefährdeten Betriebsstätten mit Staubanfall montiert werden, wenn sichergestellt ist, dass sich die Schutzart der Leuchte (in der Regel IP5X, siehe Abschnitt 6.2.2 in diesem Buch) auch auf die Umhüllung des Leuchtmittels bezieht. Das ist bei der neuen ▽D-Kennzeichnung nicht automatisch der Fall.

Die Versicherer fordern noch zusätzlich, dass Ovalleuchten (sogenannte Schiffsarmaturen) in diesen Bereichen grundsätzlich nicht zum Einsatz kommen (VdS 2005).

Bei Strahlerleuchten müssen selbstverständlich Mindestabstände zu brennbaren Materialien eingehalten werden. Hier sind die Herstellerangaben zu berücksichtigen. Fehlen diese, so kann man allgemein folgende Abstände festlegen (DIN VDE 0100-420, Abschnitt 422.3.1):

- bis zu 100 W: 0,5 m,
- über 100 W bis zu 300 W: 0,8 m,
- von 300 W bis 500 W: 1,0 m.

Für Leistungen ab 500 W sind in der Regel größere Abstände erforderlich. Hier muss ggf. der Hersteller befragt werden.

Alle Bestandteile von Leuchten (wie die Lampe selbst) müssen gegen alle zu erwartenden mechanischen Beanspruchungen geschützt sein – eventuell durch Schutzglas, Schutzgitter usw. und ein Herabfallen von heißen Teilen aus der Leuchte muss in jedem Fall verhindert werden (DIN VDE 0100-420, Abschnitte 422.3.1 und 422.3.8). Dazu muss sich der Planer oder Errichter zum einen sämtliche Informationen beschaffen, um diese Beanspruchungen einschätzen zu können und zum anderen muss er sozusagen seine „fachspezifische Fantasie" walten lassen, um alle möglichen Gefahren berücksichtigen zu können.

26.2.7 Elektrische Heizungs- und Belüftungssysteme

Elektrische Heizungs- und Belüftungssysteme dürfen nur dort montiert werden, wo der anfallende Staub oder die Umgebungsluft (auch die ausgeblasene Warmluft) keine Brandgefahr bilden können.

Bei Gebläse-Heizsystemen werden nach DIN VDE 0100-420, Abschnitt 424.1 zwei unabhängige Temperaturbegrenzer für die Temperaturüberwachung der ausgeblasenen Warmluft gefordert. Sie dürfen nur eine manuelle Rückstellung aufweisen (VDE 0100-420, Abschnitt 422.1.3.).

Außerdem darf die Montage solcher Einrichtungen nur auf nichtbrennbaren Unterlagen erfolgen und der Abstand zu brennbaren Stoffen muss ausreichend groß gewählt werden. Beispielsweise wird in DIN VDE 0100-420, Abschnitt 424.3 für Heizstrahler in Ausstrahlrichtung (sofern nicht anders vom Hersteller angegeben) ein Mindestabstand von 2 m zu entflammbaren Materialien gefordert.

26.2.8 Elektromotore in feuergefährdeten Betriebsstätten

Werden in der feuergefährdeten Betriebsstätte Motoren betrieben, die automatisch gesteuert bzw. fernbedient und nicht dauernd beaufsichtigt werden, müssen diese gegen Übertemperaturen durch eine Einrichtung zum Schutz bei Überlast mit manueller Rückstellung oder durch eine gleichwertige Einrichtung geschützt sein (DIN VDE 0100-420, Abschnitt 422.3.7). Eine solche gleichwertige Einrichtung kann z. B. eine sichere Signalisierung über eine Gebäudeleittechnik sein, bei der die Störmeldung bzw. Gefahrenmeldung an einer ständig besetzten Stelle aufläuft. Hier darf die optische

Störungssignalisierung erst quittiert werden können, wenn der Mangel beseitigt wurde. Ebenso wäre es möglich, dass die Motoren vom Hersteller bereits temperaturbegrenzend ausgelegt sind.

Bei Motoren, die im Stern-Dreieck anlaufen, muss der Schutz gegen unangemessen hohe Temperaturen auch in der Sternstufe wirksam sein.

26.2.9 Hauptschalter

Die Sachversicherer empfehlen in den Richtlinien VdS 2033, für die gesamte elektrische Anlage der feuergefährdeten Betriebsstätte einen Hauptschalter vorzusehen, der sich am Beginn bzw. am Eingang zur Betriebsstätte befindet (also in jedem Fall außerhalb des feuergefährdeten Bereichs). Der Sinn dieses Schalters ist, im Brandfall der kompletten Betriebsstätte die Stromzufuhr zu entziehen, damit keine zusätzliche Zündenergie vorhanden ist, die weitere Brandherde hervorrufen könnte. Auch bei einem längeren Betriebsstillstand ist eine derartige Freischaltmöglichkeit aus brandschutztechnischen Gründen sehr sinnvoll, da viele Brände auftreten, wenn keine Personen anwesend sind. Letzteres hängt damit zusammen, dass sich Brände meist langsam entwickeln und anwesende Personen dies daher frühzeitig bemerken und entsprechend reagieren können.

Ein solcher Schalter muss selbstverständlich in der Lage sein, den Betriebsstrom der gesamten Anlage freischalten zu können. Möglich wäre auch, hierfür eine Fehlerstrom-Schutzeinrichtung (RCD) vorzusehen. Aus Gründen der Betriebssicherheit muss dies in diesem Fall eine RCD mit S-Charakteristik (selektiv bzw. verzögerte Abschaltung und besonders hohe Stoßstromfestigkeit) sowie einem Bemessungsfehlerstrom von mindestens 300 mA sein.

Der Standort des Hauptschalters muss (falls vorhanden) im Feuerwehrplan nach DIN 14095 eingetragen werden. Selbstverständlich ist er vor Missbrauch zu schützen.

26.3 Planung und Errichtung in Räumen und Orten mit brennbaren Baustoffen

Hier geht es um die elektrische Anlage in

- Holzhäusern,
- Hohlwänden und

- Holzvertäfelungen von Decken und Wänden sowie in allen Bereichen, in denen mit einer brennbaren Umgebung zu rechnen ist.[125]

Bei Holzhäusern liegt es auf der Hand, dass besondere Vorsicht geboten ist. Aber auch bei Hohlwänden lauern Gefahren. Hohlwände gelten in der Regel als Bereiche mit besonderen Brandgefahren, da hier besondere Bedingungen herrschen und mit einer „brennbaren" Umgebung gerechnet werden muss (beispielsweise durch brennbare Wandplatten oder durch die Schall- und/oder Wärmedämmung). Grundsätzlich ist hier Folgendes zu beachten:

1. DIN VDE 0100-420 (im Abschnitt 422.4) legt fest, dass Brände dadurch vermieden werden sollen, dass
   - **geeignete Betriebsmittel** ausgewählt werden und
   - **brandgefährliche Isolationsfehler verhindert** werden müssen.

   Dieser sehr allgemeinen Forderung wird man nur gerecht, wenn die Maßnahmen berücksichtigt werden, die auch für feuergefährdete Betriebsstätten gelten. Vor allem ist dies der Schutz durch eine vorgeschaltete Fehlerstrom-Schutzeinrichtung (RCD) mit einem Bemessungsdifferenzstrom von maximal 300 mA (siehe auch Abschnitt 26.2.3 dieses Buches).
2. In Bezug auf Betriebsmittel wie **Installationskästen**, **Verteiler** (Abzweigdosen, Verteilerkästen usw.) und **Gerätedosen** in Hohlwänden werden Anforderungen in DIN VDE 0100-510, Abschnitt 521.15 beschrieben. Danach müssen in Hohlwänden eingesetzte
   - Geräte- und Verbindungsdosen nach DIN VDE 0606-1 und
   - Verteiler nach DIN VDE 0603 oder DIN EN 60439

   gefertigt sein. Außerdem dürfen sie nur verwendet werden, wenn sie mit dem Kennzeichen ▽H versehen sind. Das Kennzeichen ▽H ist leider nicht international genormt, zeigt aber in Deutschland immer noch, dass es hier um ein Betriebsmittel geht, das hohen brandschutztechnischen Anforderungen gerecht wird.

   Betriebsmittel, die nicht diesen Anforderungen genügen, müssen mit mindestens 12 mm Silikatfasern oder mit 100 mm Glas- oder Steinwolle umschlossen sein (DIN VDE 0100-520, Abschnitt 521.15.2).

   Außerdem wird in DIN VDE 0100-420, Abschnitt 422.4 auf die baurechtlich verbindliche Richtlinie „Brandschutztechnische Anforderungen an hochfeuerhemmenden Bauteile in Holzbauweise (M-HFHHolzR)" hin-

125 Für nicht mit dem Gebäude fest verbundene Einrichtungen (Regale, Stellwände, Möbel usw.) gilt DIN VDE 0100-724.

gewiesen. Danach dürfen Hohlwanddosen zum Einbau von Steckdosen oder Schaltern und Verteilern nur in hochfeuerhemmende (F60) Bauteile (z. B. in Wände) eingebaut werden, wenn der Abstand zum nächsten Holzständer oder zur nächsten Holzrippe mindestens 150 mm beträgt. Gegenüberliegende Hohlwanddosen müssen gefachversetzt eingebaut werden. Außerdem müssen sie innerhalb des Wandhohlraumes vollständig von Dämmstoffen aus nichtbrennbaren Baustoffen mit einem Schmelzpunkt über 1.000 °C (DIN 4102-17) umhüllt werden, wobei der hohlraumfüllende Dämmstoff im Bereich der Hohlwanddosen maximal auf eine Mindestdicke von 30 mm gestaucht werden darf.

3. **Steckdosen** und **Schalter** dürfen **nicht mit Krallen** befestigt werden.
4. **Elektroinstallationsrohre und -kanäle** müssen DIN VDE 0604 bzw. DIN VDE 0605 entsprechen und ein flammwidriges Verhalten aufweisen (siehe dazu Kapitel 22 dieses Buches). In einer Anmerkung weist DIN VDE 0100-520, Abschnitt 521.15.5 darauf hin, dass die Hersteller verpflichtet sind, in ihren technischen Unterlagen entsprechende Hinweise zu geben. Planer und Errichter sollten hierauf achten.
5. **Kabel und Leitungen** müssen in den Gerätedosen, den Abzweigdosen und Verteilerkästen usw. im Anschlussbereich zug- und schubentlastet sein, wenn sie nicht fest verlegt werden. Dies gilt in erster Linie für die Installation in Hohlwänden.
   Außerdem müssen sämtliche Kabel und Leitungen den Anforderungen nach DIN VDE 0482 Teil 265-2 gerecht werden. Das ist in der Regel mit üblichen PVC-ummantelten Kabeln und Leitungen wie NYY oder NYM erfüllt.
6. **Hausanschlusskästen** sollten auf **nicht brennbarem Untergrund** befestigt werden oder ansonsten eine **lichtbogenfeste Unterlage** (mindestens 20 mm dicke Fibersilikatplatte) erhalten (VdS 2023, Abschnitt 3.1).
7. **Kleinverteiler** sollten ebenso **auf nicht brennbarem Untergrund** befestigt werden oder ansonsten eine **feuersichere Unterlage** (mindestens 12 mm dicke Fibersilikatplatte) erhalten (VdS 2023, Abschnitt 3.3.3).

Eine Frage kann hier entstehen: Gilt das auch für Hohlwände, die insgesamt aus nicht brennbarem Material bestehen? Das sollte bejaht werden; denn beinah sämtliche o. g. Punkte sind auch bei diesen Hohlwänden wichtig. Beispielsweise haben Dosen mit der ▽H-Kennzeichnung entweder eine Zugentlastung oder es besteht die Möglichkeit, eine solche einzubringen. Außerdem haben sie besondere Befestigungsmöglichkeiten, die für Hohlwände besonders geeignet sind. Deshalb ist Punkt 2. (aber ebenso Punkt 3. und 5.) auch bei nicht brennbaren Hohlwänden zu beachten.

26.4 Räume oder Orte mit unersetzbaren Gütern von hohem Wert

Anforderungen für diese Bereiche werden in DIN VDE 0100-420, Abschnitt 422.6 beschrieben.

Vor allem ist hierbei an Baudenkmäler, Museen und ähnliche Gebäude bzw. Räume gedacht. Oft geht es hierbei um Güter, die einen unschätzbaren Wert für die nationale Kultur darstellen. Besonders für die Versicherungswirtschaft, aber auch für alle, die um die Sicherheit von Kulturgütern bemüht sind, stellen diese Anforderungen eine unverzichtbare Basis dar.

Im Prinzip sind hier die Bestimmungen heranzuziehen, wie sie in diesem Buch in den Abschnitten 26.1 und 26.2 beschrieben werden. Der geforderte Hauptschalter sollte die Anlage dann, wenn das Gebäude nicht bewohnt wird, nachts abschalten, ausgenommen natürlich solche Stromkreise, die auch immer benötigt werden (wie Beleuchtung, Kühlung, Heizung usw.).

Kabel und Leitungen sollten dann, wenn sie nicht vollkommen in nicht brennbarem Material eingebettet sind, solche mit verbessertem Verhalten im Brandfall sein (siehe Abschnitt 16.2.4 dieses Buches). Stegleitungen sind jedoch in keinem Fall erlaubt. Selbstverständlich gilt hier ein absolutes Verbot, Stromkreise mit PEN-Leiter vorzusehen.

26.5 Landwirtschaftliche und gartenbauliche Betriebe

Die meisten Bereiche in diesen Betrieben müssen als feuergefährdete Bereiche gewertet werden (Scheunen, Ställe, Heuböden, Körnertrocknungsanlagen, Schrotmühlen, Tennen, Lagerräume usw.). **Hier gelten also die Ausführungen im Abschnitt 26.2.** Besonders Abschnitt 26.2.3 sollte für die gesamte Anlage gelten, da oft keine klare Trennung zwischen den verschiedenen Bereichen in einem solchen Betrieb möglich ist. Aus diesem Grund ist es sinnvoll, Fehlerstrom-Schutzeinrichtungen (RCDs) im gesamten Betrieb – auch im Wohnbereich – einzusetzen.

Viele Räume können darüber hinaus auch als „feuchte Räume" gewertet werden (Ställe, Räume mit hoher Luftfeuchtigkeit). Dazu sind noch Besonderheiten zu beachten, die in DIN VDE 0100-705 und in VdS 2057 sowie VdS 2067 zu finden sind. Hervorzuheben sind:

1. Fehlerstrom-Schutzeinrichtungen (RCDs) sollten **stoßstromfest** und für **tiefe Temperaturen** (deutlich unter 0 °C) geeignet sein.
2. **Hauptleitungen** sollten **erdschluss- und kurzschlusssicher** oder auf **nicht brennbarer Unterlage** verlegt werden.[126]
3. Die elektrische Anlage sollte insgesamt, gebäude- oder gebäudeabschnittsweise durch einen **Hauptschalter** freigeschaltet werden können.
4. Die Beleuchtungsanlage sollte nach VdS 2005 in diesen Gebäuden grundsätzlich in IP 54 ausgeführt sein. Die Leuchten sollten eine ▽-Kennzeichnung (siehe Abschnitt 26.2.6 dieses Buches) besitzen und in besonders gefährdeten Bereichen (Heu- oder Strohlager, Silos usw.) müssen zusätzliche Maßnahmen getroffen werden, um eine Ablagerung von Staub zu vermeiden. Auch hier sind wie auch sonst in feuergefährdeten Bereichen Ovalleuchten nicht zugelassen (siehe im Übrigen auch im Abschnitt 26.2.6 dieses Buches).

26.6 Batterie-Ladestationen und -Laderäume

Zu diesen Einrichtungen gibt es leider keine Norm. Durch zahlreiche Schadenfälle wurden jedoch die Versicherungen auf dieses Problem aufmerksam und haben daraufhin Richtlinien herausgegeben (VdS 2259), die zu diesem Thema eine wichtige Informationsquelle für eine brandschadenverhütende Elektroinstallation darstellen. Hier einige wichtige Grundsätze (vgl. **Bild 26.1**):

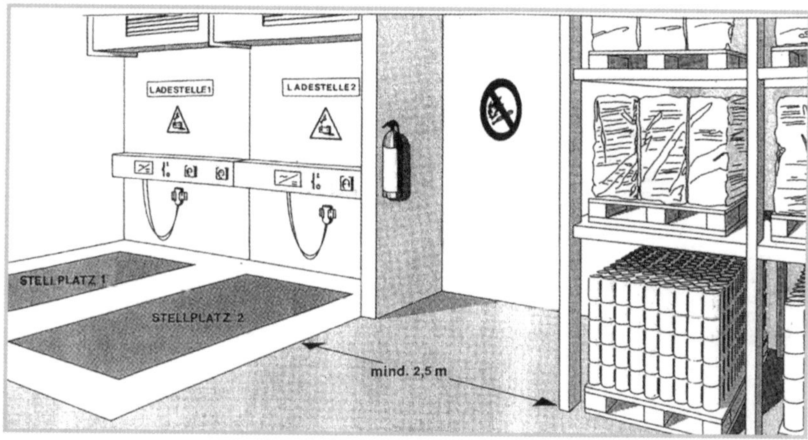

Bild 26.1 *Einzelladeplatz einer Batterie-Ladestation nach VdS 2259*

126 Siehe hierzu Begriffsbestimmung im Abschnitt 26.2.1 dieses Buches.

1. **Batterieladeräume und -stationen** sollten wie **Elektrische Betriebsstätten** oder **Abgeschlossene elektrische Betriebsstätten** ausgeführt werden. Näheres zu diesen Räumen regelt die EltBauVO (Verordnung über den Bau von Betriebsräumen für elektrische Anlagen) der jeweiligen Landesbauordnung.
   Für eine ausreichende Belüftung (Entlüftung) muss gesorgt werden.
2. **Einzelladeplätze** (**Ladestellen**) dürfen **nicht** in **feuer-** und **explosionsgefährdeten** sowie in **feuchten** und **nassen Bereichen** und ebenso nicht **in geschlossenen Großgaragen** errichtet werden.
   Auch hier muss eine ausreichende Belüftung gewährleistet sein.
3. Im **Abluftstrom** von Entlüftungsanlagen von Batterie-Ladestationen dürfen keine elektrischen Betriebsmittel, wie Ladegerät und Zubehör, errichtet werden. Zwischen Ladegerät und Batterie muss ein **Mindestabstand** von **1 m** eingehalten werden.
4. Bei Einzelladeplätzen sollten **Markierungen** auf dem Boden den Ladebereich kennzeichnen.
5. Zwischen Einzelladeplätzen und brennbaren Bauteilen muss ein **horizontaler Abstand** von mindestens **2,5 m** eingehalten werden.
   Der Abstand zu feuer- und explosionsgefährdeten Bereichen muss mindestens **5 m** betragen.
   Der Abstand von 2,5 m zu brennbaren Materialien ist im Betrieb nicht immer ohne Weiteres einzuhalten. In der aktuellen Ausgabe von VdS 2259 wird deshalb eine mögliche Alternative erwähnt. Danach kann dieser Abstand im Rahmen des Brandschutzkonzeptes (wie immer dieses Konzept für das konkrete Gebäude aussehen mag) bei Anwendung gleichwertiger Ersatzmaßnahmen reduziert werden. Eine solche Ersatzmaßnahme kann z. B. eine feuerwiderstandsfähige Abtrennung zwischen dem Ladegerät und den brennbaren Materialien sein. Von manchen Herstellern werden hierzu auch Ladeboxen aus nicht brennbaren Baustoffen bzw. aus feuerfesten Materialien angeboten. Diese Abtrennung braucht nicht einer geprüften Feuerwiderstandsfähigkeit (z. B. F30) zu entsprechen.
6. Auch Einzelladeplätze sind vor **Frost** zu schützen.
7. **Ladegeräte** müssen gegen jede mögliche mechanische Belastung geschützt werden.
8. Ladegeräte müssen auf der Netzseite durch eine **Fehlerstrom-Schutzeinrichtung (RCD)** mit einem Bemessungsdifferenzstrom von $I_{\Delta n} \leq$ **300 mA** geschützt sein.

9. **Ladegeräte** dürfen **nicht auf brennbaren Bau- und Werkstoffen** angebracht oder abgestellt werden.
10. Für die Ladeleitung zwischen dem Ladegerät und der Batterie müssen **1-adrige Gummischlauchleitungen** gewählt werden (wie H07RN-F). Der **Mindestquerschnitt** muss **10 mm²** betragen.

27 Elektroinstallation und Brandschadenverhütung

An dieser Stelle soll darauf hingewiesen werden, dass eine Elektroinstallation stets vorausschauend geplant und errichtet werden muss. Viele Mängel könnten vermieden werden, wenn man diesen Grundsatz beherzigt. Als Beispiele seien genannt:

1. Bereits im Abschnitt 19.1 wurde darauf hingewiesen, dass kleinere Überströme besonders problematisch sind. Bei geringen Überlastungen zwischen 100 % und 145 % der Nennbelastung merkt die vorgeschaltete Überstrom-Schutzeinrichtung nicht oder erst viel zu spät, dass eine Überlastung vorliegt, die abgeschaltet werden muss. Geringe Überströme zerstören deshalb über kurz oder lang die betroffenen Kabel und Leitungen und bilden so eine nicht unerhebliche Brandgefahr.
   Ein häufiger Fehler ist (meist aus Kostengründen), bei der Planung zu wenige Stromkreise vorzusehen. Der Betreiber kennt häufig nicht ihre Anzahl und kann die Auswirkung zu weniger Stromkreise nicht einschätzen. Benötigt er also zusätzliche Steckdosen, so erhöht er die vorhandene Anzahl einfach, indem er Verlängerungen mit Mehrfachsteckdosen einsetzt, über die zusätzliche elektrische Verbrauchsmittel betrieben werden können. Dass das Zuleitungskabel allerdings die Summe aller Ströme eines Stromkreises führen muss, wird ihm nicht bewusst, weil für ihn die Stromquelle häufig die jeweilige Steckdose in der Wand ist. Schon bei zwei leistungsstarken Geräten kann eine Leitung überlastet werden – und dies häufig so, dass die vorgeschaltete Überstrom-Schutzeinrichtung dies viel zu spät bemerkt. Überströme, die eventuell 20 bis 30 % über der zulässigen Belastung liegen, können durchaus über sehr viele Stunden anstehen, bevor eine Abschaltung erfolgt. Das ist stets brandgefährlich.

→ **Hier heißt die Devise: Wer bei der Anzahl der Stromkreise knausert, plant die potentielle Brandgefahr automatisch mit ein!**

2. Verteiler müssen stets ausreichend Reserven besitzen, um künftige Nachinstallationen bzw. Erweiterungen zu ermöglichen. Ein Verteiler darf nach der Erstabnahme nie voll ausgelastet sein.
3. Der Errichter sollte sich stets an die Verlegezonen nach DIN 18015 halten und das auch in Hohlwänden. Nur so wird eine Beschädigung der Kabel und Leitungen durch andere Gewerke oder den Nutzer weitgehend vermieden. Auch im Decken- und Fußbodenbereich sollte stets die direkte, zu den Wänden rechtwinkelige Verlegung gewählt werden.

28 Ein neuzeitliches Problem: Oberschwingungen

28.1 Problembeschreibung

28.1.1 Einführung und Begriffserklärung

In den letzten Jahren kommen immer häufiger sogenannte nicht lineare Verbraucher in den elektrischen Anlagen zum Einsatz. Das sind solche Verbraucher, die bei einer anliegenden sinusförmigen Spannung einen nicht sinusförmigen Strom aufnehmen. An dieser Stelle sollen die immer häufiger vorkommenden Wechselstromverbraucher dieser Gattung betrachtet werden, denn sie verursachen eine Gefahr, die in der Vergangenheit bereits für Brandschäden gesorgt hat.

Jede periodische Kurvenform[127] kann nach der sogenannten Fourieranalyse in harmonische Schwingungen unterschiedlicher Frequenz zerlegt werden. Das heißt, jede nicht sinusförmige Kurvenform ist zerlegbar in zahlreiche Sinuskurven (**Bild 28.1**), die sich durch ihre Periodendauer (T)[128] und die Höhe ihrer Amplituden voneinander unterscheiden. Dabei kommt es stets zu einer so genannten „Grundschwingung", deren Periodendauer (T_1) der Periodendauer der ursprünglichen, nicht sinusförmigen Ausgangs-

127 Periodische Kurvenformen können einen rechteckigen, halbrunden, dreieckigen, trapezförmigen usw. Verlauf haben. Periodisch sind sie alle, wenn sich diese Form in zeitlich regelmäßigen Abständen wiederholt. Die uns bekannteste Kurvenform ist die „Sinusschwingung" der Netzspannung. Sinusschwingungen werden auch als „harmonische Schwingungen" bezeichnet.

128 Periodendauer T ist die Zeit, in der eine Sinusschwingung von null an beginnt, einen positiven und einen negativen Höchstwert (Amplitude) erreicht und anschließend wieder zu null wird. Das ist dann eine volle Schwingung mit den zwei Halbwellen (positiver und negativer Halbwelle).

Die Beziehung zwischen dieser Periodendauer T und der Frequenz ist: $f = 1 / T$.

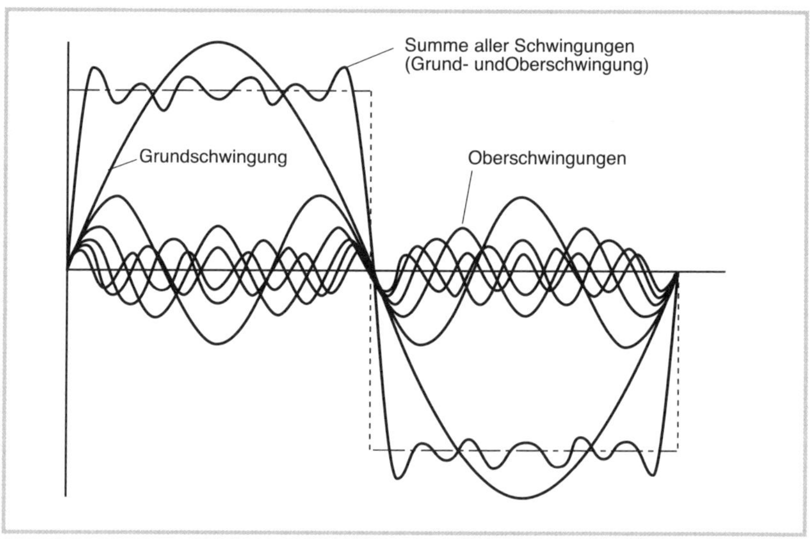

Bild 28.1 *Zerlegung einer sogenannten Rechteckschwingung*

Periodische Kurvenformen sind stets in Sinusschwingungen zerlegbar. Die erste Sinusschwingung ist die, deren Periodendauer T_1 gleich der Periodendauer der Ausgangs-Kurvenform ist – sie wird Grundschwingung genannt.

schwingung entspricht, und den weiteren „Oberschwingungen“, deren Periodendauer (T_n) um ein Vielfaches kleiner ist als die Grundschwingung:[129]

$T = T_1$ für die Grundschwingung.

Für weitere Oberschwingungen gilt:

$$T_n = \frac{T_1}{n} \;;$$

T Periodendauer der (nicht sinusförmigen) Ausgangskurve,
T_n Periodendauer irgendeiner Sinusschwingung,
n Ordnungszahl der Oberschwingung – z. B. ist $n = 5$ für die 5. Oberschwingung und $n = 1$ ist für die Grundschwingung.

Für die Frequenz (f) bedeutet das:

$f = f_1$ und ebenso gilt: $f_n = f \cdot n$;

f Frequenz der (nicht sinusförmigen) Ausgangskurve,
f_n Frequenz irgendeiner Sinusschwingung,
f_1 Frequenz der Grundschwingung.

129 Die n-te Oberschwingung hat eine n-fach kleinere Periodendauer.

28.1.2 Verbraucher mit völlig verändertem Verhalten

In unseren elektrischen Anlagen ist nichts mehr „beim Alten". Das wurde bereits im Abschnitt 20.2 dieses Buches gesagt. So hebeln Frequenzumrichter und USV-Anlagen die Schutzsysteme aus, mit denen jahrzehntelang Personen- und Sachschutz betrieben wurde.[130]

Die elektrischen Anlagen hinter einer USV können die zum Abschalten notwendige Kurzschlussstromstärke nicht immer gewährleisten. Es treten (je nach dem Ort des Kurzschlusses) Gleichstromfehler auf, die Ableitströme verursachen einen Schutzleiterstrom, der die üblichen Fehlerstrom-Schutzeinrichtungen (RCD) zur Fehlauslösung veranlasst, und die Vielzahl der Oberschwingungen, die in der Verbraucheranlage auftreten, machen den Sinusstrom zu einer Mischform, sodass nicht immer gewährleistet ist, dass Schutzeinrichtungen sicher und korrekt funktionieren (siehe hierzu Abschnitt 20.2 in diesem Buch).

28.1.3 Die Besonderheit der dritten harmonischen Oberschwingung

In einem Drehstromnetz kann man bei symmetrischer Belastung davon ausgehen, dass sich die Außenleiterströme im Sternpunkt sozusagen „zu null addieren" – der Neutralleiterstrom beträgt in diesem Fall natürlich 0 A. Das gilt auch für die meisten „Oberschwingungsströme". Die dritte Oberschwingung mit der Frequenz von 150 Hz ($f_3 = 3 \cdot 50\,\text{Hz}$) hingegen wird im Sternpunkt **arithmetisch addiert** (siehe Bild 28.4). Das bedeutet, wenn in allen drei Außenleitern ein gleich großer 150-Hz-Strom (der 3. Oberschwingung) auftritt, wird im Neutralleiter ein 3-facher 150-Hz-Strom fließen. Das führt früher oder später unweigerlich zur Neutralleiterüberlastung.

Die Ursache dieser 150-Hz-Ströme soll beispielhaft am **Bild 28.2** veranschaulicht werden.

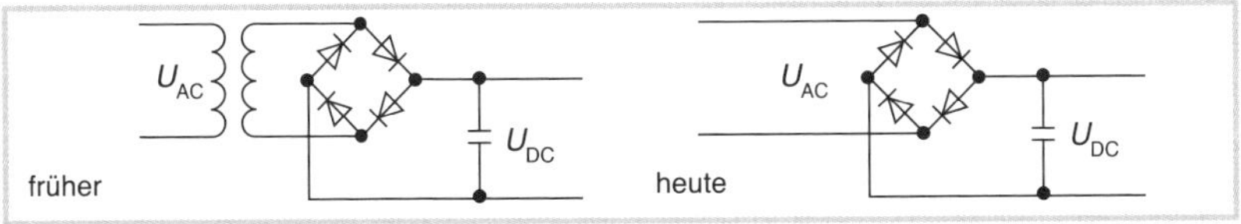

Bild 28.2 *Häufige Ursache für die 3. Oberschwingung: Netzteile ohne Trafo und mit kapazitiver Glättung*

130 Siehe hierzu auch *Stefan Faßbinder:* Netzstörungen durch passive und aktive Bauelemente. VDE-Verlag, Berlin

Oft werden Netzteile mit kapazitiver Glättung in Betriebsmitteln eingesetzt, die ihre Spannung direkt aus dem Netz beziehen (und nicht über einen vorgeschalteten Trafo). Den Verlauf der dabei aus dem Netz bezogenen Ströme zeigt **Bild 28.3**.

Die Folge sind Oberschwingungsströme mit einem hohen Anteil der 3. harmonischen Oberschwingung. Die Gefahr, die für den Neutralleiter entsteht, wird in **Bild 28.4** veranschaulicht.

Eine Analyse der entstehenden Oberschwingungen zeigt, dass die 3. Oberschwingung bei einem ansonsten symmetrisch aufgeteilten Drehstrom-System derart groß werden kann, dass in Summe im Neutralleiter (oder im PEN-Leiter) ein Strom entsteht, der unter Umständen mehr als doppelt so hoch ist wie der Strom in einem der Außenleiter. Da der Neutralleiter (oder PEN-Leiter) bei größeren Leiterquerschnitten oft einen gegenüber den Außenleitern kleineren Leiterquerschnitt aufweist (maximal hat er den gleichen Querschnitt), ist eine thermische Überlastung und somit eine direkte Brandgefahr vorprogrammiert.

Verbraucher, die einen hohen Anteil an 150-Hz-Oberschwingungen haben, sind:

Elektronische Vorschaltgeräte (EVG), Dimmer, Computer, Drucker, Kopierer, Radios, Fernseher, Videogeräte, elektronische Steuerungen, Ladegeräte usw.

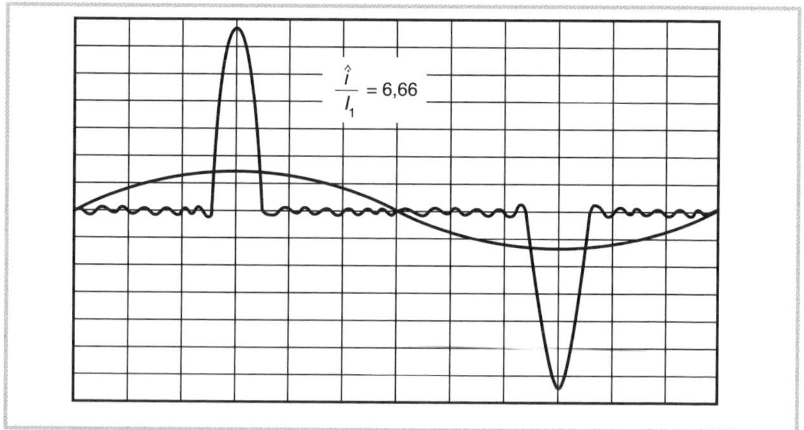

Bild 28.3 *Pulsförmiger Stromverlauf bei Netzteilen ohne Trafo mit einem Crestfaktor von 6,66*

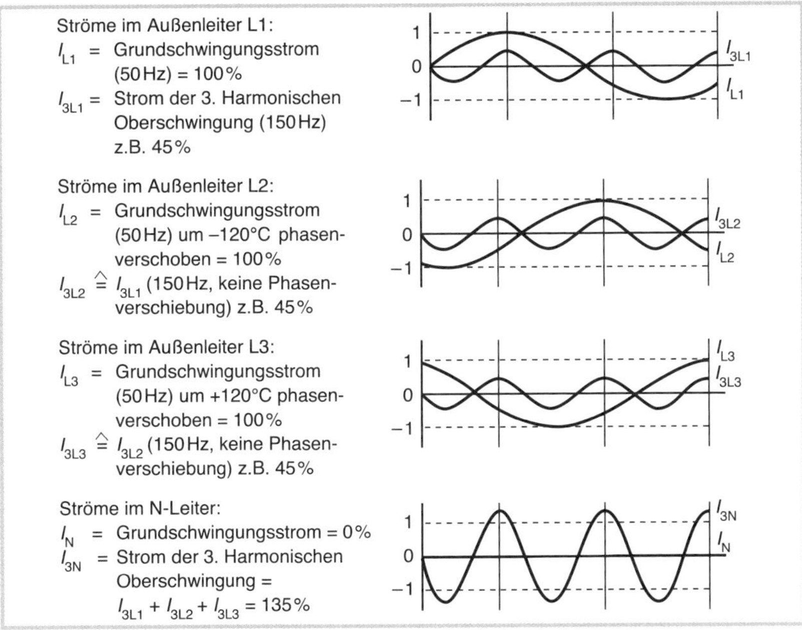

Bild 28.4 *Verlauf der 3. Oberschwingungsströme, die in den drei Außenleitern entstehen, und des 50-Hz-Grundschwingungsstroms sowie die Summe dieser Ströme im Neutralleiter*
Die Grundschwingung addiert sich bei symmetrischer Last im Neutralleiter zu null – nicht aber der Strom der 3. harmonischen Oberschwingung. (Quelle: VdS 2349-1).

28.2 Problembegegnung

28.2.1 Maßnahmen beim Auftreten der dritten harmonischen Oberschwingung

Was ist zu tun, wenn ein solches Problem (beispielsweise bei einer Prüfung der elektrischen Anlage) erkannt wird? Hier muss von Fall zu Fall entschieden werden. Ohne Eingriffe in die bestehende elektrische Anlage kann man eigentlich nur versuchen, die Belastung zu reduzieren. Man senkt die Leistung so weit, bis im Neutralleiter ein für ihn erträglicher Strom fließt. Allerdings wird das in der Praxis nur selten möglich sein. Eine andere Möglichkeit wäre, den Leiterquerschnitt der entsprechenden Zuleitung zu erhöhen. In beiden Fällen bedeutet dies jedoch eine Überdimensionierung der Zuleitung in Bezug auf die Außenleiterbelastung.

In jedem Fall muss der Neutralleiter vor Überlast geschützt werden. Dafür gibt es die folgenden zwei Möglichkeiten:

28.2.1.1 Überlastschutz des Neutralleiters ohne Entlastungsfilter

a) In allen Fällen gilt: Einen **PEN-Leiter stets vermeiden** (TN-S-System).

b) **Neutralleiter müssen gegen Überstrom geschützt werden.** Nicht nur die Außenleiter müssen hinsichtlich Überstrom überwacht werden, sondern auch der Neutralleiter, z. B. durch Leistungsschalter (**Bild 28.5**). Wird dabei auch der Neutralleiter vom Netz getrennt, müssen zuerst alle Außenleiter abgeschaltet werden. Beim Wiedereinschalten ist der Neutralleiter vor den Außenleitern einzuschalten.
Anmerkung: Ebenso ist es möglich, den Neutralleiterstrom durch Stromwandler zu überwachen und ab einer bestimmten Stromstärke für die Auslösung eines Schalters (beispielsweise eines Leistungsschalters) zu sorgen, der lediglich die drei Außenleiter vom Netz trennt.

c) Sinnvoll ist es, mit einer **Meldeeinrichtung** anzuzeigen, dass die Anlage wegen Überlastung des Neutralleiters abgeschaltet wurde.

d) Bei der Auslegung der Spannungsquellen (z. B. Transformatoren) ist die **2-fache Wirkleistung** der nicht linearen elektrischen Verbraucher zu berücksichtigen. Darüber hinaus müssen bei der Dimensionierung auch die höheren Verluste, die durch andere als die 3. harmonische Oberschwingung verursacht werden, beachtet werden.

e) Auf eine Reduzierung des Neutral- sowie PEN-Leiterquerschnitts sollte stets verzichtet werden (siehe nächster Punkt).

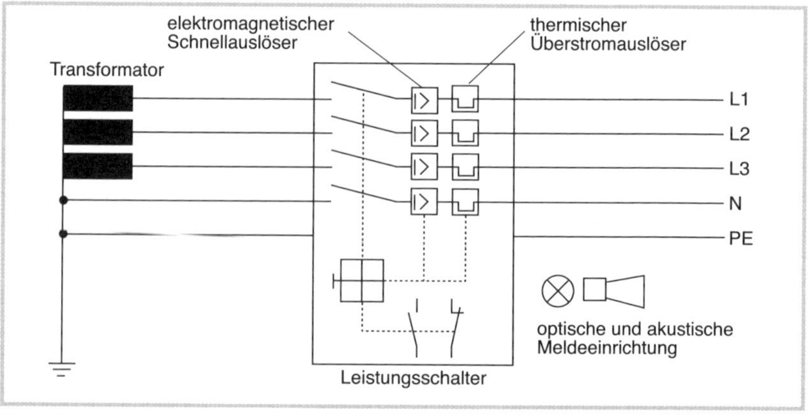

Bild 28.5 *Außenleiter- und Neutralleiterschutz durch Leistungsschalter und Signalisierung an besetzter Stelle*

f) Bei der Bemessung der **Leitungsquerschnitte ist die 2-fache Wirkleistung** der angeschlossenen, nicht linearen elektrischen Verbraucher zu berücksichtigen. PEN- bzw. Neutralleiter sind mindestens für die Summe der Ströme der 3. harmonischen Oberschwingung in allen Außenleitern zu dimensionieren. Wenn also zu erwarten ist, dass wegen hoher Oberschwingungsströme die Neutralleiterbelastung höher liegt als die Außenleiterbelastung, so muss der Querschnitt des Kabels bzw. der Leitung nach der Belastung des Neutralleiters ausgelegt werden (siehe hierzu auch Abschnitt 16.1.5.4 dieses Buches).
Anmerkung 1: Wird der PEN- (wenn vorhanden) bzw. Neutralleiter für den doppelten vorstehend ermittelten Außenleiterquerschnitt dimensioniert, ist üblicherweise nicht mit einer Überlastung zu rechnen.
Anmerkung 2: Da der Neutralleiter (bzw. wenn vorhanden der PEN-Leiter) jedoch bei einem hohen Anteil von Oberschwingungsströmen höher belastet sein kann als die Außenleiter, kommt es dazu, dass für den benötigten Betriebsstrom viel zu hohe Querschnitte verlegt werden müssen. Das trifft im Übrigen auch für die oberschwingungsbelasteten Außenleiter selbst zu, da die Oberschwingungen Blindleistungen produzieren. **Aus diesem Grund lohnt sich letztlich bei hoher Oberschwingungsbelastung der Einsatz eines entsprechenden Netzfilters** (siehe folgenden Abschnitt 28.2.1.2).
g) **Kompensationskondensatoren sind zu verdrosseln,** um schädliche Netzresonanzen zu vermeiden. Dabei ist das Ton-Frequenz-Rundsteuersignal (TF) zu beachten.
h) Die Auslastbarkeit von USV-Anlagen kann ggf. durch einen zu hohen Crestfaktor (Scheitelfaktor)[131] begrenzt werden. Bei ihrer Auslegung sind deshalb die nicht linearen Verbraucher mit der **3-fachen Wirkleistung** zu berücksichtigen.

28.2.1.2 Überlastschutz des Neutralleiters mit Entlastungsfilter

Eine andere Möglichkeit, den Neutralleiter vor Überlast zu schützen, besteht darin, in Serie zu jedem Oberschwingungen erzeugenden Gerät oder einer Gruppe derartiger Geräte ein Reihenresonanzfilter zu installieren, das die 50-Hz-Grundschwingung durchlässt und für alle anderen Frequenzen, also auch für andere Oberschwingungen, eine hochohmige Impedanz darstellt.[132] In den EVG namhafter Hersteller in Deutschland geschieht das bereits bei einer Leistung ab 25 W bzw. 36 W.

131 Der Crest- oder Scheitelfaktor ist das Verhältnis zwischen Maximalwert (Amplitude) und Effektivwert des Stroms (siehe Bild 28.3).

132 Siehe „gig“ in der Zeitschrift de 19/99, S. 201f

In besonderen Fällen kann es sinnvoll sein, ein sogenanntes aktives Filter einzusetzen. Diese Filter sind zwar recht teuer, arbeiten jedoch extrem genau. Die heutige Filtertechnik bietet Filter an, die kontinuierlich den Verlauf von Strom und Spannung

- überwachen und
- bei Abweichungen von der Sinusform entgegengesetzt reagieren.

Man könnte es umschreibend so formulieren: Diese Filter simulieren bei Abweichungen von der Sinusform eine Belastung, die eine gegenteilige Reaktion hervorruft. Dadurch wird der Verlauf in Summe wieder einer Sinusform angeglichen.

Kostengünstiger (wenn auch leider nicht so effektiv) ist in vielen Fällen eine zentrale Lösung, wie sie in **Bild 28.6** gezeigt wird.

Der Gesamtverband der deutschen Versicherungswirtschaft (GDV) e.V.[133] hat zu diesem Thema die Richtlinien VdS 2349-1 „Auswahl von Schutzeinrichtungen für den Brandschutz in elektrischen Anlagen“ herausgegeben, die u.a. zu diesem Problem Stellung beziehen.

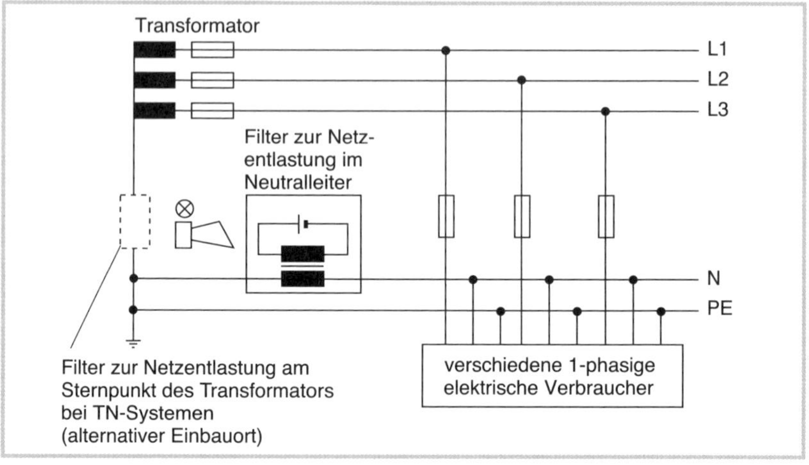

Bild 28.6 *Einsatz eines Filters gegen die 3. Oberschwingung in einem TN-System*

28.2.2 Maßnahmen beim Auftreten der übrigen Oberschwingungen

In VDE 0298-4, Abschnitt 4.3.2 wird gefordert, dass bei einem Anteil von Oberschwingungsströmen von mehr als 15 % der Nennquerschnitt des Neutralleiters nicht gegenüber dem Querschnitt der Außenleiter reduziert wer-

133 Siehe hierzu Fußnote * im Vorwort.

den darf (siehe zu diesem Thema auch Abschnitt 16.4 in diesem Buch). Zusätzlich wird darauf hingewiesen, dass gegebenenfalls besondere Belastungen durch Oberschwingungsströme auf den Neutralleiter berücksichtigt werden müssen. Gleiches fordert auch VDE 0100-430 im Abschnitt 431.2.3. Wörtlich heißt es dort:

„Eine Überlasterfassung muss für den Neutralleiter in einem Drehstromkreis vorgesehen werden, wenn der Anteil der Oberschwingungen des Außenleiterstroms so groß ist, dass zu erwarten ist, dass der Strom im Neutralleiter die Dauerstrombelastbarkeit dieses Leiters übersteigt. Diese Überlasterfassung muss mit der Art des Stromes durch den Neutralleiter übereinstimmen und die Abschaltung der Außenleiter, aber nicht unbedingt des Neutralleiters bewirken."

Entsprechende Reduktionsfaktoren für die Berücksichtigung von Oberschwingungen werden im Beiblatt 3 zu VDE 0100-520 beschrieben (siehe auch Abschnitt 16.1.5.4 dieses Buches).

Natürlich kann man in diesem Zusammenhang auch auf Filtermöglichkeiten hinweisen, die verhindern, dass Oberschwingungsströme entstehen bzw. dass sie ihre Wirkung andernorts entfalten. Hier bieten Hersteller für jede Anlage entsprechende Lösungen an. Vor allem mit aktiven Filtern können ausgezeichnete Ergebnisse erzielt werden. Passive Filter lassen sich ebenso verwenden, wenn abgeschätzt werden kann, welche Anteile an Oberschwingungsströmen konstant anfallen und welche Phasenverschiebungen zusätzlich auftreten.

Allerdings ist für alle, die Personen- und Sachschutz betreiben möchten, mit den heutigen Verbrauchern eine neue Situation eingetreten (siehe hierzu auch die Abschnitte 28.1.2 und 20.3 in diesem Buch). In Bezug auf funktionsfähige Schutzeinrichtungen müssen noch einige Voraussetzungen erfüllt werden. Im Kapitel 20 wurden bereits einige Ansätze hierzu aufgezeigt. Die Fehlerstrom-Schutzeinrichtung (RCD) Typ B ist eine solche neuere Schutzeinrichtung, die der technischen Wirklichkeit in unseren Anlagen Rechnung trägt. Auch der Einsatz der RCM (siehe Abschnitt 20.1 in diesem Buch), die auch bei einem relativ hohen Anteil an Oberschwingungen noch sicher arbeitet, ist als alternative Maßnahme zu nennen.

Literatur Teil C

DGUV Vorschrift 3 Elektrische Anlagen und Betriebsmittel

TAB Technische Anschlussbedingungen für den Anschluss an das Niederspannungsnetz

VDE-AR-N 4100 Anwendungsregel:2019-04 Technische Regeln für den Anschluss von Kundenanlagen an das Niederspannungsnetz und deren Betrieb (TAR Niederspannung)

DIN VDE 0100-410 Schutz gegen elektrischen Schlag

DIN VDE 0100-420 Schutz gegen thermische Auswirkungen

DIN VDE 0100-430 Schutz bei Überstrom

DIN VDE 0100-510 Auswahl und Errichtung elektrischer Betriebsmittel; Allgemeine Bestimmungen

DIN VDE 0100-520 Auswahl und Errichtung elektrischer Betriebsmittel; Kabel- und Leitungssysteme
Bbl. 1: Erläuterungen zur Anwendung der normativen Anforderungen aus DIN VDE 0100-520
Bbl. 2: Schutz bei Überlast, Auswahl von Überstrom-Schutzeinrichtungen, maximal zulässige Kabel- und Leitungslängen zur Einhaltung des zulässigen Spannungsfalls und der Abschaltzeiten zum Schutz gegen elektrischen Schlag

DIN VDE 0100-559 Leuchten und Beleuchtungsanlagen

DIN VDE 0100-703 Räume und Kabinen mit Saunaheizungen

DIN VDE 0100-705 Elektrische Anlagen von landwirtschaftlichen und gartenbaulichen Betriebsstätten

DIN VDE 0100-713 Möbel und ähnliche Einrichtungsgegenstände

DIN VDE 0100-731 Abgeschlossene elektrische Betriebsstätten

DIN EN 60909-0 (VDE 0102) Kurzschlussströme in Drehstromnetzen

DIN VDE 0276-603 Starkstromkabel; Energieverteilungskabel mit Nennspannungen 0,6/1 kV

DIN VDE 0276-1000 Starkstromkabel; Strombelastbarkeit, Allgemeines, Umrechnungsfaktoren

DIN EN 50565-1 (VDE 0298-565-1) Kabel und Leitungen – Leitfaden für die Verwendung von Kabeln und isolierten Leitungen mit einer Nennspannung nicht über 450/750 V (U_0/U) – Teil 1: Allgemeiner Leitfaden

DIN EN 50565-2 (VDE 0298-565-2) Kabel und Leitungen – Leitfaden für die Verwendung von Kabeln und isolierten Leitungen mit einer Nennspannung nicht über 450/750 V (U_0/U) – Teil 2: Aufbaudaten und Einsatzbedingungen der Kabel- und Leitungsbauarten nach EN 50525

DIN VDE 0298-3 Verwendung von Kabeln und isolierten Leitungen für Starkstromanlagen – Teil 3: Leitfaden für die Verwendung nicht harmonisierter Starkstromleitungen

DIN VDE 0298-4 Verwendung von Kabeln und isolierten Leitungen für Starkstromanlagen – Teil 4: Empfohlene Werte für Strombelastbarkeit von Kabeln und Leitungen für feste Verlegung in Gebäuden und von flexiblen Leitungen

VDE-AR-N 4100 (VDE-AR-N 4100) Anwendungsregel – Technische Regeln für den Anschluss von Kundenanlagen an das Niederspannungsnetz und deren Betrieb (TAR Niederspannung)

DIN 4102 Brandverhalten von Baustoffen und Bauteilen

- Teil 1: Baustoffe
- Teil 2: Bauteile
- Teil 3: Brandwände und nichttragende Außenwände
- Teil 4: Zusammenstellung und Anwendung klassifizierter Baustoffe, Bauteile und Sonderbauteile
- Teil 5: Feuerschutzabschlüsse
- Teil 6: Lüftungsleitungen
- Teil 9: Kabelschottungen
- Teil 11: Rohrummantelungen, Rohrabschottungen, Installationsschächte und -kanäle sowie Abschlüsse ihrer Revisionsöffnungen
- Teil 12: Funktionserhalt von elektrischen Kabelanlagen
- Teil 16: Durchführung von Brandschachtprüfungen

DIN 18 015 Elektrische Anlagen in Wohngebäuden

- Teil 1: Planungsgrundlagen
- Teil 2: Art und Umfang der Mindestausstattung
- Teil 3: Leitungsführung und Anordnung der Betriebsmittel
- Teil 4: Gebäudesystemtechnik
- Teil 5: Luftdichte und wärmebrückenfreie Elektroinstallation

VdS 2005 Leuchten

VdS 2015 Elektrische Geräte und Anlagen

VdS 2023 Elektrische Anlagen in baulichen Anlagen mit vorwiegend brennbaren Baustoffen

VdS 2025 Elektrische Leitungsanlagen

VdS 2033 Elektrische Anlagen in feuergefährdeten Betriebsstätten und diesen gleichzustellenden Risiken

VdS 2046 Sicherheitsvorschriften für elektrische Anlagen bis 1.000 V

VdS 2057 Sicherheitsvorschriften für elektrische Anlagen in

– landwirtschaftlichen Betrieben
– Intensiv-Tierhaltungen
VdS 2134 Verbrennungswärme der Isolierstoffe von Kabeln und Leitungen
VdS 2259 Batterieladeanlagen für Elektrofahrzeuge
VdS 2279 Elektroheizungsanlagen und Saunen
VdS 2349-1 Auswahl von Schutzeinrichtungen für den Brandschutz in elektrischen Anlagen
Spindler, U.: Schutz bei Überlast und Kurzschluss in elektrischen Anlagen, VDE-Schriftenreihe 143. VDE-Verlag, Berlin, 2010
Schmolke, Herbert: DIN VDE 0100 richtig angewandt, VDE-Schriftenreihe 106. VDE-Verlag, Berlin, 2016
Biegelmeier, Gottfried; Kiefer, Gerhard; Kräfter, Karl-Heinz: Schutz in elektrischen Anlagen.
Bd. 3: Schutz gegen gefährliche Körperströme, VDE-Schriftenreihe 82. VDE-Verlag, Berlin, 1998
Bd. 5: Schutzeinrichtungen, VDE-Schriftenreihe 84. VDE-Verlag, Berlin, 1999
Kiefer, Gerhard; Schmolke, Herbert: VDE 0100 und die Praxis. VDE-Verlag, Berlin, 2017
Schmolke, Herbert: Elektro-Installation in Wohngebäuden, VDE-Schriftenreihe 45. VDE-Verlag, Berlin, 2018
Heinhold, Lothar; Stubbe, Reimer (Herausgeber): Kabel und Leitungen für Starkstrom, Teil 1. Publicis MCD Verlag, Erlangen und München, 1999
Kny, Karl-Heinz: Schutz bei Kurzschluss in elektrischen Anlagen. Verlag Wirtschaft /Huss Medien, 2018
Hösl, Alfred; Ayx, Roland: Die vorschriftsmäßige Elektroinstallation. VDE-Verlag, Berlin, 2019
Hochbaum, Adalbert; Hof, Bernhard: Kabel- und Leitungsanlagen, VDE-Schriftenreihe 68. VDE-Verlag, Berlin, 2003
Hofheinz, Wolfgang: Fehlerstrom-Überwachung in elektrischen Anlagen, VDE-Schriftenreihe 113. VDE-Verlag, Berlin, 2014
Hofheinz, Wolfgang: Schutztechnik mit Isolationsüberwachung, VDE-Schriftenreihe 114. VDE-Verlag, Berlin, 2017
Hochbaum, Adalbert, Callondann, Karsten: Schadenverhütung in elektrischen Anlagen, VDE-Schriftenreihe 85. VDE-Verlag, Berlin, 2009
Fröse, Heinz-Dieter: Brandschutz für Kabel und Leitungen. Hüthig Verlag München/Heidelberg, 2017
Schmolke, Herbert: Auswahl und Bemessung von Kabeln und Leitungen. Hüthig Verlag, 2018

D Elektrische Anlagen als Gefahrenquelle bei einem Brand

29 Einführung

Die elektrische Anlage stellt nicht nur eine potentielle Gefahr dar, die zu einem Brand führen kann, sie ist auch stets aktiv bei der Entwicklung eines bereits entstandenen Brands beteiligt (siehe Kapitel 1 dieses Buches). Diese Gefährdung wird in der bereits an einigen Stellen in diesem Buch erwähnten „Muster für Richtlinien über brandschutztechnische Anforderungen an Leitungsanlagen“ oder kurz „Muster-Leitungsanlagen-Richtlinie (MLAR)“ genannt. Die MLAR wird von der „Arbeitsgemeinschaft der für Städtebau, Bau- und Wohnungswesen zuständigen Minister der Länder (ARGEBAU)“ herausgegeben. In den verschiedenen Bundesländern erscheint sie nach Übernahme (wortgenau oder mit kleinen Modifikationen) als LAR (Leitungsanlagen-Richtlinie). Die MLAR beschäftigt sich mit drei Themenbereichen:

1. Die Kabel- und Leitungsanlage (einschließlich Zähler und Verteiler) in Rettungswegen.
2. Die Durchführung von Kabeln und Leitungen durch Wände, an die brandschutztechnische Anforderungen gestellt werden.
3. Der Funktionserhalt von sicherheitstechnischen Einrichtungen.

In diesem Buch wird Punkt 1 im Teil E behandelt, Punkt 2 kommt im Teil D zur Sprache und Punkt 3 im Teil F.

30 Wenn Kabel und Leitungen das Gebäude durchqueren

30.1 Einführung

30.1.1 Grundsätzliche Aussagen des Baurechts

Die Leitungen der elektrischen Anlage durchziehen naturgemäß, wie kaum ein anderes System, sämtliche Teile und Räume eines Gebäudes. Oft sind es Brandwände, die an sich verhindern sollen, dass sich ein Brand auf noch nicht betroffene Gebäudeteile ausbreitet und die deshalb dem Feuer eine bestimmte Zeit standhalten sollen, durch die elektrische Leitungen geführt werden müssen.

Die Musterbauordnung (MBO) § 40 Absatz 1 sieht deshalb vor:

„Leitungen dürfen durch raumabschließende Bauteile, für die eine Feuerwiderstandsfähigkeit vorgeschrieben ist, nur hindurchgeführt werden, wenn eine Brandausbreitung ausreichend lang nicht zu befürchten ist oder Vorkehrungen hiergegen getroffen sind; dies gilt nicht für Decken

1. in Gebäuden der Gebäudeklassen 1 und 2,

2. innerhalb von Wohnungen,

3. innerhalb derselben Nutzungseinheit mit nicht mehr als insgesamt 400 m² in nicht mehr als zwei Geschossen."

Die erwähnten Gebäudeklassen 1 und 2 erläutert die MBO im § 2 wie folgt:

„Gebäudeklasse 1:

a) freistehende Gebäude mit einer Höhe bis zu 7 m und nicht mehr als zwei Nutzungseinheiten von insgesamt nicht mehr als 400 m² und

b) freistehende land- oder forstwirtschaftlich genutzte Gebäude.

Gebäudeklasse 2:

Gebäude mit einer Höhe bis zu 7 m und nicht mehr als zwei Nutzungseinheiten von insgesamt nicht mehr als 400 m²."

Die angegebenen Höhen beziehen sich auf den Fußboden des höchsten Raumes, in dem sich Menschen aufhalten können, über der umgebenen Geländeoberkante.

Näheres regelt die von der Baubehörde herausgegebene Muster-Leitungsanlagen-Richtlinie im Abschnitt 4.1.

Wenn es um die Durchführung von Kabeln und Leitungen durch Decken und Wände geht, legen darüber hinaus auch Normen entsprechende Anforderungen fest. So wird in der DIN VDE 0100-520, Abschnitt 527, gefordert, dass Durchbrüche für Kabel und Leitungen in Teilen der Gebäudekonstruktion, wie Fußböden, Wände, Dächer, Decken, Zwischendecken und Hohlwände, nach Durchführung der Kabel und Leitungen entsprechend der Feuerwiderstandsfestigkeit des durchdrungenen Bauelements verschlossen werden müssen.

Sowohl in der MLAR als auch in den VDE-Normen gilt somit der Grundsatz, dass Durchbrüche in einer Wand, für die keine brandschutztechnische Qualität (wie F30, F60 oder F90) festgelegt ist, nicht verschlossen werden müssen. Allerdings sollte man bedenken, dass auch eine Wand, die keiner Feuerwiderstandsklasse entspricht, einen gewissen Schutz bieten kann – so vor allem gegen Rauch und Brandgase. Aus diesem Grund ist ein Verschließen von sämtlichen Durchbrüchen in jedem Fall sinnvoll und anzuraten. DIN VDE 0100-520 und die MLAR ergänzen sich einander und können als Grundlage für die weitere Betrachtung herangezogen werden.

30.1.2 Grundsätzliche Aussagen zum Thema Kabel- und Leitungsschott

Oberstes Gebot muss sein:

→ Ein Schott muss im Zusammenhang mit der Wand (oder Decke), in die es eingebracht wurde, bei einem Brand gewährleisten, dass das einmal ausgebrochene Feuer in einem definierten Brandabschnitt eingegrenzt bleibt. Dabei muss dieses Schott über eine definierte Zeit dem Feuer standhalten und dabei „feuer- und rauchgasdicht“ bleiben.

Daraus ergeben sich die folgenden Punkte:

- **Nur geprüfte und durch Zertifikat beglaubigte Produkte als Schott einsetzen!**
  Ein Schott mit einer bestimmten Feuerwiderstandsklasse muss ein Prüfzeugnis[134] haben, das die brandschutztechnische Tauglichkeit dieses Bauteils belegt. Das Produkt muss den Hinweis auf diese Materialprüfung in der technischen Beschreibung und auf einem Schild (als DIBt-Zulassungsnummer) angeben.
- **Das vorgenannte Schild muss neben dem eingebauten Schott angebracht werden!**
  Es enthält folgende Angaben: Bezeichnung der Abschottung, Feuerwiderstandsklasse (z. B. S90), DIBt-Zulassungsnummer, Errichter der Abschottung, Herstellungsjahr der Abschottung.
- **Die Montage muss stets entsprechend dem Prüfzeugnis erfolgen!**
  Nur unter dieser Voraussetzung gilt die im Prüfzeugnis angegebene Feuerwiderstandsdauer. Der Hersteller muss in der Montageanleitung für den Errichter diese (geprüfte) Montage genau angeben. Der Errichter verpflichtet sich, diese Montageanleitung zu beachten.
- **Auf der Baustelle muss der Zulassungsbescheid der Schottung vorliegen,** damit sich der Errichter der Schottung sowie z. B. die jeweilige Bauleitung über die Details der Zulassung informieren können.

134 Gemeint ist ein Prüfzeugnis einer behördlich zugelassenen Stelle. Beispiel: „Deutsches Institut für Bautechnik“ (DIBt), Anstalt des öffentlichen Rechts, 10785 Berlin.

Der Errichter muss durch eine Werksbescheinigung (auch „Übereinstimmungserklärung" genannt) bestätigen, dass er die Produkte entsprechend den Angaben im Prüfzeugnis, den Herstellerangaben und gemäß den Regeln der Technik sowie den gültigen behördlichen Vorschriften errichtet hat. Diese Bestätigung erhält der Bauherr zur Weitergabe an die Baubehörde oder die Behörde lässt sie sich direkt vom Errichter aushändigen.

Die Zeit, in der das jeweilige Schott (oder der Installationsschacht oder Installationskanal) dem Brand standhalten kann, wird mit einer Zahl angegeben. Der Buchstabe vor dieser Zahl nennt die Art des Schotts bzw. des jeweiligen Bauteils, z. B. Beispiel S30.

Dies entspricht der Bezeichnung der Feuerwiderstandsklassen von geprüften brandschutztechnischen Bauteilen. Folgende Schottarten bzw. Bauteile mit einer Feuerwiderstandsklasse können unterschieden werden:

F allgemein für Feuerwiderstandsklasse (oft benutzt bei Wänden, Decken, Stützen und bei Brandschutzverglasungen),
W Wand mit einer festgelegten Feuerwiderstandsqualität, wird aber in der Regel nur bei Außenwänden benutzt,
T Tür mit einer festgelegten Feuerwiderstandsqualität,
S Kabel- und Leitungsschott,
I Installationsschacht und Kanal mit einer festgelegten Feuerwiderstandsqualität,
R Rohrdurchführung in einer festgelegten Feuerwiderstandsqualität,
L Lüftungskanäle mit einer festgelegten Feuerwiderstandsqualität,
K Klappe mit einer festgelegten Feuerwiderstandsqualität, beispielsweise Brandschutzklappe im Lüftungskanal,
E Funktionserhalt von elektrischen Betriebsmitteln.

Die Zeit, die das Bauteil dem Brand Widerstand leistet, ist ebenfalls genormt. Bautechnisch übliche Zeiten sind 30 min, 60 min, 120 min, 180 min.

Dabei gibt es zwischen diesen genormten Bezeichnungen und den Bezeichnungen in den Verordnungen des Baurechts Unterschiede, da letztere gerne die Feuerwiderstandsklasse mit einem Begriff bezeichnen. **Tabelle 30.1** stellt die üblichen Bezeichnungen im Vergleich dar.

Wie zuvor erwähnt, kann sich die Behörde vom Errichter die fachtechnische Ausführung der Brandschottungen durch eine Werksbescheinigung (Übereinstimmungserklärung) belegen lassen. Sie wird in besonders gefährdeten Bereichen allerdings nicht auf eine Prüfung verzichten, die die sachgerechte Verwendung aller Systembauteile und den fachtechnisch richtigen

Tabelle 30.1 *Bezeichnungen für Brandwände nach DIN und Landesbauordnung.* Die Feuerwiderstandsklasse F120 wird häufig auch als „hochfeuerbeständig" bezeichnet und die Feuerwiderstandsklasse F180 als „höchstfeuerbeständig"[135]

Bauaufsichtliche Anforderung	Feuerwiderstandsklasse nach DIN 4102-2	Kurzbezeichnung nach DIN 4102-2
feuerhemmend	Feuerwiderstandsklasse F30	F30-B
	Feuerwiderstandsklasse F30 und in den wesentlichen Teilen aus nichtbrennbaren Baustoffen	F30-AB
feuerhemmend und aus nichtbrennbaren Baustoffen	Feuerwiderstandsklasse F30 und aus nichtbrennbaren Baustoffen	F30-A
hochfeuerhemmend	Feuerwiderstandsklasse F60 und in den wesentlichen Teilen aus nichtbrennbaren Baustoffen	F60-AB
	Feuerwiderstandsklasse F60 und aus nichtbrennbaren Baustoffen	F60-A
feuerbeständig	Feuerwiderstandsklasse F90 und in den wesentlichen Teilen aus nichtbrennbaren Baustoffen	F90-AB
feuerbeständig und aus nichtbrennbaren Baustoffen	Feuerwiderstandsklasse F90 und aus nichtbrennbaren Baustoffen	F90-A
	Feuerwiderstandsklasse F120 und aus nichtbrennbaren Baustoffen	F120-A
	Feuerwiderstandsklasse F180 und aus nichtbrennbaren Baustoffen	F180-A

Einbau des Schottsystems nachweist. Dabei ist darauf zu achten, dass vorab für solche Prüfungen der richtige Zeitpunkt abgesprochen wird, denn einige der Brandschottungen sind nach der Fertigstellung des Innenausbaus nicht mehr sichtbar.

In diesem Zusammenhang sollte noch betont werden, dass die Praxis gezeigt hat, dass gerade in diesem Bereich der Errichtung die häufigsten und im Brandfall leider auch die folgenschwersten Fehler gemacht werden.[136]

135 Allerdings sind die Bezeichnungen für F120 und F180 im Baurecht nicht offiziell festgelegt worden (sofern sie überhaupt verwendet werden). In zahlreichen Veröffentlichungen wird die Bezeichnung „hochfeuerbeständig" sowohl auf F-120-Bauteile als auch auf F180-Bauteile bezogen.

136 Sachverständige beklagen immer wieder, dass in diesem Bereich häufig zu oberflächlich gearbeitet wird. Einige Bausachverständige geben an, dass oft weit über 50 % aller Brandschottungen in einem Gebäude nicht korrekt ausgeführt wurden.

30.2 Ausführungen von Brandschottungen

30.2.1 Einführung

Schottungsmaßnahmen bilden bei Durchführungen von Kabeln und Leitungen durch Wände und Decken laut MLAR, Abschnitt 4.1.2, eine Möglichkeit, eine Brandübertragung zu verhindern. Zunächst muss unterschieden werden, ob einzelne (Abschnitt 30.2.2 dieses Buches) oder mehrere Leitungen (Abschnitt 30.2.3 dieses Buches) hindurchzuführen sind.

Des Weiteren muss das Bauteil, das durchdrungen wird, genauer betrachtet werden. Die aktuell gültige MLAR berücksichtigt im Gegensatz zu früheren Ausgaben nicht nur Brandwände (F90), sondern sämtliche Bauteile mit einer Feuerwiderstandsklasse, die durchdrungen werden. Demnach unterscheidet die MLAR 2015 zwischen feuerfesten (F90) und feuerhemmenden Bauteilen (F30).

Zusätzlich muss die Frage beantwortet werden, ob eine durchdrungene Wand zu einem Flur gehört oder zu einem Treppenraum bzw. einem Raum zwischen einem Treppenraum und dem Ausgang ins Freie.

30.2.2 Durchführungen durch feuerhemmende Wände (F30)

In Abschnitt 4.2 beschreibt die MLAR Erleichterungen für feuerhemmende Wände (F30), wenn diese nicht Wände von notwendigen Treppenräumen oder von Räumen zwischen notwendigen Treppenräumen und Ausgängen ins Freie sind. Durchbrüche durch solche Wände benötigen keine besonderen Schottungsmaßnahmen, wenn es um Durchführungen geht von

- einzelnen elektrischen Leitungen oder von
- Kabelbündeln bis zu einem Durchmesser von 50 mm oder von
- Rohrleitungen aus nichtbrennbarem Material.

Das bedeutet, die bei der Durchführung entstehende Öffnung braucht lediglich mit nicht brennbaren oder mit beim Brand aufschäumenden Baustoffen verschlossen zu werden. Werden zum Verschließen Mineralfaserstoffe verwendet, müssen diese eine Schmelztemperatur von mindestens 1.000 °C aufweisen. Bei aufschäumenden Dämmschichtbildnern (besondere Schottmasse, die bei bestimmten Temperaturen aufschäumen) und bei Mineralfasern darf der Abstand zwischen der Leitung und dem umgebenden Bauteil nicht größer sein als 50 mm.

30.2.3 Durchführung einzelner Leitungen durch Wände oder Decken

Bei der Durchführung einzelner Leitungen durch Wände und Decken mit Feuerwiderstandsklassen müssen die entstehenden Öffnungen lediglich mit nicht brennbaren, formbeständigen Baustoffen (z. B. mit Zementmörtel, Beton oder Mineralfasern mit einer Schmelztemperatur von mind. 1.000 °C) oder mit beim Brand aufschäumenden Baustoffen verschlossen werden. Nach der MLAR kann sogar ein brennbares Elektroinstallationsrohr mit einem Außendurchmesser von maximal 32 mm durch eine Wand oder Decke geführt werden.

ANMERKUNG: Aus brandschutztechnischer Sicht ist es jedoch sinnvoll, auch ein brennbares Installationsrohr mit einem Außendurchmesser bis 32 mm stets nur dann durch eine Brandwand zu führen, wenn es von einer im Brandfall aufquellenden Masse umgeben wird. Der Markt bietet für diese Fälle spezielle Massen an (**Bild 30.1 a**).

Wird die Öffnung mit Mineralfaser verschlossen, ist darauf zu achten, dass der Abstand zwischen der Leitung und dem umgebenden Bauteil nicht größer ist als 50 mm. Wird ein im Brandfall aufschäumender Baustoff verwendet, darf dieser Abstand nur maximal 15 mm betragen.

Für größere Rohrdurchmesser stehen fabrikfertige Rohrdurchführungen zur Verfügung, die eine Zulassung bis zu 200 mm Rohr-Außendurchmesser haben (**Bild 30.1 b**). Es handelt sich dabei häufig um spezielle Brandschutzmanschetten, die um das Rohr gelegt werden (bei Wanddurchführungen beidseitig). Sie bestehen aus einer beim Brand aufschäumenden Masse, die das Loch, das beim Abbrand des Rohres entsteht, schnell verschließt. Solche Manschetten haben eine Feuerwiderstandsdauer, die mit „**R**" angegeben wird (z. B. R 90).

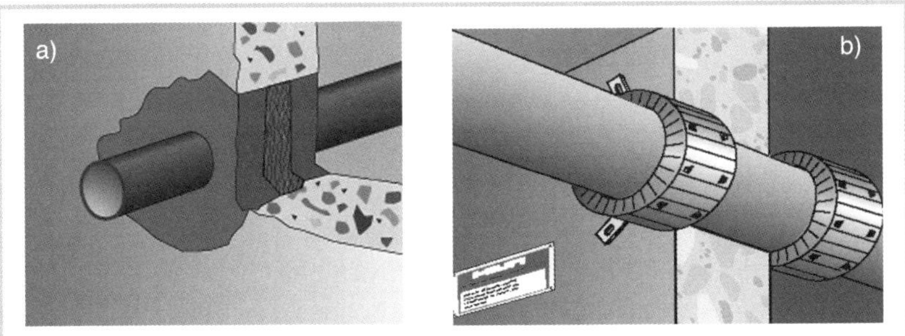

Bild 30.1 *Schottung von Rohrdurchführungen für kleinere (a) und größere (b) Durchmesser* (Bildquelle: Hilti)

Häufig kommt es vor, dass mehrere Einzelleitungen oder einzelne Elektroinstallationsrohre durch einen gemeinsamen Durchbruch geführt werden sollen. Dies ist allerdings nur möglich, wenn die Dicke der Wand oder Decke

- bei feuerhemmenden Eigenschaften (F30) mindestens 60 mm,
- bei hochfeuerhemmenden Eigenschaften (F60) mindestens 70 mm,
- bei feuerbeständigen Eigenschaften (F90) mindestens 80 mm beträgt.

Außerdem muss zwischen den Einzeldurchführungen ein genügender Abstand eingehalten werden, sonst lässt sich nicht von einer Einzeldurchführung sprechen. Dabei gelten folgende Mindestabstände:

- Bei mehreren elektrischen Leitungen muss zwischen ihnen ein Abstand von mindestens dem größten Außendurchmesser vorgesehen werden. Dies gilt übertragen auch für den Abstand zwischen einer Einzelleitung und einem Rohr (Elektroinstallationsrohr oder sonstige Rohre).
- Bei mehreren brennbaren Elektroinstallationsrohren muss zwischen ihnen mindestens der 5-fache Außendurchmesser des dicksten Rohres vorgesehen werden.

Selbstverständlich muss innerhalb des gemeinsamen Durchbruchs der Raum zwischen den Einzeldurchführungen mit nicht brennbaren Baustoffen, mit Mineralfaserstoffen oder mit im Brandfall aufschäumenden Baustoffen über die komplette Breite des Bauteils (Wand oder Decke) ausgefüllt werden.

30.2.4 Durchführung mehrerer Kabel oder Leitungen

Treten mehrere Kabel oder Leitungen gebündelt durch eine Öffnung, sind spezielle Brandschottungen notwendig, die nach DIN 4102 Teil 9 geprüft worden sind. Sie sorgen bei einem Brand über eine festgelegte Zeit dafür, dass Feuer und Rauch nicht in andere Gebäudebereiche gelangen können. Die Kennzeichnung **S90** besagt z. B., dass dieses Schott eine Feuerwiderstandsdauer von 90 min aufweist. Innerhalb dieser Zeit darf nach DIN 4102 kein Rauch oder Feuer von der Brandseite auf die andere Seite der Wand übertreten. Die Temperatur des Schotts an der brandabgekehrten Seite darf maximal um 180 K ansteigen und ein Wattebausch, der an die brandabgekehrte Seite des Schotts gehalten wird, darf sich nicht entzünden.

Häufig steht der Errichter eines Brandschotts vor dem Problem, ein Schott gemischt (eventuell für verschiedene Gewerke) belegen zu müssen. In solchen Fällen ist zu prüfen, ob das Schott über eine entsprechende Zulassung für diese gemischte Belegung verfügt. Es bieten sich speziell geprüfte Kombischotts an, die seit einigen Jahren auf dem Markt sind.

Die üblichen Brandschotts werden eingeteilt in:

Mörtelschott (Hartschott) (Bild 30.2)

Häufig angewandte Art der Schottung. Sie ist besonders geeignet, weil sie gegenüber mechanischen Belastungen beständig bleibt. So ist der Schutz gegen das Herabfallen der durchgeführten Leitungen und Rohre bei einem Brand nicht so problematisch wie beispielsweise bei einem Weichschott. Allerdings gestaltet sich die Nachbelegung etwas schwieriger. Hier müssen Löcher gebohrt werden, die nachher wieder fachgerecht zu verschließen sind.

Bild 30.2 *Mörtel- oder Hartschott* (Bildquelle: Hilti)

Mineralfaserplattenschott (Weichschott) (Bild 30.3)

Dieses Schott wird sehr gerne in Hohlwänden eingebaut. Es besteht aus mehreren Faserplatten, die nach der Belegung mit einer Brandschutzbeschichtung bestrichen werden. Da hier die Festigkeit nicht so gegeben ist wie bei einem Hartschott, muss man sich darüber Gedanken machen, welche Kräfte bei einem Brand auf das Schott wirken und ob die Gefahr besteht, dass die durchgeführten Rohre und Leitungen das Schott im Brandabschnitt herausreißen oder beschädigen können.[137] Die Durchführung von

137 In der Regel kann dieser Gefahr nur dadurch begegnet werden, dass die Kabeltrassen, die zum Schott führen, besonders befestigt werden (mindestens die letzten Meter vor und hinter dem Schott). Dies gilt als gegeben, wenn Trassen gewählt werden, die für funktionserhaltende Kabel und Leitungen vorgesehen werden (siehe Kapitel 38 dieses Buchs).

Bild 30.3 *Weich- oder Mineralfaserschott* (Bildquelle: Promat)

Kabeltrassen (Wannen oder Pritschen) wird als möglich angesehen, wenn dies im Prüfzeugnis entsprechend erwähnt wird. Allerdings gibt es dazu erhebliche Einwände, weil die Bewegungen der Trassen, die die thermische Belastung beim Brand verursacht, die Gefahr hervorruft, dass das Schott vorzeitig ausfällt.

Bei Durchführungen durch Decken müssen besondere Maßnahmen vorgesehen werden, falls das Schott zu betreten ist.

Die Nachbelegung lässt sich gegenüber dem Hartschott dagegen unproblematisch regeln.

Kabelschott mit speziellen Schottmassen (Bild 30.4)

Spezielle Schottmassen dehnen sich bei Wärme extrem aus und werden dabei sehr hart. Dabei wird das durch den Abbrand der Leitungsisolation oder des Rohres entstandene Loch zugedrückt. Diese Schottungen wendet man häufig bei kleinen Durchbrüchen an. Beim „Verkitten" der Öffnung lassen sich sogenannte Nachbelegungskeile in die Schottmasse integrieren, die für eine Nachinstallation herausgenommen bzw. durchstoßen werden können.

Kabelschott mit kissenförmigen Elementen (Bild 30.5)

Bei diesem Schott wird die Öffnung mit sogenannten Brandschutzkissen verschlossen. Dabei müssen die Kissen zwischen den Kabeln und oberhalb schichtweise so verlegt werden, dass es zu keiner Zwickelbildung kommt. Oft verwendet man diese Schottart, wenn während der Bauarbeiten bereits Schottungsmaßnahmen erforderlich sind.

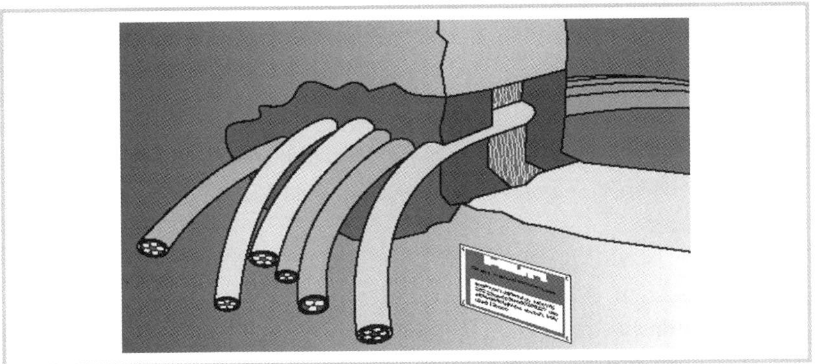

Bild 30.4 *Kabelschottung mit speziellen Schottmassen* (Bildquelle: Hilti)

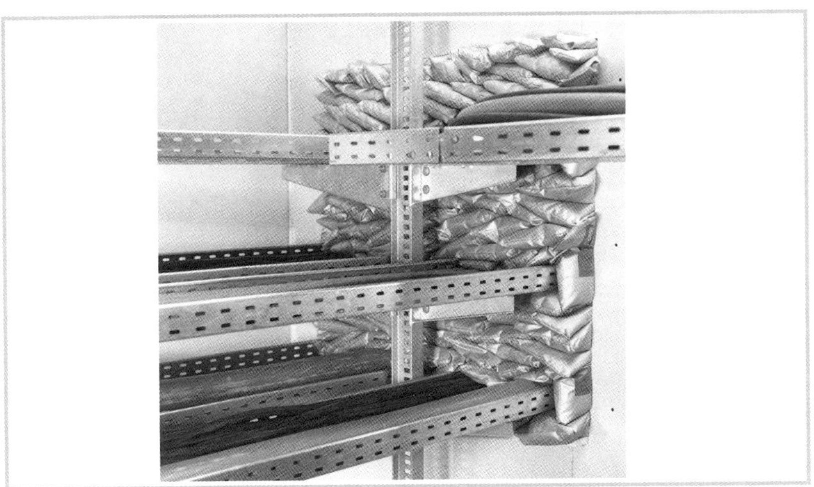

Bild 30.5 *Kabelschottung mit kissenförmigen Elementen (Kissenschott)* (Bildquelle: Hilti)

Kissenschotts sind in der Regel nur bis S90 klassifiziert. Ihr Vorteil besteht in der einfachen Montage und vor allem in der leichten Nachbelegbarkeit. Allerdings muss es gegen die (unbeabsichtigte oder beabsichtigte) Herausnahme von Brandschutzkissen geschützt sein oder es muss regelmäßig daraufhin überprüft werden. Als Deckenschott ist diese Schottart nur bedingt anwendbar und dann nur mit speziellen Sicherungen gegen Herausfallen von Brandschutzkissen. In der Regel sind diese Schottungen nicht rauchdicht (Kaltrauch). Auch dies sollte unbedingt beachtet werden. Für eine Schottung zu Fluchtwegen hin kann ein Kissenschott somit kaum verwendet werden.

Kabelschott mit Stopfen (Bild 30.6)

Es sind mittlerweile Kabelstopfen mit rundem oder rechteckigem Querschnitt auf dem Markt, durch die man die Kabel und Leitungen hindurchzieht. Von verschiedenen Herstellern wird hierzu auch ein spezieller Schottkasten angeboten, in dem dieser Stopfen bereits integriert ist. Die runden Querschnitte eignen sich besonders zum Verschließen sogenannter Kernbohrungen.

Auch hier ist als Vorteil die leichte Montage und die leichte Nachbelegbarkeit zu nennen. Allerdings muss dieses Schott (wie das Kissenschott) gegen eine Herausnahme geschützt werden, und bei Deckenschotts sind unter Umständen zusätzliche Stabilisierungsmaßnahmen erforderlich.

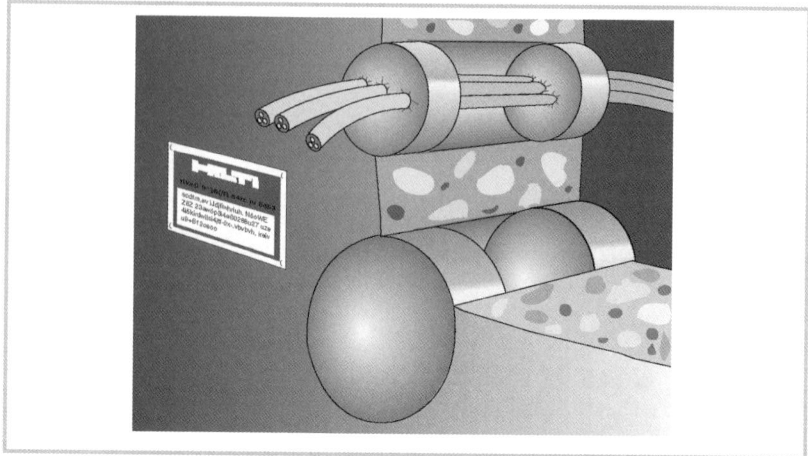

Bild 30.6 *Kabelschottung mit speziellen Stopfen* (Bildquelle: Hilti)

Kabelschott mit Brandschutzsteinen (Bild 30.7)

Für Durchbrüche mit rechteckigem Querschnitt eignen sich ziegelsteinähnliche Blöcke. Eventuell verbleibende Öffnungen können mit einem Brandschutzkitt verschlossen werden.

Dieses Schott muss gegen mechanische Belastungen und eventuell auch gegen (beabsichtigtes oder unbeabsichtigtes) Herausnehmen geschützt werden. Die Steine werden durch Schneiden an die Form der durchzuführenden Kabel und Leitungen angepasst. Dies macht die Montage etwas aufwändiger. Als Deckenschott ist diese Schottart nur verwendbar, wenn sie durch zusätzliche Maßnahmen stabilisiert wird.

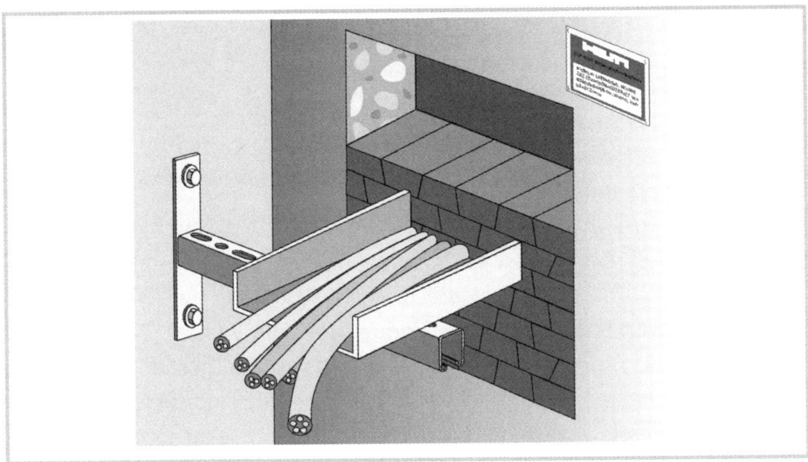

Bild 30.7 *Kabelschottung mit Brandschutzsteinen* (Bildquelle: Hilti)

Modulschott (Bild 30.8)

Mit Hilfe eines Metallrahmens werden die Kabel und Leitungen mittels vorgefertigter Passstücke eingespannt. Der Rahmen wird in der Regel bereits in die Verschalung der Wand oder Decke eingebracht und später mit den vorgenannten Passstücken belegt. Für jedes Kabel (jede Leitung) wählt man ein Passstück mit einer entsprechenden Öffnung. Für eine Nachbelegung lassen sich geschlossene Passstücke als Blindstopfen vorsehen.

Der Vorteil bei dieser Schottart ist, dass hier nicht nur die brandschutztechnischen Belange erfüllt werden, sondern in der Regel auch eventuelle

Bild 30.8 *Kabelschottung mit Modulelementen* (Bildquelle: Modulschott)

Forderungen nach Gas- und Druckwasserdichtigkeit. Allerdings ist dieses Schott relativ teuer, die Montage gestaltet sich zeitaufwändig und es ist eine exakte, frühzeitige Planung mit Vorgaben der Außendurchmesser der durchzuführenden Kabel und Leitungen erforderlich.

Kabelschott in Sonderbauart (Sandtasse)

Dieses Schott ist nur möglich, wenn der Architekt den Durchgang bautechnisch vorbereitet. Oft handelt es sich um Aussparungen im Fußboden unterhalb der Wand. Durch eine solche Aussparung können die Kabel und Leitungen sozusagen unter der Wand hindurchgezogen werden. Anschließend verfüllt man die Aussparung mit Sand. Allerdings sind genaue Absprachen mit dem Architekten notwendig. Nachbelegungen lassen sich hier besonders gut realisieren. Anwendung finden diese Schotts eher im industriellen Bereich.[138]

Kabelschott für Stromschienen-Durchgang

Der Hersteller der Stromschiene sorgt für eine entsprechend geprüfte Schottung, die er mit seinem Schienensystem mitliefert. Der Errichter muss sich nachfolgend genau an die Montageanweisungen des Herstellers halten.

Kabelschott mit speziellen Systemrahmen (Bild 30.9)

Bei diesem Schott handelt es sich zunächst um einen meist rechteckigen (auch 6-eckigen) Metallkasten, der in die Wand (aus Beton oder Stein) eingebracht wird. In diesem Kasten befindet sich rundum eine stabile Masse, die einen Rahmen um die verbleibende (rechteckige) Öffnung bildet. Der Querschnitt dieser Öffnung kann zu 100 % belegt werden, da die erforderliche Restdicke des Schotts (in der Regel 40 % der gesamten Durchführungsöffnung) bereits durch die stabile Masse in Anspruch genommen wurde.

Die Kabel und Leitungen lassen sich einfach durch die Öffnung schieben. Bei Brandausbruch schäumt die stabile Masse auf und der gesamte Querschnitt wird verschlossen. Um auch eine Dichtigkeit gegen kalten Rauch zu gewährleisten, wird nach der Belegung mit Kabeln (Leitungen) die verbleibende Öffnung mit einer Klappe verschlossen, die den eingebrachten Kabeln und Leitungen angepasst wird (durch Schneiden). Restöffnungen kann man mit normalem Silikon o. ä. verschließen.

138 Auch in Gebäuden oder Räumen, in denen radioaktive Stoffe gelagert oder gehandhabt werden, ist eine solche Durchführung angebracht, da sie durch die Füllung und die Art der Ausführung auch Schutz vor radioaktiver Strahlung bieten kann.

Bild 30.9 *Kabelschottung mit speziellem Systemrahmen (Brandschutz-Kabelbox)* (Bildquelle: FST)

Dieses Schott lässt sich sowohl in Beton, in Mauerwerk oder auch in leichte Trennwände einbringen. Der Vorteil dieser Schottung ist offensichtlich: Die fachgerechte Montage der Kabel und Leitungen im Bereich des Durchbruchs bereitet kaum Probleme.[139] Die Montage ist derart einfach, dass man nicht sehr viel falsch machen kann. Allerdings ist dieses Schott relativ teuer.

Kombischott

In der Vergangenheit gab es immer dann Probleme, wenn verschiedene Gewerke ihre Rohre und Leitungen durch dasselbe Schott führen mussten. Für diesen Verwendungszweck gab es bei Kabelschottungen lange Zeit keinen Nachweis der Tauglichkeit.

Dieses Problem wurde durch eine zusätzliche Prüfung behoben. Die meisten Schotthersteller bieten mittlerweile geprüfte und zugelassene „Kombischotts“ für eine gemischte Belegung an. Auf alle Fälle sollte der Planer bzw. Errichter sich die Zulassung genau ansehen und die Kriterien, unter denen die Zulassung erteilt wurde, prüfen. Im Zulassungsbescheid wird genau angegeben, für welche Rohrdurchmesser, Rohrmaterialien und Kabeltypen ein Schott geeignet ist.

Grundsätzlich muss sich der Errichter stets erkundigen, für welche Wän-

139 Siehe hierzu auch den Artikel von Reinhold Drosselmeyer, Nicht zulassungsgerecht hergestellte Kabelschottungen, in de 22/97, Seite 2133.

de und Decken sowie für welche Feuerwiderstandszeiten das jeweilige Schott geeignet ist. Der Schotthersteller muss darüber genau Auskunft geben und in der Regel stellt er auch Hilfen für die Planung und Errichtung zur Verfügung.

Wichtig ist auch die Belegungsdichte. **Der Querschnitt des Schotts darf nur bis zu maximal 60 % belegt werden** (eine Ausnahme bildet die Brandschutz-Kabelbox). Hier ist eine genaue Planung unter Einbeziehung eventuell notwendiger Nachbelegungen erforderlich. Werden durch Löcher in Wänden und Decken ohne Überlegung Kabel und Leitungen hindurchgezogen, so dass die Durchführung voll belegt ist, kann im Nachhinein keine Brandschottung mehr eingebracht werden.

30.2.5 Vorüberlegungen für die korrekte Auswahl von Brandschottungen

Welche Größe muss die Schottung haben? Ist die geforderte Schottgröße noch innerhalb der in der Prüfbescheinigung der Schottung angegebenen Größe? Hierbei ist darauf zu achten, dass Schottungen in der Regel nur bis zu 60 % belegt werden dürfen und dass somit diese 60 % plus Reserve bei der Auswahl nach der Größe der Schottung zu berücksichtigen sind.

Welchen mechanischen Belastungen ist die Schottung während des laufenden Betriebs ausgesetzt? Treten mechanische Belastungen auf? Besteht die Möglichkeit, dass eine Person auf ein Deckenschott tritt? Kann möglicherweise ein Wandschott durch umfallende Gegenstände getroffen werden?

Kann Feuchtigkeit auftreten? Wird die Schottung eventuell mit Wasser abgespritzt?

Muss die Festigkeit einer Schottung durch das Schott selbst oder durch zusätzliche konstruktive Maßnahmen erbracht werden?

Sind häufige Nachbelegungen zu erwarten? In diesem Fall sollte ein Schott danach ausgewählt werden, wie leicht diese Nachbelegung und die danach erforderliche Schließung der Schottung durchgeführt werden können.

Für welche Wandarten (Material, Dicke) ist ein Schott zugelassen? Kann damit auch ein senkrechtes Schott (in einer Decke) erstellt werden?

Kann das Schott die erforderliche Feuerwiderstandsdauer erbringen (S90 oder S120)?

Der Planer/Errichter muss diese Fragen und Überlegungen anhand der Herstellerunterlagen, die auch die Prüfbescheinigung enthalten müssen, berücksichtigen und dann entscheiden, welches Kabelschott alle anfallenden Probleme zu lösen vermag.

30.2.6 Besondere Hinweise für die Montage von Brandschottungen

Bei allen Schottungsarten muss darauf geachtet werden, dass die Kabel und Leitungen nicht direkt mit der durchbrochenen Wand bzw. Decke in Berührung kommen. Das bedeutet, dass die Kabel und Leitungen allseitig vom Schottmaterial umschlossen sind.

Besonders DIN VDE 0100-520 weist in Abschnitt 527 darauf hin, dass die Schottung die gleiche Beständigkeit gegen Umgebungseinflüsse aufweisen muss wie die Wand, durch die die Leitungen hindurchgeführt werden. Beispielsweise darf das Schott nicht beeinträchtigt werden, wenn die Wand häufig feucht oder sogar mit Wasser abgespritzt wird. Gegebenenfalls muss durch konstruktive Maßnahmen dafür gesorgt werden, dass das Schott nicht durch Nässe nachteilig beeinflusst wird.

Auch von der Festigkeit der Schottung ist in DIN VDE 0100-520 die Rede. Das war dringend erforderlich, da man die Erfahrung machen musste, dass das beste Schott nichts bewirkt, wenn es durch beim Brand herabstürzende Kabel aus der Wand gerissen wird. Entweder muss das durch konstruktive Maßnahmen am Schott selbst gewährleistet werden oder indem z. B. herangeführte Kabelwannen (oder -pritschen) nahe genug vor dem Schott befestigt werden.

Leerrohre für eine spätere Nachbelegung sollten nur in Schotts mit sogenannten intumeszierenden (bei hohen Temperaturen aufschäumenden oder aufquellenden) Brandschutzmassen eingebracht werden, also nicht etwa in Mörtel- oder Plattenschotts.

Die „Mischbelegung“ in einem Schott muss verhindert werden, wenn es sich nicht um ein oben erwähntes Kombischott (oder ein Schott mit einer zusätzlichen bzw. nachträglichen behördlichen Zulassung) handelt. Bei üblichen Schottungen liegen in aller Regel keine Prüfgrundlagen für eine Mischbelegung vor. Das bedeutet, dass Leitungen getrennt von anderen Medienleitungen oder Kanälen (aus anderen Gewerken) geschottet werden müssen.

Bei Wandschottungen, die in Decken eingebracht werden sollen, muss der Hersteller befragt werden. Eventuell sind hierzu besondere bauliche Maßnahmen zu treffen.

Bei mehreren Schottungen in einer Wand (Decke) sind die Mindestabstände zwischen den Schottungen zu beachten. Diese Mindestabstände werden im jeweiligen Prüfzeugnis angegeben. Fehlt diese Angabe, soll nach MLAR, Abschnitt 4.1 ein Mindestabstand von 50 mm eingehalten werden.

Im Übrigen sollte der Errichter stets bemüht sein, sein handwerkliches Können in Bezug auf die Schottungsmaßnahmen auf dem neuesten Stand zu halten. Hersteller bieten hierzu in der Regel preisgünstige oder oft kostenlose Seminare an, bei denen man eine fachgerechte Montage erlernen kann.

30.3 Schächte und Kanäle mit Feuerwiderstandsklasse

30.3.1 Begriffsbestimmung und Abgrenzung

Schächte und Kanäle mit einer vorgeschriebenen Feuerwiderstandsdauer sind geprüft nach DIN 4102 Teil 11 „Rohrummantelungen, Rohrabschottungen, Installationsschächte und -kanäle sowie Abschlüsse ihrer Revisionsöffnungen".

Schächte

In DIN 4102 Teil 11 heißt es:
„Installationsschächte ... sind vom übrigen Baukörper getrennte oder auf den Geschoßdecken aufgesetzte Bauteile, die im Bereich der Geschoßdecke abgeschottet sein können."

In DIN 4102 Teil 11 werden drei Arten von Installationsschächten unterschieden, von denen die beiden letzten für die Verlegung von Elektroleitungen infrage kommen:

„1. Installationsschächte für nicht brennbare Installationen,
2. Installationsschächte für beliebige Installationen und
3. Installationsschächte für Elektroinstallation."

Es geht also hierbei um senkrechte Führungssysteme für die Elektroinstallation und andere Gewerke.

Kanäle

In DIN 4102 Teil 11 heißt es:

„Installationskanäle ... sind nicht begehbare, vorwiegend waagerechte Bauteile zur Umhüllung von Elektroinstallationen, die durch mehrere Räume hindurchgehen. Ihr lichter Querschnitt kann im Bereich der Wände abgeschottet sein."

Kanäle sind also im Gegensatz zu Schächten stets für die Verlegung von Elektroleitungen vorgesehen, und dazu kommt, dass es sich bei Kanälen um waagerechte Führungssysteme handelt. Außerdem muss betont werden, dass es bei Kanälen nach DIN 4102 Teil 11 zunächst um Kanäle mit Feuerwiderstandsklassen geht[140] und nicht um Installationskanäle nach DIN VDE 0604 oder DIN VDE 0634. Sie werden in der Regel vor Ort durch den Bauhandwerker oder durch den Trockenbauer mit Bauteilen, die nach DIN 4102 geprüft und zugelassen sind, errichtet oder sie werden fertig vom Hersteller geliefert und vor Ort montiert. In jedem Fall muss der Errichter bzw. der Hersteller garantieren, dass der Kanal den Bestimmungen aus DIN 4102 Teil 11 entspricht.

30.3.2 Unterscheidung der Feuerwiderstandsklasse nach I oder E

Im Grunde ist der Unterschied offensichtlich:

→ Die Bezeichnung „I" bezeichnet bei Schächten und Kanälen einen Feuerwiderstand bei einem Brand von **innen nach außen** und die Bezeichnung „E" bei einem Brand von **außen nach innen.**

I-Schächte und I-Kanäle

Bei Schächten und Kanälen mit einer I-Klassifizierung[141] wird der umgebende Raum gegen Brände geschützt, die von den Leitungen ausgehen können, die sich im Inneren des Schachtes oder des Kanals befinden. Es geht

140 Im Grunde geht es nicht einmal um Kanäle mit einer bestimmten Feuerwiderstandsklasse, denn DIN 4102 redet auch von Kanälen, die einfach nur „nicht brennbar" sind. Es geht dabei um Qualitätsanforderungen, die in DIN 4102 klar definiert sind. Kanäle, die DIN VDE 0604 bzw. DIN VDE 0634 entsprechen und die aus nicht brennbarem Material bestehen, können zusätzlich den Anforderungen aus DIN 4102 entsprechen, **solange kein Funktionserhalt gefordert wird.**
Kanäle nach DIN VDE 0604 und DIN VDE 0634 sind handelsübliche Elektroinstallationskanäle, wie Brüstungskanäle, Fensterbankkanäle o. ä., die aus einem Unterteil und dem Deckel bestehen, sowie Unterflurkanäle (estrichbündige und estrichüberdeckte – siehe hierzu Teil C, Kapitel 22 und 23 dieses Buches.

141 Der Buchstabe „I" ist von „Installation" abgeleitet. Im Rahmen der europäischen Harmonisierung soll an Stelle von „I" später „**EI**" treten. Dabei wird „E" für Raumabschluss stehen und „I" für Wärmedämmung (aus dem Englischen: Insulation).

also um ein Feuer, dass sich vom Inneren des Schachtes (des Kanals) nach außen bewegen möchte.

Außerdem kann beispielsweise ein Kanal mit I90-Klassifizierung, der durch eine Brandwand (F90) führt, einen Brand für mindestens 90 min daran hindern, über den Kanal auf die andere Seite der Brandwand zu gelangen. Denn auch, wenn das Feuer den Kanal auf der Brandseite der Wand zerstört (einem Feuer von außen nach innen braucht der I-Kanal ja nicht standhalten zu können), kann es doch nicht auf der anderen Seite der Wand aus dem Kanal heraustreten, da der Kanal (vorausgesetzt, er endet hinter der Brandwand nicht ohne brandschutztechnischen Verschluss) nachweislich mindestens 90 min dem Feuer von innen nach außen widerstehen kann.

Die Prüfung auf I-Klassifizierung beantragt in der Regel der Hersteller bei einer zugelassenen Stelle (Beispiel:„Deutsches Institut für Bautechnik“ DIBt, Anstalt des öffentlichen Rechts, 10785 Berlin).

I90 bedeutet, dass diese Schächte (Kanäle) eine Feuerwiderstandsdauer von 90 min haben. Die Prüfung nach „I“ besagt, dass der Schacht (oder Kanal) innen beflammt wird und dabei an seinen Außenseiten im Mittel keine Temperaturerhöhung von mehr als 140 K entsteht und an keiner Stelle eine Temperaturerhöhung über 180 K sowie kein Rauch und keine Flammen austreten (siehe **Bild 30.10**).

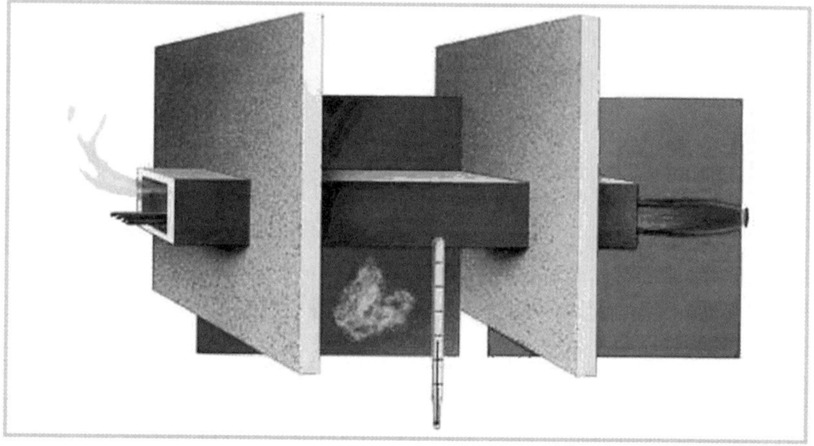

Bild 30.10 *Prüfung von I-Kanälen nach DIN 4102 Teil 11*

Rechts ist der Brandraum zu sehen und in der Mitte der Messraum. Im Messraum darf an der Kanalaußenwand im Mittel keine Temperaturerhöhung von mehr als 140 K entstehen und an keiner Stelle eine Temperaturerhöhung über 180 K. Ein Wattebausch darf sich nicht entzünden.

Aus dieser Beschreibung geht hervor, dass I-Kanäle bei einem Brand unter Umständen lange vor Ablauf der Zeit für den Funktionserhalt zerstört oder zumindest deformiert werden können (bei Flammen von außen). Darum ist es wichtig, dass Kanalabschnitte, die durch das Feuer zerstört wurden und vielleicht sogar zu Boden fallen, nicht die Funktionalität des Kanalabschnitts hinter der Brandwand, also auf der brandabgekehrten Seite im angrenzenden Brandabschnitt, in Gefahr bringen. Aus diesem Grund kann es je nach Kanaltyp (besonders aber bei Verkleidungen, die im folgenden Abschnitt 30.3.3 beschrieben werden) notwendig sein, dass im Bereich der Mauer eine Sollbruchstelle im Kanal eingebracht wird, damit der Kanalabschnitt im angrenzenden Brandabschnitt ganz unabhängig weiter betrieben werden kann, wenn der Kanalabschnitt im Brandbereich bereits zerstört wurde.

E-Schächte und E-Kanäle

Muss ein Schacht oder Kanal für einen Funktionserhalt der Leitungen sorgen, so muss ein Brand, der von außen auf ihn wirkt, berücksichtigt werden. Das bedeutet, der Schacht (bzw. Kanal) muss den Flammen von außen über eine festgelegte Zeit standhalten. Diese Feuerwiderstandsdauer wird mit „E" angegeben[142] und nach DIN 4102 Teil 12 geprüft (siehe hierzu auch Teil F, Kapitel 37 dieses Buches).

Die Prüfung auf E-Klassifizierung beantragt in der Regel der Hersteller bei einer zugelassenen Stelle (Beispiel: „Deutsches Institut für Bautechnik" DIBt, Anstalt des öffentlichen Rechts, 10785 Berlin).

Hier bedeutet z. B. **E90**, dass bei einer Außenbeflammung der Kanal so widerstandsfähig ist, dass die in seinem Inneren verlegten Kabel und Leitungen nicht ihre Funktion verlieren (also keine Leiterunterbrechung und kein Kurzschluss auftreten – **Bild 30.11**). Allerdings wird nicht mitgeprüft, ob durch die thermisch bedingte Widerstandserhöhung der Kabel und Leitungen im Schacht oder Kanal Funktionsstörungen entstehen können. Immerhin können im Inneren von E-Kanälen während der Zeit des Funktionserhaltes Temperaturen von ca. 150 °C auftreten (siehe dazu Teil F, im Abschnitt 37.2 dieses Buches).

Außerdem ist auch ein E-Kanal (wie der I-Kanal) in der Lage, einen Brand daran zu hindern, durch ihn von der einen Seite der Brandwand auf die andere zu gelangen. Der Unterschied zum I-Kanal ist nur, dass hier der

142 Das „E" steht für „Erhalt". Im Zuge der europäischen Harmonisierung soll an Stelle von „E" ein „P" oder auch ein „PH" treten.

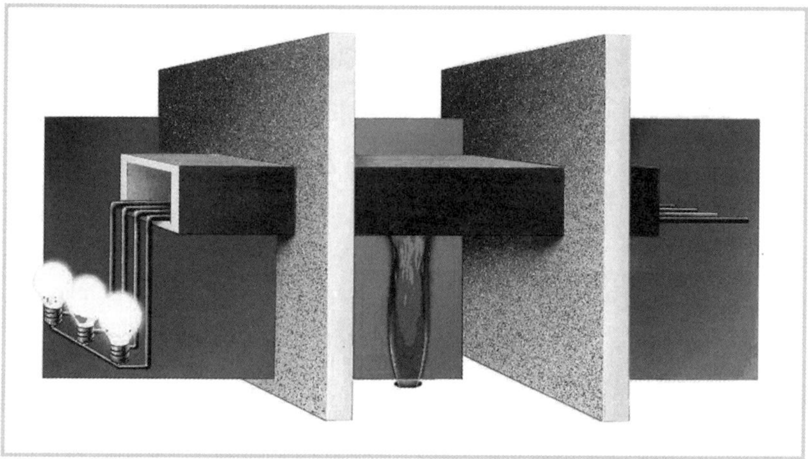

Bild 30.11 *Prüfung von E-Kanälen nach DIN 4102 Teil 12*
In der Mitte befindet sich der Brandraum und links der Messraum. Im Messraum dürfen die angeschlossenen Leuchten (Glühlampen) nicht wegen Leiterbruch oder Kurzschluss der Kabel und Leitungen verlöschen.

Kanal die Flamme zunächst daran hindert, in ihn einzudringen. Aus diesem Grund gelangt der Brand auch nicht durch den Kanal auf die andere Seite der Wand. Der Erfolg ist beim I-Kanal der gleiche.

Die E-Kanäle (und E-Schächte) dürfen natürlich nicht einfach „irgendwie" befestigt sein. Denn wenn im Brandfall die Befestigung versagt, nützt auch die kostspielige Ausführung in „E-Qualität" nichts. Die Hersteller geben hierzu in ihren Unterlagen genauere Auskunft.

30.3.3 Schächte, Kanäle und Verkleidungen nach DIN 4102 Teil 4

Ebenso ist es möglich, Schächte und Kanäle aus Bauteilen, die nach DIN 4102 Teil 4 geprüft und zugelassen sind, vor Ort herzustellen.[143] Die Errichtung einer solchen brandschutztechnischen Verkleidung erfordert jedoch großes handwerkliches Geschick und Erfahrung. Oft kann das Gewerk Trockenbau für eine entsprechende Verkleidung mit Feuerwiderstandsklasse (F30 oder F90) sorgen. Derartige Verkleidungen lassen im Inneren unter

143 Bei den „vor Ort" errichteten Kanälen gibt es keine zusätzliche Prüfung nach Fertigstellung. Vielmehr geht es darum, dass Produkte eingesetzt werden, die den Anforderungen aus DIN 4102 entsprechen. Das gewährleistet der Hersteller, der das hat prüfen lassen. Allerdings muss der Errichter sich an die vom Hersteller angegebenen Montageanweisungen halten. Das versichert der Errichter in einer Übereinstimmungserklärung, die der Bauherr bzw. die Baubehörde fordern kann.

Umständen einen Wärmestau entstehen, dann muss für eine Belüftung gesorgt werden. Sie kann durch Einbringen von speziellen Belüftungsbausteinen gewährleistet werden.

30.3.4 Kennzeichnung bei Schächten und Kanälen

Überhaupt muss hier betont werden, dass diese Schächte und Kanäle nur dann eine brandschutztechnische Sicherheit mit einer festgelegten Feuerwiderstandsdauer besitzen, wenn sie entsprechend DIN 4102 geprüft sind und eine allgemeine bauaufsichtliche Zulassung haben. An jedem Schacht bzw. Kanal muss ein Schild diese Zulassung angeben. Dabei muss ebenso betont werden, dass diese Schächte und Kanäle, einschließlich der eventuell vorhandenen Abschlüsse[144], diese geprüften Eigenschaften besitzen müssen – auch das muss im jeweiligen Prüfzeugnis hinterlegt sein. Nur dieses Prüfzeugnis gibt an, ob und unter welchen Bedingungen der Schacht (Kanal) wirklich E90 oder E30 hat.[145]

144 Das sind Durchbrüche im Schacht (Kanal), durch die Kabel und Leitungen heraus- oder hineingeführt werden, sowie Revisionsöffnungen. Eingeschlossen ist ebenfalls der Abschluss zwischen Schacht (Kanal) und Verteiler. Schließt ein Schacht direkt an einen Verteiler an, so muss der Übergang zwischen dem Schacht und dem Verteiler geschottet werden (S90 bzw. S30 – je nach der Feuerwiderstandsdauer des Schachtes).

145 Die üblicherweise in der Elektroinstallation verwendeten Kanäle sind solche, die DIN VDE 0604 (Elektroinstallationskanäle) bzw. DIN VDE 0634 (Unterflur-Elektroinstallationskanäle) entsprechen. Sie entsprechen jedoch nicht automatisch DIN 4102 Teil 11 und dürfen darum beispielsweise auch nicht ohne Weiteres in Rettungswegen verlegt werden! (siehe hierzu auch im Teil C, Kapitel 22 und 23 dieses Buches)
Ausnahme hierzu:
In bestimmten Fluren, die als Rettungswege gelten, können Kabel und Leitungen mit verbessertem Brandverhalten offen auch in solchen Kanälen verlegt werden, wenn sie aus nicht brennbaren Materialien bestehen (siehe hierzu im Teil E, Kapitel 34 dieses Buches).

Literatur Teil D

Muster-Richtlinie über brandschutztechnische Anforderungen an Leitungsanlagen (MLAR)

Verordnung über den Bau von Betriebsräumen für elektrische Anlagen (EltBauVO)

DIN VDE 0100-420 Schutz gegen thermische Auswirkungen

DIN VDE 0100-520 Auswahl und Errichtung elektrischer Betriebsmittel; Kabel- und Leitungssysteme

DIN 4102 Brandverhalten von Baustoffen und Bauteilen
- Teil 1: Baustoffe
- Teil 2: Bauteile
- Teil 3: Brandwände und nichttragende Außenwände
- Teil 4: Zusammenstellung und Anwendung klassifizierter Baustoffe, Bauteile und Sonderbauteile
- Teil 5: Feuerschutzabschlüsse
- Teil 6: Lüftungsleitungen
- Teil 9: Kabelschottungen
- Teil 11: Rohrummantelungen, Rohrabschottungen, Installationsschächte und -kanäle sowie Abschlüsse ihrer Revisionsöffnungen
- Teil 12: Funktionserhalt von elektrischen Kabelanlagen
- Teil 16: Durchführung von Brandschachtprüfungen

VdS 2025 Kabel- und Leitungsanlagen

Hochbaum, Adalbert; Hof, Bernhard: Kabel- und Leitungsanlagen, VDE-Schriftenreihe 68. VDE-Verlag, Berlin, 2003

Hochbaum, Adalbert; Callondann, Karsten: Schadenverhütung in elektrischen Anlagen, VDE-Schriftenreihe 85. VDE-Verlag, Berlin, 2009

Fröse, Heinz-Dieter: Brandschutz für Kabel und Leitungen. Hüthig Verlag, München/Heidelberg, 2017

Schmolke, Herbert: Auswahl und Bemessung von Kabeln und Leitungen, Hüthig Verlag, München/Heidelberg, 2018

Schmolke, Herbert: Elektro-Installation in Wohngebäuden, VDE-Schriftenreihe 45, VDE-Verlag, Berlin, 2018

Lippe, Manfred; Czepuck, Knut; Möller, Frank; Reintsema, Jörg: Kommentar zur Muster-Leitungsanlagen-Richtlinie (MLAR): Anwendungsempfehlungen und Praxisbeispiele zu MLAR, MSysBöR, MEltBauVO, FeuerTRUTZ Network, 2018

E Besonderheiten der Elektroinstallation in Rettungswegen

31 Begriffsbestimmung

Wer von Rettungswegen spricht, muss zunächst klären, welche Art Rettungswege gemeint sind, denn man unterscheidet grundsätzlich Flure, die als Flucht- bzw. Rettungswege gekennzeichnet sein können, und Treppenräume, die gegebenenfalls auch Flucht- bzw. Rettungswege darstellen. Der planende Architekt muss (eventuell in Absprache mit der Baubehörde) bei seiner Projektierung festlegen, welche Flure und Treppenräume als Fluchtwege gelten. Dabei ist stets zu berücksichtigen, dass Treppenräume höheren Ansprüchen genügen müssen als Flure. Nach den baurechtlichen Vorgaben sind Rettungswege Räume oder Bereiche eines Bauwerks einschließlich dessen Außenanlagen,

- über die im Notfall die Rettung der Menschen stattfinden kann,
- über die Menschen, die sich in dem Bauwerk oder auf dem Gelände des Bauwerks aufhalten, in Notsituationen ins Freie flüchten können („sich in Rettung bringen können") und
- über die bei einem Brand die Feuerwehr ihre Brandangriffe vornehmen kann.

Es ist klar, dass die Bauordnung für solche Räume und Bereiche besondere Vorschriften erlassen hat. Hier geht es in Notfällen – wie Brand oder sonstige Katastrophen – um Menschenleben. In diesen Räumen und Bereichen darf bei einem entstehenden Brand auf keinen Fall Feuer ausbrechen. Weiterhin muss verhindert werden, dass diese Räume und Bereiche durch Rauchgase aus den Brandbereichen für Menschen unbetretbar werden.

Planer und Errichter elektrischer Anlagen müssen dann, wenn es um die Elektroinstallation in diesen Räumen und Bereichen geht, die besonderen Vorschriften der Bauordnung beachten. Diese Vorschriften beschreiben auch Anforderungen für den Fall, dass diese Räume und Bereiche für die Kabel- und Leitungsverlegung genutzt werden müssen.

Natürlich ist Rettungsweg nicht gleich Rettungsweg. Neben der zuvor erwähnten Unterscheidung in Flure und Treppenräume muss auch die Art und Nutzung des Gebäudes berücksichtigt werden. Bei einem Einfamilienwohnhaus legt man beispielsweise in der Regel keine Rettungswege fest. In einem Hotelhochaus mit Konferenzräumen und dergleichen stellt sich die Notwendigkeit einer solchen Festlegung schon völlig anders dar. Das heißt, dass nicht in allen Gebäuden die gleichen Sicherheitsanforderungen gelten können.

Gebäude, in denen Rettungswege mit ihren besonderen Anforderungen vorgesehen werden, gehören meist zu den sogenannten „Gebäuden mit Menschenansammlungen“ oder es sind Krankenhäuser und Pflegeheime usw. In solchen Gebäuden geht es um die Sicherheit der Menschen, die sich darin aufhalten und die in der Regel nicht mit den Räumlichkeiten vertraut sind (wie im Theater, Kino, Kaufhäuser, Hotels usw.). Hier spielen Rettungswege eine besonders große Rolle. Aber auch in Mehrfamilienwohnhäusern liegt unter Umständen ein besonderes Interesse vor.

Aus diesem Grund haben Vertreter aus den Bundesländern in der „Arbeitsgemeinschaft der für das Bau-, Wohnungs- und Siedlungswesen zuständigen Minister der Länder (ARGEBAU)“ in einer Musterrichtlinie entsprechende Anforderungen festgelegt. Es geht um die Muster-Richtlinie über brandschutztechnische Anforderungen an Leitungsanlagen (Muster-Leitungsanlagen-Richtlinie (**MLAR**); siehe hierzu Kapitel 29 in diesem Buch).

In der MLAR tauchen entsprechend der MBO im Zusammenhang mit den Rettungswegen verschiedene Begriffe auf, die im Weiteren von Bedeutung sind:

- **notwendige Treppenräume,**
- **Räume zwischen notwendigen Treppenräumen und Ausgängen ins Freie,**
- **notwendige Flure.**

Diese Begriffe werden im Weiteren erläutert, wenn von der Elektroinstallation in diesen Räumlichkeiten die Rede ist.

32 Kabel- und Leitungsverlegung in Rettungswegen

32.1 Vorbemerkung

Wie zuvor beschrieben, geht es besonders um Räume, Bereiche bzw. Gebäude, bei denen man stets mit der Anwesenheit vieler Menschen rechnen kann. Dabei gibt es natürlich Unterschiede. Bei einem Mehrfamilienwohnhaus mit vielleicht 10 Wohneinheiten ist das Sicherheitsrisiko anders zu beurteilen als in einem Hochhaus mit 20 Stockwerken oder in einer Versammlungsstätte (beispielsweise ein Theater), in denen sich möglicherweise 500 und mehr Menschen dichtgedrängt zusammenfinden. Die MLAR hat darum eine Zweistufigkeit bei ihren Sicherheitsvorschriften eingeführt, die sich in der Praxis bewährt hat. Im Folgenden wird dies näher erläutert.

Rettungswege in Gebäuden sind, wie bereits gesagt, Flure und Treppenräume mit ihren Ausgängen ins Freie. Grundsätzlich kann man für diese Art Räume zwei Dinge festlegen:

→
- Die Leitungsanlage[146] darf in Wände und Decken nur soweit eingreifen, dass deren Statik und brandschutztechnische Eigenschaften nicht unzulässig verändert werden.
- Um möglichst wenig Brandlast zu erhalten, sollen in Rettungswegen nach Möglichkeit nur solche elektrische Betriebsmittel errichtet werden, die zum Betrieb des Rettungswegs notwendig sind, z. B. für die Beleuchtungsanlage, Rauch-Wärme-Abzugsanlage (RWA) oder Gefahrenmeldeanlagen (für Einbruch- oder Brandmeldung).

Diese beiden Grundsätze finden sich in den Bestimmungen der Leitungsrichtlinien und der einschlägigen Normen wieder. **Tabelle 32.1** dieses Buches fasst die wichtigsten Anforderungen der MLAR zusammen.

Tabelle 32.1 *Grundsätzliche Anforderungen der MLAR 2015 für Kabel und Leitungen in Treppenräumen und Fluren; Einzelheiten und Ausnahmen werden in den folgenden Abschnitten beschrieben*
SV Sicherheitsstromversorgung, K+L Kabel und Leitungen

Gebäudebereich	**notwendige Maßnahmen nach MLAR 2052**
Notwendige Treppenräume und Räume zwischen notwendigen Treppenräumen und Ausgängen ins Freie und notwendige Flure	Abschnitt 3.1.2 K+L dürfen nur in Wänden und Decken der Rettungswege verlegt werden, wenn sie deren Feuerwiderstandsfähigkeit nicht beeinträchtigen.
	Abschnitt 3.2.1 K+L müssen verlegt werden: – einzeln unter Putz, – bei mehreren Leitungen in Wandschlitzen mit mind. 15 mm Verputz oder entsprechend dicken mineralischen Platten, – innerhalb von mindestens feuerhemmenden Wänden in Leichtbauweise, wenn die K+L ausschließlich der Versorgung von Betriebsmitteln im Bereich des Rettungswegs dienen, – in Installationsschächten und -kanälen nach Abschnitt 3,5 (MLAR), – in Unterflurkanälen nach Abschnitt 3.5 (MLAR) – über Unterdecken nach Abschnitt 3.5 (MLAR) oder – in Systemböden.
Sicherheitstreppenräume	Abschnitt 3.1.3 In Sicherheitstreppenräumen dürfen nur K+L einschließlich Verteiler und Messeinrichtungen errichtet werden, die zum Betrieb des Treppenhauses notwendig sind (z. B. Beleuchtung, Brandmeldeanlage u. ä.).
Für alle Gebäudebereiche gilt	Abschnitt 5.2.1 Funktionserhalt der SV-Leitungsanlage wird erreicht durch die Verlegung von Leitungen: 1. die DIN 4102 Teil 12 entsprechen oder 2. auf der Rohdecke unterhalb des Estrichs (mindestens 30 mm) oder 3. im Erdreich.

146 Hierunter fallen nach MLAR Kabel und Leitungen sowie Verteiler und Messeinrichtungen.

Die vorgenannten Grundsätze werfen häufig Fragen auf.

Frage 1: Rettungswege sind sicher gegen den Rest des Gebäudes brandschutztechnisch abzuschotten. Ist es dann zulässig, dass in Brandwände (und anderen brandschutztechnisch relevanten Wänden) Gerätedosen bzw. Abzweigdosen eingebracht werden?

Antwort: Dies ist in der Regel mit Ja zu beantworten, wenn man einige Einschränkungen beachtet:

- Geräte- und Abzweigdosen, die keiner brandschutztechnischen Qualität entsprechen bzw. keine bauaufsichtliche Zulassung besitzen, müssen stets von entweder Mineralwolle oder anderen nicht brennbaren Baustoffen umschlossen sein.
- Geräte- und Abzweigdosendosen ohne eine brandschutztechnische Klassifizierung dürfen in einer F30-Wand nicht gegenüberliegend montiert werden. Bei Dosen mit brandschutztechnischer Klassifizierung (z. B. F30) ist dies dagegen möglich (siehe nachfolgend Mindestdicke der innenliegenden Mineralwolle).
- In klassifizierten Hohlwänden mit Mineralwolle im Inneren muss diese Mineralwolle eine Mindestdicke von 30 mm aufweisen, wenn sie durch die eingebrachte Dose gestaucht wurde.
- Direkt neben einer Tür **ohne** eine brandschutztechnische Klassifizierung können Dosen ohne brandschutztechnische Klassifizierung in brandschutztechnisch klassifizierten Wänden (auch gegenüberliegend) montiert werden. Allerdings darf der Abstand vom äußeren Rand der Dose zur Türzarge nicht größer sein als 250 mm.
- Direkt neben einer Tür **mit** einer brandschutztechnischen Klassifizierung (z. B. T30 oder T60) müssen die Dosen ebenfalls eine entsprechende brandschutztechnische Klassifizierung (F30 oder F60) aufweisen. Der Einbau von gegenüberliegenden Dosen (mit brandschutztechnischer Klassifizierung) ist ebenfalls möglich, Dabei muss eine Restwanddicke der vorhandenen Mineralwolle zwischen den Dosen nicht beachtet werden. Auch ein bestimmter Abstand zwischen Dose und Türzarge ist nicht vorgegeben.
- In Hohlwänden mit brandschutztechnischer Klassifizierung (z. B. F30) ohne innenliegende Mineralwolle müssen Dosen ohne brandschutztechnische Klassifizierung umbaut werden. Die Kabeleinführungen sind dabei ebenfalls entsprechend dicht zu verschließen.

Frage 2: Welche Restwanddicke ist bei Eingriffen (beispielsweise Verteilernischen) zu beachten?

Antwort: Die Restwanddicke muss der Art der Wand entsprechen. Man kann diese Maße aus DIN 4102 Teil 4 entnehmen. Auf alle Fälle sollten Absprachen zwischen Elektroplanern und Architekten stattfinden, besonders, wenn es sich um tragende Wände handelt.

Können Mindestmaße von Restwanddicken nicht eingehalten werden, müssen speziell nach DIN 4102 Teil 4 klassifizierte Rückwände eingesetzt werden. Auch bei dieser Lösung sind zwingend Absprachen zwischen Elektroplaner und Architekten notwendig, da diese Rückwände je nach Feuerwiderstandsklasse bis zu 40 mm auftragen können.

Frage 3: Welche Einbauten (beispielsweise Leuchten) können in einer Unterdecke, die eine Feuerwiderstandsdauer aufweist, eingebracht werden?

Antwort: Im Grunde ist diese Frage schnell beantwortet: Hat der Hersteller den Einbau der entsprechenden Betriebsmittel (z. B. Leuchte) mit prüfen lassen, dann muss dieser Einbau natürlich auch möglich sein. Wurde die Unterdecke dagegen ausschließlich ohne Einbauten geprüft, dann muss ausgekoffert werden, um die durch den Einbau entstandene Schwächung der Feuerwiderstandsqualität wieder herzustellen. In der Regel muss man davon ausgehen, dass eine Decke (Zwischendecke) mit brandschutztechnischer Klassifizierung nicht mit derartigen Einbauten geprüft wurde und somit ein Einbau ohne entsprechende Maßnahmen nicht möglich ist.

32.2 Kabel- und Leitungsverlegung in Fluren

Wie bereits betont, sollte in einem Rettungsweg gar nichts brennen. Von daher muss die Brandlast, die Kabel und Leitungen einbringen, möglichst gering gehalten werden. Außerdem dürfen Kabel und Leitungen nach menschlichem Ermessen als Brandursache nicht in Frage kommen. Entsprechende Maßnahmen, die in Fluren (sofern diese als Rettungswege gelten) notwendig werden, sind im **Bild 32.1** dargestellt.

Bild 32.1 *Verlegearten in Fluren, die als Rettungswege gelten; Erläuterungen hierzu folgen im Text dieses Abschnitts*

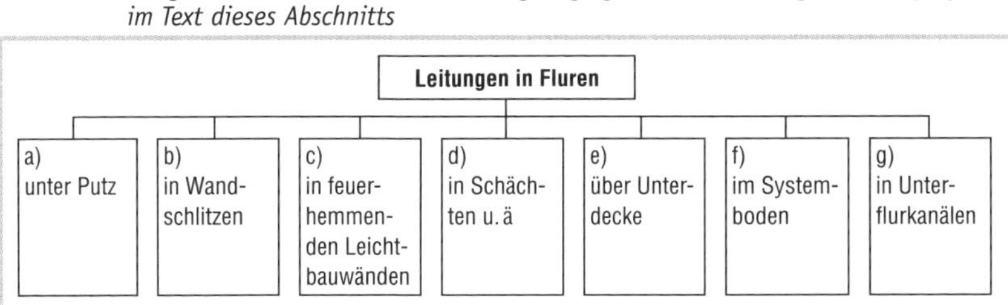

Erläuterungen zum Bild 32.1

Zu a) Verlegung einzelner Leitungen unter Putz

Hier geht es um **einzelne** Leitungen, die gegenüber dem Rettungsweg durch eine Putzschicht abgetrennt sind. Über die Dicke der Putzschicht werden keine Angaben gemacht. Man kann aber davon ausgehen, dass eine Putzschicht von **mindestens 4 mm** ausreicht. Allerdings muss sich auch zwischen mehreren, einzeln verlegten Leitungen eine Putzschicht von mehreren Millimetern befinden – sonst gelten diese Leitungen nicht mehr als „einzeln verlegt".

Zu b) Verlegung von Leitungsbündeln in Wandschlitzen

Leitungsbündel müssen in Wandschlitzen untergebracht und mit einer Putzschicht oder mit mineralischen Baustoffen von **mindestens 15 mm** Dicke überdeckt werden.

Zu c) Verlegung in Leichtbauwänden

Leitungen, die ausschließlich der Versorgung von Betriebsmitteln dienen, welche sich in oder an Wänden des Rettungswegs befinden, können innerhalb von Leichtbauwänden verlegt werden. Die Leichtbauwände müssen jedoch mindestens feuerhemmende Materialeigenschaften (F30) aufweisen.

Zu d) Verlegung in Schächten und Kanälen

Kanäle sind waagerechte Leitungs-Führungssysteme, Schächte dagegen senkrechte. Hier ist Folgendes zu beachten:

Aus der Darstellung im **Bild 32.2** wird deutlich, dass es zunächst wichtig ist, ob ein Schacht ein Bauteil mit festgelegter Feuerwiderstandsdauer durchdringt. In diesem Fall ist der Installationsschacht nach MLAR stets in der Feuerwiderstandsklasse des Bauteils auszuführen.

Eine andere Möglichkeit wäre , wenn man an der Stelle, wo der Schacht das Bauteil durchdringt, innen im Schacht eine Brandschottung in der Feuerwiderstandsklasse des durchdrungenen Bauteils einbringt. In diesem Fall kann man die Frage im Bild 32.2, ob die „Decke/Wand durchdrungen" wird, mit „Nein" beantworten.

Für den Fall, dass besagte Frage im Bild 32.2 mit „Nein" beantwortet werden kann, muss eine nächste Frage geklärt werden: „Handelt es sich um ein Gebäude der Klasse 1 oder 2 und ist die Grundfläche des Gebäudes kleiner als 200 m^2?" Die Antwort entscheidet über die weitere Vorgehensweise.

Ist diese letzte Frage mit „Ja" zu beantworten, kann die Feuerwiderstandsdauer entfallen. Der Kanal oder der Schacht muss dann nur dicht

Bild 32.2 *Ausführungen von Kanälen und Schächten in Fluren nach MLAR, Abschnitt 3.5.4*

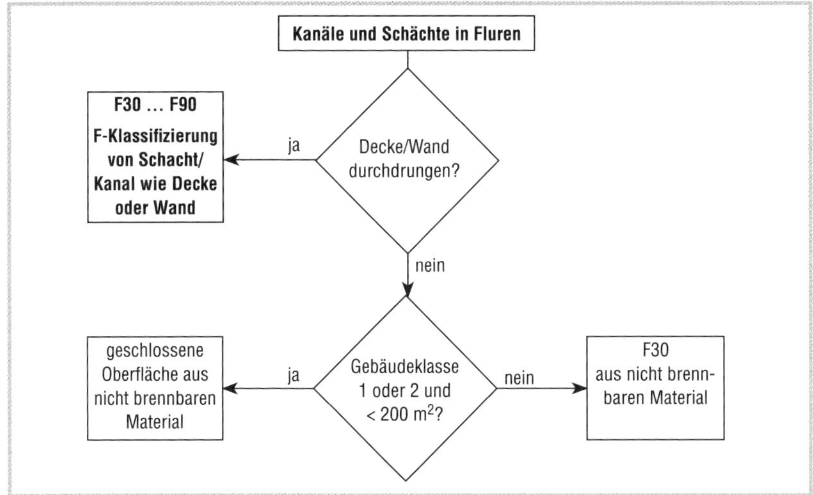

geschlossen sein und aus nicht brennbarem Material bestehen.
Bei „Nein“ muss der Schacht (Kanal) eine **Feuerschutzdauer von mindestens 30 min** aufweisen und aus nichtbrennbaren Materialien bestehen.
In der Praxis tauchen in diesem Zusammenhang häufig Fragen auf, die eine gewisse Unsicherheit deutlich machen. Beispielsweise geht es darum, welche Art Schächte bzw. Kanäle hier gemeint sind? Natürlich sind das zunächst fabrikfertige Produkte oder sie werden vor Ort aus nichtbrennbaren Baustoffen erstellt. Diese Produkte müssen nach DIN 4102 hergestellt und entsprechend geprüft bzw. zugelassen sein. Es geht dagegen nicht um die in der Installation üblichen Installationskanäle nach DIN VDE 0604.

Zu e) Verlegung oberhalb der Unterdecke

Hier geht es um die Verlegung oberhalb der Unterdecke (Zwischendecke). Dabei ergibt sich eine ähnliche Situation wie bei den Schächten und Kanälen (Zu d). Die Frage der Durchdringung von Bauteilen erübrigt sich in der Regel. Allerdings muss die Frage nach der Art des Gebäudes beantwortet werden. Handelt es sich um ein Gebäude der Klasse 1 oder 2, so gelten die gleichen Erleichterungen wie bei den Kanälen und Schächten (lediglich nicht brennbar und insgesamt dicht schließend). In diesem Fall dürfen ohne besondere Maßnahmen auch Leuchten integriert werden.

Beantwortet man die zweite Frage jedoch mit „Nein“, muss die Unterdecke eine Feuerwiderstandsfähigkeit von F30 aufweisen.
Speziell für die Unterdecke sind darüber hinaus noch einige Aussagen von Bedeutung:

1. Die Unterdecke muss für Revisionen und Nachinstallationen Öffnungen haben. Diese Öffnungen müssen natürlich die gleiche Feuerwiderstandsklasse vorweisen wie die Unterdecke selbst.
2. Die Unterdecke einschließlich ihrer Öffnungen muss die jeweilige Feuerwiderstandsdauer von oben und von unten nachweisen[147].
3. Die Unterdecke muss die jeweilige Feuerwiderstandsdauer als selbstständiges Bauteil nachweisen – also völlig unabhängig von der Rohdecke.
4. Unterdecken dürfen im Brandfall nicht durch beispielsweise herabfallende Leitungen mechanisch belastet werden. Dies ist gewährleistet, wenn die Leitungen mit Stahlbauteilen und Metalldübeln an den massiven Umfassungsbauteilen des Deckenhohlraumes befestigt werden, wobei

- die Stahlbauteile so zu dimensionieren sind, dass die rechnerische Zugspannung den Wert 9 N/mm² nicht übersteigt,
- die Ausleger der Tragesysteme an den freien Enden zusätzlich abgehängt werden (**Bild 32.3**), es sei denn, es handelt sich um Tragesysteme für funktionserhaltende Kabel- und Leitungssysteme, die vom Hersteller auch ohne zweite Abhängung geprüft wurden,
- und die Metalldübel für Verankerungen im gerissenen Beton oder für Verankerungen leichter Deckenverkleidungen und Unterdecken geeignet sind und einen bauaufsichtlichen Verwendbarkeitsnachweis in Form einer allgemeinen bauaufsichtlichen Zulassung oder eine Zustimmung der Oberen Bauaufsichtsbehörde im Einzelfall haben.

Fehlt in dem allgemeinen bauaufsichtlichen Zulassungsbescheid die brandschutztechnische Bewertung, so muss ein Metalldübel mindestens die Größe M 8 aufweisen und mindestens doppelt so tief wie in dem Zulassungsbescheid gefordert (mindestens aber 60 mm) eingebaut werden. Außerdem dürfen die Dübel rechnerisch höchstens mit 500 N auf Zug belastet werden.
Ein Herabstürzen der Leitungsanlage auf die Unterdecke ist ebenso nicht

147 Wurde eine Unterdecke nur von unten geprüft, darf sie nur mit einer Brandbelastung (im Bereich über der Decke) von maximal 7 kWh/m² belastet werden. Dies ist aber ausdrücklich in der aktuell gültigen MLAR kein Kriterium mehr – die Unterdecke mit Feuerwiderstands-Qualität muss also von unten und oben geprüft werden.

Bild 32.3 *Kabelrinne mit zusätzlicher Befestigung durch Gewindestangen (aktuell bieten verschiedene Hersteller geprüfte Trassenkonstruktionen auch ohne zweite Befestigung an)*

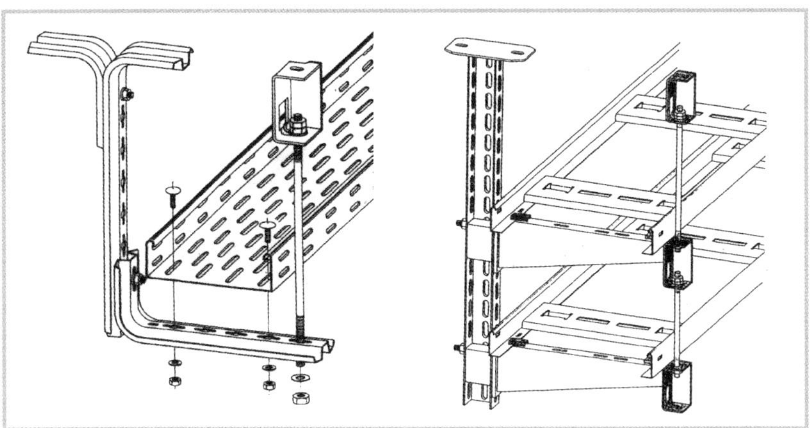

zu befürchten, wenn ein Kabeltrage- bzw. Kabelbefestigungssystem verwendet wird, das in Verbindung mit einer Leitung mit Funktionserhalt von mindestens E30[148] geprüft wurde und eine entsprechende Zulassung hat.
Hier sollte der Planer oder Errichter sich auf alle Fälle beim Hersteller der Tragesysteme erkundigen, ob diese Bedingungen eingehalten werden können.

5. Ob die Leitungen oberhalb der Unterdecke in Rohre oder Kanäle geführt werden, spielt hier keine Rolle. Nur wenn es sich um Kanäle mit einer Feuerwiderstandsklasse handelt, kann die Klassifizierung der Unterdecke entfallen. Handelt es sich jedoch um (nach DIN 4102) nicht geprüfte und klassifizierte Kanäle, so gilt die Elektroinstallation als „offen verlegt". Diese Kanäle und Rohre müssen auf alle Fälle aus nicht brennbarem Material bestehen.
6. Wird der Bereich über der Unterdecke gesprinklert, so kann nach älteren Regelungen auf eine Klassifizierung der Unterdecke verzichtet werden, weil die Sprinklerung für einen notwendigen Brandschutz sorgt.
7. Die Feuerbeständigkeit der Unterdecke wird vom Hersteller durch ein Prüfzeugnis nachgewiesen. Ein Schild mit der Zulassungsnummer und den üblichen Angaben (Errichter, Datum der Errichtung, Hersteller, Zulassungsnummer usw.) sollte gut sichtbar in der Nähe der Decke oder an

148 Eventuell ist auch ein Funktionserhalt mit mindestens E90 notwendig – die Zeit richtet sich je nach der Klassifizierung der Unterdecke.

ihr angebracht werden. Dies gilt im Übrigen auch im übertragenen Sinn für die vorgenannten Schächte und Kanäle mit brandschutztechnischer Klassifizierung.

Zu f) Verlegung im Systemboden

Die Verlegung in speziellen Systemböden ist immer möglich. Hier gibt es wie bei der Unter-Putz-Verlegung keine Probleme mit der Brandlast. Diese Bauteile werden in diesem Fall in den „Richtlinien über brandschutztechnische Anforderungen an Systemböden" beschrieben. Bei diesen Richtlinien handelt es sich um die Musterrichtlinien der ARGEBAU, die in den einzelnen Bundesländern unverändert oder eventuell leicht modifiziert übernommen wurden.

Zu g) Unterflurkanäle

Unterflurkanäle werden in VDE 0634 beschrieben. Es gibt sie estrichbündig oder estrichüberdeckt. In beiden Fällen ist eine Verlegung von Kabeln und Leitungen in Rettungswegen möglich, wenn die oberen Abdeckungen aus nicht brennbaren Baustoffen bestehen. Öffnungen für beispielsweise Nachbelegungen dürfen lediglich in notwendigen Fluren vorhanden sein (also nicht im Treppenhaus). Auch diese Öffnungen müssen dicht schließen und aus nicht brennbaren Stoffen bestehen (siehe hierzu auch Kapitel 23 dieses Buches).

Ausnahmen der Regeln bei notwendigen Fluren

Es gibt einige Ausnahmen, die der Erleichterung dienen sollen:
Eine offene Verlegung der Leitungen ist möglich,

- bei Verwendung von Leitungen mit nicht brennbarer Isolation (mineralisolierte Leitungen); mineralisolierte Leitungen sind geradezu ideal für die offene Verlegung,
- wenn sie ausschließlich der Versorgung des Flures dienen; hierzu zählt beispielsweise die komplette Installation für Brandmeldeanlagen sowie Rauch-Wärme-Abzugseinrichtungen,
- wenn es um einzelne kurze[149] Leitungen geht, die „im Stich" einen anderen Bereich oder ein bestimmtes Verbrauchsmittel versorgen; solche Leitungen dürfen in notwendigen Fluren ohne sonstige Einschränkungen offen verlegt werden.

Zusätzlich ist zu beachten, dass Kanäle, die zur Leitungsführung benutzt werden, aus nicht brennbarem Material bestehen müssen.

149 Leider fehlt eine genauere Angabe, was unter „kurz" zu verstehen ist. Es dürfte jedoch klar sein, dass es sich nicht um eine Leitung handeln kann, die den gesamten Raum in seiner längsten Ausdehnung durchquert, vielmehr kann es nur um einzelne Leitungen gehen, die beispielsweise aus einem Kanal mit einer Feuerwiderstandsklasse herausgeführt und dann in angrenzende Räume verlegt werden.

Besonderheiten für Installationen in Gebäuden der Klasse 1 oder 2

Ausgehend von der Einteilung der Gebäude in der Musterbauordnung gibt es für Rettungswege in Gebäuden der Klasse 1 oder 2 gegenüber den Rettungswegen in anderen Gebäuden gewisse Erleichterungen. So dürfen Kabel und Leitungen mit besonderem Verhalten im Brandfall in diesen Gebäuden in Rettungswegen offen verlegt werden.

Entsprechend Bild 32.2 gelten die im vorhergehenden Abschnitt getroffenen Aussagen unter Punkt a) bis g) mit folgenden Abweichungen:

Zu d) Verlegung in Schächten und Kanälen bei Gebäuden der Klasse 1 und 2

In Rettungswegen in Gebäuden der Klasse 1 und 2 brauchen

- die Installationsschächte, die keine Bauteile mit Feuerwiderstandsdauer überbrücken[150] und
- die Installationskanäle

nur aus nichtbrennbaren Baustoffen mit geschlossenen Oberflächen zu bestehen. Häufig werden die Schächte und Kanäle, die hier gemeint sind, vor Ort errichtet (entweder vom Bauhandwerker oder vom Trockenbauer) oder es werden Kanäle nach DIN VDE 0604 eingesetzt, die dann jedoch aus nicht brennbarem Material bestehen müssen.[151]

Zu e) Verlegung oberhalb der Unterdecke bei Gebäuden der Klasse 1 und 2

In Gebäuden der Klasse 1 und 2 braucht in Rettungswegen die Unterdecke einschließlich der Abschlüsse und Öffnungen nur aus nichtbrennbaren Baustoffen zu bestehen.

32.3 Kabel- und Leitungsverlegung in Treppenräumen

Definition des Treppenraums als Rettungsweg

Der Flur gilt als Rettungsweg aus dem Gebäude zum Ausgang ins Freie oder zu einem Treppenraum. Somit muss es folgerichtig auch Treppenräume geben, die als Rettungsweg dienen. Solche Treppenräume ermöglichen die Rettung gleichzeitig für mehrere Flure und dies meist in verschiedenen Stockwerken. Man kann unterscheiden in

- **notwendige Treppenräume** und
- **Sicherheitstreppenräume.**

150 Das bedeutet, der Schacht reicht entweder nur vom Fußboden bis zur Decke oder er erhält innen eine Brandschottung mit einer Feuerwiderstandsdauer, die der jeweiligen Decke, durch die er geführt wird, entspricht.

151 Da es hier bei senkrechter Verlegung lediglich um kurze Strecken geht (eventuell vom Fußboden bis zur Decke), wird in der Regel auch in diesen Fällen der übliche (nichtbrennbare) Kanal nach DIN VDE 0604 eingesetzt.

Sicherheitstreppenräume werden dann notwendig, wenn die entsprechende Treppe als alleiniger Fluchtweg gilt. Solche Sonderformen von Treppenräumen kommen häufig bei Hochhäusern vor. Sicherheitstreppenräume sind so beschaffen, dass Feuer und Rauch nicht in sie eindringen können. Hier dürfen lediglich Kabel und Leitungen installiert werden, die zum sicheren Betrieb des Treppenhauses erforderlich sind.

Die Installation in notwendigen Treppenräumen

Auch hier trifft wie in Abschnitt 32.2 der Grundsatz zu: Im Rettungsweg sollte möglichst gar nichts brennen. Aber da dies praxisfremd wäre, gelten – wie auch in den Fluren – für Leitungsanlagen die Anforderungen, wie sie in **Bild 32.4** dargestellt sind.

Erläuterungen zum Bild 32.4

Zu a), b) und c) Verlegung unter Putz und in Leichtbauwänden

Hier gelten die gleichen Aussagen wie im Abschnitt 32.2 unter den Punkten a) bis c).

Zu d) Verlegung in Schächten und Kanälen

Werden die Leitungen in Installationsschächten und -kanälen verlegt, so sind die Anforderungen nach MLAR, Abschnitt 3.5.1, zu berücksichtigen: Schächte und Kanäle müssen, wenn sie ein Bauteil mit Feuerwiderstandsdauer durchdringen, aus nichtbrennbaren Baustoffen bestehen und eine Feuerwiderstandsdauer haben, die der Feuerwiderstandsdauer des durchdrungenen Bauteils entspricht.

Dabei sind nicht die Decken im Treppenraum selbst gemeint, sondern die Decken bzw. Fußböden der Etagen, zu denen das Treppenhaus jeweils führt. Der Gedanke ist hier, dass dann, wenn diese Etagendecken zusammenbrechen, auch die Funktion der Kabel und Leitungen im Treppenraum nicht mehr aufrechterhalten werden muss.

Zu e) Verlegung oberhalb der Unterdecke

Bei Installation über einer Zwischen- bzw. Unterdecke sind die Verhältnisse ebenso eindeutig: Die Unterdecke muss nach MLAR, Abschnitt

Bild 32.4 *Verlegearten in Treppenräumen*

3.5.3, die gleiche Feuerwiderstandsdauer aufweisen wie die Decke (Rohdecke).

Zu f) Verlegung im Doppelboden

Hier gelten die gleichen Aussagen wie im Abschnitt 32.2 unter Punkt f).

Zu g) Verlegung in Unterflurkanälen

Auch hier gelten die gleichen Anforderungen wie zuvor im Abschnitt 32.2 unter Punkt g).

Ausnahmen für die Verlegung in Treppenräume

1) Eine offene Verlegung von mineralisolierten Leitungen ist immer möglich.
2) Ebenso ist die offene Verlegung von Leitungen möglich, die ausschließlich dem Betrieb des Treppenhauses dienen.

33 Verteiler und Messeinrichtungen in Rettungswegen

33.1 Niederspannungs-Schaltgerätekombinationen

Der Elektroverteiler wird in den Normen Niederspannungs-Schaltgerätekombination genannt. Aus der Sicht des Brandschutzes muss ein Verteiler stets als potentielle Gefahrenquelle angesehen werden – und dies aus dreifachem Grund:

- In einem elektrischen Verteiler werden auf engem Raum große Energiemengen „angeliefert" und dann verteilt. Das sorgt stets für Verlustwärme, die abgeführt werden muss. Wird die Verteilung überlastet (bei einer falschen Auslegung) oder zu wenig gekühlt (bei einem falschen Belüftungskonzept oder einer schlechten Wärmeableitmöglichkeit usw.), kann dies sehr schnell zu einem Brand führen.
- In einem Elektroverteiler befinden sich extrem viele Klemmstellen – also Übergangswiderstände, die sowieso überdurchschnittlich oft als Brandursache in Fragen kommen.
- In einem elektrischen Verteiler befinden sich sehr viele Geräte, isolierte Leitungen, Abdeckungen usw. aus brennbarem Material, die bei einem Brand erheblich zur Brandlast beitragen können.

Das muss nicht bedeuten, dass ein Elektroverteiler in jedem Fall ein besonders hohes Risiko darstellt. Wenn er richtig ausgewählt und errichtet und im Weiteren korrekt gewartet wird, können solche Verteiler jahrzehntelang sicher betrieben werden. Aber dennoch sind sie aus den oben genannten

Gründen immer anfälliger als die meisten anderen Betriebsmittel in der elektrischen Anlage.

Will man in bestimmten Bereichen das Risiko möglichst klein halten, sollte man überlegen, ob elektrische Verteiler nicht an einem besonders sicheren Ort in einer Umgebung mit möglichst geringen Brandlasten untergebracht werden können. Absolute Pflicht ist diese Überlegung in Rettungswegen, denn für solche Räume hat die MLAR Festlegungen getroffen. Dies soll im Folgenden näher beschrieben werden.

Tabelle 32.2 gibt zu den Aussagen der MLAR bezüglich dieser Problematik einen Überblick.

Tabelle 32.2 *Vorschriftentexte für das Errichten von Verteilern in Treppenhäusern und Fluren nach MLAR. Einzelheiten und Ausnahmen hierzu werden in diesem Abschnitt beschrieben.*
SV Sicherheitsstromversorgung, K+L Kabel und Leitungen

Art des Rettungsweges	Notwendige Maßnahmen nach MLAR 2052
Notwendige Treppenräume	Abschnitt 3.1.2 Verteilernischen dürfen nicht in Wände der Rettungswege so eingreifen, dass sie deren Feuerwiderstandsklasse aufheben.
	Abschnitt 3.2.2 Es sind Abtrennungen der Verteiler gegenüber dem Rettungsweg mit nicht brennbaren Bauteilen in der Feuerwiderstandsdauer F30 mit dichtschließenden Türen in T30 notwendig.
Sicherheitstreppenräume	Abschnitt 3.1.3 In Sicherheitstreppenräume dürfen nur K+L einschließlich Verteilern und Messeinrichtungen errichtet werden, die zum Betrieb des Treppenhauses notwendig sind (z. B. Beleuchtung, Brandmeldeanlage u. ä.).
notwendige Flure	Abschnitt 3.1.2 Verteilernischen dürfen nicht in Wände und Decken der Rettungswege so eingreifen, dass sie deren Feuerwiderstandsklasse aufheben oder deren Statik gefährden.
	Abschnitt 3.2.2 Es sind Abtrennungen der Verteiler gegenüber dem Rettungsweg mit nicht brennbaren Bauteilen mit dichtschließenden Türen notwendig.
Allgemeine Aussagen, die für alle Gebäudebereiche Gültigkeit haben	Abschnitt 5.2.2 Funktionserhalt der SV-Verteiler wird erreicht durch: 1. Aufstellung der SV-Verteiler in eigenen, nicht anders genutzten Räumen, deren Wände und Decken (außer der Tür) eine Feuerwiderstandsklasse besitzen, die dem Funktionserhalt entspricht, 2. das Gehäuse des SV-Verteilers oder durch eine entsprechende Umhüllung mit Bauteilen. Gehäuse wie Umhüllung müssen eine Feuerwiderstandsdauer besitzen, die der Dauer für den Funktionserhalt entspricht. In jedem Fall muss gewährleistet sein, dass die Einbauten im Verteiler (auch die Elektronik) nicht während eines Brandes vorzeitig aussetzen.

33.2 Verteiler in Fluren

Auch hier gilt der Grundsatz, dass durch das Einbringen von Elektroverteilern (Stromkreis- bzw. Kabelverteiler, Zählerverteiler u. ä.) die Feuerwiderstandsklasse der Wand nicht beeinträchtigt werden darf. Sind Nischen für diese Verteiler vorgesehen, ist die Restwanddicke zu beachten.

In Fluren, die als Rettungswege gelten, müssen die Verteiler zudem aus nichtbrennbaren Baustoffen bestehen und dicht schließende Türen aufweisen. Sie müssen verschließbar sein, um sie vor dem Zugriff von Unbefugten zu schützen.

Weiterhin ist zu beachten, dass bei Verteilern, deren Leitungen (zu- und abgehende Leitungen) in brandschutztechnischen Schächten oder Kanälen geführt werden, die notwendigen Öffnungen zum Schacht (oder Kanal) ebenso brandschutztechnisch verschlossen (geschottet) werden müssen.

33.3 Verteiler in Treppenräumen

Hier gilt das Gleiche, wie zuvor für Verteiler in Fluren. Allerdings müssen die Verteiler gegenüber dem Treppenraum brandschutztechnisch abgeschottet werden, wobei diese Abschottung einer Feuerwiderstandsklasse von F30 entsprechen muss.

In der MLAR taucht zudem noch das Sicherheitstreppenhaus auf. Sicherheitstreppenhäuser sind so beschaffen, dass Feuer und Rauch nicht in sie eindringen können. Hier dürfen lediglich die Verteiler installiert werden, die zum sicheren Betrieb des Treppenhauses dringend erforderlich sind.

34 Rohre und Kanäle in Rettungswegen

Hier geht es um Rohre und Kanäle ohne ausgewiesene Feuerwiderstandsklasse. Sie entsprechen DIN VDE 0604 und DIN VDE 0605 (siehe Teil C, Kapitel 22 dieses Buches). Folgendes ist zu beachten:

In Rettungswegen ist eine Kabel- und Leitungsverlegung in Kanälen und Rohren, die lediglich DIN VDE 0604 bzw. DIN VDE 0605 entsprechen, im Grunde nur erlaubt für

- die Verlegung der Zuleitung zu Betriebsmitteln, die den Betrieb des Rettungsweges sichern (wie Beleuchtung, Brandmeldeanlage usw.),
- die Verlegung von Kabeln und Leitungen, wenn eine offene Verlegung erlaubt ist, beispielsweise in notwendigen Fluren geringer Nutzung (siehe Abschnitte 32.2 und 32.3).

In beiden Fällen müssen diese Rohre bzw. Kanäle jedoch aus nicht brennbaren Materialien bestehen.[152]

Andernfalls müssen Kanäle eingesetzt werden, die eine Zulassung gemäß den Bedingungen nach DIN 4102 besitzen. Das ist immer dann der Fall, wenn Funktionserhalt gefordert wird.

Es muss auch betont werden, dass ein Kanal mit Funktionserhalt nach DIN 4102, der für eine waagerechte Montage als Installationskanal geprüft wurde, nicht automatisch auch als Installationsschacht, also in senkrechter Montage verwendet werden darf, da hierfür jegliche Prüfgrundlage fehlt. Ist also ausdrücklich ein Schacht mit Funktionserhalt nach DIN 4102 gefordert, sollte sich der Planer oder Errichter beim Hersteller erkundigen, ob ein Kanal, den er einsetzen möchte, für eine senkrechte Montage im Rettungsweg nach DIN 4102 geeignet ist.

Bei Installationen oberhalb der Unterdecke können die Leitungen in einigen Bundesländern ohne Weiteres auch in Rohren oder Kanälen nach DIN VDE 0604 bzw. DIN VDE 0605 geführt werden. Sie müssen dann aber aus nicht brennbarem Material bestehen. Der Planer oder Errichter sollte sich hierüber bei der zuständigen Baubehörde erkundigen.

Für Unterflurkanäle, die im Teil C, Kapitel 23 dieses Buches behandelt wurden, gilt:

Aus der Sicht der Brandschadenverhütung ist die Verlegung in Unterflurkanälen gleichwertig zur Unter-Putz-Installation. Bei den estrichüberdeckten Kanälen ist das auch sicher zutreffend. Natürlich müssen alle Öffnungen bzw. Abschlüsse aus nicht brennbaren Baustoffen bestehen und dazu rauchdicht schließen.

Bei den estrichbündigen Kanälen ist die Frage nicht ganz so einfach. Hier kann aus der Sicht der Brandschadenverhütung nicht ohne Weiteres von einer Gleichwertigkeit zur Unter-Putz-Installation ausgegangen werden.

In der Musterrichtlinie bezüglich Doppelböden wird gefordert, dass diese eine nicht brennbare Oberfläche haben müssen. Das könnte man auf die Unterflurkanäle übertragen: Auch hier muss die Oberfläche nicht brennbar sein – einschließlich aller Öffnungen und Abschlüsse. Aufgrund dieser Überlegung ist eine Verlegung im Unterflurkanal wie eine Unter-Putz-Verlegung einzustufen.

152 Bei den in den Spiegelstrichen im Text erwähnten Möglichkeiten muss hinzugefügt werden, dass auch eine Verlegung in nicht brennbaren Kanälen nach DIN VDE 0604 möglich ist, die selbstverständlich auch für eine senkrechte Montage eingesetzt werden dürfen. Dies ist unproblematisch, da sich eine solche Montage maximal vom Fußboden bis zur Decke eines Raumes (z. B. Flur) erstreckt.

Für beide Arten der Unterflurkanäle gilt, dass dort, wo der Unterflurkanal eine Brandwand unterquert, natürlich eine brandschutztechnische Schottung im Inneren des Kanals eingebracht werden muss.

Literatur Teil E

Muster für Richtlinien über brandschutztechnische Anforderungen an Leitungsanlagen (MLAR)

Verordnung über den Bau von Betriebsräumen für elektrische Anlagen (EltBauVO)

DIN VDE 0100-520 Auswahl und Errichtung elektrischer Betriebsmittel; Kabel- und Leitungssysteme

DIN VDE 0100-560 Einrichtungen für Sicherheitszwecke

DIN VDE 0100-718 Anforderungen für Betriebsstätten, Räume und Anlagen besonderer Art – Teil 718: Öffentliche Einrichtungen und Arbeitsstätten

VdS 2025 Kabel- und Leitungsanlagen

Hochbaum, Adalbert; Hof, Bernhard: Kabel- und Leitungsanlagen, VDE-Schriftenreihe 68. VDE-Verlag, Berlin, 2003

Lippe, Manfred; Czepuck, Knut; Möller, Frank; Reintsema, Jörg: Kommentar zur Muster-Leitungsanlagen-Richtlinie (MLAR): Anwendungsempfehlungen und Praxisbeispiele zu MLAR, MSysBöR, MEltBauVO, Feuer-TRUTZ Network, 2018

Schmolke, Herbert: Auswahl und Bemessung von Kabeln und Leitungen. Hüthig Verlag, München/Heidelberg, 2018

Schmolke, Herbert: Elektro-Installation in Wohngebäuden, VDE-Schriftenreihe 45, VDE-Verlag, Berlin, 2018

F Kabel- und Leitungsanlagen sowie Verteiler für sicherheitstechnische Einrichtungen

Die folgenden Ausführungen stehen nicht direkt im Zusammenhang mit dem gesetzten Thema, bei dem es vornehmlich um die brandsichere Installation geht. Da die Sicherheitseinrichtungen aber oft brandvorbeugenden Charakter haben oder bei einem Brand Schaden verhüten sollen, muss hier auch davon die Rede sein – zumal in der MLAR auch hierzu Aussagen gemacht werden.

35 Begriffe

Notwendige Sicherheitseinrichtungen sind Einrichtungen, die im Gefahrenfall der Sicherheit von Personen dienen und die aufgrund von Forderungen (durch Normen oder baurechtliche Bestimmungen) vorzusehen sind und für die eine Sicherheitsstromversorgung errichtet werden muss. Beispiele sind:

- Sicherheitsbeleuchtung,
- Anlagen zur Löschwasserversorgung,
- Feuerwehraufzüge,
- Aufzüge mit Evakuierungsschaltung,
- Rauchabzugseinrichtungen,
- Einrichtungen zur Alarmierung und zur Erteilung von Anweisungen (ELA),
- CO-Warnanlage,
- Brandmeldeanlage.

36 Leitungen der Sicherheitseinrichtungen

Auch wenn die behördlichen Anforderungen dies nicht in aller Deutlichkeit hervorheben, sollten Leitungen der Sicherheitsstromversorgung (SV) stets von Leitungen der allgemeinen Stromversorgung (AV) getrennt verlegt werden.

Diese Trennung hat verschiedene Gründe:

- Sie dient der Übersichtlichkeit der Leitungsanlage der SV.
- Eine thermische Beeinflussung durch die Verlustwärme, die durch die belasteten Kabel und Leitungen der AV entstehen, werden durch diese Trennung weitgehend vermieden.
- Eine Gefährdung der Isolation von Kabeln und Leitungen der SV durch Kurzschlüsse, Leiterbrüche und Überlastungen bei Kabeln und Leitungen der AV wird vermieden.
- Eine elektromagnetische Beeinflussung der AV auf die SV und damit verbundene Störungen oder Fehlauslösungen von sicherheitstechnischen Einrichtungen werden vermieden.
- Bei Arbeiten an der Leitungsanlage der AV werden Beschädigungen der Leitungen der SV vermieden.

Deshalb sollte für die SV stets eine eigene Trasse gebildet werden. Eventuell kann ein gemeinsames Tragesystem verwendet werden, wobei AV und SV auf jeweils eigenen Kabelwannen (o. Ä.) verlegt werden. Trennstege zwischen den Systemen auf einer gemeinsamen Wanne sollten eine begründete Ausnahme sein.

Sicherlich ist diese Trennung für die Endstromkreise von Sicherheitsbeleuchtungsanlagen und Alarmierungseinrichtungen nicht unbedingt notwendig, da man davon ausgeht, dass es hier nicht zu einem Komplettausfall kommen kann. Allerdings darf das nicht dazu führen, dass hier grundsätzlich auf die Trennung verzichtet wird. Besonders im Bereich nach dem SV-Verteiler, wo es zu einer Häufung der Leitungen für die SV kommen kann, ist aus oben genannten Gründen für eine saubere Trennung zu sorgen.

37 Besonderheiten bei sicherheitstechnischen Einrichtungen

37.1 Funktionserhalt

37.1.1 Begriffsbestimmung

Eine wichtige Besonderheit sicherheitstechnischer Einrichtungen ist der Funktionserhalt. Zur groben Bestimmung, was damit gemeint ist, lässt sich zunächst sagen, dass eine Kabel- und Leitungsanlage (einschließlich der notwendigen Verteiler und Messeinrichtungen) Funktionserhalt besitzt, wenn bei einem Brand über eine festgelegte Zeit

- **keine Leiterunterbrechung**
  und
- **kein Kurzschluss**

erfolgen.

Das bedeutet mit anderen Worten, dass z. B. bei einem Brand die sicherheitstechnischen Einrichtungen, die an diesen Kabeln und Leitungen angeschlossen sind und für die ein Funktionserhalt vorgesehen ist, noch mindestens über die in der Funktionserhaltsklasse angegebene Zeit funktionieren müssen.

Bei der Prüfung zu diesem Funktionserhalt wird ein Brand gemäß den Bestimmungstexten der Norm (DIN 4102 Teil 2) „simuliert". Der Brandverlauf wird entsprechend der sogenannten „Einheitstemperaturkurve" (häufig mit ETK abgekürzt) gesteuert. Dabei kommen nach 90 min maximale Temperaturen von etwas über 1.000 °C vor.

Die zu prüfenden Betriebsmittel werden für die Prüfung entsprechend ihrer späteren Anwendung montiert. Das Ergebnis der Prüfung gilt dann auch **nur für die Montage bzw. die Montagebedingungen, die bei der Prüfung vorlagen.** Diese Montagebedingungen sind im jeweiligen Prüfzeugnis angegeben. Funktionserhalt kann also nur dann garantiert werden, wenn bei der Errichtung der jeweiligen Betriebsmittel (beispielsweise Kabel und Leitungen) diese in der Prüfung beschriebenen Montagebedingungen eingehalten werden.

37.1.2 Bedeutung des Funktionserhalts

Wer fordert eigentlich einen Funktionserhalt? Im Grunde können dies folgende Personen oder Organisationen sein:

- Der Betreiber (Unternehmer) selbst, weil er eine hohe Verfügbarkeit und Betriebssicherheit fordert (zum Beispiel bei professionell betriebenen EDV-Anlagen, in Tonstudios oder Sendeanlagen für TV und Rundfunk).
- Der Versicherer, der das entsprechende Gebäude versichert. So kann es vorkommen, dass der Versicherer bestimmte Sicherheitseinrichtungen fordert und die Erfüllung dieser Forderungen mit einem Versicherungsrabatt honoriert. Gleichzeitig fordert er jedoch auch den Funktionserhalt dieser Einrichtungen.
- Die Behörde (vor allem die Baubehörde, z. B. in der MLAR), wenn sie in bestimmten Gebäuden sicherheitstechnische Einrichtungen (wie Brandmeldeanlagen, Sicherheitsbeleuchtung) fordert.

Die Muster-Leitungsanlagen-Richtlinie (MLAR) beschreibt den Funktionserhalt im Abschnitt 5.1.1 wie folgt:

„Die elektrischen Leitungsanlagen für bauordnungsrechtlich vorgeschriebene sicherheitstechnische Anlagen müssen so beschaffen oder durch Bauteile abgetrennt sein, dass die sicherheitstechnischen Anlagen im Brandfall ausreichend lang funktionsfähig bleiben (Funktionserhalt). Dieser Funktionserhalt muss bei möglicher Wechselwirkung mit anderen Anlagen oder deren Teilen gewährleistet bleiben."

Erreicht wird der Funktionserhalt in der Regel durch eine der folgenden Maßnahmen:

(1) Besondere Verlegung (z. B. unterhalb des Estrichs mit mindestens 30 mm Überdeckung)
(2) Verwendung von Leitungen mit integriertem Funktionserhalt (wird im Folgenden näher beschrieben)
(3) Verlegung in Schächten und Kanälen, die die in ihnen verlegten Kabel und Leitungen schützen
(4) Verwendung von mineralisolierten Leitungen
(5) Verwendung von Schienenverteilern mit integriertem Funktionserhalt
(6) Verlegung im Erdreich

Die MLAR selbst erwähnt im Abschnitt 5.2.1 hiervon lediglich die Maßnahmen (1), (2) und (6). Allerdings sind auch die restlichen Alternativen möglich, da es nach dem Gedankengang der MLAR, Abschnitt 5.1.1 im Grunde darum geht, die Kabel und Leitungen

- entweder durch Bauteile bzw. durch die Art der Verlegung so abzuschotten, dass sie über die festgelegte Zeit auch bei einem Brand sicher betrieben werden können oder
- in ihrer Beschaffenheit so auszuwählen, dass dieser Betrieb auch im Brandfall über die festgelegte Zeit möglich ist.

ANMERKUNG zu der oben aufgeführten Möglichkeit (2):
Ein Kabel oder eine Leitung kann nur dann Funktionserhalt garantieren, wenn es entsprechend der DIN 4102 Teil 12 geprüft und das positive Prüfergebnis durch ein Prüfzeugnis bestätigt wurde. Dabei ist von besonderer Bedeutung, dass diese Prüfung und somit auch die Zulassung dieses Betriebsmittels für den funktionserhaltenden Betrieb gebunden ist an den bei der Prüfung vorgegebenen Anlagenaufbau. Das bedeutet: **Ein Kabel oder eine Leitung garantiert nur im Zusammenhang mit dem bei der Prüfung verwendeten Verlegesystem (z. B. montiert auf einer speziellen Kabelrinne oder mit speziellen Schellen direkt auf der Wand) und sonstigen Randbedingungen (z. B. beteiligte parallele Leitungen) den Funktionser-**

halt. Hier muss der Errichter im jeweiligen Prüfzeugnis nachlesen, ob die von ihm gewählte Leitung mit integriertem Funktionserhalt für die von ihm vorgesehene Verlegeart in Frage kommt.

ANMERKUNG zu der oben aufgeführten Möglichkeit (3):
Leitungen für notwendige Sicherheitseinrichtungen müssen auch gegenüber benachbarten elektrischen Leitungen brandschutztechnisch geschützt sein. Dies bedeutet, dass der Funktionserhalt nicht gewährleistet ist, wenn die Leitungen der notwendigen Sicherheitseinrichtungen zusammen mit anderen Leitungen in Schächte oder Kanäle mit Funktionserhalt (sogenannte E-Schächte oder E-Kanäle) verlegt werden. Die MLAR macht dies durch einen Satz im Abschnitt 5.1.1 deutlich. Dort heißt es: *„Dieser Funktionserhalt muss bei möglicher Wechselwirkung mit anderen Anlagen oder deren Teilen gewährleistet bleiben.“* In einem Erläuterungstext der Vorgängerausgabe der MLAR aus dem Jahr 2000 wurde dies noch deutlicher formuliert. Dort hieß es:

> *„Bei der Durchführung der Maßnahmen zum Funktionserhalt sind auch evtl. Brände der elektrischen Leitungsanlagen für die allgemeine Stromversorgung zu berücksichtigen. Es ist daher z.B. nicht zulässig, die Leitungen der Stromversorgung für die Sicherheitseinrichtungen gemeinsam mit Leitungen der allgemeinen Stromversorgung in Schächten oder Kanälen der Funktionserhaltsklasse E30 bzw. E90 nach DIN 4102 Teil 12 zu verlegen oder Verteiler der Stromversorgung für die Sicherheitseinrichtungen gemeinsam mit Verteilern der allgemeinen Stromversorgung in Räumen nach Abschnitt 5.1.2, erster Spiegelstrich ohne ergänzende Brandschutzmaßnahmen unterzubringen.“*

37.1.3 Dauer des Funktionserhalts

37.1.3.1 Einführung

Die Zeit, die eine Leitungsanlage für sicherheitsrelevante Einrichtungen dem Brand widerstehen muss, wird „Dauer des Funktionserhalts“ genannt.

Sie beträgt je nach Art der sicherheitstechnischen Einrichtung …

30 min bei

- Sicherheitsbeleuchtungsanlagen,
- Personenaufzügen mit Evakuierungsschaltung,[153]

153 Das sind Aufzüge, die im Brandfall automatisch in ein Geschoss fahren, das ein gefahrloses Verlassen des Gebäudes gewährleistet, und dann dort endgültig stehenbleiben.

- Brandmeldeanlagen einschließlich der zugehörigen Übertragungsanlagen,
- Anlagen zur Alarmierung und Erteilung von Anweisungen an Besucher und Beschäftigte, sofern diese im Brandfall wirksam sein müssen (ELA),
- natürlichen Rauchabzugsanlagen (Rauchableitung durch thermischen Auftrieb),
- maschinellen Rauchabzugsanlagen und Rauchschutz-Druckanlagen (die nicht unten bei 90 min genannt werden – siehe dort).

90 min bei

- Wasserdruckerhöhungsanlagen zur Löschwasserversorgung,
- maschinellen Rauchabzugsanlagen und Rauchschutz-Druckanlagen für notwendige Treppenräume in Hochhäusern, für innenliegende notwendige Treppenräume in Gebäuden mit mehr als fünf Geschossen, für Verkaufsstätten sowie für Gebäude mit Publikumsverkehr,
- Feuerwehraufzügen und Bettenaufzügen in Krankenhäusern und anderen baulichen Anlagen mit entsprechender Zweckbestimmung.

Dem Thema Funktionserhalt wurde gegenüber älteren Ausgaben der MLAR einige Erleichterungen zugestanden. Im Folgenden werden die wichtigsten beschrieben.

37.1.3.2 Besonderheiten bei der Dauer des Funktionserhalts von 30 min

Sicherheitsbeleuchtung

Kabel und Leitungen für die Stromversorgung der Sicherheitsbeleuchtung innerhalb eines Brandabschnitts in einem Geschoss bzw. innerhalb eines Treppenraums benötigen keinen Funktionserhalt. Mit anderen Worten: Die Kabel und Leitungen, die keinen Brandabschnitt überschreiten (durchqueren), benötigen auch keinen Funktionserhalt. Dabei gibt es aber Grenzen: Diese Erleichterung gilt nur für Brandabschnitte mit einer Grundfläche von maximal 1.600 m^2.

Personenaufzüge mit Evakuierungsschaltung

Die Kabel- und Leitungsanlage, die sich innerhalb der Fahrschächte oder der Triebwerksräume befindet, benötigt keinen Funktionserhalt.

Brandmeldeanlagen einschließlich der zugehörigen Übertragungsanlagen

Hier nennt die aktuell gültige MLAR zwei Ausnahmen:

- Leitungsanlagen in Räumen, die durch automatische Brandmelder überwacht werden, benötigen keinen Funktionserhalt.

- Leitungsanlagen benötigen unter gewissen Voraussetzungen auch dann keinen Funktionserhalt, wenn sie durch Räume geführt werden, die **nicht** durch automatische Brandmelder überwacht werden. Die Voraussetzungen hierfür sind, dass sie im Brandfall nicht durch Kurzschlüsse oder Leiterunterbrechungen die angeschlossenen Brandmelder außer Funktion setzen.

Zur zweiten Erleichterung wurde im Erläuterungstext zur nicht mehr gültigen MLAR 2000 Folgendes gesagt:

„Die festgelegte Ausnahmevoraussetzung für Leitungsanlagen in Räumen ohne automatische Brandmelder kann z. B. mit der sog. Ringbustechnik erfüllt werden.“

Die Ringbustechnik (auch Looptechnik genannt) gewährleistet, dass jeder Melder in einem Ring von zwei Seiten betrieben werden kann. Fällt eine Leitung aus (Leiterbruch oder Kurzschluss durch Brand), dann wird diese fehlerhafte Leitung sozusagen abgetrennt und der Melder wird nur noch „im Stich“ über die nicht gestörte Leitung betrieben.

Anlagen zur Alarmierung und Erteilung von Anweisungen an Besucher und Beschäftigte, sofern diese im Brandfall wirksam sein müssen (ELA)

Hier gelten die gleichen Erleichterungen wie bei der Sicherheitsbeleuchtung (siehe dort).

Natürliche Rauchabzugsanlagen (Rauchableitung durch thermischen Auftrieb)

Die aktuell gültige MLAR nennt zwei Ausnahmen:

- Wenn die Anlage bei einer Störung der Stromversorgung selbsttätig öffnet, benötigt die Leitungsanlage keinen Funktionserhalt.
- Dies trifft ebenso zu auf Leitungsanlagen in Bereichen, die durch automatische Brandmelder überwacht werden und deren Meldung ein Öffnen des Rauchabzugs bewirken.

Maschinelle Rauchabzugsanlagen und Rauchschutz-Druckanlagen, die nicht 90 min lang funktionstüchtig sein müssen

Rauchabzugsanlagen, bei denen der Auftrieb künstlich hervorgerufen oder verstärkt wird, werden in besonderen Gebäuden gefordert. Es gibt zwei Ausführungen, die je nach Art des Gebäudes bzw. nach dem Gefährdungsgrad vorzusehen sind. Bei der einen Art wird ein Funktionserhalt von 90 min gefordert und bei der anderen 30 min. Die höherwertigen Anlagen mit einem Funktionserhalt von 90 min beschreibt der nachfolgende Abschnitt 37.1.3.3. Für alle anderen Gebäude bzw. Räume gelten die Anforderungen dieses Abschnitts.

37.1.3.3 Besonderheiten bei der Dauer des Funktionserhalts von 90 min

Wasserdruckerhöhungsanlagen zur Löschwasserversorgung

Hier geht es in erster Linie um Sprinkleranlagen. In der aktuell gültigen sowie in der alten Ausgabe der MLAR wird dafür keine Ausnahme angegeben.

Maschinelle Rauchabzugsanlagen und Rauchschutz-Druckanlagen für notwendige Treppenräume in Hochhäusern, für innenliegende notwendige Treppenräume in Gebäuden mit mehr als fünf Geschossen, für Verkaufsstätten sowie für Gebäude mit starkem Publikumsverkehr

Hierunter fallen sämtliche Rauchabzugsanlagen, die höheren Anforderungen gerecht werden müssen als jene, die zuvor im Abschnitt 37.1.3.2 erwähnt wurden. Für derartige Anlagen gibt es nur die Ausnahme, dass für Kabel und Leitungen, die ausschließlich innerhalb des Treppenraums verlegt werden, ein Funktionserhalt von 30 min ausreicht.

Feuerwehraufzüge und Bettenaufzüge in Krankenhäusern und anderen baulichen Anlagen mit entsprechender Zweckbestimmung

Hier sieht die MLAR die Ausnahme vor, dass für Leitungsanlagen innerhalb der Fahrstuhlschächte oder in den Triebwerksräumen kein Funktionserhalt vorgesehen werden muss.

37.1.4 Funktionserhalt von Elektroverteilern nach MLAR

Der Funktionserhalt darf natürlich den Verteiler nicht ausschließen. Man könnte sogar sagen, dass in der „funktionalen Kette" vom Einspeisepunkt bis zum Verbraucher, die insgesamt einen Funktionserhalt gewährleisten muss, der Verteiler das schwächste Glied darstellt und gerade darum besonders beachtet werden muss.

Probleme gibt es häufig mit der Aufstellung, denn im Grunde müssten sämtliche Verteiler der Sicherheitseinrichtungen in gesonderten Räumen untergebracht werden. Hier sei an den bereits oben zitierten Satz aus der MLAR erinnert: *„Dieser Funktionserhalt muss bei möglicher Wechselwirkung mit anderen Anlagen oder deren Teilen gewährleistet bleiben."*

Nach Abschnitt 5.2.2 der MLAR müssen Verteiler für sicherheitstechnische Einrichtungen eine der folgenden drei Anforderungen erfüllen:

1) Sie werden in eigenen Räumen, die für andere Zwecke nicht genutzten werden, untergebracht. Diese Räume müssen gegenüber anderen Räumen durch Wände, Decken und Türen mit einer Feuerwiderstandsfähigkeit entsprechend der notwendigen Dauer des Funktionserhalts mit nicht brennbaren Baustoffen abgetrennt sein. Lediglich die Tür darf aus brennbaren Baustoffen bestehen.
2) Sie werden gegenüber ihrer Umgebung durch Gehäuse abgetrennt, für die durch einen bauaufsichtlichen Verwendbarkeitsnachweis die Funktion der elektrotechnischen Einbauten des Verteilers im Brandfall für die notwendige Dauer des Funktionserhalts nachgewiesen ist.
3) Sie müssen mit nicht brennbaren Bauteilen (einschließlich ihrer Abschlüsse) umschlossen werden, die eine Feuerwiderstandsfähigkeit entsprechend der notwendigen Dauer des Funktionserhalts aufweisen. Lediglich die Abschlüsse dürfen aus brennbaren Baustoffen bestehen. Allerdings muss auch bei dieser Möglichkeit gewährleistet sein, dass die Funktion der elektrotechnischen Einbauten des Verteilers im Brandfall für die Dauer des Funktionserhalts erhalten bleibt.

Der Funktionserhalt von Verteilern bereitete schon immer Probleme, weil es hier bislang keine wirkliche Prüfung des Funktionserhalts gab. Betrachtet man den Verteiler lediglich als eine Zusammenfassung von Klemmstellen, so wäre eine entsprechende Prüfung des Funktionserhalts möglich. Sollen jedoch auch die im Verteiler eingebrachten Einrichtungen (z. B. elektronische Regelsysteme für Sicherheitseinrichtungen) im Brandfall für eine festgelegte Zeit sicher funktionieren, so spielen immer auch die Temperatur und Luftfeuchtigkeit, die während eines Brandes im Verteiler auftreten, eine Rolle. Und genau das war stets der Unsicherheitsfaktor. In der aktuellen Ausgabe der MLAR wird diese Lücke zumindest teilweise geschlossen. Deutlich wird hervorgehoben, dass die Geräte im Inneren des Verteilers mitbetrachtet werden müssen.

Um eine entsprechende Prüfung und die damit verbundene Beurteilung des Funktionserhalts bei Verteilungen möglich zu machen, wurde durch ein Expertengremium eine zugeordnete Richtlinien erarbeitet (Richtlinie für die Prüfung und Beurteilung des Funktionserhalts von elektrischen Verteilern). Im allgemeinen Teil dieser Richtlinie heißt es:

„Der Funktionserhalt eines Elektroverteilers ist für den geforderten Zeitraum gegeben, wenn die unter 5.3 ermittelte Gesamt-Temperaturerhöhung maximal 40 K beträgt und keine der ermittelten relativen Luftfeuchten 95 % r. F. übersteigt."

Die Hersteller von sicherheitstechnischen Einrichtungen, die in solche Verteiler eingebracht werden sollen, müssen dann bestätigen, dass ihre Produkte bei dieser Temperaturerhöhung und Luftfeuchtigkeit für die Zeit des Funktionserhalts noch sicher funktionieren. Damit wäre ein tatsächlicher Funktionserhalt des gesamten Verteilers einschließlich der Einbauten gegeben.

Klemmkästen und notwendige Verteilerdosen innerhalb der Stromkreise für die Sicherheitseinrichtungen müssen den gleichen Funktionserhalt gewährleisten wie die Kabel und Leitungen selbst. Hierfür werden auf dem Markt entsprechende Produkte mit einer E-Klassifizierung angeboten (**Bild 37.1**).

Für Nachinstallationen gibt es spezielle Abdeckungen für Klemmkästen bzw. Verteilerdosen, die einen Funktionserhalt gewährleisten (**Bild 37.2**).

Bild 37.1 *Verteilerdose mit Funktionserhalt* (Bildquelle: Spelsberg)

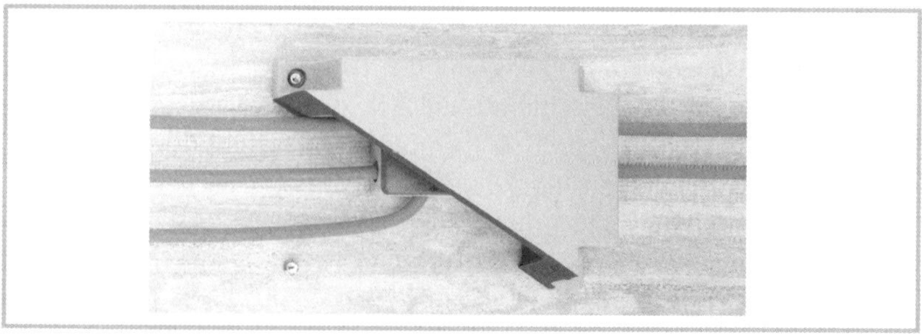

Bild 37.2 *Sogenannte „Feuerschutzhaube" für einen nachgerüsteten Funktionserhalt von 30 min* (Bildquelle: Spelsberg)

37.1.5 Funktionserhalt durch besondere Verlegung

Damit ist nicht einfach eine Leitung unter Putz gemeint, da eine einfache Putzschicht prüftechnisch nicht erfasst werden kann. In Einzelfällen kann nach Absprache mit der Baubehörde eine definierte Putzschicht (z. B. mindestens 15 mm) als ausreichender Schutz beispielsweise für E30 gelten. Solche Absprachen, sofern sie überhaupt zustande kommen, sind aber stets Einzelfälle, die sich nicht verallgemeinern lassen. Bei längeren Zeiten (E60 und mehr) muss von der Möglichkeit ausgegangen werden, dass der Putz abplatzt und so ein Funktionserhalt durch den Putz nicht mehr gewährleistet ist.

Die MLAR bietet die Möglichkeit an, die Leitungen auf der Rohdecke unterhalb des Estrichs zu verlegen, um auf diese Weise einen Funktionserhalt zu erreichen. Die aktuelle Ausgabe der MLAR fügt hinzu, dass für diesen Fall der Estrich eine Mindestdicke von 30 mm haben muss. Ebenso gilt nach der aktuell gültigen MLAR eine Verlegung im Erdreich als Verlegeart mit Funktionserhalt.

Da sowohl die Verlegung unter dem Estrich als auch im Erdreich in der MLAR ohne Kennzeichnung der Funktionsdauer erwähnt wird, muss davon ausgegangen werden, dass mit diesen beiden Maßnahmen ein Funktionserhalt von 90 min möglich ist (E90).

37.1.6 Funktionserhalt durch Verlegung in Schächten und Kanälen

Über Schächte und Kanäle, die dem Brand eine bestimmte Zeit widerstehen können, wurde bereits etwas im Teil D dieses Buches, Abschnitt 30.3, gesagt. Werden Leitungen für notwendige Sicherheitseinrichtungen in Schächten oder Kanälen mit einer „E-Klassifizierung“ verlegt, so ist selbstverständlich der Funktionserhalt entsprechend der Feuerwiderstandsklasse der Schächte (Kanäle) gegeben.

Allerdings müssen Leitungen für notwendige Sicherheitseinrichtungen auch gegenüber benachbarten elektrischen Leitungen brandschutztechnisch geschützt sein. Dies bedeutet, dass der Funktionserhalt dann **nicht** gewährleistet ist, wenn die Leitungen der notwendigen Sicherheitseinrichtungen zusammen mit anderen Leitungen in einem brandgeschützten Schacht oder Kanal verlegt werden. Die MLAR spricht hier von möglichen wechselseitigen Beeinflussungen, die mit berücksichtigt werden müssen. Ist es erforderlich, dass Stromkreise der allgemeinen Stromversorgung mit denen der Sicherheitsstromversorgung zusammen verlegt werden, muss eine gesonderte Abschottung zwischen diesen Stromkreisen erfolgen oder die Leitungen der notwendigen sicherheitstechnischen Einrichtung müssen einen integrierten Funktionserhalt nach DIN 4102 Teil 12 aufweisen und entsprechend dem Prüfzeugnis verlegt und befestigt sein (siehe nachfolgenden Abschnitt 37.1.7).

37.1.7 Funktionserhalt durch Verwendung von Leitungen mit integriertem Funktionserhalt

Hierbei handelt es sich um spezielle Kabel- und Leitungstypen, die entsprechend einem Prüfzeugnis nach DIN 4102 Teil 12 montiert werden. Die Verlegesysteme sind dabei besonders auf die Bedingungen im Brandfall ausgelegt. Einzelheiten lassen sich dem jeweiligen Prüfzeugnis entnehmen.

Zunächst ist es wichtig, dass ein Kabel (eine Leitung) nur dann Funktionserhalt aufweist, wenn es entsprechend der DIN 4102 Teil 12 geprüft (**Bild 37.3**) und das positive Prüfergebnis durch ein Prüfzeugnis bestätigt wurde. Dabei ist von großer Bedeutung, dass die Prüfung und somit auch die Zulassung dieser „Kabel und Leitungen mit integriertem Funktionserhalt“ an den bei der Prüfung vorgegebenen Anlagenaufbau gebunden ist. Das bedeutet: Die Zusage, dass ein Kabel oder eine Leitung Funktionserhalt besitzt, hat nur im Zusammenhang mit den bei der Prüfung verwendeten Verlegesystemen (z. B. Tragevorrichtungen) und sonstigen Randbedingungen (wie beteiligte parallele Leitungen) Gültigkeit.

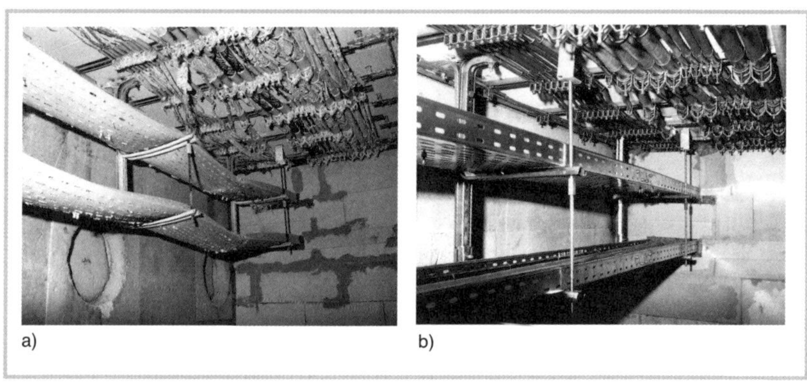

a) b)

Bild 37.3 *Prüfung des Funktionserhalts nach DIN 4102-12*
a) vor der Prüfung
b) nach der Prüfung

→ Der Funktionserhalt wird nur für die Leitung (das Kabel) in Verbindung mit dem kompletten Verlegesystem bestätigt.

Nur wenn die Verlegung der Leitung entsprechend dem Prüfzeugnis durchgeführt wird, kann von einer Leitungsanlage mit Funktionserhalt gesprochen werden. Der Errichter bestätigt den Funktionserhalt der Leitungsanlage durch ein Kennzeichnungsschild (**Bild 37.4**), das er in der Nähe der Anlage anbringt. Ebenso sollte er in einer Werksbescheinigung (Übereinstimmungserklärung) die prüfzeugnisgerechte Montage bestätigen.

HERSTELLERFIRMA

Kabelanlage nach DIN 41012 Teil 12
Funktionsklasse E30

Errichtet durch das Installationsunternehmen:

Herstellungsjahr:

Eigentümer des Prüfzeugnisses:

HERSTELLERFIRMA

Prüfzeugnis Nr.:

Bild 37.4 *Beispiel eines Kennzeichnungsschildes für eine Kabelanlage mit Funktionserhalt*

37.1.8 Funktionserhalt durch Verwendung von mineralisolierten Leitungen

Mineralisolierte Leitungen sind nicht brennbar. Das bedeutet, sie können bis zum Schmelzpunkt des Kupfers (ca. 1.083 °C) funktionstüchtig bleiben und unter Umständen auch nach einem Brand weiter betrieben werden.

37.1.9 Funktionserhalt durch Verwendung von Schienenverteilern mit integriertem Funktionserhalt

Für Stromschienensysteme mit integriertem Funktionserhalt gilt sinngemäß das, was über Kabel und Leitungen mit integriertem Funktionserhalt gesagt wurde.

37.1.10 Funktionserhalt und Beschichtungen von Kabeln und Leitungen

Beim Thema Funktionserhalt tauchen immer wieder Fragen nach den sogenannten Brandschutzbeschichtungen von Kabeln und Leitungen auf:

- Gelten sie als gleichwertige Lösung zur Installation in Schächten, Kanälen oder Unterdecken mit nachgewiesener Feuerwiderstandsdauer?
- Kann man mit diesen Beschichtungen ebenso einen Funktionserhalt erzielen wie mit Kabeln und Leitungen mit integriertem Funktionserhalt?

Es hat in der Vergangenheit zahlreiche Untersuchungen und Tests mit den unterschiedlichsten Beschichtungstypen gegeben.[154] Festgestellt werden konnte, dass eine übliche Leitung ohne Funktionserhalt mit einer Beschichtung im Brandfall je nach Leitungstyp maximal 10 min Funktionserhalt aufweist. Von Funktionserhalt kann man also bei beschichteten Leitungen nicht sprechen.

Allerdings wirkt sich die Beschichtung in jedem Fall hemmend auf die Brandfortleitung aus. Ebenso ist die hohe thermische Isolationswirkung von Beschichtungsmaterialien hervorzuheben. Hier erweist sich die Beschichtung als große brandschutztechnische Hilfe im Sinne der Brandschadenverhütung. Übliche Mineralfaserschotts (Weichschotts) beispielsweise erreichen die von der Norm her geforderte maximale Temperatur auf der brandabgekehrten Seite nur mit Hilfe von derartigen Beschichtungen.

Man unterscheidet bei Beschichtungen in der Regel

- dämmschichtbildende Brandschutzbeschichtungen (DSB) und
- Ablationsbeschichtungen.

DSB

Die DSB werden sehr dünn aufgetragen. Unter der Einwirkung des Feuers entwickelt sich ein feinporiger, homogener Kohlenstoffschaum, der nur sehr schwer und langsam verbrennt. Außerdem hat dieser Schaum eine hohe thermische Isolationswirkung.

Der Vorteil dieser Beschichtung ist der niedrige Verbrauch und die sehr guten brandschützenden Eigenschaften.

Der Nachteil besteht in der Wasserlöslichkeit dieser Beschichtung. Überall dort, wo mit Feuchtigkeit zu rechnen ist, muss entweder die Beschichtung besonders geschützt werden, oder es muss eine andere Beschichtung gewählt werden. Es gibt zwar spezielle Schutzlacke, die die Wasserbestän-

154 *Robert Graf,* Kabelbrandschutzbeschichtungen, Vortrag auf der VdS-Fachtagung am 10.11.1999 in Köln, erschienen im Fachtagungsband „Brandschutz in Kabelanlagen“

digkeit der DSB erhöhen sollen, allerdings sind diese Lösungen häufig unbefriedigend. Nicht selten entstehen mit der Zeit Risse oder Abplatzungen.

Ablationsbeschichtungen

Diese Beschichtung bildet bei Feuereinwirkung keinen Schaum (wie die DSB). Ihre Wirkung beruht auf der Abtragung (Ablation) der einwirkenden Wärmeenergie. Das geschieht dadurch, dass in der Beschichtung Substanzen enthalten sind, die sich bei Wärmeeinwirkung chemisch verändern und dabei große Mengen an Energie verbrauchen. Diese Energie entziehen sie dem einwirkenden Feuer. Dadurch kommt eine stark kühlende Wirkung zustande. Verdampfen die Substanzen, die beim Umwandlungsprozess entstehen, wirken diese zusätzlich flammenhemmend. Auf der Kabelanlage (Leitungsanlage) bleibt eine poröse, nicht brennbare Masse zurück, die zusätzlich thermisch isolierend wirkt.

Der Vorteil dieser Beschichtung liegt in der Beständigkeit gegen viele Chemikalien und gegen Feuchtigkeit. Untersuchungen haben gezeigt, dass die Ablationsbeschichtung häufig noch nach über 10 Jahren genügend gute brandschutztechnische Eigenschaften aufweisen kann. Der Nachteil liegt allerdings in dem relativ hohen Verbrauch. Er ist in der Regel doppelt so hoch wie bei der DSB.

Bei der Auswahl von Beschichtungen ist der Errichter stets auf die Herstellerangaben angewiesen. Mit Beschichtungen kann zwar kein Funktionserhalt erbracht werden, trotzdem lässt sich allgemein sagen, dass folgende Vorteile für eine Beschichtung von Kabeln und Leitungen sprechen:

- Brände, die von Kabeln und Leitungen ausgehen, können weitgehend verhindert werden.
- Die Brandfortleitung bei einem entstandenen Brand kann durch eine Beschichtung sehr günstig beeinflusst werden.
- Die Gefahr der Verrauchung von Räumen (beispielsweise Fluchtwegen) wird sehr stark herabgesetzt.

Es gibt Einzelfälle, in denen eine solche Maßnahme durch eine Baubehörde statt einem nachgewiesenen Funktionserhalt von E30 zugelassen wurde, weil sich sonst keine andere Lösung anbot. Natürlich sind dies Einzelfälle, die nicht verallgemeinert werden dürfen. Dazu kommt, dass Ablationsbeschichtungen stets mit relativ hohen Kosten verbunden sind, weil die „Lieferung und Montage" einer Beschichtung immer noch relativ teuer sind.

Der Errichter sollte sich in jedem Fall vom Hersteller möglichst nachvollziehbare Bestätigungen einholen, dass die entsprechende Beschichtung für den konkreten Anwendungsfall die erhoffte Wirkung aufweist. Auch über die Alterungsbeständigkeit der Beschichtung sowie die Widerstandsfähigkeit gegen Feuchtigkeit sollte der Hersteller befragt werden.

Weiterhin muss bei der Verwendung von Beschichtungen beachtet werden, dass die Leitungsanlage in diesem Fall ihre Verlustwärme, die während des Betriebs immer entsteht, nicht mehr im gleichen Maß abführen kann, wie dies ohne Beschichtung möglich wäre. Das bedeutet, dass dadurch die maximale Strombelastbarkeit der Kabel und Leitungen reduziert wird.

37.2 Querschnittsbemessung bei Funktionserhalt

Die DIN 4102 sagt ausdrücklich, dass die Erhöhung des Widerstands der Leitungsanlage durch die beim Brand auftretende Wärme in dieser Norm nicht berücksichtigt wird. Der Planer und Errichter hingegen muss dafür sorgen, dass beim Brand die Funktion der Sicherheitseinrichtungen nicht durch einen zu hohen Spannungsfall gestört wird. Dieser zu hohe Spannungsfall entsteht, weil die Umgebungstemperatur beim Brand erheblich von der sonst üblichen Umgebungstemperatur abweicht.

Tabelle 37.1 gibt Faktoren an, mit denen eine Berechnung des Spannungsfalls auf einfache Weise möglich ist. Bei diesen Werten geht man entweder davon aus, dass in einem funktionserhaltenden E-Kanal bei einem Brand eine Temperatur von maximal 150 °C entstehen kann, oder es werden Kabel und Leitungen mit integriertem Funktionserhalt verwendet, die dem Brand direkt ausgeliefert sind. In diesem Fall muss von einer Temperatur von 1.000 °C ausgegangen werden.

In der **ersten Spalte** links findet man in der Tabelle 37.1 einen Faktor „*n*". Er nennt das Verhältnis

- der gesamten Leitungslänge (vom Verteiler bis zum Verbraucher),
- zur längsten Strecke, die das Kabel oder die Leitung durch einen Brandabschnitt verläuft. Diese Länge kann man als „feuergefährdete Leitungslänge" bezeichnen.[155]

155 In Gebäuden mit sehr großen Räumen (Verkaufshallen u. ä.), die keine Unterteilung in Brandabschnitte haben, würde eine Leitung häufig mit $n = 1$ ausgelegt werden müssen. Das würde jedoch häufig zu extremen Überdimensionierungen führen. Hier kann es angebracht sein, von einer Brandausbreitungsgeschwindigkeit nach DIN 18230 von 0,5 m/min bis 2 m/min auszugehen. Das bedeutet, dass bei E30 eine „feuergefährdete Leitungslänge" von 15 m bis 60 m anzusetzen ist und bei E90 von 45 m bis 180 m. Die verschiedenen Längen sind je nach der vorhandenen Brandlast auszuwählen: Für Räume, in denen beispielsweise ausschließlich Polstermöbel lagern, ist sicher ein hoher Wert anzusetzen, während für Räume, in denen Erzeugnisse aus nichtbrennbarem Material oder solche, die als Einzelartikel in Metallregalen untergebracht sind, ein wesentlich kleinerer Wert notwendig wird. In Einzelfällen oder wenn Unsicherheiten auftauchen, kann zu diesem Thema auch eine Unterstützung durch den Versicherer angefordert werden.

Tabelle 37.1 *Faktoren für die Querschnittsauslegung von Kabeln und Leitungen mit integriertem Funktionserhalt bzw. in Schächten und Kanälen mit Funktionserhalt.*

Die Werte der zweiten und dritten Spalte (f_{Z1} und f_{Z2}) gelten für Drehstrom; für Einphasen-Wechselstromkreise sind die Werte dieser beiden Faktoren mit 2 zu multiplizieren.

Die Faktoren f_{Z1} und f_{Z2} legen nur einen Querschnitt fest, der keinen zu hohen Spannungsfall im Brandfall bewirkt. Die maximale Strombelastbarkeit des jeweiligen Kabels (Leitung) ist natürlich stets den entsprechenden Tabellen aus DIN VDE 0298-4 zu entnehmen (siehe auch Tabelle 39.2 sowie Teil C, Kapitel 16 dieses Buches).

Faktor n	Faktor f_{Z1} zur **Berechnung** von S bei 150 °C	Faktor f_{Z2} zur **Berechnung** von S bei 1.000 °C	Faktor n	Faktor f_{Z1} zur **Berechnung** von S bei 150 °C	Faktor f_{Z2} zur **Berechnung** von S bei 1.000 °C
1,0	0,00375	0,01204	**4,0**	0,00280	0,00487
1,1	0,00363	0,01117	**4,5**	0,00276	0,00461
1,2	0,00354	0,01045	**5,0**	0,00274	0,00439
1,3	0,00346	0,00983	**6,0**	0,00269	0,00408
1,4	0,00339	0,00931	**7,0**	0,00266	0,00385
1,5	0,00333	0,00885	**8,0**	0,00264	0,00368
1,6	0,00327	0,00846	**9,0**	0,00262	0,00354
1,8	0,00319	0,00779	**10**	0,00261	0,00344
2,0	0,00312	0,00726	**12**	0,00259	0,00328
2,2	0,00306	0,00683	**14**	0,00257	0,00317
2,4	0,00301	0,00646	**17**	0,00256	0,00304
2,7	0,00295	0,00602	**20**	0,00255	0,00296
3,0	0,00290	0,00567	**25**	0,00253	0,00286
3,3	0,00287	0,00538	**33**	0,00252	0,00277
3,7	0,00282	0,00507	**40**	0,00251	0,00272

Die Werte der zweiten und dritten Spalte (f_{Z1} und f_{Z2}) gelten für Drehstrom; für Einphasen-Wechselstromkreise sind die Werte dieser beiden Faktoren mit 2 zu multiplizieren.

Beispiel:
Die Länge einer Leitung vom Verteiler zur sicherheitstechnischen Einrichtung beträgt 30 m. Sie durchquert dabei 2 Brandabschnitte.

Die längste Länge dieser beiden Abschnitte ist 20 m. Die „feuergefährdete Leitungslänge" beträgt somit 20 m.

$\Rightarrow n = 30/20 = 1{,}5$

Mit den Faktoren f_{Z1} und f_{Z2} aus Tabelle 37.1 lässt sich mit einfachen Mitteln ein Leitungsquerschnitt berechnen. Man benötigt lediglich die Werte des Betriebsstroms I_b in A sowie der Gesamtlänge l der Leitung in m (vom Verteiler bis zum Verbraucher). Diese beiden Werte multipliziert man miteinander und anschließend mit dem entsprechenden Faktor (f_{Z1} oder f_{Z2}) aus Tabelle 37.1:

$$l \cdot I_b \cdot f_{Z1} \text{ (oder } f_{Z2}) = \text{Querschnitt } S \qquad \text{(Für Drehstromkreise)} \qquad (25)$$

$$l \cdot I_b \cdot f_{Z1} \text{ (oder } f_{Z2}) \cdot 2 = \text{Querschnitt } S \qquad \text{(Für Einphasen-Wechselstromkreise)} \qquad (26)$$

Beispiel:
Dem zuvor genannten Beispiel soll ein 1-phasiger Wechselstromverbraucher mit einem Betriebsstrom von 22 A zugrunde liegen.

$n = 1{,}5$ (wie zuvor angegeben)

⇒ Wenn die Zuleitung durch einen E-Kanal geführt wird, muss der Leitungsquerschnitt mit dem Faktor f_{Z1} aus der Tabelle 37.1 bzw. mit Formel (26) berechnet werden:

$l \cdot I_b \cdot 0{,}00333 \cdot 2 = 30 \cdot 22 \cdot 0{,}00333 \approx 4{,}4\,\text{mm}^2$ ⇒ gewählt wird ein Querschnitt von **6 mm²**.

⇒ Wenn die Zuleitung selbst Funktionserhalt hat, gilt folgende Rechnung (Faktor f_{Z2} aus der dritten Spalte der Tabelle 37.1) :

$l \cdot I_b \cdot 0{,}00885 \cdot 2 = 30 \cdot 22 \cdot 0{,}00885 \approx 11{,}7\,\text{mm}^2$ ⇒ gewählt wird ein Querschnitt von **16 mm²**.

Die in der Tabelle 37.1 dem Faktor f_{Z2} zugrunde gelegten Temperaturen beziehen sich auf die Einheitstemperaturkurve. Sie gilt für „übliche Brände" in Wohngebäuden, Büro- und Verwaltungsgebäuden und in der Regel auch in gewerblichen und industriellen Anlagen. Es geht dabei um Brände, bei denen der Anteil an Chemikalien, die den Brand beschleunigen, begrenzt bleibt sowie um solche, bei denen keine zusätzliche Stützenergie das Brandszenario verändert. Letzteres kann beispielsweise durch Stoffe geschehen, die bei der chemischen Zersetzung Sauerstoff freigeben oder wenn eine besonders intensive Frischluftzufuhr im Brandfall möglich ist.

Bei einem Funktionserhalt von 30 min bleibt die Temperatur in der Regel deutlich unterhalb von 800 °C. Das bedeutet, bei Kabeln und Leitungen mit integriertem Funktionserhalt kann man bei E30-Ausführungen meist eine Querschnittsstufe unter dem Querschnitt bleiben, der mit den Formeln (26) bzw. (27) berechnet wurde.

Natürlich kann bei dieser Rechnung die Strombelastung der Leiter nicht höher als deren maximale Strombelastbarkeit nach VDE 0100-430 sein (siehe Teil C dieses Buches). Die Strombelastung sollte also in jedem Fall nicht über dem Wert liegen, den man entsprechend der Planung nach VDE 0100-430 ausgewählt hat. Die Querschnittswerte, die mit Hilfe der Faktoren aus Tabelle 37.1 errechnet wurden, gehen lediglich von einem maximalen Spannungsfall bei erhöhten Temperaturen im Brandfall aus.

Bei Kabeln und Leitungen mit integriertem Funktionserhalt kann man in der Regel höhere Strombelastbarkeitswerten anlegen, als bei typischen Kabeln und Leitungen (wie NYY, NYM, NYCWY). Dies hängt damit zusammen, dass Kabel und Leitungen mit integriertem Funktionserhalt höhere Betriebstemperaturen aushalten. Deren Strombelastbarkeitswerte sind den Tabellen 5 und 6 aus DIN VDE 0298-4 zu entnehmen. Die **Tabelle 37.2** in diesem Buch gibt überschlägige Richtwerte für die Strombelastbarkeit dieser besonderen Leitungen an.

Tabelle 37.2 *Überschlägige Angaben zu den zulässigen Strombelastungen von Kabeln und Leitungen mit integriertem Funktionserhalt.*

Zeile 2 entspricht in etwa der Verlegeart A2, Zeile 3 der Verlegeart B2 und Zeile 3 der Verlegeart C.

Bei höheren Umgebungstemperaturen als 30°C und/oder besonderen Häufungen von Kabeln und Leitungen sind entsprechend kleinere Werte anzusetzen.

Die Angaben der Strombelastbarkeitswerte in Klammern (bei den Querschnitten von 1,5 mm² bis 16 mm²) beziehen sich auf 2 belastete Adern (→ 1-phasige Wechselstromkreise), während die übrigen Werte für 3 belastete Adern (→ Drehstrom-Wechselstromkreise) gelten.

Die Querschnitte, die man mit Tabelle 37.1 ermittelt hat, sollten mit den Werten dieser Tabelle verglichen werden. Die Werte dieser Tabelle sollten dabei stets größer sein.

S in mm²		1,5	2,5	4	6	10	16	25	35	50	70	95	120
a)	I_Z in A	17 (19)	22 (25)	30 (33)	38 (42)	51 (57)	68 (76)	89	109	130	164	197	227
b)	I_Z in A	20 (22)	26 (30)	35 (40)	44 (51)	60 (69)	80 (91)	105	128	154	194	233	268
c)	I_Z in A	22 (24)	30 (33)	40 (45)	52 (58)	71 (80)	96 (107)	119	147	179	229	278	322

a) in Wärmedämmung
b) im Kanal oder Rohr
c) offen auf der Wand oder unter Putz

Literatur Teil F

Muster-Richtlinien über brandschutztechnische Anforderungen an Leitungsanlagen (MLAR)

Verordnung über den Bau von Betriebsräumen für elektrische Anlagen (EltBauVO)

DIN VDE 0100-410 (Schutz gegen elektrischen Schlag)

DIN VDE 0100-420 (Schutz gegen thermische Auswirkungen)

DIN VDE 0100-430 (Schutz bei Überstrom)

DIN VDE 0100-520 (Auswahl und Errichtung elektrischer Betriebsmittel – Kabel- und Leitungssysteme)

DIN VDE 0100-560 (Einrichtungen für Sicherheitszwecke)

DIN 4102 Brandverhalten von Baustoffen und Bauteilen

Teil 1: Baustoffe,
Teil 2: Bauteile,
Teil 3: Brandwände und nichttragende Außenwände,
Teil 4: Zusammenstellung und Anwendung klassifizierter Baustoffe, Bauteile und Sonderbauteile,
Teil 5: Feuerschutzabschlüsse,
Teil 6: Lüftungsleitungen,
Teil 9: Kabelschottungen,
Teil 11: Rohrummantelungen, Rohrabschottungen , Installationsschächte und -kanäle sowie Abschlüsse ihrer Revisionsöffnungen,
Teil 12: Funktionserhalt von elektrischen Kabelanlagen.
Teil 16: Durchführung von Brandschachtprüfungen

VdS 2023 Elektrische Anlagen in baulichen Anlagen mit vorwiegend brennbaren Baustoffen

VdS 2025 Kabel- und Leitungsanlagen

VdS 2033 Elektrische Anlagen in feuergefährdeten Betriebsstätten und diesen gleichzusetzende Risiken

VdS 2046 (Sicherheitsvorschriften für elektrische Anlagen bis 1.000 V)

VdS 2134 (Verbrennungswärme der Isolierstoffe von Kabeln und Leitungen)

Hochbaum, Adalbert; Hof, Bernhard: Kabel- und Leitungsanlagen, VDE-Schriftenreihe 68, VDE-Verlag, Berlin, 2003

Fröse, Heinz-Dieter: Brandschutz für Kabel und Leitungen, Hüthig Verlag, Heidelberg/München: 2017

Hochbaum, Adalbert; Callondann, Karsten: Brandschadenverhütung in elektrischen Anlagen, VDE-Schriftenreihe 85, VDE-Verlag, Berlin, 2009

Schmolke, Herbert: Auswahl und Bemessung von Kabeln und Leitungen, Hüthig Verlag, Heidelberg/München, 2018

Schmolke, Herbert: Elektro-Installation in Wohngebäuden, VDE-Schriftenreihe 45, VDE-Verlag, Berlin, 2018

Lippe, Manfred; Czepuck, Knut; Möller, Frank; Reintsema, Jörg: Kommentar zur Muster-Leitungsanlagen-Richtlinie (MLAR): Anwendungsempfehlungen und Praxisbeispielen zu MLAR, MSysBöR, MEltBauVO, Feuer-TRUTZ Network, 2018

G Vermeidung von Gefahren beim Betreiben der Anlage

38 Einführung

Eine elektrische Anlage ist keine statische Größe; sie muss ständig an veränderte Gegebenheiten angepasst werden. Dies trifft natürlich besonders auf Anlagen im Industriebereich zu, zunehmend jedoch auch auf Anlagen im privaten Wohnungsbau. Dazu kommt, dass auch die Betriebsmittel einer elektrischen Anlage einem Verschleiß durch ständigen Gebrauch ausgesetzt sind. Und nicht zuletzt ist es die Umgebung, die eine elektrische Anlage so verändern kann, dass dabei Gefahren für Leib und Leben sowie für Sachwerte entstehen können.

→ Aus diesem Grund kann man sagen: Das Fundament einer sicheren elektrischen Anlage besteht stets aus drei grundlegenden Säulen:
einer korrekt ausgeführten Planung[156] und Errichtung sowie einer kontinuierlichen Wartung.

Wobei die letztgenannte Säule (Wartung) in erster Linie wiederkehrende Prüfungen einschließt. Wartung und Prüfung stellen somit einen fortwährenden Prozess dar, der die elektrische Anlage ständig begleitet (siehe hierzu auch Bild 1.1 im Teil A, Kapitel 1 dieses Buches). Die Berufsgenossenschaften haben aus diesem Grund in der DGUV Vorschrift 3 (vormals BGV A3) Forderungen erhoben nach

- einer Erstprüfung vor der Inbetriebnahme der elektrischen Anlage und
- nach Wiederholungsprüfungen in geeigneten Abständen.

Auch die Versicherungen haben die Bedeutung einer wiederkehrenden Überprüfung der elektrischen Anlage schon recht früh erkannt. Für den Industriebereich formulierten sie eine Sachschutzklausel, die den Versicherungsnehmer aufforderte, seine elektrische Anlage kontinuierlich durch einen Elektrosachverständigen überprüfen zu lassen. Überall dort, wo diese Klausel (oft auch Feuerschutzklausel genannt) im Versicherungsvertrag enthalten war, wurde die wiederkehrende Prüfung der elektrischen Anlage zur vertraglichen Pflicht.

156 Darin eingeschlossen ist eine Auswahl der richtigen Betriebsmittel.

In diesem Zusammenhang wird vom VdS Schadenverhütung[157] seit 1998 auch eine Statistik erstellt, die wichtige Aussagen zu diesem Thema enthält. Das Kennzeichnende an dieser Statistik ist, dass es hier um Mängel geht, die noch nicht zu einem Brand geführt haben, sondern als „potentielle Brand- und Unfallgefahren" gewertet werden können.

Ein Ergebnis aus dieser Statistik ist die Tatsache, dass auch in unserer hochtechnisierten Zeit die elektrischen Anlagen einer ständigen Überwachung bedürfen. Leider taucht an dieser Stelle immer wieder ein Argument auf, das teilweise sogar von Elektrofachkräften benutzt wird:

„In den letzten Jahrzehnten wurden sowohl die Haushalte als auch die Gewerbe- und Industriebetriebe immer umfassender elektrifiziert. Dies schließt sowohl das Gebiet der Energietechnik und Automation (Gebäude- und Prozessautomation), als auch der informationstechnischen Nutzung (EDV) ein. Trotzdem ist die Zahl der Schadenfälle nicht im gleichen Maße gestiegen. Dies lässt auf eine immer höhere Sicherheit der Anlagen schließen, die nicht mehr wie in früheren Jahren der ständigen Überwachung bedürfen."

Doch dieses Argument ist kaum stichhaltig, denn die Schadensfälle häufen sich deshalb nicht mit zunehmender Nutzung der elektrischen Energie, weil man bisher noch an dem alten Sicherheitsgedanken festgehalten hat, dass eine elektrische Anlage immer gewartet und überprüft werden muss. Unser Sicherheitsniveau, das die Überprüfung der elektrischen Anlagen fordert, ist sehr hoch – deshalb passiert relativ wenig. Dabei helfen auch keine Hinweise auf Einzelfälle, wo eine marode Anlage auch ohne Wartung und Prüfung jahrelang fehlerfrei funktionierte. Ausnahmen bestätigen bekanntlich die Regel und können keine statistischen Aussagen belegen oder widerlegen.

Aus diesem Grund fordert der Bestimmungstext der DIN VDE 0105, Abschnitt 5.3.3.1:

„Elektrische Anlagen müssen in geeigneten Zeitabständen geprüft werden. Wiederkehrende Prüfungen sollen Mängel aufdecken, die nach der Inbetriebnahme aufgetreten sind und den Betrieb behindern oder Gefährdungen hervorrufen können."

Erfahrene Prüfer elektrischer Anlagen können bestätigen, dass in einer Anlage, in der ständig Wiederholungsprüfungen durchgeführt werden, drei- bis viermal weniger brandgefährliche Mängel vorgefunden werden als in einer Anlage, die kaum oder selten überprüft wird.

157 VdS Schadenverhütung GmbH ist eine Gesellschaft des Gesamtverband der deutschen Versicherungswirtschaft e.V. (GDV).

Die Teile A bis F in diesem Buch enthalten nicht nur Hinweise für Planer oder Errichter, sondern bilden darüber hinaus auch eine Grundlage für eine fachgerechte Prüfung der elektrischen Anlage.

Besonders bei der Besichtigung fallen dem erfahrenen Prüfer viele Mängel auf, die durch eine falsche Planung, unkorrektes Errichten, durch nicht normgerechte Erweiterungen, Instandhaltungsmaßnahmen oder Änderungen der elektrischen Anlage entstanden sind.

Beispiele von Mängeln, die bei einer Besichtigung gefunden werden, sind:

- defekte Betriebsmittel,
- nicht korrekt ausgeführte Anschlüsse (Klemm- oder Schraubverbindungen),
- unzulässige Verschmutzung der Anlage,
- zugestellte Verteiler,
- Beschädigungen (sichtbare) an der Isolierung von Kabeln und Leitungen,
- nicht beachtete Häufung bei Kabeln und Leitungen,
- mangelhafte Montage der Kabelanlage (Befestigung, Biegeradien usw.),
- fehlende oder mangelhafte Brandschottungen in Brandwänden,[158]
- mangelhafte Ein- und Ausführungen von Kabeln und Leitungen bei Betriebsmitteln,
- Montage von wärmeerzeugenden Betriebsmitteln auf oder in der Nähe von brennbaren Materialien. Hier ist nicht nur die betriebsbedingte Wärme gemeint (Strahler-Leuchten, Wärmestrahler usw.), sondern auch die Wärmeentwicklung unter Fehlerbedingungen (Vorschaltgeräte von Leuchtstofflampen-Leuchten),
- unnatürliche Wärmebildungen, beispielsweise in Verteilern,
- Spuren von Wärmewirkungen (Verfärbungen an Baustoffen oder Gehäusen).

158 Folgende Mängel werden immer wieder bei der Besichtigung von Brandschottungen vorgefunden:
- Schild mit den üblichen Schottangaben fehlt,
- nicht verschlossene Löcher bei Nachbelegungen,
- nur oberflächlich verschlossene Löcher bei Nachbelegungen,
- Zwickelbildung bei der Durchfürung, die nicht korrekt verschlossen werden können,
- Risse im Schott,
- stark unregelmäßige Oberfläche,
- unkorrekte Montage oder Schäden durch Umwelteinflüsse,
- Belegung des Schotts > 60 %,
- brennbare Leerrohre bei Schottmassen, die bei erhöhten Temperaturen nicht aufschäumen.

Diese Liste kann endlos erweitert werden. Fest steht: Eine elektrische Anlage muss in geeigneten Zeitabständen überprüft werden, nur so kann ihr ordnungsgemäßer Zustand erhalten bleiben. In der DIN VDE 0105-100 heißt es deshalb im Abschnitt 5.3:

„5.3.3 Prüfen
Der Zweck von Prüfungen ist der Nachweis, dass eine elektrische Anlage den Sicherheitsvorschriften und den Errichtungsnormen entspricht; die Prüfungen können den Nachweis der korrekten Funktion der Anlage einschließen. Sowohl neue Anlagen als auch bestehende Anlagen nach Änderungen und Erweiterungen müssen vor ihrer Inbetriebnahme einer Prüfung unterzogen werden. Elektrische Anlagen müssen in geeigneten Zeitabständen geprüft werden.
Elektrische Anlagen müssen in geeigneten Zeitabständen geprüft werden ...

5.3.3.2 Prüfungen können folgende Schritte umfassen:
- *Besichtigen,*
- *Messen und/oder Erproben ...“*

In Bezug auf den gewerblichen und industriellen Bereich heißt es in der DGUV Vorschrift 3:
„§ 5 Prüfungen
(1) Der Unternehmer hat dafür zu sorgen, dass die elektrische Anlage und Betriebsmittel auf ihren ordnungsgemäßen Zustand geprüft werden
- *vor der ersten Inbetriebnahme und nach Änderungen oder Instandsetzung ...*
- *in bestimmten Zeitabständen.“*

Über Inhalte und Vorgehensweise von üblichen Prüfungen nach DGUV Vorschrift 3 und den einschlägigen Normen wurde in der Fachliteratur viel zusammengetragen.[159] Die grundlegenden Erkenntnisse werden auch durch eine erneute Wiederholung nicht erweitert. Aus diesem Grund beschränken sich die Ausführungen in diesem Teil des Buches auf Prüfungen mit besonderer Betonung auf den Sach- und Brandschutz. Natürlich wird, ohne dass dies im Weiteren besonders erwähnt wird, vorausgesetzt, dass in einer Anlage auf die Schutzmaßnahmen nach Normen der Reihe VDE 0100 geachtet werden muss. Bei den notwendigen Messungen wird ebenso vorausgesetzt, dass in der Anlage DIN VDE 0100-600 sowie (bei Wiederholungsprüfungen) DIN VDE 0105-100 beachtet wird.

159 Beispielsweise in der VDE-Schriftenreihe, Bd. 13, 43, 47, 63.

39 Die Bedeutung einer Anlagendokumentation

Eine wichtige und leider häufig vernachlässigte Voraussetzung für eine korrekte Prüfung (besonders bei komplexeren Anlagen) ist die Übereinstimmung der Anlagensituation mit der vorhandenen **Dokumentation** (Installationspläne, Verteilerpläne, Stromlaufpläne usw.) und die korrekte **Stromkreis-Kennzeichnung** der abgehenden Kabel und Leitungen, der Klemmen sowie der Schutzeinrichtungen usw. im Elektroverteiler. Häufig wird bei Nachinstallationen, Änderungen oder Reparaturen nicht darauf geachtet, anschließend diese „nebensächlichen" Unterlagen zu aktualisieren.

Natürlich kann man nicht sagen, dass eine Anlage schon deshalb gefährdet ist, weil beispielsweise die technische Dokumentation unvollständig oder mangelhaft ist. Aber wer jemals eine Anlage prüfen oder den aktuellen Stand einer Anlage feststellen musste, weil eine Erweiterung oder Änderung geplant ist, der weiß, wie hilflos man ohne diese wichtigen Hilfsmittel ist.

→ **Eine Anlage ohne korrekte Dokumentation bzw. Kennzeichnung ist nicht selten wie eine „Blackbox", die irgendwie funktioniert und niemand weiß warum.**

Hier entstehen große Probleme, wenn man feststellen möchte, wie normgerecht der Zustand der Anlage ist. Dazu kommt, dass eine Fehlersuche, die unter Umständen eine hohe brandschutztechnische Bedeutung hat, nur von „Eingeweihten" durchgeführt werden kann, weil diese über entsprechende Anlagenkenntnisse verfügen und deshalb auch ohne technische Unterlagen zurechtkommen. Im Grunde müsste jeder – vor allem der Betreiber der Anlage – ein großes Interesse haben, dass diese Daten und Unterlagen stimmen und stets aktuell vorliegen. Dass diese Unzulänglichkeiten von einem Prüfer aufgedeckt, bemängelt und beschrieben werden, ist also für alle von Bedeutung, die ein Interesse am sicheren Betreiben der elektrischen Anlage haben.

40 Die Besonderheit einer Prüfung aus der Sicht des Sach- und Brandschutzes

40.1 Einführung

Die Prüfung einer elektrischen Anlage aus der Sicht des Sach- und Brandschutzes ist nicht zu vergleichen mit dem Abarbeiten einer Checkliste. VDE-Normen beschreiben die notwendigen Prüfinhalte sowie die einzelnen Prüfschritte zum Teil sehr detailliert. Daher kann der Gedanke entstehen, dass eine solche Prüfung von jeder Elektrofachkraft, die sich mit den entsprechenden Normen auseinandergesetzt und hierzu ausreichende Erfahrungen gesammelt hat, ausgeführt werden kann. Dies entspricht jedoch nicht ganz den Tatsachen. Übliche Prüfungen, z. B. nach DGUV Vorschrift 3, sind genau genommen typische Personenschutzprüfungen, die den Sach- und Brandschutz nicht immer im ausreichenden Umfang berücksichtigen. Sicherlich wird bei einer Prüfung der elektrischen Anlage unter dem Gesichtspunkt des Brandschutzes das „Rad nicht neu erfunden", aber die Vorgehensweise, die konkrete Betrachtungsweise sowie auch die Prüfinhalte müssen anders angelegt sein, wenn der Sach- und Brandschutz besonders einbezogen werden soll. Siehe dazu auch den nachfolgenden Abschnitt 40.3.

Bei einer fachtechnisch korrekten Prüfung unter Berücksichtigung des Sach- und Brandschutzes werden die typischen Prüfaufgaben z. B. nach DGUV Vorschrift 3 vorausgesetzt. Anders ausgedrückt bedeutet dies, dass die Prüfung einer elektrischen Anlage unter dem Gesichtspunkt des Sach- und Brandschutzes die vorgenannte Personenschutzprüfung ergänzt oder abrundet.

Wird eine Prüfung der elektrischen Anlage beispielsweise ausschließlich unter dem Gesichtspunkt des Sach- und Brandschutzes ausgeführt, können Messergebnisse von vorausgegangenen Personenschutzprüfungen (z. B. Isolationswiderstandsmessungen, Schleifenwiderstandsmessungen, niederohmige Verbindung der Schutzleiter) bei Vorhandensein relativ zeitnaher Messprotokolle akzeptiert werden. Nur bei berechtigten Zweifeln sowie bei Änderungen oder Erweiterungen in der elektrischen Anlage, die nach der letzten Personenschutzprüfung stattgefunden haben, sind auch solche Prüfschritte zwingend auszuführen.

Auch wenn Prüfprotokolle von vorausgegangenen Personenschutzprüfungen fehlen, müssen im Rahmen einer sach- und brandschutztechnischen

Prüfung entsprechende Messungen nachgeholt werden. Allein die Tatsache, dass eine Prüfung des Personenschutzes nach DGUV Vorschrift 3 offensichtlich nicht stattgefunden hat, ist also für die sach- und brandschutztechnische Prüfung ein wesentlicher und bedeutsamer Mangel.

Ein weiteres Unterscheidungskriterium zwischen üblichen Prüfungen (z. B. nach DGUV Vorschrift 3) und den Prüfungen, die den Sach- und Brandschutz im Fokus haben, ist die Tatsache, dass bei den letztgenannten Prüfungen häufig Messungen erforderlich sind, die in VDE-Normen nicht erwähnt werden, wie z. B die Messung von Neutralleiterströmen oder thermographische Untersuchungen mittels einer Wärmebildkamera. Auch die besondere Berücksichtigung des baulichen Brandschutzes gehört zu den typischen Merkmalen einer Prüfung, die sach- und brandschutztechnische Belange berücksichtigen muss. Beispielsweise kann es erforderlich sein, Brandschottungen und Feuerschutzvorkehrungen (beispielsweise die Verlegung in E- oder I-Schächten und -Kanälen usw.) zu besichtigen und zu beurteilen.

Ein wichtiger Aspekt der brandschutztechnischen Bewertung elektrischer Anlagen ist die Überlegung, dass die elektrischen Betriebsmittel nicht nur den zufällig bei der Prüfung vorgefundenen Betriebsbedingungen standzuhalten haben. Vielmehr müssen sie auch dann noch sicher betrieben werden können, wenn zu einem anderen Zeitpunkt eine maximale Belastung (maximaler Betriebsstrom, maximale Betriebsspannung, maximale Umgebungstemperatur, fortlaufende Dauerbelastung über mehrere Stunden usw.) auftritt.

Folgende Besonderheiten bei Prüfungen, die den Sach- und Brandschutz betreffen, sollen an dieser Stelle betont werden. Natürlich ist die nachfolgende Aufzählung nicht zwingend vollzählig:

a.) Bewertung der Messergebnisse von Personenschutzprüfungen aus Sicht der Sach- und Brandschadenverhütung.

b.) Einbeziehung des baulichen Brandschutzes (vor allem, wenn dieser im Zusammenhang mit der elektrischen Anlage steht).

c.) Messungen, die in Normen nicht gefordert sind, wie Neutralleiterstrommessungen oder Messung von Strömen auf Schutz- und Potentialausgleichsleitern.

d.) Durchführung von thermografischen Messungen mittels einer Wärmebildkamera.

40.2 Art und Umfang einer Prüfung elektrischer Anlagen aus der Sicht des Sach- und Brandschutzes

40.2.1 Erstprüfung

Bei einer Erstprüfung nach DIN VDE 0100-600 ist die Frage nach dem Umfang schnell zu beantworten. Die Antwort lautet: Alles! Eine solche Prüfung wird bereits im Verlauf der Errichtung durchgeführt, weil viele Teile der elektrischen Anlage nach Fertigstellung nicht mehr besichtigt werden können oder ein eventuell vorgefundener Mangel sich nur noch mit großem Aufwand beheben lässt. Bei einer solchen Erstprüfung müssen natürlich auch die brandschutztechnischen Belange mit berücksichtigt werden, wie sie im Folgenden beschrieben werden.

40.2.2 Wiederkehrende Prüfung

Geht es um eine wiederkehrende Prüfung, so findet man zunächst grundsätzliche Aussagen zum Umfang in DIN VDE 0105-100. Im Abschnitt 5.3.101 heißt es beispielsweise:

„Der Umfang wiederkehrender Prüfungen nach 5.3.3.1 darf je nach Bedarf und nach den Betriebsverhältnissen auf Stichproben sowohl in Bezug auf die örtlichen Bereiche (Anlagenteile) als auch auf die durchzuführenden Maßnahmen beschränkt werden, soweit dadurch eine Beurteilung des ordnungsgemäßen Zustandes möglich ist."

Diese Formulierung hat immer wieder zu Fragen geführt:

- Was versteht man unter einer Stichprobe?
- Welche Bereiche oder welche Maßnahmen können nach dieser Vorschrift unberücksichtigt bleiben und welche dürfen auf keinen Fall fehlen?

Zunächst muss betont werden, dass die elektrische Anlage selbst den Prüfumfang festlegt. Ein Einfamilienwohnhaus ist vom Umfang her anders zu prüfen als ein Gebäude mit Menschenansammlung (Theater, Kino usw.) oder ein größerer Industriebetrieb. Dennoch bleiben die Grundsätze stets die gleichen. Der erfahrene Prüfer wird seine Prüfaufgaben je nach Art der Anlage von Fall zu Fall festlegen müssen.

Die zuvor zitierte Anforderung aus VDE 0105-100, Abschnitt 5.3.101, sagt wörtlich, dass die Prüfung auf Stichproben beschränkt werden kann, *„... soweit dadurch eine Beurteilung des ordnungsgemäßen Zustandes möglich ist."* Die Erlaubnis, die Prüfung auf Stichproben zu beschränken, ist also eine **erlaubte Ausnahme** – das sollte man sich stets vor Augen halten! Dabei weiß jeder Prüfer, der ständig mit wiederkehrenden Prüfungen zu tun hat, dass in komplexeren Anlagen (beispielsweise in der Industrie) diese Ausnahme schnell zur Regel wird. Dabei besteht die Gefahr, dass die Frage nach dem Umfang der Prüfung zu einer rein subjektiven Entscheidung des jeweiligen Prüfers wird.

Um jedoch den geforderten „ordnungsgemäßen Zustand" einer elektrischen Anlage wirklich beurteilen zu können, sollte man stets Folgendes anstreben:

- **Besichtigt wird möglichst alles.**
  Werden Anlagenteile oder Anlagenbereiche nicht besichtigt, kann in der Regel keine Aussage darüber getroffen werden, ob durch die Stichprobenprüfung wirklich der ordnungsgemäße Zustand ermittelt werden konnte.
- **Gemessen und erprobt wird dort, wo es der Prüfer für notwendig hält.**
  Das heißt, weitere Untersuchungen werden dort notwendig, wo der Prüfer auf Grund der zuvor erwähnten Besichtigung nähere Informationen und somit mehr Sicherheit in seiner Aussage zur elektrischen Anlage benötigt. Einige Messungen sind nach DIN VDE 0105-100 stets gefordert. Davon soll hier nicht die Rede sein.

Diese grundsätzlichen Aussagen gelten selbstverständlich erst recht für eine Prüfung, die auch die brandschutztechnischen Aspekte berücksichtigen soll. Näheres dazu wird in den folgenden Abschnitten besprochen.

40.3 Einige Besonderheiten der Prüfung aus der Sicht des Sach- und Brandschutzes

40.3.1 Die veränderte Sichtweise

Zunächst soll eine grundsätzliche und beinahe selbstverständliche Bemerkung vorangestellt werden: Es geht bei der hier behandelten Art von Prüfung um eine spezielle Sichtweise, in die der Prüfer sich eingewöhnen muss.

Wenn man beispielsweise bei der Personenschutzprüfung ein Betriebsmittel mit defekter Umhüllung unter dem Gesichtspunkt betrachtet, wie Personen und Tiere durch diesen Mangel eventuell der Gefahr ausgesetzt werden, einen elektrischen Schlag zu erhalten, so muss das gleiche Betriebsmittel unter Berücksichtigung des Brandschutzes als Brandgefahr angesehen werden. Denn durch die defekte Umhüllung können Feuchtigkeit, Schmutz oder aggressive Atmosphäre eindringen, die den Isolationszustand im Inneren des Betriebsmittels negativ verändern. Als Folge können Kriechstrecken entstehen, über die u. U. ein brandgefährlicher Strom fließt.

Eine verschmutzte Anlage hat nicht unbedingt Auswirkungen auf den Schutz gegen elektrischen Schlag, aber aus der Sicht des Sach- und Brandschutzes ist eine übermäßige Ansammlung von Schmutz, Staub oder Ablagerungen (z. B. auf Kabeltrassen) eine nicht hinnehmbare Veränderung des Anlagenzustandes. Dabei geht es u. a. darum, dass Wärme, die stets während des Betriebes auftritt, nicht mehr genügend abgeführt wird. Eine Staubschicht kann einen Brand wie eine Zündschnur in Sekunden von einem Ende einer Kabeltrasse bis zum anderen transportieren. Abgelegter Schutt auf einer Kabelanlage kann die Isolation der Kabel und Leitungen so belasten, dass dadurch brandgefährliche Vorschädigungen entstehen.

Auch das Vorhandensein eines PEN-Leiters in der Anlage wird in der Regel bei den Personenschutzprüfungen nicht in Frage gestellt, wenn es sich (vor allem bei wiederkehrenden Prüfungen) um bestehende Anlagen handelt. Aus der Sicht des Sach- und Brandschutzes kann dieser Umstand jedoch eine nicht zu unterschätzende Beeinträchtigung darstellen. Zumal für Neuanlagen nach DIN VDE 0100-444, Abschnitt 444.4.3 ein TN-S-System mit einem vom Schutzleiterpotential isoliert geführten Neutralleiter vorgeschrieben wird. Vor allem in feuergefährdeten Betriebsstätten darf ein PEN-Leiter nach DIN VDE 0100-420, Abschnitt 422.3.12 nicht vorhanden sein. Mögliche Ausnahmen unter bestimmten Bedingungen werden im Abschnitt 26.2.4 dieses Buchs beschrieben. Allerdings sollte nicht vergessen werden, dass selbst dann, wenn diese Bedingungen innerhalb der feuergefährdeten Betriebsstätte eingehalten werden, die durch den PEN-Leiter hervorgerufenen Ströme in fremden leitfähigen Teilen und auf Potentialausgleichsleitern aus benachbarten Räumen und Anlagenteilen auch in den Raum, in dem sich die feuergefährdete Betriebsstätte befindet, gelangen können.

Die elektrische Anlage kommt nach bekannten statistischen Erhebungen von Sachversicherern in 25 % bis 30 % aller Fälle als Brandursache in Frage. Bereits im Kapitel 1 dieses Buches wurde jedoch betont, dass sie unter Umständen nicht nur eine ursächliche Rolle spielt, sondern auch an Brandentwicklung und Brandfortleitung beteiligt ist (siehe Bild 1.1 in diesem Buch). Mit anderen Worten: Wer bei der Prüfung elektrischer Anlagen den Brandschutz mit berücksichtigen will, muss die elektrische Anlage mit anderen Augen betrachten. Dabei ist klar, dass auch hier das Motto gilt: „Das eine tun und das andere nicht lassen“. Aber diese andere (brandschutztechnische) Sichtweise erfordert erfahrungsgemäß ein bewusstes Eingewöhnen.

40.3.2 Der bauliche Brandschutz

Die erste Besonderheit, die erwähnt werden soll, ist die Einbeziehung des baulichen Brandschutzes. Kabel und Leitungen müssen natürlich durch Decken und Wände hindurchgeführt werden. Weisen diese eine entsprechende brandschutztechnische Qualität auf, helfen Kabelabschottungen, den Durchbruch wieder zu verschließen, damit die geforderten brandschutztechnischen Eigenschaften nicht verloren gehen.

Im Grunde sollte jeder Durchbruch mindestens mit nicht brennbarem Material verschlossen werden, ganz gleich, ob die Wand oder Decke eine klassifizierte brandschutztechnische Qualität hat oder nicht. Der Grund liegt auf der Hand: Eine geschlossene Wand bzw. Decke ist immer sicherer als ein verbleibendes Loch.

Der Prüfer hat darauf zu achten bzw. in Erfahrung zu bringen, ob die Wände oder Decken bestimmte Anforderungen erfüllen müssen. Oft ist beispielsweise das Vorhandensein einer feuerbeständigen Tür (T90) ein Zeichen dafür, dass die entsprechende Wand mindestens die gleiche Feuerbeständigkeit aufweisen muss. Die Schottung der Durchbrüche ist entsprechend Feuerbeständigkeit des durchdrungenen Bauteils auszulegen. Näheres zur Ausführung und Kennzeichnung wird im Kapitel 30 dieses Buches erläutert.

Natürlich stellt z. B. ein Kennzeichnungsschild noch lange keinen schlüssigen Beweis dar, dass die betrachtete Schottung auch wirklich funktionstüchtig ist, aber ohne das Schild sind Zweifel von vornherein angebracht. Aus vielerlei Gründen wird gerade bei der Schottung von Durchbrüchen gespart. Einige Errichter gehen so weit, dass sie den Durchbruch mit irgendeinem Material verschließen, das gerade zur Hand ist, und leider nicht selten dadurch die Gefahr erhöhen, statt sie zu vermeiden (**Bild 40.1**).

Das Schott selbst muss dicht verschlossen und die Kabel und Leitungen dürfen nicht „verzwirbelt“ (Zwickelbildung) hindurchgeführt worden sein. Löcher für Nachbelegungen sind mit einer entsprechenden Brandschutzmasse wieder zu verschließen. Weitere wichtige Kriterien sollen nur beispielhaft genannt werden: Die Schottmasse muss die Kabel und Leitungen allseitig umschließen und die Durchbruchöffnung darf mit Kabeln und Leitungen nur bis maximal 60 % belegt sein (siehe Abschnitt 30.2).

Bild 40.1 *Leicht entzündlicher PU-Schaum als Brandschott; hier hat ein Errichter in unverantwortlicher Weise gegen alle Regeln des Brandschutzes verstoßen*

Zum baulichen Brandschutz gehören selbstverständlich auch alle anderen Maßnahmen, wie funktionstüchtige und nicht verkeilte Brandschutz- und Rauchabschlusstüren sowie Anforderungen an Sicherheitsabstände und Kennzeichnungen.

40.3.3 Kurzschlussberechnungen

In privaten Wohnhausbereichen und ähnlichen Nutzungseinheiten spielt die Kurzschlussberechnung eine eher untergeordnete Rolle. Der Netzbetreiber gibt in der Regel in seinen Technischen Anschlussbedingungen die maximalen Kurzschlussströme vor: Am Hausanschlusskasten ist mit einem Stoßkurzschlussstrom von maximal 25 kA zu rechnen und bis zum Zähler mit maximal 10 kA. Endstromkreise hinter dem Zähler müssen mit LS-Schaltern geschützt werden, die mindestens einen Kurzschlussstrom von 6 kA beherrschen können. Das heißt, der Errichter kümmert sich nach VDE 0100-430 nur noch um eine geeignete Überstrom-Schutzeinrichtung, um den Schutz der Kabel und Leitungen bei Überlast zu gewährleisten. Darüber hinaus achtet er auf die maximale Leitungslänge (z. B. mittels Beiblatt 2 aus VDE 0100-520).

In gewerblichen und industriellen Anlagen kann das allerdings zu wenig sein. Hier herrschen meist ganz andere Bedingungen. Wenn der Netzbetreiber beispielsweise eine Mittelspannungseinspeisung anbietet und der Betreiber einen eigenen Transformator auf seinem Betriebsgelände vorsieht, müssen die tatsächlichen Belastungsfälle genauer betrachtet werden. Es können Stromkreise vorkommen, die lediglich bei Kurzschluss zu schützen sind, weil z. B. der Schutz bei Überlast in der Nähe des Verbrauchsmittels sichergestellt ist oder weil eine Überlast ganz einfach nicht zu erwarten ist.

Was muss z. B. beachtet werden, wenn der Prüfer eine solche Anlage betritt und der Betreiber ihm mitteilt, dass seit der letzten wiederkehrenden Prüfung leistungsstärkere Maschinen angeschafft wurden und deshalb der bisherige Transformator (z. B. ein 630-kVA-Öltransformator) gegen einen neuwertigen mit höherer Leistung (z. B. ein 1.000-kVA-Gießharztransformator) ausgetauscht wurde?

Hier muss zwangsläufig gefragt werden, ob die elektrischen Betriebsmittel, die sich auf der Verbraucherseite des neuen Transformators befinden (wie Verbindungskabel zwischen Transformator und NVH und der Hauptleistungsschalter in der NHV), den geänderten Belastungen standhalten, sofern diese nicht zusammen mit dem Transformator neu beschafft wurden. Wie sind die baulichen Gegebenheiten (Raummaße, Fluchtwegbreite, Belüftung usw.) in der Mittelspannungsstation zu bewerten? Eine mindestens überschlägige Kurzschlussberechnung ist hier unumgänglich.

40.3.4 Die besondere Bewertung von Messergebnissen

Auch die Ergebnisse von üblichen Messungen, z. B. nach VDE 0100-600 oder bei wiederkehrenden Prüfungen nach VDE 0105-100 zumindest in Stichproben bzw. in allen Stromkreisen, in denen Veränderungen durchgeführt wurden, müssen unter dem Gesichtspunkt des Brandschutzes differenziert betrachtet werden.

Als Beispiel soll die Schleifenwiderstandsprüfung herangezogen werden. Der erfahrene Prüfer, der nur die Prüfung nach DGUV Vorschrift 3 im Auge hat, wird die Messergebnisse immer zunächst unter Berücksichtigung der Anforderungen zum Schutz gegen elektrischen Schlag nach VDE 0100-410 interpretieren. Danach muss in einem TN-System folgende Formel eingehalten werden:

$$Z_s \leq \frac{U_0}{I_a} \tag{27}$$

Z_S Schleifenwiderstand, bestehend aus dem Widerstand des Außenleiters von der Spannungsquelle bis zur Messstelle, des Schutzleiters von der Messstelle bis zur Spannungsquelle und dem Innenwiderstand der Spannungsquelle,

U_0 Spannung des Außenleiters gegen Erdpotential bzw. gegen Schutzleiter (PE),

I_a Strom, der die Ausschaltung der vorgeschalteten Überstrom-Schutzeinrichtung in einer Zeit bewirkt, die kleiner ist als in Tabelle 41.A aus VDE 0100-410 angegeben.

Misst er also einen Schleifenwiderstand von z. B. 1.500 mΩ, weiß er, dass die Überstrom-Schutzeinrichtung folgenden Strom in der Zeit nach vorgenannter Tabelle 41.1 aus VDE 0100-410 abschalten muss:

$$I_a = \frac{230\,\text{V}}{1{,}5\,\Omega} = 135\,\text{A}$$

Handelt es sich bei der vorgeschalteten Überstrom-Schutzeinrichtung z. B. um einen LS-Schalter, Typ B, mit einem Nennstrom von 16 A, so reicht hierfür ein Kurzschlussstrom von 80 A. Der Prüfer ist zufrieden, da die Bedingung erfüllt ist. Nach Norm hat er damit seine Arbeit getan. Dies gilt jedoch nicht automatisch in Bezug auf den Sach- und Brandschutz.

Misst er beispielsweise den Schleifenwiderstand in mehreren Stromkreisen, die alle ähnliche Leitungslängen und gleiche Leitungsquerschnitte aufweisen, so sollte er nie den Vergleich dieser Werte außer Acht lassen. Wenn er z. B. bei fast allen Stromkreisen Schleifenwiderstände in der Größenordnung zwischen 400 mΩ bis 700 mΩ misst, muss er zwangsläufig stutzig werden, wenn er in einem einzelnen Stromkreis einen sehr viel höheren Wert feststellt. Der Grund kann eine schlechte Klemmverbindung im Verlauf dieses Stromkreises sein. Diese muss er finden, sonst hat er seine Arbeit aus der Sicht des Brandschutzes nicht erledigt.

Auch die Ergebnisse von Isolationswiderstandsmessungen und Messungen von niederohmigen Verbindungen der Schutzleiter usw. müssen immer kritisch betrachtet werden. Sind Ausreißer bei ähnlichen Stromkreisen festzustellen? Sind die gemessenen Werte mit den beteiligten Leitungslängen und Querschnitten überschlägig zu erklären?

40.3.5 Nicht in Normen geforderte Messungen

40.3.5.1 Einführung

Will der Prüfer den Brandschutz mit berücksichtigen, darf er sich nicht darauf beschränken, die Vorgaben von Normen zu erfüllen. Normen setzen Eckpunkte und definieren Mindestanforderungen, können aber niemals das tatsächliche Risiko einer konkreten Anlage beschreiben.

Aus diesem Grund müssen geeignete Methoden gewählt werden, um mögliche Brandgefahren zu entdecken.

40.3.5.2 Messung des Neutralleiterstroms

In der entsprechenden Fachliteratur wird immer wieder die Gefahr von Oberschwingungen hervorgehoben. In gewerblich und industriell genutzten Gebäuden sind stets mehr oder weniger hohe Oberschwingungsanteile vorhanden. Man könnte beinahe behaupten, dass die Zeit der reinen sinusförmigen Ströme und Spannungen (zumindest in den Verbraucheranlagen) vorbei ist.

Dabei sind die Oberschwingungen des sogenannten „Nullsystems" aus der Sicht des Sach- und Brandschutzes immer wieder „unangenehm" aufgefallen. Es handelt sich um Oberschwingungen mit einer Frequenz in der Höhe der 3-fachen Netzfrequenz (f = 150 Hz) oder einem Vielfachen davon. Besonders der Neutralleiter wird durch diese Oberschwingungen gefährdet, obwohl er in einem Drehstrom-Stromkreis von allen aktiven Leitern stets den kleinsten Anteil des Betriebsstroms übernimmt.

Die daraus resultierende Gefahr für Kabel und Leitungen und besonders für den Neutralleiter wurde mit Erscheinen von DIN VDE 0298-4 im Jahre 2003 konkret beschrieben und durch entsprechende Korrekturfaktoren berücksichtig (siehe Kapitel 16 dieses Buches). Die Forderung, den Neutralleiter zu überwachen, um eine Gefährdung frühzeitig zu registrieren oder durch Abschalten der Stromversorgung zu vermeiden, wird in DIN VDE 0100-430, Abschnitt 431.2.3 erhoben.

Wenn der Prüfer die Gefahr erkennen will, muss er Messungen vornehmen, die nicht in den Normen erwähnt werden. Dazu gehört zuallererst die Messung des Neutralleiterstroms, die z. B. in VdS-Richtlinien (VdS 2349-1) gefordert wird. Dabei kommt es zunächst auf die Höhe des gemessenen Neutralleiterstoms an. Aber auch der Vergleich dieses Stroms mit den Strömen der Außenleiter kann von Bedeutung sein.

Eine Fragestellung kann sein, ob der Neutralleiterstrom aus der asymmetrischen Belastung der Außenleiter erklärt werden kann? Eine mögliche Methode, die etwas mehr Klarheit schafft, ist die Messung der Ströme mit anschließendem Vergleich. Ist der Strom im Neutralleiter größer als die größte Differenz zwischen den Außenleiterströmen, kann der Neutralleiterstrom kaum noch mit der asymmetrischen Belastung der Außenleiter erklärt werden. Der Verdacht liegt nahe, dass eine Oberschwingungsbelastung vorliegt.

Wichtig ist allerdings, dass man diese Messung mit Messgeräten (z. B. Stromzangen) durchführt, die eine Echt-Effektiv-Messung ermöglichen und für Frequenzen bis mindestens 1.000 Hz ausgelegt sind (in der Regel mit TRMS auf dem Gerät angegeben). Andere Geräte können bei Oberschwingungsbelastungen Falschmessungen bis zu 300 % und mehr verursachen.

Wird ein Oberschwingungsproblem vermutet, ist es angebracht, dies genauer zu analysieren. Hierzu müssen Messgeräte eingesetzt werden, die Oberschwingungsanteile feststellen können. Für eine erste Untersuchung eignen sich Stromzangen, mit denen sich die verschiedenen Oberschwingungen gezielt herausmessen lassen. Eine genauere Analyse wird dann mit einem Netzanalysegerät (1- oder 3-polig) durchgeführt.

40.3.5.3 Messung von Schutz- und Potentialausgleichsleiterströmen

In VDE 0100-420, Abschnitt 422.3.12 wird nicht ohne Grund in feuergefährdeten Betriebsstätten ein PEN-Leiter verboten. PEN-Leiter verursachen nicht nur enorme Probleme im Bereich der EMV, sondern auch Brandgefahren durch vagabundierende Ströme in Gebäudeteilen und metallenen Einrichtungen. Dazu kommt, dass eine Überwachung der Stromkreise, in denen PEN-Leiter vorhanden sind, mit einer Fehlerstrom-Schutzeinrichtung (RCD) nicht möglich ist.

Vagabundierende Ströme bedeuten stets ein eindeutig erhöhtes Risiko, wenn im Gebäude gefahrdrohende Mengen von leicht entzündlichen Stoffen betroffen sein können. Aus diesem Grund sollten solche Ströme ermittelt werden. Dies bedingt allerdings, dass der Prüfer mit einer Stromzange ausgerüstet ist, die eine Echt-Effektiv-Messung gewährleistet (siehe vorheriger Abschnitt 40.3.5.2). Strommessungen sollten an möglichst vielen Stellen durchgeführt werden (**Bild 40.2**). So z. B. an

- Schutzleiteranschlüssen, z. B. in Verteilern und an Potentialausgleichsschienen, und
- Potentialausgleichsanschlüssen jeglicher Art.

Gegebenenfalls (z. B. bei besonderem Verdacht, dass vagabundierende Ströme vorhanden sind) müssen auch Ströme registriert werden, die über fremde leitfähige Teile fließen, wie Heizungsrohre, Stahlkonstruktionen, Seilverbindungen.

Eine Aussage, ab wann ein solcher Strom tatsächlich brandgefährlich ist, kann allerdings kaum getroffen werden. Üblicherweise werden Ströme über 300 mA als „bemerkenswert“ angesehen. Das heißt, hier sollte dringend der Betreiber darüber informiert werden, dass eine Überprüfung des Netzsystems angebracht ist. In feuergefährdeten Betriebsstätten ist eine solche Situation ohnehin gefährlich. Dort ist das Vorhandensein von Strömen über 300 mA stets als Mangel zu notieren.

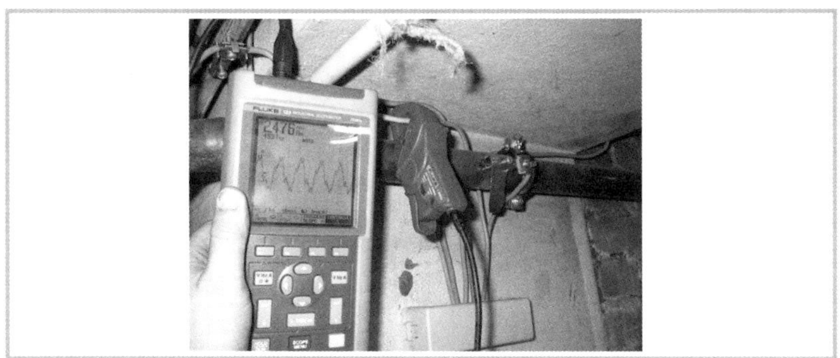

Bild 40.2 *Messung eines Schutzleiterstroms mit Stromzange und Netzanalysegerät – das Gerät zeigt einen Strom von fast 2,5 A*

Auch hier kann eine genauere Untersuchung Aufschluss über die zugrunde liegenden Ursachen geben. Oft genügen kleine Änderungen in der Netzstruktur bereits aus (z. B. das Entfernen von Brücken zwischen dem Schutz- und Neutralleiter in Verteilungen), um eine erhebliche Reduzierung der Schutzleiterströme zu erreichen.

40.3.5.4 Messung von Schirmströmen

Ströme, die im Schirm einer Datenleitung fließen, sind ebenfalls bedenklich. Entweder aus Funktionsgründen, weil der Datenfluss gestört oder unzulässig beeinflusst wird, oder aus Brandschutzgründen, weil der Schirm überlastet wird. Ein Beispiel, wie betriebsbedingte Ströme auf dem Schirm einer Datenleitung entstehen können, zeigt ein Bild aus VDE 0100-540 (siehe **Bild 40.3** dieses Buches).

In VdS-Richtlinien wird gefordert, dass kein Strom größer 100 mA über Datenschirme fließen darf. Ob dieser Wert aus Funktionsgründen bereits zu hoch ist, muss von Fall zu Fall entschieden werden. Zumindest ist sicher, dass betriebsbedingte Ströme nichts auf Datenschirmen zu suchen haben. Aus diesem Grund muss betont werden, dass Schirmströme aus Sicht des Sach- und Brandschutzes messtechnisch ermittelt werden sollten, um gegebenenfalls dem Betreiber entsprechende Maßnahmen vorschlagen zu können.

40.3.5.5 Netzinnenwiderstand

Der Netzinnenwiderstand lässt sich in der Regel mit handelsüblichen Messgeräten, die den Schleifenwiderstand messen können, ermitteln. Der Schleifenwiderstand oder die Schleifenimpedanz wird auf dem Messgerät meist mit R_S oder Z_S angegeben und der Netzinnenwiderstand mit R_i bzw. Z_i.

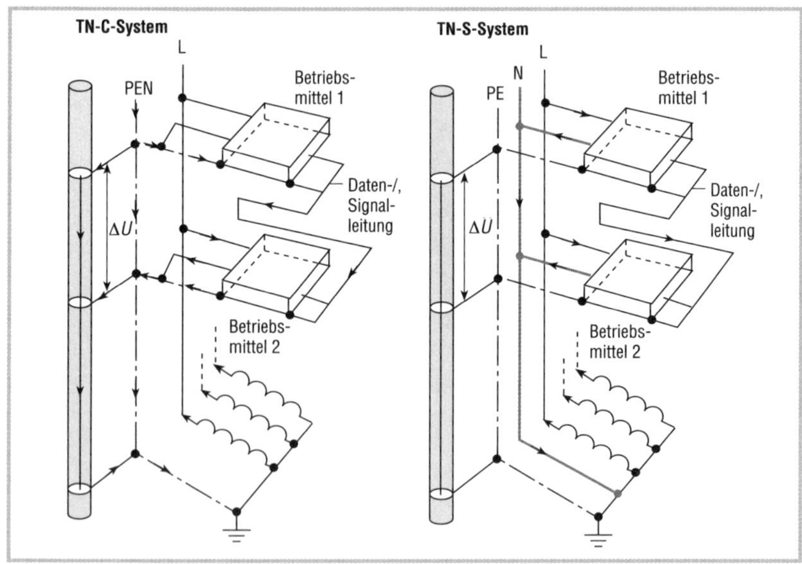

Bild 40.3 *Bei vorhandenem PEN-Leiter sind Ströme an beidseitig aufgelegten Schirmen von Datenleitungen unvermeidlich*

Die R_i-Messung kann in manchen Fällen zusätzliche Informationen bieten, die für den Sach- und Brandschutz von Bedeutung sein können:

- In TN-Systemen kann der Vergleich zwischen R_S und R_i einen Hinweis auf ein mögliches Problem liefern, weil diese Werte im TN-System relativ gleich sein müssten. Erhebliche Abweichungen können auf Klemmprobleme hindeuten.
- In allen Netzsystemen kann der Vergleich zwischen den Werten für R_i in ähnlichen Stromkreisen (Länge und Querschnitt gleich) auf ein mögliches Problem (schlechte Anschlüsse, Quetschungen, Leiterbrüche usw.) geben.

Allerdings ist die Interpretation der gemessenen Abweichung zwischen R_S und R_i oder zwischen den R_i-Werten verschiedener Stromkreise nicht immer eindeutig. Folgende Überlegungen müssen stets berücksichtigt werden:

a.) Es kann beispielsweise nicht relevante Gründe für diese unterschiedlichen Werte geben (z. B. Parallelwege für den Schutzleiter PE, die den Wert für R_S verkleinern).

b.) Folgende Fragen sollte sich der Prüfer stellen:

- Ab welcher Größe des Unterschieds zwischen R_i und R_S bzw. zwischen den R_i-Werten verschiedener Stromkreise liegt tatsächlich eine Gefährdung vor?

- Wie stark muss die bei jeder R_i-Messung zu veranschlagende Messunsicherheit berücksichtigt werden? Nach DIN EN 61557-3 (VDE 0413-3) kann die Betriebsmessunsicherheit eines Schleifenwiderstands-Messgerätes immerhin 30 % betragen.

Messungen, bei denen kein konkreter Ist-/Sollwertvergleich stattfinden kann, sind immer kritisch und nicht leicht zu bewerten. Hier muss der Prüfer den festgestellten Wert (bzw. den Unterschied zwischen R_i und R_S) verantwortungsvoll bewerten und eine Aussage darüber treffen, ob ein Mangel oder sogar eine Gefahr vorliegt oder nicht. Eventuell wird ein auffälliger Wert lediglich zu einer weiterführenden Untersuchung führen, die letzte Klarheit liefern kann. Dieses Problem ist letztlich der Grund, warum die R_i-Messung nicht ausdrücklich bei den erforderlichen Messungen nach DIN VDE 0100-600 oder nach DIN VDE 0105-100 erwähnt wird. Für eine gesicherte Auskunft im Zusammenhang mit einer sachgerechten Sach- und Brandschadenverhütung ist die R_i-Messung nur begrenzt geeignet.

40.3.5.6 Thermografische Messungen

Die Thermografie hat sich mittlerweile als probates Mittel bei der vorbeugenden Instandhaltung sowie allgemein bei der Prüfung der elektrischen Anlage mit besonderer Berücksichtigung des Sach- und Brandschutzes bewährt. Mit dieser neuen Messtechnik lassen sich gefährliche Temperaturentwicklungen im Anfangsstadium registrieren, die ohne genauere Untersuchung oder nach Abschaltung von Anlagenbereichen nicht entdeckt worden wären (**Bild 40.4**).

Besonders vorteilhaft ist, dass bei dieser Messung eben nicht die Abschaltung erforderlich ist, sondern vielmehr die Volllast als ideale Voraussetzung für eine korrekte Messung angesehen werden kann.

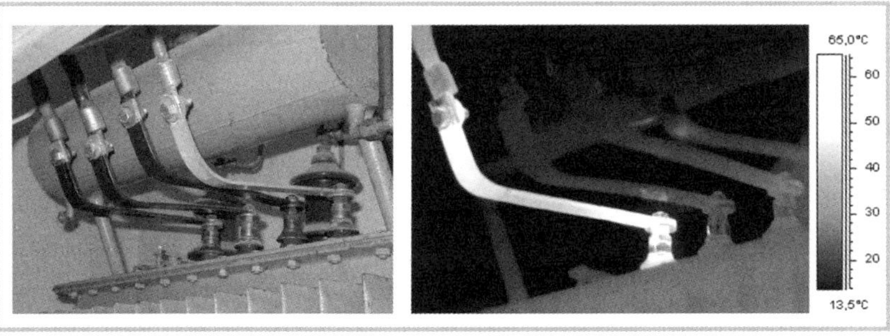

Bild 40.4 *Wer hätte das gedacht? Der linke Abgang des Transformators hat eine defekte Klemmverbindung.*

Allerdings erfordert eine Prüfung mittels einer Wärmebildkamera (Infrarot-Kamera)

- einen erheblichen Kosteneinsatz und
- eine ganz besondere Kompetenz des Prüfers.

Ersteres erklärt sich damit, dass Infrarot-Kameras, die ein ausreichend gutes Ergebnis liefern,10.000 EUR bis 50.000 EUR und mehr kosten. Das zweite Kriterium kann durch die Art des Messergebnisses sowie die zugrunde liegende Physik begründet werden. Der Prüfer muss über einiges Wissen verfügen und dazu Erfahrungen sammeln, bevor er thermografische Aufnahmen wirklich schlüssig und objektiv beurteilen kann.

Beispielsweise weiß der erfahrene Prüfer, dass eine heiße Stelle nicht pauschal als Gefahrenquelle bewertet werden muss, da hohe Oberflächentemperaturen bei bestimmten Betriebsmitteln durch eine normale betriebliche Belastung entstehen können. Die bloße Suche nach heißen Stellen (Hotspots) ist deshalb irreführend und kaum sachgemäß.

Auch die Frage nach einzuhaltenden Grenzübertemperaturen für konkrete Betriebsmittel ist wenig zielführend. Schon die Tatsache, dass die Temperatur eines elektrischen Betriebsmittels von der jeweiligen Belastung abhängt, zeigt die Problematik dieser Überlegung. Die vom Hersteller bzw. von der Norm vorgegebene Grenzübertemperatur eines Betriebsmittels ist ein rein theoretischer Wert, der sich bei einer klar definierten Belastungssituation ergibt, mit der das Betriebsmittel im Prüflabor des Herstellers entsprechend einer Hersteller- oder Prüfnorm belastet wird. Doch die reale thermische Belastung eines Betriebsmittels in einer konkreten Umgebung (reale Umgebungstemperatur, reale Belastungsart usw.), eventuell verbunden mit einem ständig wechselnden Betriebsstrom, kann mit der Angabe einer maximalen Grenzübertemperatur kaum bewertet werden.

Beispiel:
Eine gemessene Temperatur, die zwar geringfügig unter der maximal erlaubten Grenzübertemperatur liegt, aber bereits bei 40 % der Nennbelastung entsteht, würde kaum auffallen, wenn man nur diese Grenzübertemperatur betrachtet. Tatsächlich ist aber eine solche Messung unbedingt ein Grund zur Sorge, denn wenn die Belastung zukünftig bis zur Nennbelastung gesteigert würde, ist eine gefahrdrohende thermische Überlastung sehr wahrscheinlich.

Gemessene Temperaturen und auch Temperaturdifferenzen müssen also immer mit Berücksichtigung der konkreten Belastung bewertet werden.

Viel wichtiger als die bloße Feststellung der Temperatur ist also die Betrachtung des Temperaturverlaufs sowie des Temperaturvergleichs. Die Wärmebildkamera liefert als Ergebnis der thermischen Messung ein Thermogramm. In diesem Thermogramm sind durch die unterschiedlichen Farben oder unterschiedlichen Grautöne vorhandene Temperaturverläufe (sogenannte Gradienten) erkennbar. Im Bild 40.4 dieses Buches wird beispielsweise eine Klemmstelle oberhalb eines Transformators gezeigt. Es wird dabei ein Temperaturverlauf von der Klemmstelle zur Stromschiene sichtbar. Wenn beispielsweise bei einer geringen Belastung (< 40 % der Maximalbelastung) auf einer Länge des betrachteten Leiters von 5 cm bereits eine Temperaturdifferenz von 10 K sichtbar wird, kann dies eine gefährliche thermische Belastung andeuten, sofern klar ist, dass über längere Zeit auch Maximalbelastungen möglich sind. Dagegen sind bei einer Belastung von 80 % bis 100 % der Maximalbelastung 10 K auf einer Leiterlänge von 5 cm lediglich einen Hinweis wert, die entsprechende Stelle beim nächsten Prüftermin noch einmal anzuschauen.

Auch Temperaturvergleiche sind vielfach von großer Bedeutung und immer dort angebracht, wo man sich nicht sicher ist, ob eine festgestellte Temperatur oder Temperaturdifferenz auf einen Mangel hinweist oder nicht. Wenn beispielsweise am Gehäuse eines Betriebsmittels eine auffällige Temperatur festgestellt wird, kann dies auf einen Fehler im Inneren des Betriebsmittels hindeuten. Hier hilft es sehr, wenn andernorts gleiche Betriebsmittel mit ähnlichen Belastungen vorgefunden werden, die zum Vergleich herangezogen werden können. Dabei darf der Prüfer den (eher seltenen) Fall nicht ganz aus den Augen verlieren, dass die auffällige Temperatur bei allen gleichartigen Betriebsmitteln auf einen Serienfehler hinweisen könnte.

Natürlich spielt auch die Qualität der Kamera eine Rolle. Die meisten auf dem Markt angebotenen Wärmebildkameras halten die notwendigsten Grenzen (z. B. bezüglich der Temperaturgenauigkeit) weitestgehend ein. Allerdings muss die geometrische Auflösungsfähigkeit der gewählten Kamera näher betrachtet werden. Preiswerte Geräte versprechen zwar häufig hohe Genauigkeiten und eine gute Temperaturstabilität usw., aber spätestens bei der geometrischen Auflösung stellt man sehr schnell fest, dass eine professionelle Nutzung mit Billiggeräten kaum möglich ist.

Die geometrische Auflösung einer Wärmebildkamera beschreibt ihre Fähigkeit, entfernte Objekte korrekt zu erfassen, um die korrekte Messung einer Oberflächentemperatur zu ermöglichen. Je besser die geometrische Auflösung ist, desto kleiner dürfen die betrachteten Objekte für eine exakte Messung sein.

Die meisten Wärmebildkameras, wie sie aktuell auf dem Markt angeboten werden, besitzen eine Detektormatrix. Das ist eine Fläche, die aus zahlreichen einzelnen Detektoren besteht, die jeder für sich einen Anteil an der eingehenden Strahlung erfassen und in Summe das auf dem Monitor der Kamera erscheinende Thermogramm ergeben. Durch den Projektionswinkel (φ) wird die erfassbare Fläche (also der Messfleck) mit zunehmender Distanz zwischen der Kamera und dem betrachteten Objekt größer (siehe **Bild 40.5** in diesem Buch). Da jedoch der Messfleck eines einzelnen Detektors immer nur eine Durchschnittstemperatur des gesamten Messflecks darstellen kann, darf das betrachtete Objekt nur maximal so groß sein wie dieser Messfleck. Andernfalls wird die Temperaturangabe der Kamera verfälscht, weil der gemessene Wert einer Mischtemperatur aus Objekttemperatur und der ebenfalls erfassten Hintergrundtemperatur entspricht (siehe **Bild 40.6** in diesem Buch).[160]

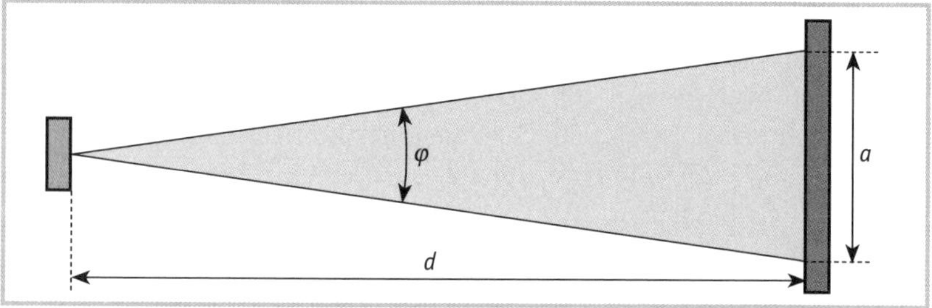

Bild 40.5 *Verhältnisse bei der geometrischen Auflösung*
φ Winkel der Projektion eines einzelnen Detektors (von der Kamera vorgegeben)
d Distanz zwischen dem Objektiv der Kamera zum betrachteten Objekt
a Messfleckgröße, die sich aufgrund des Winkels „φ" und der Distanz „d" ergibt.

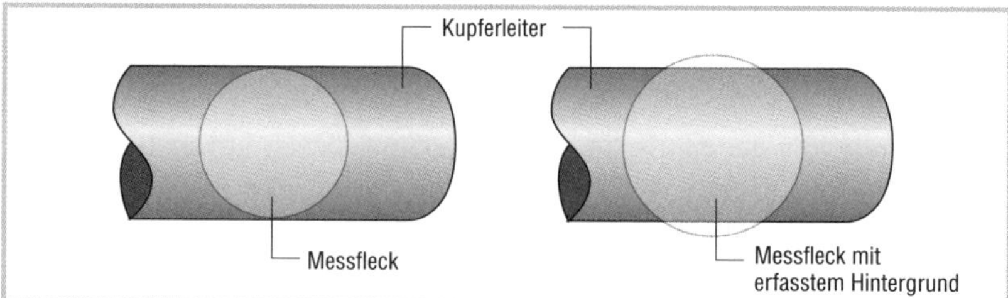

Bild 40.6 *Links ein Beispiel für einen Messfleck, der gerade noch einen Kupferleiter sicher erfasst und deshalb die Temperatur korrekt wiedergibt. Rechts ein Messfleck, der größer ist als das betrachtete Objekt und deshalb eine falsche Temperatur (Mischtemperatur) wiedergibt, die sich aus Anteilen der Objekttemperatur (Kupferleiter) und der Temperatur des Hintergrunds zusammensetzt.*
(Quelle: Bild 3.18 aus Herbert Schmolke: Brandschutztechnische Bewertung und Prüfung elektrischer Anlagen. VDE-Schriftenreihe 173, VDE-Verlag, Berlin, 2018)

160 Weitere Erläuterungen sind in folgenden Buch zu finden: *Herbert Schmolke:* Brandschutztechnische Bewertung und Prüfung elektrischer Anlagen. VDE-Schriftenreihe 173, VDE-Verlag, Berlin, 2018

40.3.6 Beurteilung von Gebäude- oder Raumeinstufungen nach Gefährdung

Nach dem Arbeitsschutzgesetz ist der Betreiber einer elektrischen Anlage (Unternehmer mit Beschäftigten) dazu verpflichtet, in seinem Unternehmen eine entsprechende Gefährdungsbeurteilung vorzunehmen.
Wörtlich heißt es in diesem Gesetz im § 5
„Beurteilung der Arbeitsbedingungen
(1) Der Arbeitgeber hat durch eine Beurteilung der für die Beschäftigten mit ihrer Arbeit verbundenen Gefährdung zu ermitteln, welche Maßnahmen des Arbeitsschutzes erforderlich sind.“

Im Rahmen dieser Gefährdungsbeurteilung muss der Betreiber auch festlegen, welche Räume oder Bereiche in seinem Betrieb als feuergefährdete Betriebsstätte nach VDE 0100-420 einzustufen sind. Der Prüfer weiß natürlich, dass an solche Anlagenbereiche Anforderungen gestellt sind, die über diejenigen aus z.B. VDE 0100-410 hinausgehen. Es reicht hier also nicht aus, die üblichen Messungen (Isolationswiderstand, Schleifenwiderstand, niederohmige Verbindung usw.) durchzuführen, sondern es muss der komplette Umfang der Schutzmaßnahmen nach VDE 0100-420 geprüft werden. In besonders gefährdeten Bereichen ist es zudem sinnvoll, die Anforderungen von VdS-Richtlinien zusätzlich mit zu beachten. Wenn der Versicherer die Einhaltung dieser Richtlinien fordert, müssen sie ohnehin umgesetzt werden.

Ein Problem entsteht, wenn der Prüfer einen Raum oder Bereich als feuergefährdet einstufen würde, eine solche Einstufung durch den Betreiber jedoch nicht erfolgt ist. Natürlich kann der Prüfer nicht die Verantwortung auf sich nehmen, die dem Betreiber durch das Arbeitsschutzgesetz obliegt, aber er darf auch nicht so tun, als sähe er dieses Problem nicht. Der Betreiber kann im Schadenfall immer behaupten, dass der Prüfer, der es hätte wissen müssen, diese falsche oder fehlende Einstufung mit seinem Schweigen hingenommen und somit bestätigt hat. Besteht also der Verdacht, dass eine Einstufung nicht oder falsch erfolgt ist, muss der Prüfer dies schriftlich vermerken und auf die damit verbundene unsachgemäße Ausführung der Elektroinstallation verweisen.

40.3.7 Berücksichtigung des Explosionsschutzes

Die Prüfung von Explosionsschutzmaßnahmen ist nicht automatisch Teil einer üblichen Prüfung elektrischer Anlagen, gleichgültig, ob es dabei in erster Linie um den Personenschutz oder um den Sach- und Brandschutz geht. Gebäude oder Räume, in denen eine explosionsgefährliche Atmosphäre entstehen kann, heißen in den gesetzlichen Regelwerken (wie der Betriebssicherheitsverordnung – BetrSichV) überwachungsbedürftige Anlagen. Zu diesen überwachungsbedürftigen Anlagen zählen außer den explosionsgefährdeten Bereichen die Druckbehälteranlagen sowie typische Hebeanlagen (z.B. Aufzüge). Prüfungen solcher Anlagen werden in § 15 und § 16 BetrSichV sowie in den Technischen Regeln zur Betriebssicherheit, TRBS 1201 und (für explosionsgefährdete Bereiche) TRBS 1201 Teil 1 beschrieben. Für diese Prüfung bedarf es einer besonderen Kompetenz, die in der TRBS 1203 (Zum Prüfen befähigte Personen) festgelegt wird. Technische Regeln, die in explosionsgefährdeten Bereichen zur Anwendung kommen, sind vor allem in Normen der Reihe VDE 0165 enthalten.

40.4 Zusammenfassung

Der Prüfer, der den Sach- und Brandschutz bei der Prüfung elektrischer Anlagen mit berücksichtigen will, muss deutlich mehr tun, als er dies von üblichen Personenschutzprüfungen her gewohnt ist. Er muss nicht nur zusätzliche Prüfschritte einplanen, sondern auch eine gänzlich andere Sichtweise bei der Beurteilung von Prüf- und Messergebnissen zugrunde legen.

VdS-Richtlinien können hier enorme Hilfestellungen bieten, da in diesen technischen Regeln die jahrzehntelangen Erfahrungen der Versicherer mit Schadenfällen niedergelegt wurden.

41 Die Person des Prüfers und die Sicherheit beim Prüfen

Wer darf in einer elektrischen Anlage prüfen? Hierzu sagt DIN VDE 0105-100, Abschnitt 5.3.3.6, dass nur eine Elektrofachkraft prüfen darf, die Kenntnisse durch Prüfungen vergleichbarer Anlagen vorweisen kann.

Deshalb sollte nicht jeder, der eine Lehre im Elektrofach abgeschlossen hat, sich gleich in der Lage fühlen, elektrische Anlagen selbstverantwortlich auf Sicherheit zu prüfen. Das Prüfen setzt stets eine gewisse Prüfpraxis voraus, und die erlangt man nur, indem man anfangs bei verschiedenen Prüfungen zuschaut bzw. sich zunehmend aktiv beteiligt. Aber auch die Beschäftigung mit den behördlichen Vorschriften, Normen und Richtlinien ist eine notwendige Voraussetzung für eine fachgerechte Prüfung im Sinn der Brandschadenverhütung.

Natürlich darf während der Prüfung keine Gefahr entstehen. Das heißt, Prüfungen müssen sicher sein, sicher für beteiligte und unbeteiligte Personen sowie für Tiere und Sachwerte. Ebenfalls müssen Prüfungen sichere Ergebnisse liefern. Beides erreicht der Prüfer

- nach DIN VDE 0105-100, Abschnitt 5.3.3.5, dadurch, dass er mit geeigneten Messgeräten misst [dies sind Messgeräte, die der Normenreihe DIN EN 61557 (VDE 0413), entsprechen], und
- indem er bei der Prüfung die nötige Sorgfalt walten lässt und die Hinweise zu den Prüfungen in DIN VDE 0100-600 sowie in DIN VDE 0105-100 beachtet.

Bei bestimmten Anlagen bzw. Gebäuden verlangt derjenige, der eine Prüfung vom Betreiber der elektrischen Anlage einfordert, eine besondere Kompetenz oder Eignung des Prüfers, so z. B. die Baubehörde bei Sonderbauten oder der Feuerversicherer in Industriebauten.

Im Bereich des Arbeitsschutzes ist für Unternehmer bzw. Arbeitgeber zudem noch die Betriebssicherheitsverordnung (BetrSichV) von Bedeutung. Darin wird eine Prüfung bzw. wiederkehrende Prüfung von „Arbeitsmitteln" gefordert. Arbeitsmittel sind nach § 2 BetrSichV „Werkzeuge, Geräte, Maschinen oder Anlagen, die für die Arbeit verwendet werden, sowie überwachungsbedürftige Anlagen". Dabei meint der Begriff „Anlagen" nicht, wie in anderen Regelwerken und Normen, die typische Elektroinstallation, sondern stets einzelne Betriebsmittel oder auch ein zusammengesetztes System von mehreren Betriebsmitteln, die während der Arbeit von Arbeitnehmern benutzt (z. B. in der Hand gehalten oder verwendet) werden. Dies kann ein Gerät sein (z. B. eine Bohrmaschine) oder eine Verteileranlage, sofern Arbeitnehmer z. B. ständig an ihr Schalthandlungen durchführen müssen. Die erwähnten „überwachungsbedürftigen Anlagen" sind dagegen komplexer. Mit diesem Begriff werden explosionsgefährdete Betriebsstätten beschrieben sowie Hebeanlagen (z. B. Aufzugsanlagen) und Druckerhöhungsanlagen.

Detaillierte Angaben zu Anforderungen der BetrSichV an Prüfer, die als „zum Prüfen befähigte Personen" entsprechende Prüfungen ausführen dürfen, werden in einer Technischen Regel zur BetrSichV (TRBS 1203) beschrieben. **Tabelle 41.1** in diesem Buch zeigt einen Auszug aus der TRBS 1203 mit den festgelegten Anforderungen in Bezug auf Prüfungen von Arbeitsmitteln (also z. B. von ortsveränderlichen Geräten). Auch die speziellen Anforderungen an Prüfer, die in überwachungsbedürftigen Anlagen tätig werden dürfen, sind in der TRBS 1203 zu finden. Die Angaben von Abschnitten in der Tabelle 41.1 beziehen sich auf die entsprechenden Abschnitte in der TRBS 1203.

Tabelle 41.1 *Auszug aus TRBS 1203, der die Anforderung an Prüfer für die Prüfung der elektrischen Gefährdung aus der Sicht der Betriebssicherheitsverordnung zusammenfasst. Die Abschnittsangabe in der Tabelle bezieht sich auf Texte in der TRBS 1203.* (Teil 1/2)

Zur Prüfung befähigte Person	Berufsausbildung	Berufserfahrung	Zeitnahe berufliche Tätigkeit
1	2	3	4
Allgemein	Abgeschlossene technische Berufsausbildung oder Nachweis einer anderen technischen Qualifikation, die für die vorgesehene Prüfaufgabe befähigt. Befähigung der Schwierigkeit bzw. Komplexität der Prüfaufgabe angemessen, sodass die Prüfung fachkundig durchgeführt wird. (Abschnitt 2.1, 2.2)	Praktische Erfahrung mit vergleichbaren Arbeitsmitteln über einen angemessenen Zeitraum, sodass die übertragene Prüfaufgabe zuverlässig wahrgenommen wird. Muss genügend Anlässe kennen, die Prüfungen auslösen und vertraut sein mit – der vorschriftsmäßigen Montage oder Installation und der sicheren Funktion, insbesondere der Schutzeinrichtungen des zu prüfenden Arbeitsmittels. – Schäden verursachenden Einflüssen, denen das Arbeitsmittel bei der Verwendung ausgesetzt sein kann, – typischen Schäden und dadurch verursachten Gefährdungen für die Beschäftigten, – außergewöhnlichen Ereignissen, die das zu prüfende Arbeitsmittel betreffen und schädigende Auswirkungen auf dessen Sicherheit haben können, – Erfahrungswerten aus der Prüfung entsprechender Arbeitsmittel. (Abschnitt 2.3)	Tätigkeit im Umfeld der anstehenden Prüfung des zu prüfenden Arbeitsmittels sowie eine angemessene Weiterbildung. Durchführung von mehreren Prüfungen pro Jahr zum Erhalt der Prüfpraxis. Bei längerer Unterbrechung der Prüftätigkeit erneut Erfahrungen mit Prüfungen zu sammeln und fachliche Kenntnisse zu aktualisieren. Kenntnisse zum Stand der Technik hinsichtlich der sicheren Verwendung des zu prüfenden Arbeitsmittels und der zu betrachtenden Gefährdungen soweit, dass – der Istzustand ermittelt, – der Istzustand mit dem vom Arbeitgeber festgelegten Sollzustand verglichen sowie – die Abweichung des Istzustands vom Sollzustand bewertet werden kann. (Abschnitt 2.4)

Tabelle 41.1 *Auszug aus TRBS 1203, der die Anforderung an Prüfer für die Prüfung der elektrischen Gefährdung aus der Sicht der Betriebssicherheitsverordnung zusammenfasst. Die Abschnittsangabe in der Tabelle bezieht sich auf Texte in der TRBS 1203.* (Teil 2/2)

Zur Prüfung befähigte Person	Berufsausbildung	Berufserfahrung	Zeitnahe berufliche Tätigkeit
Zur Prüfung befähigte Person für Arbeitsmittel mit elektrischen Komponenten	Elektrotechnische Berufsausbildung (z. B. Elektroniker der Fachrichtungen Energie- und Gebäudetechnik, Automatisierungstechnik oder Informations- und Telekommunikationstechnik, Systemelektroniker, Informationselektroniker Schwerpunkt Bürosystemtechnik oder Geräte- und Systemtechnik, Elektroniker für Maschinen und Antriebstechnik sowie vergleichbare industrielle oder handwerkliche Ausbildungen) oder abgeschlossenes Studium der Elektrotechnik oder eine andere für die vorgesehenen Prüfaufgaben ausreichende elektrotechnische Qualifikation; (Abschnitt 3.1)	Mindestens einjährige Erfahrung mit der Errichtung, dem Zusammenbau oder der Instandhaltung von elektrischen Arbeitsmitteln oder Anlagen; (Abschnitt 3.1)	Geeignete zeitnahe berufliche Tätigkeiten können z. B. sein: – Reparatur-, Service- und Wartungsarbeiten und abschließende Prüfung an elektrischen Geräten, – Prüfung elektrischer Betriebsmittel in der Industrie, z. B. in Laboratorien, an Prüfplätzen, – Instandsetzung und Prüfung von elektrischen Arbeitsmitteln; Kenntnisse der Elektrotechnik sind zu aktualisieren, z. B. durch Teilnahme an fachspezifischen Schulungen oder an einem einschlägigen Erfahrungsaustausch; (Abschnitt 3.1)

42 Die Dokumentation der Prüfung

Die Ergebnisse einer Prüfung müssen stets dokumentiert werden. Dabei gibt es die Möglichkeit, die im Elektrohandwerk üblichen Prüfprotokolle zu benutzen, in denen man die Ergebnisse durch Ankreuzen (aus vorgegebenen Möglichkeiten) bzw. durch das Eintragen der Messergebnisse darlegen kann.

Sowohl in VDE 0100-600 (Erstprüfung) als auch in VDE 0105-100 (wiederkehrende Prüfung) werden Mindestanforderungen an eine Dokumentation beschrieben.

Diese gliedern sich in drei Punkte:

1. Allgemeine Angaben

- Name und Anschrift des Auftraggebers
- Name und Anschrift des Auftragnehmers
- Bezeichnung der einzelnen Prüfprotokolle für die Dokumentation von Messwerten (Protokoll-Nr.) – optional

- Bezeichnung des Objekts, z. B. Anlage, Gebäude, Gebäudeteile, Verteiler, Stromkreise
  Aus der Dokumentation müssen die geprüften Stromkreise mit ihren Bezeichnungen und die zugehörigen Schutzeinrichtungen ersichtlich sein.
- verwendete Mess- und Prüfgeräte.

2. Bewertung der Prüfung:
Alle beim Besichtigen, Erproben und Messen ermittelten Informationen sowie die Ergebnisse von Berechnungen müssen vom Prüfer bewertet werden. Diese Bewertung ist das Ergebnis der Prüfung. Das Ergebnis ist einschließlich der für die Bewertung relevanten Messwerte zu dokumentieren.

Bei der Bewertung sollten auch Messwerte, die die Normanforderungen erfüllen, aber auffällig von den zu erwartenden Werten abweichen, berücksichtigt werden. Eine Dokumentation aller einzelnen Messwerte ist nicht gefordert.

3. Prüfstelle, Prüfer, Prüfdatum, Unterschrift
Besonders der zweite Punkt, die Bewertung, ist für die Prüfung unter Berücksichtigung des Sach- und Brandschutzes von enormer Bedeutung. Ein reines „Abhaken" von Normwerten ergibt in diesem Zusammenhang nur wenig Sinn.

Empfehlenswert ist es, bei der wiederkehrenden Prüfung eigene Beobachtungen in Tabellenform aufzulisten. Diese Tabelle sollte pro Zeile folgende Angaben enthalten:

a) Wo wurde der Mangel gefunden (Örtlichkeit)?
b) Beschreibung des Mangels (Gegen welche Normen und Vorschriften wird verstoßen?)
c) Wie kann der Mangel behoben werden bzw. wurde er direkt anlässlich der Prüfung behoben?

Bei manchen Prüfungen sind bestimmte Formulare zu beachten, die der jeweiligen Dokumentation zugrunde gelegt werden müssen (so z. B. bei behördlichen Prüfungen oder bei Prüfungen für die Feuerversicherung).

43 Prüfungen von Kabel- und Leitungsanlagen

43.1 Die Kabel- und Leitungstrassen

Hier soll besonders auf die Ausführungen in den **Tabellen 43.1** und **43.2** verwiesen werden.

Tabelle 43.1 *Liste von Prüfaufgaben bei der Besichtigung von Kabeln und Leitungen*

	Besichtigung
1.	Kabel- und Leitungstrassen müssen sauber sein. Schmutz kann die Wärmeabfuhr der Leitungsanlage beeinträchtigen und bei einem Brand als „Zündschnur" wirken – besonders, wenn es sich um brennbaren Schmutz wie Staub oder ähnliches handelt. Außerdem sind Verletzungen der Isolation nicht auszuschließen.
2.	Sind wärmeabstrahlende Einrichtungen nachträglich installiert worden, so muss darauf geachtet werden, dass der Abstand zu den Kabeln und Leitungen genügend groß ist (siehe in Tabelle 43.2 bei Punkt 3.).
3.	Bei der Besichtigung muss stets auf mechanische Beschädigungen der Isolierung von Kabeln und Leitungen geachtet werden, sowie auf mögliche Gefahren, die zu einer Beschädigung führen könnten. Beispielsweise wenn die Isolierung der Kabel und Leitungen durch scharfe Kanten der Kabelwanne oder des Installationskanals gefährdet ist.
4.	Auf Nagetierfraß muss ebenso geachtet werden. Auch Hinweise auf eine mögliche Gefahr dieser Art (beispielsweise Tierkot entlang der Trasse u. ä.) sollten zu einer Beanstandung führen.
5.	Bei den Abgängen im Verteiler muss darauf geachtet werden, dass Kabel und Leitungen richtig befestigt sind und beim Abisolieren keine Beschädigung des Kupferleiters hervorgerufen wurde.
6.	Sind die Kabel und Leitungen geeignet für die gegebenen Umweltbedingungen wie aggressive Luft oder Sonneneinwirkung?
7.	Sind Biegeradien eingehalten worden?
8.	Oft werden bei späteren Arbeiten an der elektrischen Anlage zusätzliche Kabel und Leitungen nachgezogen. So kommt es mit der Zeit zu Häufungen, die bei der Planung nicht berücksichtigt wurden. Der Prüfer muss auf unzulässige Kabel- und Leitungshäufungen achten. Temperaturmessungen (siehe auch Tabelle 43.2 bei Punkt 3.) sind hier häufig angebracht. Eventuell kann auch eine Berechnung in Stichproben sinnvoll sein.
9.	Sind die Befestigungen der Kabel und Leitungen korrekt? (Art der Befestigung; Anzahl der Leitungen, die unter einer Befestigung gefasst werden; Befestigungsabstände usw.). Besonders bei Steigetrassen ist auf eine ausreichende Befestigung der Kabel und Leitungen zu achten. Kabelbinder sind hierfür meist ungeeignet (Einschnüren der Isolierung!).
10.	Sind Elektroinstallationskanäle und -rohre überfüllt? Hier sollte auf einen Füllfaktor von ca. 0,6 geachtet werden.[161] Bei überfüllten Rohren oder Kanälen ist eventuell eine Temperaturmessung angebracht (siehe auch in Tabelle 43.2 bei Punkt 3.).

161 Das bedeutet, dass der Innenraum maximal 60 % durch Kabel und Leitungen ausgefüllt ist.

Tabelle 43.2 *Liste von Messaufgaben bei Kabel- und Leitungsanlagen*

	Messungen
1.	Durch Isolationsmessungen gemäß DIN VDE 0100-600 sollte – wo immer möglich – der Isolationszustand der Kabel und Leitungen überprüft werden. Allerdings ist die Aussagekraft dieser Messung nicht immer gegeben. Beispielsweise gibt es Isolationsfehler, die schlechte Isolationswiderstände nur bei Feuchtigkeit hervorrufen, oder durch Nagetierfraß blank genagte Leiter haben einen genügend großen Abstand zueinander, so dass der Isolationswiderstand als völlig korrekt angezeigt wird. Oft wird diese Messung auch dadurch erschwert, weil im Verlauf der Kabel und Leitungen bis hin zum angeschlossenen Verbraucher Überspannungsableiter eingebracht wurden, die das Messergebnis verfälschen. Trotzdem sollte nicht von vornherein auf diese Messung verzichtet werden.
2.	Besteht Unsicherheit über den Isolationszustand der Anlage, ist auch eine Stoßspannungsprüfung empfehlenswert, mit der man unter Umständen zu durchaus sicheren Ergebnissen kommen kann.[162]
3.	Sind erhöhte Temperaturen feststellbar oder zu befürchten, sollte in jedem Fall eine Temperaturmessung durchgeführt werden. Hier bietet sich (auch für unzugängliche Stellen) die berührungslose Temperaturmessung mit einer Infrarot-Kamera oder mindestens mit einem Infrarot-Thermometer an. Näheres dazu im Abschnitt 40.3.5.6 dieses Buches.
4.	Daneben sind natürlich die nach DIN VDE 0105-100 üblichen Messungen, wie Schleifenimpedanzmessung, niederohmige Messung des PE-Leiters und Prüfung der Fehlerstrom-Schutzeinrichtung (RCD) mittels Messgerät zu nennen. Hierauf wird in der entsprechenden Fachliteratur vielfältig eingegangen.

43.2 Brandschottungen

Die Ausführungen im Teil D, Kapitel 30 in diesem Buch sollte bei einer Prüfung besonders beachtet werden. Folgende **Tabelle 43.3** fasst einige wichtige Punkte zusammen.

Tabelle 43.3 *Liste von Prüfaufgaben bei Brandschottungen* (Teil 1/2)

	Prüfungen
1.	Auf alle Fälle muss das Kennzeichnungsschild angebracht sein. Ohne diese Kennzeichnung kann nicht davon ausgegangen werden, dass die eingebrachten Materialien und die Errichtung selbst die geforderte Qualität besitzen.
2.	Aber auch mit Kennzeichnungsschild ist die Gefahr nicht gebannt. Bestehen Zweifel über die korrekte Ausführung, muss der Zulassungsbescheid bzw. der Prüfbericht des Schotts genauer betrachtet werden. Hier muss festgestellt werden, ob der Einbau auch mit den im Zulassungsbescheid genannten Voraussetzungen übereinstimmt. Kriterien können sein: Mauer- bzw. Deckendicke, Mauer- bzw. Deckenmaterial, Größe des Schotts, Belegungsart (Mischbelegung?), Kabelrinne mit durchgeführt? Brandschutzbeschichtung gefordert, vorhanden und richtig ausgeführt? usw.
3.	Weiterhin muss darauf geachtet werden, ob bei Nachbelegungen fachtechnisch korrekt gearbeitet wurde, ob Löcher offen gelassen wurden oder ob (in Zweifelsfällen) diese Nachbelegung gegen die Zulassungsvoraussetzung verstößt (beispielsweise bei Mischbelegung).
4.	Sind Zwickelbildungen zu erkennen, durch die unzulässige Hohlräume oder Löcher im Schott entstehen? Sind eventuell sogar Risse im Schott zu erkennen? All das kann die Wirkungsweise der Schottung beeinträchtigen.
5.	Hält das Schott auch, wenn Belastungen durch einen Brand auftreten? Beispielsweise muss bei Weichschotts stets auf eine sichere Befestigung der Kabeltrasse vor und hinter dem Schott geachtet werden, da sonst beim Herabfallen der Trasse (bei einem Brand) das Schott herausgerissen wird. Es sollten mehrere Befestigungen vor dem Schott mit brandschutztechnisch zugelassenen Materialien ausgeführt werden und nicht nur die letzte.

162 *Neumann, W.:* Die Stoßspannungsprüfung in Niederspannungsanlagen. etz, Heft 17(1967) S. 512–517.
Pfeiffer, W.: Stoßspannungsprüfung von Niederspannungsgeräten. etz, Hefte 8 und 9 (1997), S. 22–25.

Tabelle 43.3 *Liste von Prüfaufgaben bei Brandschottungen* (Teil 2/2)

	Prüfungen
6.	Sind mehr als 60 % des Schotts belegt? Das ist in der Regel nicht zulässig.
7.	Gibt es Beeinflussungen durch die Umgebung, wie Feuchtigkeit oder aggressive Luft? Ist das Schott dafür geeignet?
8.	Lagern leicht entzündliche Stoffe direkt am Schott?
9.	Sind Risse im Schott erkennbar?

44 Prüfungen an und in Verteilern

Verteiler sind häufig die Schwachstellen im System der elektrischen Energieverteilung. Hier wird eine enorme Menge Energie bereitgestellt, überwacht, geschaltet und verteilt. In Verteilern

- fällt eine große Menge an Klemmen, Verbindungsstellen und Übergangswiderstände an,
- dort sind stets zahlreiche Schaltgeräte vorhanden, die selbst Verlustleistungen produzieren und damit für eine zusätzliche Wärmeabgabe sorgen,
- und an ihnen wird häufig gearbeitet, wenn Erweiterungen, Veränderungen oder Reparaturen anfallen.

Dazu kommt, dass durch Schalthandlungen in Verbindung mit Schmutz stets die Gefahr vorhanden ist, dass Lichtbögen entstehen. Auch Auswirkungen von Überlastungen oder Oberschwingungen treten hier besonders in den Vordergrund. Aus diesem Grund ist ein Verteiler stets besonders zu prüfen.

Die Sichtprüfung (**Tabelle 44.1**) gibt eine erste (und häufig die wichtigste) Information über den Zustand des Verteilers. Sie sollte durch Messungen (**Tabelle 44.2**) ergänzt werden.

Tabelle 44.1 *Liste von Prüfaufgaben für die Besichtigung von Verteilern* (Teil 1/2)

	Prüfungen
1.	Sind Abdeckungen defekt?
2.	Sind die Stromkreise den Überstrom-Schutzeinrichtungen und den Schaltorganen zuzuordnen? (Stromkreisbezeichnungen und Dokumentation sollten nicht nur aktuell sein, sondern auch übereinstimmen). Bei Wiederholungsprüfungen sollte hier auf Veränderungen, Ergänzungen u. ä. geachtet werden.
3.	Stimmt die Zuordnung der Überstrom-Schutzeinrichtung zu den Querschnitten der Abgangsleitungen? Hier muss in Zweifelsfällen überschlägig nachgerechnet werden. Im Teil C, Kapitel 16 dieses Buches sind hierzu die Grundlagen beschrieben worden oder man benutzt dazu die Tabellen im Downloadbereich.
4.	Sind die Betriebsmittel den anfallenden Kurzschlussströmen gewachsen? Hier ist man eventuell auf Angaben aus den Technischen Unterlagen oder des Betreibers der Anlage angewiesen. Eventuell kann jedoch eine überschlägige Rechnung für eine genügende Sicherheit sorgen (Teil C, Kapitel 15 dieses Buches). Oder man benutzt dazu die Tabellen im Downloadbereich.
5.	Sind Kabel und Leitungen richtig befestigt? Werden sie von unten eingeführt, muss auf ein korrektes Abfangen besonders geachtet werden?
6.	Ist in Gebäuden mit Menschenansammlungen auf Selektivität geachtet worden? Sind wichtige Sicherheitseinrichtungen wegen fehlender Selektivität bei Fehlern in anderen Stromkreisen (z. B. Kurzschluss) beeinträchtigt?
7.	Sind Biegeradien eingehalten worden?
8.	Sind Schmorspuren oder besondere farbliche Veränderungen erkennbar? In diesem Fall muss von einer Überlastung oder sogar von Lichtbogenwirkungen ausgegangen werden. Dabei sollte stets versucht werden, den Grund für derartige Verschmorungen oder Veränderungen zu ermitteln.
9.	Sind Schottungen vorhanden? Oft werden die Kabel und Leitungen bei Verteilern von unten durch den Fußboden eingeführt. Dabei sollte stets auf eine brandschutztechnisch korrekte Abschottung geachtet werden, wenn der Bereich unterhalb des Fußbodens einen gesonderten Brandabschnitt darstellt. Das ist in der Regel der Fall, wenn es sich um das darunter liegende Stockwerk handelt. Es ist vorgekommen, dass derartige Löcher einfach mit irgendeinem Schaum zugespritzt wurden (eventuell mit demselben Montageschaum, mit dem man Türzargen in der Wand befestigt). Häufig entsprechen diese „Abschottungen“ jedoch nicht nur keiner Feuerwiderstandsklasse, sondern sie sind auch selbst brennbar und bringen zusätzliche Gefahren in die Anlage statt sie zu verhindern.
10.	Schließen die Türen dicht genug, um Schmutz abzuhalten? Sind Dichtungen in Klappen und Türen beschädigt?
11.	Sind die Einführungen der zu- und abgehenden Kabel und Leitungen so gestaltet, dass weder die Isolierung der Kabel und Leitungen beschädigt wird noch durch eventuelle Öffnungen Schmutz oder Feuchtigkeit in den Verteiler eindringen kann?
12.	Ist eine Lüftung notwendig und möglich? Bei natürlicher Belüftung müssen die Lüftungsschlitze stets frei bleiben. Bei Zwangsbelüftung muss die Lüftung funktionstüchtig sein.
13.	Wie ist die Befestigungsfläche beschaffen, auf der der Verteiler montiert wurde? Ist diese brennbar, sollte eine feuersichere Unterlage für eine genügende Abtrennung sorgen. Das könnte beispielsweise durch eine 12 mm dicke Fibersilikatplatte geschehen.[163] Hausanschlusskästen oder überhaupt Verteiler, die nicht kurzschlussgesichert sind (Abschaltung innerhalb des großen Prüfstroms I_2), sollten eine lichtbogensichere Unterlage erhalten, wenn sie auf brennbaren Materialien befestigt werden müssen. Das sind beispielsweise Fibersilikatplatten mit einer Dicke von 20 mm. (Siehe hierzu VdS 2023 „Elektrische Anlagen in Gebäuden aus brennbaren Stoffen“ sowie Teil C, Abschnitte 17.1 und 17.2 dieses Buches)
14.	Sind Verteiler in Hohlwände eingebaut, müssen sie speziell hierzu geeignet sein oder feuersicher (beispielsweise 12 mm dicke Fibersilikatplatten, 100 mm dicke Glaswolle usw.) umschlossen werden (DIN VDE 0100-482, Abschnitt 482.2.2.1-2). In der Regel ist diese Eignung erkennbar, wenn der Verteiler das Symbol aufweist.

163 VdS 2023 (Errichten elektrischer Anlagen in baulichen Anlagen, die vorwiegend aus brennbaren Baustoffen bestehen), Abschnitte 3.1 und 3.3.3.

Tabelle 44.1 *Liste von Prüfaufgaben für die Besichtigung von Verteilern* (Teil 2/2)

Prüfungen
15. Besonders bei Verteilern mit kompakten, vollkommen gekapselten Gehäusen (beispielsweise in der Schutzart IP 54) ist innen auf eventuell anfallende Feuchtigkeit (Kondenswasser) zu achten.
16. Wie ist der Zustand der Klemmen? Sind sie richtig belegt (die Klemmstellen dürfen in der Regel nur einen Anschlussleiter fassen)? Sind an ihnen Spuren von Überlastungen zu sehen?
17. Sind Verteiler voll bestückt (ohne nennenswerte Reserve) ist auf Überlastungserscheinungen in Form zu hoher Wärmeentwicklung zu achten. Das trifft besonders häufig dann zu, wenn die Verteilereinbauten (Schaltgeräte, Sicherungen, Klemmen usw.) mit der Anlage „mitgewachsen" sind, nicht aber der Verteiler selbst. Besonders die innere Verdrahtung des Verteilers ist mit einem ursprünglich angenommenen Bemessungsbelastungsfaktor[164] ausgelegt worden. Er beträgt bei mehr als 10 Stromkreisen in der Regel maximal 0,6. Wird der Verteiler jedoch durch Erweiterungen und Änderungen mehr und mehr ausgebaut und somit belastet, können diese inneren Verdrahtungen u. U. überlastet werden (siehe auch im Teil C dieses Buches, Abschnitt 17.1.5). Aber auch die Umgebungstemperatur von maximal 50 °C in einem Verteiler kann überschritten werden und so die Funktionstüchtigkeit sämtlicher Betriebsmittel in dem Verteiler infrage stellen.

Tabelle 44.2 *Liste von Messaufgaben bei Verteilern* (Teil 1/2)

Prüfungen
1. Vor allem ist hier die **Isolationsprüfung** zu nennen. An verschiedenen Punkten sollten alle aktiven Leiter gegen die PE-Schiene (oder -Klemme) bzw. bei Verteilern der Schutzklasse I gegen das Gehäuse des Verteilers gemessen werden. Bei Verteilern der Schutzklasse II ist letzteres nur möglich, wenn das Gehäuse (außen oder innen) ebenso metallische Bauteile aufweist. Es kann auch sinnvoll sein, den Isolationszustand der Zuleitung komplett mit dem angeschlossenen Verteiler zu prüfen. Die Abgänge des Verteilers sollten dann nicht zugeschaltet sein. Häufig ist eine solche Messung nicht möglich, da dazu der gesamte Bereich, den der Verteiler mit elektrischer Energie versorgt, freigeschaltet werden muss. Aber wenn Unsicherheit herrscht, sind derartige Untersuchungen notwendig. Ist die Isolationsprüfung eines Verteilers jedoch möglich, sollte überlegt werden, ob nicht von vornherein eine Prüfspannung von 1.000 V (statt 500 V) gewählt werden kann, die für eine aussagekräftigere Prüfung sorgt. Sind Überspannungsableiter im Verteiler vorhanden, müssen sie für diese Prüfung abgeklemmt werden.
2. Eine weitere sehr aussagekräftige Prüfung ist die **Stoßspannungsprüfung.** Dabei beaufschlagt man den Verteiler mit Spannungsimpulsen, die Spitzenwerte von 4 bis 6 kV aufweisen und prüft so dessen Isolationszustand. Diese Prüfung entspricht sehr den anfallenden Belastungen eines Verteilers. Hierfür gibt es spezielle Messgeräte auf dem Markt.
3. Bei Verteilern der Schutzklasse I sollte auch durch eine niederohmige Messung nachgewiesen werden, dass das Gehäuse (auch die Tür) leitfähig mit dem Schutzleiter verbunden wurde. Das kann gegebenenfalls auch durch eine Besichtigung festgestellt werden, soweit das möglich ist.
4. Eine weitere Messung ist die mit einer Infrarot-Kamera oder einem berührungslosen **Infrarot-Thermometer.** Mit diesem Gerät lässt sich auf einfache Weise eine schnelle Messung durchführen. Näheres zu dieser Messung und zum Gerät folgt im Kapitel 49. Besonders an und in der Nähe von Klemmen oder an Schaltgehäusen können hiermit gefährliche Wärmeentwicklungen entdeckt werden. Diese Messungen sind natürlich nur Momentaufnahmen und müssen stets während des Betriebs (möglichst bei Volllast) durchgeführt werden.

164 Das ist der Faktor, der das Verhältnis der Summe aller tatsächlichen Abgangsströme in einem Verteiler zu einem bestimmten Zeitpunkt zu der Summe aller Bemessungsströme sämtlicher Abgänge angibt.

Tabelle 44.2 *Liste von Messaufgaben bei Verteilern* (Teil 2/2)

	Prüfungen
5.	In geeigneten Abständen und bei besonderen Gefährdungen ist eine professionelle thermographische Untersuchung sehr zu empfehlen Bei dieser Messung werden mit thermographischen Kameras Wärmebilder des Verteilers während des Betriebs aufgenommen. Hier zeigt sich dann, wo es zu gefährlichen Wärmebildungen kommt. Diese Messung ist genauer als die mit dem vorgenannten Infrarot-Thermometer. Nachteile sind jedoch, dass diese Messung im Grunde nur durch geschultes Personal durchgeführt werden kann, da die Wärmebilder interpretiert werden müssen. Auch die Handhabung der Kamera sollte nur Experten vorbehalten bleiben.[165] In der BRD gibt es genügend Dienstleister, die die thermographische Untersuchung gegen Honorar anbieten.
6.	Ebenso ist eine **Messung der Neutralleiterströme** mittels einer Stromzange immer sinnvoll. Allerdings sollte es sich um eine Stromzange handeln, die den „Echt-Effektivwert" misst, um auch bei auftretenden Oberschwingungsströmen richtig messen zu können.[166]

Oberschwingungen können wie oben in Teil C, Kapitel 28 in diesem Buch beschrieben zu einer extremen Brandgefahr werden, auf die man bei der wiederkehrenden Prüfung achten muss. Deshalb ist die Messung der Neutralleiterströme in Gebäuden, in denen viele Verbraucher vorhanden sind, die nicht sinusförmige Ströme fließen lassen, in jedem Fall angebracht. Als „Faustformel" kann hier genannt werden:

→ **Wird im Neutralleiter ein größerer Strom gemessen als eine der möglichen Differenzen zwischen den Außenleiterströmen ($I_1 - I_2$ oder $I_1 - I_3$ oder $I_2 - I_3$)[167], so kann von einer Oberschwingungsbelastung im N-Leiter ausgegangen werden.**

45 Prüfungen von Betriebsmitteln

Für dieses Thema sind auch die Ausführungen im Kapitel 47 von Interesse. Eine unvollständige Auswahlliste wird in **Tabelle 45.1** angegeben.

165 Zudem ist die Anschaffung einer solchen Kamera extrem teuer. Preise bis zu 50.000 EUR sind keine Seltenheit.

166 Besonders bei digitalen Messgeräten ist der Hinweis auf „Echt-Effektivwertmessung" wichtig, da übliche Messgeräte nur bei einem sinusförmigen Verlauf richtig anzeigen. Bei Abweichungen von diesem Kurvenverlauf ist ein Messgerät nötig, das hierfür besonders ausgerüstet ist. Oft wird das auf dem Messgerät mit der Angabe TRMS kenntlich gemacht (TRMS = true root mean square).

167 Bei der oben angegebenen Rechnung können Minusbeträge entstehen. Um das zu vermeiden, können ebenso gut folgende Differenzen gebildet werden: $I_2 - I_1$ oder $I_3 - I_1$ oder $I_3 - I_2$. Oder aber das Minuszeichen wird ignoriert und nur der reine Betrag in die obige Überlegung einbezogen.

Tabelle 45.1 *Liste von Prüfaufgaben für Betriebsmittel*

	Messungen
1.	Sind Betriebsmittel beschädigt (Abdeckungen, Türen, Gehäuseschäden usw.)?
2.	Ist die Anschlussleitung mit Stecker in Ordnung? Besonders häufig treten Mängel im Einführungsbereich beim Stecker oder am Gerät auf.
3.	Sind Lüftungsschlitze verdeckt, zugestellt oder wird durch Schmutz der offene Querschnitt verkleinert?
4.	Sind Abstände von wärmeerzeugenden Betriebsmitteln zu brennbaren Materialien eingehalten worden? (Strahler, Heizgeräte usw.)
5.	Wurden Betriebsmittel richtig ausgewählt, wie: – ▽F oder ▽D-Leuchten (Leuchtstoff-Lampen-Leuchten), wenn sie auf brennbarem Untergrund montiert wurden? – ▽F ▽F - oder ▽D-Leuchten in Bereichen, wo brennbare Stäube anfallen können? – (Ähnliches gilt entsprechend für ▽M- bzw. ▽M ▽M-Leuchten in Möbeln und Einrichtungen. Zu Leuchten siehe Teil C, Kapitel 21 dieses Buches) – Gerätedosen mit ▽H-Kennzeichnung in Hohlwänden? – Kanäle innerhalb von Rettungswegen (falls sie überhaupt erlaubt sind – siehe Teil E, Kapitel 34 dieses Buches) aus nicht brennbarem Material? – Feuchtraumausführung der Betriebsmittel in feuchten und nassen Räumen? – Sind die Betriebsmittel von Niedervoltbeleuchtungsanlagen (wie Transformatoren, Konverter oder Leuchten) entsprechend ihrer Kennzeichnung (siehe Teil C, Abschnitte 21.1 und 21.2 dieses Buches) errichtet worden?
6.	Es muss auch darauf geachtet werden, ob Betriebsmittel bei normalem Betriebsablauf besonderen Gefahren ausgesetzt sind, wie: – Einfluss anderer Gewerke (Bewegungen, Schwingungen, Wärme, Feuchtigkeit durch nicht elektrische Einrichtungen), – Einfluss durch Personen oder durch den Betriebsablauf (beispielsweise kann ein elektrisches Betriebsmittel durch schwere Gegenstände, die üblicherweise in der näheren Umgebung transportiert werden, gefährdet sein).
7.	Sind Betriebsmittel, die betriebsbedingt Funken ausblasen (oder Lichtbogen entstehen lassen – beispielsweise durch Schalthandlungen) mit dem notwendigen Abstand zu brennbaren Materialien montiert - oder ist gegebenenfalls eine feuersichere Unterlage (mindestens 12 mm Fibersilikat) als Schutz vorhanden?
8.	Sind nach hinten offene Schalter oder Steckdosen auf brennbaren Unterlagen montiert? In diesen Fall muss für eine feuerfeste Unterlage (mindestens 1,5 mm Hartpapier[168]) gesorgt werden. (Nach DIN VDE 0100-510 und VdS 2023 „Elektrische Anlagen in Gebäuden aus brennbaren Baustoffen“ sowie Teil C, Kapitel 24 dieses Buches)
9.	Flackern Leuchtstofflampen? Hier sollte dafür gesorgt werden, dass die Leuchtstofflampen ausgetauscht werden. Ein Sicherheitsstarter kann für erhöhte Sicherheit sorgen.

Darüber hinaus sind nach DGUV Vorschrift 3 Betriebsmittel in einem Unternehmen regelmäßig zu überprüfen. Die Prüfungen werden in DIN VDE 0701-0702 beschrieben.

168 Hartpapier auf Phenolharz-Basis Hp 2063, DIN 7735 oder Hartglasgewebe auf Epoxidharz-Basis Hgw 2372.1, DIN 7735 oder Hartpapier auf Epoxidharz-Basis Hp 2361.1, DIN 7735 oder Glashaarmatte auf Polyester-Basis Hm 2471, DIN 7735.

46 Hochspannungs-Schaltanlagen

Mit dem Begriff „Hochspannungsanlage“ sollen der Mittelspannungstransformator, die Mittelspannungsverteilung und sämtliche Schalt-, Mess- und Schutzeinrichtungen zusammengefasst werden.[169] Die Überprüfung von Hochspannungs-Schaltanlagen ist nicht unproblematisch. Schäden in solchen Anlagen werden häufig hervorgerufen durch:

1. Überlastungen, besonders wenn die Anlage älter ist und die angeschlossene Niederspannungsanlage ständig angepasst und erweitert wurde;
2. Umwelteinflüsse, die zum Zeitpunkt der Errichtung nicht bedacht wurden (Feuchtigkeit, erhöhte Staubablagerung, aggressive Luft usw.);
3. Alterung der Anlage, Verschleiß und Verschmutzung;
4. Oberschwingungsanteile im nachgeschalteten Niederspannungsnetz.

Häufig kann ein Prüfer, der nicht auf diesem Gebiet spezialisiert ist, lediglich folgende Mindestprüfungen vornehmen:

- Bei Öltransformatoren ist auf Leckstellen zu achten (Ölflecken?).
- Gibt es „Schmorstellen“, die auf Lichtbögen hinweisen? In diesen Fällen ist nach der Ursache zu suchen. Beispielsweise
  - kann das durch eine Näherung entstehen, die durch Feuchtigkeit gefährliche Zustände hervorrufen kann,
  - können diese Schmorstellen in der Nähe von Kontakten von Schaltern gefunden werden. Hier stellt sich die Frage, ob die Schalter überhaupt noch genügend kurzschlussfest sind, wenn z. B. in der Anlage ein neuer (leistungsstärkerer) Transformator errichtet bzw. die Kurzschlussleistung des vorgelagerten Netzes vergrößert wurde;
  - können das herabfallende Teile (häufig im Freien) bewirken,
  - können Tiere, die in die Anlage eingedrungen sind, die Ursache hierfür sein.
- Sind Zeichen von unzulässigen Erwärmungen vorhanden, wie farbliche Veränderungen, abgeplatzte Lacke usw.?
- Sind mechanische Beschädigungen vorhanden?
- Eine Messung mit einem berührungslosen Infrarot-Thermometer kann auf einfache Weise Auskunft über gefährliche Wärmestellen liefern (siehe hierzu Abschnitt 40.3.5.6 dieses Buches). Allerdings sollte im

169 Nach DIN VDE wird ab 1.000 V von Hochspannung gesprochen. An dieser Stelle soll jedoch lediglich die übliche Mittelspannung (in der Regel einige 10 kV) zur Sprache kommen. Für Aufgaben im eigentlichen Hochspannungsbereich sind spezielle Kenntnisse und Ausbildungen erforderlich.

Zweifelsfall eine thermographische Untersuchung durchgeführt werden (Näheres hierzu in der Tabelle 44.2 unter Punkt 5.)

Werden solche oder ähnliche Hinweise auf einen Mangel in der Anlage gefunden, so sollte auf eine nähere Untersuchung gedrängt werden. Auch wenn die Temperaturmessung auf eine Überlast hindeutet, muss eine genauere Untersuchung angestrebt werden. Für derartige Untersuchungen gibt es spezielle Dienstleistungsbetriebe.

47 Allgemeines zum Thema „Betreiben von elektrischen Anlagen"

Genutzt bzw. bedient wird eine elektrische Anlage meist von elektrotechnischen Laien. Nur wenn diese die Aufgabe (bzw. die daraus erwachsene Verantwortung) auf eine Elektrofachkraft übertragen, kann man von einem fachtechnisch korrekten Betreiben ausgehen.

Allerdings befinden sich in aller Regel spätestens unter den Nutzern der Betriebsmittel bzw. der angeschlossenen Verbraucher (beispielsweise den Bedienern der Maschinen in einem Gewerbebetrieb) kaum noch Elektrofachkräfte. Aus diesem Grund kann man beim Betrieb einer elektrotechnischen Anlage in der Regel nicht davon ausgehen, dass sämtliche Beteiligte über Fachkenntnisse verfügen, die ausreichen, den Ausführungen der einschlägigen DIN-VDE-Normen zu folgen. Der Laie (also der zuvor genannte Nutzer der elektrischen Energie) braucht auch gar nicht die Normen zu kennen. Ihm reicht es, wenn er weiß, wie man die Geräte (Maschinen) bedient.

Aus diesem Grund sollen hier einige Punkte genannt werden, auf die beim Betrieb von elektrischen Anlagen sowohl der elektrotechnische Laie als auch der Prüfer der elektrischen Anlage achten sollte. Gegebenenfalls kann der Prüfer dem Nutzer der Anlage hier und da erläutern, worauf er zu achten hat, um Gefahren zu vermeiden. Die folgende Liste soll bei dieser Aufgabe helfen.

Jeder, der elektrische Energie nutzt, indem er Betriebsmittel (Geräte, Maschinen usw.) benutzt, sollte

1. sorgfältig mit elektrischen Geräten und Anlagen umgehen;

⇒ Bedienungsanleitungen und Herstellerhinweise lesen und beachten.

⇒ bestimmungsgemäßen Gebrauch achten (z. B. darauf, dass Geräte, die in feuchter Umgebung benutzt werden, auch für diese Umgebungsbedingung geeignet sein müssen – Typenschildangabe).

2. **sich vor Benutzung von elektrischen Geräten und Anlagen von deren einwandfreien Zustand überzeugen;**
   ⇒ Abdeckungen bzw. Umhüllung in Ordnung?
   ⇒ Stecker defekt? (Lose Kontaktstifte? Gehäuse defekt? Verschmorung sichtbar?)
   ⇒ Anschlussschnüre defekt? (Risse? Einschnitte? Ragen die Adern aus dem Stecker oder dem Gerät?)
   ⇒ Schalter u. ä. Betriebsmittel fest?
3. **defekte Geräte sofort aussondern bzw. reparieren lassen;**
4. **auf Schmorschäden an Steckdosen und anderen Geräten achten** (meist farblich erkennbar und im vorgerückten Stadium auch am Geruch);
5. **Mehrfachsteckdosen nicht hintereinanderschalten;**
6. **Kabeltrommeln ...**
   ⇒ nicht hintereinanderschalten (wie oben);
   ⇒ stets abgerollt verwenden (sonst nur mit verminderter Beanspruchung, die häufig auf der Trommel angegeben wird);
7. **beim Auswechseln von Leuchtmitteln auf die maximale Leistungsangabe achten;**
8. **Kopfspiegellampen nur in Leuchten einschrauben, die dafür vorgesehen sind;**
9. **bei Strahlern auf Wärmestrahlung achten (bis 500 W mindestens 1 m von brennbaren Teilen – oft macht der Hersteller Angaben auf dem Typenschild des Strahlers);**
10. **flackernde Leuchtstofflampen möglichst rasch austauschen lassen (und eventuell Sicherheitsstarter einbauen lassen);**
11. **Lüftungsöffnungen von Elektrogeräten stets offen halten;**
12. **bei Elektroheizgeräten einen Mindestabstand von 0,5 m in Luftaustrittsrichtung beachten;**
13. **darauf achten, dass keine brennbaren (und erst recht keine leicht entzündlichen) Materialien auf oder an wärmeerzeugenden Geräten gelagert werden;**
14. **darauf achten, dass in der Nähe von Brandschottungen keine leicht entzündlichen Stoffe gelagert werden;**
15. **darauf achten, dass Schutzabdeckungen von Geräten und Anlagen nicht entfernt werden;**

16. **Geräte bzw. Anlagen regelmäßig reinigen oder reinigen lassen, wenn Gefahr besteht, dass Staubablagerungen, Müll u. ä. die Luftzirkulation behindern können** (davon ist in der Regel auszugehen, da elektrische Energie immer mit Wärmeentwicklung einhergeht);
17. **darauf achten, dass an Leitungen keine Gegenstände angehängt werden;**
18. **darauf achten, dass Betriebsmittel nicht länger als erforderlich unbeaufsichtigt betrieben werden;**
    ⇒ Beispielsweise sollte die Kaffeemaschine während längerer Abwesenheit ausgeschaltet werden – erst recht über Nacht. Hier ist überhaupt eine Forderung in Industrie- und Gewerbebetrieben angebracht, von privaten Maschinen abzusehen und stattdessen eine Maschine des Betriebs aufstellen zu lassen, die aus Sicherheitsgründen über eine Zeituhr abgeschaltet oder die bei jedem Betrieb über ein Zeitrelais (evtl. für 10 min.) geschaltet wird.
    ⇒ Im Grunde sind hier jedoch fast alle Betriebsmittel gemeint, da die wenigsten Betriebsmittel für einen 24-stündigen Dauerbetrieb ausgelegt sind.
19. **darauf achten, dass Öffnungen in Wänden für Leitungsdurchführungen stets geschlossen werden;**
20. **darauf achten, dass Elektroarbeiten stets von Elektrofachkräften ausgeführt werden;**
21. **bei Störungen in der elektrischen Anlage oder bei Geräten ...**
    ⇒ den Netzstecker ziehen bzw. mit Sicherung freischalten und
    ⇒ Beine Elektrofachkraft rufen.

Literatur Teil G

DIN VDE 0298-4 (VDE 0298 Teil 4), Verwendung von Kabeln und isolierten Leitungen für Starkstromanlagen – Teil 4: Empfohlene Werte für die Strombelastbarkeit von Kabeln und Leitungen für feste Verlegung in und an Gebäuden und von flexiblen Leitungen

DIN VDE 0100-430 (VDE 0100-430), Errichten von Niederspannungsanlagen – Teil 4-43: Schutzmaßnahmen – Schutz bei Überstrom

DIN EN 60079-14 (VDE 0165-1), Explosionsgefährdete Bereiche – Teil 14: Projektierung, Auswahl und Errichtung elektrischer Anlagen

DIN EN 60079-10-1 (VDE 0165-101), Explosionsgefährdete Bereiche – Teil 10-1: Einteilung der Bereiche – Gasexplosionsgefährdete Bereiche

DIN EN 60079-10-2 (VDE 0165-102), Explosionsgefährdete Bereiche – Teil 10-2: Einteilung der Bereiche – Staubexplosionsgefährdete Bereiche

DIN EN 60079-17 (VDE 0165 Teil 10-1), Explosionsgefährdete Bereiche – Teil 17: Prüfung und Instandhaltung elektrischer Anlagen

DIN EN 60079-19 (VDE 0165-20-1), Explosionsgefährdete Bereiche – Teil 19: Gerätereparatur, Überholung und Regenerierung

DIN VDE 0100-600, Errichten von Niederspannungsanlagen – Teil 6: Prüfungen

DIN VDE 0105-100, Betrieb von elektrischen Anlagen – Teil 100: Allgemeine Festlegungen

DIN VDE 0105-100/A1 (VDE 0105-100/A1), Betrieb von elektrischen Anlagen – Teil 100: Allgemeine Festlegungen; Änderung A1: Wiederkehrende Prüfungen
(Anmerkung zu dieser Norm: Die Anforderungen zu den wiederkehrenden Prüfungen in dieser „Änderung A1“ ersetzen die Texte des kompletten Abschnitts 5.3.3.101 „Wiederkehrende Prüfungen“ aus der DIN VDE 0105-100)

DIN VDE 0100-718, Errichten von Niederspannungsanlagen – Teil 7-718: Anforderungen für Betriebsstätten, Räume und Anlagen besonderer Art – Öffentliche Einrichtungen und Arbeitsstätten

DIN VDE 0701-0702, Prüfung nach Instandsetzung, Änderung elektrischer Geräte – Wiederholungsprüfung elektrischer Geräte – Allgemeine Anforderungen für die elektrische Sicherheit

VdS 2349-1 Auswahl von Schutzeinrichtungen für den Brandschutz in elektrischen Anlagen, Herausgeber: Gesamtverband der Deutschen Versicherungswirtschaft e.V. (GDV), Verlag VdS Schadenverhütung, Köln

VdS 2569 Überspannungsschutz für Elektronische Datenverarbeitungsanlagen, Herausgeber: Gesamtverband der Deutschen Versicherungswirtschaft e.V. (GDV), Verlag VdS Schadenverhütung, Köln

VdS 2033 Elektrische Anlagen in feuergefährdeten Betriebsstätten und diesen gleichzustellende Risiken, Herausgeber: Gesamtverband der Deutschen Versicherungswirtschaft e.V. (GDV), Verlag VdS Schadenverhütung, Köln

VdS 2023 Elektrische Anlagen in baulichen Anlagen mit vorwiegend brennbaren Baustoffen, Herausgeber: Gesamtverband der Deutschen Versicherungswirtschaft e.V. (GDV), Verlag VdS Schadenverhütung, Köln

VdS 2259 Batterieladeanlagen für Elektrofahrzeuge, Herausgeber: Gesamtverband der Deutschen Versicherungswirtschaft e.V. (GDV), Verlag VdS Schadenverhütung, Köln

VdS 2005 Leuchten, Herausgeber: Gesamtverband der Deutschen Versicherungswirtschaft e.V. (GDV), Verlag VdS Schadenverhütung, Köln

TAB 2019, Technische Anschlussbedingungen für den Anschluss an das Niederspannungsnetz, Herausgegeben vom Netzbetreiber

Betrieb von elektrischen Anlagen, VDE-Schriftenreihe 13, VDE-Verlag, Berlin

Pistora, Gunter: Berechnung von Kurzschluss-Strömen und Spannungsfällen, VDE-Schriftenreihe 118, VDE Verlag Berlin, Offenbach, 2016

Kiefer, Gerhard; Schmolke, Herbert: VDE 0100 und die Praxis, VDE Verlag, Berlin, Offenbach, 2017

Kny, Karl-Heinz: Schutz bei Kurzschluss in elektrischen Anlagen, Huss-Medien, Berlin, 2018

Henning, Wilfried: VDE-Prüfung nach BetrSichV, TRBS und DGUV Vorschrift 3, VDE-Schriftenreihe 43, VDE-Verlag, Berlin, 2019

Bödeker, Klaus; Feulner, Dieter; Kammerhoff, Ulrich; Kindermann, Robert: Prüfung elektrischer Geräte in der betrieblichen Praxis nach DIN VDE 0701-0702, DIN EN 62353 (VDE 0751-1), VDE-Schriftenreihe 62, VDE-Verlag, Berlin, 2014

Rudnik, Siegfried: Erstprüfung von elektrischen Anlagen, VDE-Schriftenreihe 63, VDE-Verlag, Berlin, 2019

Hösl, Alfred; Ayx, Roland; Busch, Werner: Die vorschriftsmäßige Elektroinstallation, VDE-Verlag, Berlin, 2019

Bödeker, Klaus; Lochthofen, Michael; Rohlof, Kirsten: Wiederholungsprüfungen nach DIN VDE 0105. Hüthig Verlag, München/Heidelberg, 2016

Schmolke, Herbert: Brandschutztechnische Bewertung und Prüfung elektrischer Anlagen. VDE-Schriftenreihe 173, VDE-Verlag, Berlin, 2018

Anhang

Tabellen im Downloadbereich

Im Downloadbereich befinden sich sechs „automatische Tabellen“, mit de-nen die meisten der im Buch behandelten Berechnungen ausgeführt wer-den können. Sie ersetzen somit zeitaufwändige mathematischen Berech-nungen und auch das Ablesen einer Vielzahl von Werten aus den verschiedensten Tabellen.

www.elektro.net/downloads-schmolke-brandschutz
Passwort: brandschutz

Die Nutzung des (zurückgezogenen) Beiblatts 1 aus DIN VDE 0100-430 sowie des Beiblatts 5 aus DIN VDE 0100 oder üblicher Leitungs-Berechnungs-Scheiben bzw. -Schiebetafeln kann bei Anwendung der automatischen Tabellen entfallen.

Allerdings sind die Ergebnisse der automatischen Tabellen (wie auch die Ergebnisse der vorgenannten Scheiben, Schieber bzw. der Beiblätter) immer kritisch zu hinterfragen. Es muss gewährleistet sein, dass der spezielle Anwendungsfall sicher erfasst wurde und die Resultate allen zu erwartenden Anforderungen gerecht werden.

Die sechs automatischen Tabellen sind:

Tabelle 1: Querschnitts- und Nennstromberechnung nach DIN VDE 0100-430

Tabelle 2: Bestimmung der maximalen Kabel-/Leitungslänge bei vorgegebener Schleifenimpedanz

Tabelle 3: Bestimmung der einfachen Leitungslänge bei vorgegebenem Spannungsfall

Tabelle 4: Berechnung des 3-poligen und des 1-poligen Kurzschlussstroms I_K und der Schleifenimpedanz Z_S bei Körperschluss und 1-poligem Kurzschluss

Tabelle 5: Überprüfung des Leitungsquerschnitts bei der Vorgabe von Spannungsfall, Leitungslänge und Betriebsstrom.

Tabelle 6: Querschnittsbestimmung von Kabeln und Leitungen unter Berücksichtigung der Erwärmung im Brandfall

Zur Tabelle 1 „Schutz vor Überstrom"

Hier geht es um die Auswahl des für eine bestimmte Belastung richtigen Leitungsquerschnitts und des Nennstroms der vorgeschalteten Überstrom-Schutzeinrichtung nach DIN VDE 0100-430 bzw. DIN VDE 0298-4.

In die bezeichneten Zellen muss der Anwender nacheinander die Werte für

- den zu erwartenden Betriebsstrom,
- die Stromkreisart (Drehstrom oder Einphasen-Wechselstrom),
- die Verlegeart,
- die Umgebungstemperatur und
- die Häufung

eingeben. Diese Angaben benötigt er auch dann, wenn er beispielsweise das zurückgezogene Beiblatt 1 aus DIN VDE 0100-430 benutzt. Wichtig ist hier, dass sämtliche Angaben richtig eingetragen werden. Die Tabelle unterscheidet also nicht zwischen „Idealfall" und dem „Realfall". Will man dennoch die Umgebungstemperatur und die Häufung unberücksichtigt lassen, so muss man bei

- der „Umgebungstemperatur" eine „1" bei 25 °C und bei
- der „Häufung" eine „1" bei einer der angegebenen Verlegearten (außer „unter der Decke")[170] eintragen.

Beachten Sie:

- Bei der Verlegeart ist es gleichgültig, ob man große oder kleine Buchstaben wählt. In jedem Fall muss aber die Zahl direkt (also ohne Leerzeichen) hinter dem Buchstaben stehen!
  Also nicht „B 1", sondern: „B1".
- Des Weiteren ist auch zu beachten, dass physikalische Größen (wie der Betriebsstrom) nie mit der Einheit eingetragen werden, sondern nur mit dem Zahlenwert.
  Also nicht „21 A", sondern: „21".
- Ist zur Kennzeichnung die Eingabe einer „1" gefordert, so muss auch eine „1" eingegeben werden. Jedes andere Zeichen führt zu Fehlergebnissen.
- Bei der Häufung ist die Gesamtanzahl der parallel geführten Kabel oder Leitungen anzugeben – also das zu berechnende Kabel (Leitung) plus alle dazu parallel geführten Kabel (Leitungen), deren Belastung > 30 % ihrer maximalen Strombelastbarkeit ist.

170 Weil bei der Verlegung „unter der Decke" stets eine Reduzierung der Strombelastbarkeit auf mindestens 0,95 zu erwarten ist.

- Es sind stets die Bemerkungen zu beachten, die unter den Eingabefeldern angezeigt werden.

Erscheint z. B. der Text „Querschnitt liegt zu hoch“, so bedeutet dies, dass der eingegebene Querschnitt bei der gewählten Verlegeart gemäß den Normen nicht existiert.

Sind alle notwendigen Eingabefelder ausgefüllt, erscheinen in den Ergebnisfeldern automatisch

- der gesuchte Nennstrom der Überstrom-Schutzeinrichtung und
- der Querschnitt des Kabels bzw. der Leitung.

Wird für den **Nennstrom im Ergebnisfeld ein Wert von 0 A** angezeigt, so konnte das Programm aus verschiedenen Gründen keine Zuordnung treffen. Für diesen Fall wird im Feld „Probe und Korrektur“ Hilfe gegeben:

Zunächst wählt man einen Querschnitt, der *eine Stufe höher* liegt, als er im Feld „Ergebnisse“ angegeben wurde. Dieser Querschnitt wird in die dafür vorgesehene Zelle im Feld „Probe und Korrektur“ eingetragen.

Als Nennstrom wird eine Nennstromstärke gewählt, die *knapp über dem Betriebsstrom* liegt.

Ist die Wahl korrekt, wird das im darunter liegenden Feld angezeigt. Passen die gewählten Größen immer noch nicht, so muss ein Querschnitt gewählt werden, der eine weitere Stufe höher liegt. Der Nennstrom kann unverändert bleiben.

Dieser Vorgang wird wiederholt, bis die Wahl als „korrekt“ bestätigt wird.

Die Zellen im Feld „Probe und Korrektur“ können auch benutzt werden, um einen gewählten Querschnitt mit dem dazugehörigen Nennstrom der Überstrom-Schutzeinrichtung zu überprüfen. Dafür müssen natürlich zunächst die Angaben, wie oben beschrieben, eingetragen werden.

Zur Tabelle 2 „Leitungslänge und Kurzschluss"

Hier geht es um die maximale Leitungslänge, die nicht überschritten werden darf, damit bei einem widerstandslosen Kurz- oder Körperschluss die vorgegebenen Abschaltzeiten der Überstrom-Schutzeinrichtung nicht überschritten werden. Es geht also um den kleinsten (oder 1-poligen) Kurzschlussstrom oder den Körperschlussstrom (im TN-System), der immer noch so hoch ausfallen muss, dass die Sicherung oder der LS-Schalter frühzeitig abschalten kann. Es also darum, dass der Widerstand, den die Leitung einbringt, nicht zu hoch werden darf.

Bei dieser Tabelle wählt man zunächst den Leitungsquerschnitt aus und trägt dann die Schleifenimpedanz Z_S in die vorgegebene Zelle ein. Diese Schleifenimpedanz ist die Impedanz vom einspeisenden Netz bis zu dem Punkt, an dem die Stromkreisleitung, die es zu berechnen gilt, beginnt bzw. an dem die Überstrom-Schutzeinrichtung, die diese Stromkreisleitung absichern soll, errichtet wird.

Man kann den Wert für Z_S errechnen oder man erfragt diesen Wert beim Versorgungsnetzbetreiber (VNB)[171] bzw. misst ihn mit üblichen Messgeräten.[172] Eine andere Möglichkeit zur Ermittlung von Z_S ist die Benutzung der automatischen Tabelle 4 „Kurzschluss und Schleifenimpedanz".

Als Nächstes wird in die 3. Spalte der Nennstrom der Überstrom-Schutzeinrichtung, die dem Kabel bzw. der Leitung vorgeschaltet werden soll, eingetragen.

Beachten Sie:

- Z_S muss **stets in** Ω eingegeben werden – nicht in mΩ.
  Also für Z_S = 350 mΩ ist 0,35 einzutragen und für Z_S = 50 mΩ ist 0,05 einzutragen.
- Bei allen Größen, z. B. bei der Impedanz, stets nur die Zahlenwerte ohne Einheit eintippen.
  Also nicht „0,35 Ω" sondern: „0,35", und ebenso nicht „10 A", sondern: „10".

171 Der VNB gibt allerdings in der Regel den Schleifenimpedanzwert nur bis zum Hausanschlusskasten an. Von dort aus muss der Widerstand des Kabels (der Leitung) bis zur Überstrom-Schutzeinrichtung, die die zu berechnende Stromkreisleitung absichern soll, hinzugerechnet werden (siehe auch Abschnitt 16.1.6.1 in diesem Buch).

172 Vorsicht! Handelsübliche Messgeräte für Schleifenwiderstände messen bei Impedanzwerten unter 100 mΩ mit einem Messfehler, der umso größer ausfällt, je kleiner der Impedanzwert ist. Impedanzwerte unterhalb von 70 Ω bis 80 mΩ müssen sehr kritisch betrachtet werden. Diese Messfehler sind systembedingt und haben nichts mit der Güte bzw. Genauigkeit der Messgeräte zu tun.

- Des Weiteren muss beachtet werden, dass bei Nennströmen stets die genormten Größen angegeben werden.
  Also 6, 10, 16 usw.
- Bitte stets die Bemerkungen beachten, die rechts unten erscheinen!
  In den Zellen für die zu ermittelnden Längen erscheint die Bemerkung „FEHLER“, wenn
- keine genormte Stromstärke eingegeben wurde oder
- versehentlich die Einheit „A“ mit eingetragen wurde oder
- bei Schmelzsicherungen und bei Leitungsquerschnitten über 2,5 mm^2 zu kleine Nennströme gewählt wurden.
  Erscheint in einer Ergebniszelle ein Wert mit einem Minuszeichen (beispielsweise „– 17“), dann zeigt dieser Wert, dass es keinen ausreichenden Schutz
- bei der gewählten Nennstromstärke,
- bei der vorgegebenen Schleifenimpedanz und
- bei der jeweiligen Art der Überstrom-Schutzeinrichtung (LS-Schalter oder Schmelzsicherung) bzw. bei der jeweiligen Abschaltzeit (5 s oder 0,4 s) gibt – dass also für diesen speziellen Fall keine Abschaltung der Überstrom-Schutzeinrichtung in der notwendigen Zeit erfolgen kann.

Erfolgen die Eingaben jedoch richtig, erscheinen in den Ergebnisfeldern für die verschiedenen Möglichkeiten die jeweiligen maximalen Längen der Kabel und Leitungen in Meter. Die verschiedenen Möglichkeiten sind:

- Schmelzsicherung und Abschaltzeit 5 s,
- Schmelzsicherung und Abschaltzeit 0,4 s,
- LS-Schalter, Typ B und
- LS-Schalter, Typ C.

Zur Tabelle 3 „Leitungslänge und Spannungsfall"

Hier geht es um den Spannungsfall, den es bei einer Leitung zu berücksichtigen gilt. Dabei wird in der Tabelle bewusst nicht auf die Nennstromstärke der Sicherungen eingegangen, sondern auf die Betriebsströme.

Der Anwender muss zunächst angeben, ob es sich um einen Drehstrom- oder um einen Einphasen-Wechselstromkreis handelt.

Für

- Drehstrom gibt er rechts neben dem entsprechenden Leitungsquerschnitt eine „1"
- und für Einphasen-Wechselstrom eine „2" ein.

Danach trägt er in die 3. Spalte den höchsten Betriebsstrom ein, der erwartet werden kann. Hier sollte stets vorausschauend gedacht werden. Bei Steckdosenstromkreisen muss sicherheitshalber der Nennstrom der Überstrom-Schutzeinrichtung berücksichtigt werden. Aber auch bei fest angeschlossenen Geräten sollte stets beachtet werden, dass es zukünftig eventuell zu Änderungen kommen kann, die die Leistung und somit den Betriebsstrom erhöhen.

In die 4. Spalte wird der gewählte maximale Spannungsfall eingetragen.

Beachten Sie:

- Sämtliche Größen (wie der Betriebsstrom) werden nie mit der Einheit in die Tabelle eingegeben, sondern nur mit dem Zahlenwert.
  Also nicht „21 A", sondern: „21" und ebenso nicht „4 %", sondern: „4".
- Bitte stets die Bemerkungen beachten, die rechts neben dem Ergebniss erscheinen.

Wurden alle Angaben richtig eingegeben, erscheint im Feld „Ergebnisse" die maximal zugelassene Leitungslänge in Metern (einfache Länge von der Überstrom-Schutzeinrichtung bis zum Verbraucher).

Zur Tabelle 4 „Kurzschluss und Schleifenimpedanz"

Hier geht es um eine vereinfachte und überschlägige Berechnung des 3-poligen und 1-poligen Kurzschlussstroms bei einer Einspeisung im Stich, also ohne Verzweigung auf der Niederspannungsseite des einspeisenden Transformators und ohne Berücksichtigung von Elektromotoren u. Ä.

Außerdem geht es um die Schleifenimpedanz für den 1-poligen Kurzschluss bzw. den Körperschluss, um die Bedingungen der Formel nach DIN VDE 0100-410

$$Z_S \leq \frac{Z_S}{I_a}$$

zu überprüfen. Der Schleifenwiderstand muss klein genug sein, damit die Überstrom-Schutzeinrichtung rechtzeitig (5 s bzw. 0,4 s) abschalten kann. Dies ist zugleich auch eine brandschutztechnische Forderung, da ein Kurzschluss nie länger als 5 s anstehen sollte.

Die Größe der Schleifenimpedanz benötigt man ebenso bei der Auswahl des Leitungsquerschnitts und des Nennstroms der Überstrom-Schutzeinrichtung, wenn es darum geht, die Länge des Kabels oder der Leitung zu begrenzen, um die zuvor beschriebene automatische Abschaltung bei einem 1-poligen Kurzschluss in einer vorgegebenen Zeit zu gewährleisten (siehe automatische Tabelle 2 „Leitungslänge und Kurzschluss").

Beachten Sie:

- Sämtliche Größen (wie die Leistung des Transformators) dürfen nie mit der Einheit angegeben werden, sondern stets nur mit dem Zahlenwert.
  Also nicht „630 kVA", sondern: „630"
  und ebenso nicht „4 %", sondern: „4"
  und ebenso nicht „25 m", sondern: „25".
- Des Weiteren sollte beachtet werden, dass die Werte von vorherigen Berechnungen vor der Eingabe von Werten für eine neue Berechnung stets gelöscht werden müssen.

Zunächst ist die Leistung des Transformators in kVA einzugeben, dann in dem entsprechenden Eingabefeld der u_K-Wert in Prozent.

Im Feld „Ergebnisse" können nun bereits einige Werte abgelesen werden: Die Widerstände des Transformators und der Kurzschlussstrom, der bei einem Kurzschluss direkt hinter dem Transformator auftreten würde. Diese Werte liegen etwas höher als die Werte in den gewöhnlichen Tabellen für handelsübliche Transformatoren.

Als Nächstes sind nacheinander die Leitungsabschnitte einzugeben, und zwar bis zu der Stelle, an der die Höhe des Kurzschlussstroms festgestellt werden soll bzw. an der die Schleifenimpedanz berechnet werden soll.

Vergessen Sie nicht bei Einleiterkabeln anzugeben, wie diese verlegt wurden (zusammen in Dreieckform oder nebeneinander).

Die Angabe der Schleifenimpedanz im Ergebnisfeld links erfolgt für den Fall, dass der Außenleiterquerschnitt dem N-Leiter- bzw. PEN-Leiterquerschnitt entspricht. Rechts im Ergebnisfeld wird dagegen angezeigt, wie hoch die Schleifenimpedanz ist, wenn der PEN-/N-Leiter den halben Querschnitt aufweist. Allerdings stimmt dieser Wert nur, wenn alle Leitungsabschnitte, die angegeben wurden, diesen reduzierten Querschnitt aufweisen. Der 1-polige Kurzschlussstrom wird stets mit der üblichen Schleifenimpedanz berechnet, die sich ohne Reduzierung des PEN-/N-Leiters ergibt. In diesem Wert (und somit auch in der Angabe des 1-poligen Kurzschlussstroms) wurde bereits ein geringer Wert des Netzwiderstands (vor dem einspeisenden Transformator) berücksichtigt.

Zur Tabelle 5 „Überprüfung des Leitungsquerschnitts bei Vorgabe von Spannungsfall, Leitungslänge und Betriebsstrom"

Mit dieser Tabelle lässt sich überprüfen, ob bei vorgegebenen Leitungslängen, Stromstärken und Spannungsfällen der gewählte Leitungsquerschnitt passt. Außerdem kann natürlich für Anlagen, bei denen gewöhnlich die Leitungslängen, die Stromstärken und der Spannungsfall feststehen, der entsprechende Leitungsquerschnitt ermittelt werden. Hierzu muss jedoch beachtet werden, dass die Tabelle ausschließlich eine Aussage darüber trifft, ob der Spannungsfall bei den vorgegebenen Werten eingehalten wird oder nicht. Natürlich muss noch untersucht werden, ob die Strombelastbarkeit der Leitung beim gewählten Leitungsquerschnitt nach VDE 0100-430 nicht überschritten wird. Es kann also durchaus sein, dass z. B. bei einem Leitungsquerschnitt von 1,5 mm^2, einer Leitungslänge von 10 m und einem Strom von 20 A der Spannungsfall von 3 % nicht überschritten wird, aber der Strom für Leitungen mit 1,5 mm^2 viel zu hoch liegt.

Zur Tabelle 6 „Querschnittsbestimmung bei Kabelanlagen mit Funktionserhalt unter Berücksichtigung der Temperaturen im Brandfall"

Die Tabelle ist im Prinzip selbsterklärend. Die verschiedenen Werte müssen, wie üblich, ohne Angabe der Einheit eingegeben werden. Mit welcher Einheit die Zahlenwerte anzugeben sind, wird jeweils im Text angegeben.

Wichtig ist die Angabe der Funktionserhaltsklasse, da nach der Einheitstemperaturkurve die zu berücksichtigende Temperatur bei 30 Min. nicht die gleiche ist wie bei 90 Min.

Werden alle geforderten Angaben eingetragen, wird ein Querschnitt im unteren Bereich der Tabelle angegeben für

- Kabel und Leitungen mit integrierten Funktionserhalt

und

- Kabel und Leitungen im funktionserhaltenden Installationskanal.

Stichwortverzeichnis

Mehr Titel vom Hüthig Verlag

Petra Bodenstein, Jörg Veit (Hrsg.)
WissensFächer – Englisch für Elektrofachkräfte ISBN 978-3-8101-0447-2

Alwin Burgholte
Elektromagnetische Verträglichkeit Umwelt (EMVU) ISBN 978-3-8101-0469-4

Klaus Bödeker, Michael Lochthofen
Prüfung elektrischer Geräte ISBN 978-3-8101-0396-3

Klaus Bödeker, Michael Lochthofen, Kirsten Rohlof
Wiederholungsprüfungen nach DIN VDE 0105 – Elektrische Gebäudeinstallationen und ihre Betriebsmittel ISBN 978-3-8101-0403-8

André Croissant
Elektroinstallationen im Ex-Bereich ISBN 978-3-8101-0444-1

Heinz-Dieter Fröse
Brandschutz für Kabel und Leitungen ISBN 978-3-8101-0400-7
Elektrofachkraft für festgelegte Tätigkeiten, Band 1 ISBN 978-3-8101-0499-1
Elektrofachkraft für festgelegte Tätigkeiten, Band 2 ISBN 978-3-8101-0496-0
Regelkonforme Installation von PV-Anlagen ISBN 978-3-8101-0489-2

Gero Gerber
Brandmeldeanlagen ISBN 978-3-8101-0464-9

Kai A. Hannich, Bernd Landsiedel
Praxiswissen Recht in der Elektrotechnik ISBN 978-3-8101-0430-4

Ulrich C. Heckner, Sabine Bernstein
Rechtssicherheit im Elektrohandwerk ISBN 978-3-8101-0448-9

Ismail Kasikci
Projektierung von Niederspannungsanlagen – Betriebsmittel, Vorschriften, Praxisbeispiele ISBN 978-3-8101-0468-7

Markus Klar
Verantwortung und Haftung in der Elektrotechnik ISBN 978-3-8101-0376-5

Ludwig H. Klatzka, Jörg Veit (Hrsg.)
WissensFächer – Kalkulation und Betriebsführung ISBN 978-3-8101-0399-4

Rainer Langer
Innenbeleuchtungen ISBN 978-3-8101-0405-2

Martin Schauer
Feldreduzierung in Gebäuden – Geschirmte Elektroinstallation, Abschirmung an Gebäuden und in Wohnungen ISBN 978-3-8101-0315-4

Herbert Schmolke
Auswahl und Bemessung von Kabeln und Leitungen ISBN 978-3-8101-0474-8
Elektromagnetische Verträglichkeit in der Elektroinstallation ISBN 978-3-8101-0354-3
Schutzeinrichtungen – Anforderungen, Empfehlungen undHintergründe nach TAB, VDE 0100 und DIN 18015 ISBN 978-3-8101-0354-35

Andreas Simon
Sprachalarmanlagen und elektroakustische Notfallwarnsysteme ISBN 978-3-8101-0454-0

Jörg Veit
WissensFächer – Elektroinstallation ISBN 978-3-8101-0480-9
WissensFächer – Formeln für Elektrotechniker ISBN 978-3-8101-0398-7
WissensFächer – Energieeffizienz ISBN 978-3-8101-0372-7
WissensFächer – Lichttechnik ISBN 978-3-8101-0418-2
de Praxis-App Elektrotechnik ISBN 978-3-8101-0389-5

Jörg Veit, Thomas Wübbe
WissensFächer – Informations- und Kommunikationstechnik ISBN 978-3-8101-0450-2

Jörg Veit, Fritz Staudacher
WissensFächer – Elektromobilität ISBN 978-3-8101-0446-5

Martin H. Virnich
Baubiologische EMF-Messtechnik – Grundlagen der Feldtheorie, Praxis der Feldmesstechnik ISBN 978-3-8101-0328-4

Bruno Weis, Hans Finke
Not- und Sicherheitsbeleuchtung ISBN 978-3-8101-0428-1

Frank Ziegler
Blitz- und Überspannungsschutz ISBN 978-3-8101-0435-9
Gewusst wie: Normen und Vorschriften im Berufsalltag der Elektrofachkraft ISBN 978-3-8101-0462-5

Carl-Heinz Ziesenіß, Frank Lindemuth, Paul Schmits
Beleuchtungstechnik für den Elektrofachmann ISBN 978-3-8101-0394-9

Diese und weitere Titel finden Sie in unserem de-Buchshop www.elektro.net/shop

Notizen

Notizen